普通高等教育"十一五"规划教材
普通高等院校

U0166051

# 大学物理同步辅导

主　　编　　范淑华　　朱佑新

参编人员　　（按编写内容排序）

刘书龙　　吴　伟　　陈昌胜

林　钢　　李瑞霞　　杨晓雪

张雁滨　　项林川　　朱佑新

喻力华　　南　征　　范淑华

华中科技大学出版社
中国·武汉

## 内 容 简 介

本书是根据华中科技大学出版社出版的、范淑华等主编的《大学物理》教材而编写的同步辅导与复习自测用书。全书按原教材体系共分 17 章,各章均包含内容提要、重点难点、思考题及解答、习题及解答四大部分,此外书后还附有华中科技大学大学物理课程近几年的考试试题及解答。

本书可作为普通高等学校理工科学生学习大学物理课程的辅助教材,也可供教师等相关人员参考使用。

# 前　言

　　大学物理是高等院校理工科学生的一门重要的通识性必修基础课,该课程所讲授物理的基本概念、基本理论和基本方法是构成学生科学素养的重要组成部分,具有其他课程不可替代的作用。学生在学习大学物理课程时,普遍感到这门课程理论性强、涉及面广,不容易抓住重点。为了帮助学生深入理解课程内容,理清思路,使学生领会大学物理课程的基本理论和解题方法,我们根据长期的教学研究和实践经验,编写了这本切实可用的学习辅导书。

　　本书与教材《大学物理(上、下册)》配套使用,对于不使用该教材的各类理工科学生,本书也不失为一本有益的参考书。

　　参加本书编写工作的有:刘书龙(第 1、2 章),吴伟(第 3、5章),陈昌胜(第 4、6 章),林钢(第 7 章),李瑞霞(第 8 章),杨晓雪(第 9、10、15 章),张雁滨、项林川(第 11 章),朱佑新、喻力华(第12、13 章),南征(第 14、16、17 章)。书中所附各套试卷及解答由范淑华编写。全书由范淑华、朱佑新统稿和校订。

　　书中若有错误或不足之处,敬请读者批评指正。

编　者

2013 年 3 月

# 目　录

# 第1章 质点运动学

## 一、内容提要

### 1. 描述质点运动的物理量

(1) 运动方程 $\boldsymbol{r}=\boldsymbol{r}(t)=x(t)\boldsymbol{i}+y(t)\boldsymbol{j}+z(t)\boldsymbol{k}$

(2) 速度 $v=\dfrac{\mathrm{d}\boldsymbol{r}}{\mathrm{d}t}$

(3) 加速度 $\boldsymbol{a}=\dfrac{\mathrm{d}v}{\mathrm{d}t}$

加速度：$\boldsymbol{a}=\dfrac{\mathrm{d}v}{\mathrm{d}t}=a_n\boldsymbol{e}_n+a_t\boldsymbol{e}_t$

法向加速度：$a_n=\dfrac{v^2}{\rho}$ （$\rho$ 为曲率半径）

切向加速度：$a_t=\dfrac{\mathrm{d}v}{\mathrm{d}t}$

在圆周运动中,用角量表示：

角速度 $\omega=\dfrac{\mathrm{d}\theta}{\mathrm{d}t}$

角加速度 $\beta=\dfrac{\mathrm{d}\omega}{\mathrm{d}t}$

而 $v=\omega R$, $a_n=\dfrac{v^2}{R}=R\omega^2$, $a_t=\dfrac{\mathrm{d}v}{\mathrm{d}t}=R\beta$

### 2. 质点运动学的两类问题

(1) 微分问题 $\boldsymbol{a}=\dfrac{\mathrm{d}v}{\mathrm{d}t}$, $v=\dfrac{\mathrm{d}\boldsymbol{r}}{\mathrm{d}t}$

（2）积分问题　　$v = v_0 + \int_0^t a\,\mathrm{d}t$，　$\boldsymbol{r} = \boldsymbol{r}_0 + \int_0^t v\,\mathrm{d}t$

**3. 相对运动**

$$v_{绝对} = v_{相对} + v_{牵连}$$

# 二、重 点 难 点

**1.** 掌握位置矢量、位移、速度、加速度、角速度、角加速度等描述质点运动的物理量，明确它们的矢量性、瞬时性和相对性。正确求解运动学的微分问题和积分问题。

**2.** 理解法向加速度和切向加速度的物理意义；掌握圆周运动的角量和线量的关系。

**3.** 理解伽利略坐标、速度变换，能分析相对运动的问题。

# 三、思考题及解答

**1-1**　（1）$|\Delta \boldsymbol{r}|$ 与 $\Delta r$ 有无不同？（2）$\left|\dfrac{\mathrm{d}\boldsymbol{r}}{\mathrm{d}t}\right|$ 和 $\dfrac{\mathrm{d}r}{\mathrm{d}t}$ 有无不同？（3）$\left|\dfrac{\mathrm{d}v}{\mathrm{d}t}\right|$ 和 $\dfrac{\mathrm{d}v}{\mathrm{d}t}$ 有无不同？其不同在哪里？试举例说明。

**解**　（1）$|\Delta \boldsymbol{r}|$ 是位移的模，$\Delta r$ 是位矢的模的增量，即 $|\Delta \boldsymbol{r}| = |\boldsymbol{r}_2 - \boldsymbol{r}_1|$，$\Delta r = |\boldsymbol{r}_2| - |\boldsymbol{r}_1|$。

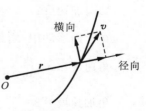

思考题 1-1 图

（2）$\left|\dfrac{\mathrm{d}\boldsymbol{r}}{\mathrm{d}t}\right|$ 是速度的模，即 $\left|\dfrac{\mathrm{d}\boldsymbol{r}}{\mathrm{d}t}\right| = |v| = \dfrac{\mathrm{d}s}{\mathrm{d}t}$。$\dfrac{\mathrm{d}r}{\mathrm{d}t}$ 只是速度在径向上的分量。

因为有 $\boldsymbol{r} = r\boldsymbol{e}_r$（式中 $\boldsymbol{e}_r$ 叫做单位矢），则 $\dfrac{\mathrm{d}\boldsymbol{r}}{\mathrm{d}t} = \dfrac{\mathrm{d}r}{\mathrm{d}t}\boldsymbol{e}_r + r\dfrac{\mathrm{d}\boldsymbol{e}_r}{\mathrm{d}t}$，式中 $\dfrac{\mathrm{d}r}{\mathrm{d}t}$ 就是速度径向上的分量，所以 $\left|\dfrac{\mathrm{d}\boldsymbol{r}}{\mathrm{d}t}\right|$ 与 $\dfrac{\mathrm{d}r}{\mathrm{d}t}$ 不同，如图所示。

（3）$\left|\dfrac{\mathrm{d}v}{\mathrm{d}t}\right|$ 表示加速度的模，即 $|\boldsymbol{a}|=\left|\dfrac{\mathrm{d}v}{\mathrm{d}t}\right|$，$\dfrac{\mathrm{d}v}{\mathrm{d}t}$ 是加速度 $\boldsymbol{a}$ 在切向上的分量。

因为有 $v=v\boldsymbol{e}_{\mathrm{t}}$（$\boldsymbol{e}_{\mathrm{t}}$ 表示轨道切线方向单位矢），所以 $\dfrac{\mathrm{d}v}{\mathrm{d}t}=\dfrac{\mathrm{d}v}{\mathrm{d}t}\boldsymbol{e}_{\mathrm{t}}+v\dfrac{\mathrm{d}\boldsymbol{e}_{\mathrm{t}}}{\mathrm{d}t}$，式中 $\dfrac{\mathrm{d}v}{\mathrm{d}t}$ 就是加速度的切向分量。

**1-2**　若质点限于在平面上运动，试指出符合下列条件的分别是什么样的运动？

（1）$\dfrac{\mathrm{d}r}{\mathrm{d}t}=0,\dfrac{\mathrm{d}\boldsymbol{r}}{\mathrm{d}t}\neq\boldsymbol{0}$；（2）$\dfrac{\mathrm{d}v}{\mathrm{d}t}=0,\dfrac{\mathrm{d}\boldsymbol{v}}{\mathrm{d}t}\neq\boldsymbol{0}$；（3）$\dfrac{\mathrm{d}a}{\mathrm{d}t}=0,\dfrac{\mathrm{d}\boldsymbol{a}}{\mathrm{d}t}=\boldsymbol{0}$

**答**　（1）质点做圆周运动；（2）质点做匀速率曲线运动；（3）质点做抛物线运动。

**1-3**　运动物体的加速度随时间减小，而速度随时间增加，是可能的吗？

**答**　是可能的。加速度随时间减小，说明速度随时间的变化率减小。

**1-4**　一质点做斜抛运动，用 $t_1$ 代表落地的时刻。

（1）说明下面三个积分的意义：$\displaystyle\int_0^{t_1}v_x\mathrm{d}t,\int_0^{t_1}v_y\mathrm{d}t,\int_0^{t_1}v\mathrm{d}t$。

（2）用 $A$ 和 $B$ 代表抛出点和落地点位置，说明下面两个积分的意义：$\displaystyle\int_A^B\mathrm{d}\boldsymbol{r},\quad\int_A^B|\mathrm{d}\boldsymbol{r}|$。

**答**　（1）$\displaystyle\int_0^{t_1}v_x\mathrm{d}t$ 表示物体落地时 $x$ 方向的距离。

$\displaystyle\int_0^{t_1}v_y\mathrm{d}t$ 表示物体落地时 $y$ 方向的距离。

$\displaystyle\int_0^{t_1}v\mathrm{d}t$ 表示物体在 $0\sim t_1$ 时间内走过的几何路程。

（2）$\displaystyle\int_A^B\mathrm{d}\boldsymbol{r}$ 表示抛出点到落地点的位移。

$\int_A^B |\,\mathrm{d}\boldsymbol{r}\,|$ 表示抛出点到落地点的路程。

**1-5**　下列说法正确的是[　]

（A）加速度恒定不变时,物体的运动方向也不变。

（B）平均速率等于平均速度的大小。

（C）当物体的速度为零时,加速度必定为零。

（D）质点做曲线运动时,质点速度大小的变化产生切向加速度,速度方向的变化产生法向加速度。

**答**　（D）

**1-6**　某质点做直线运动的运动学方程为 $x = 3t - 5t^3 + 6$ (SI),则该质点做[　]

（A）匀加速直线运动,加速度沿 $x$ 轴正方向。

（B）匀加速直线运动,加速度沿 $x$ 轴负方向。

（C）变加速直线运动,加速度沿 $x$ 轴正方向。

（D）变加速直线运动,加速度沿 $x$ 轴负方向。

**答**　（D）

**1-7**　以下五种运动形式中,$a$ 保持不变的运动是[　]

（A）单摆的运动。　　　　　　（B）匀速率圆周运动。

（C）行星的椭圆轨道运动。　　（D）抛体运动。

（E）圆锥摆运动。

**答**　（D）

# 四、习题及解答

**1-1**　分析以下三种说法是否正确?

（1）运动物体的加速度越大,物体的速度也必定越大。

（2）物体做直线运动时,若物体向前的加速度减小了,则物体前进的速度也随之减小。

（3）物体的加速度很大时,物体的速度大小必定改变。

**答**　（1）不对。加速度是速度的变化率。加速度大，只是速度的变化率大，而速度不一定大。

（2）不对。直线运动时，如物体的速度向前，向前的加速度减小，只是速度增大得慢了，而速度还是在增大，并没有减小。

（3）不对。有可能是法向加速度，只改变速度的方向，不改变速度大小，如匀速圆周运动。

**1-2**　质点的运动方程为 $x = x(t), y = y(t)$。在计算质点的速度和加速度时，有人先求出 $r = \sqrt{x^2 + y^2}$，然后根据 $v = \dfrac{\mathrm{d}r}{\mathrm{d}t}$ 和 $a = \dfrac{\mathrm{d}^2 r}{\mathrm{d}t^2}$ 求出 $v$ 和 $a$；也有人先计算速度和加速度的分量，再求出 $v = \sqrt{\left(\dfrac{\mathrm{d}x}{\mathrm{d}t}\right)^2 + \left(\dfrac{\mathrm{d}y}{\mathrm{d}t}\right)^2}$ 和 $a = \sqrt{\left(\dfrac{\mathrm{d}^2 x}{\mathrm{d}t^2}\right)^2 + \left(\dfrac{\mathrm{d}^2 y}{\mathrm{d}t^2}\right)^2}$。这两种方法哪一种正确？为什么？

**解**　后一种方法正确。因为速度与加速度都是矢量，在平面直角坐标系中，有 $\boldsymbol{r} = x\boldsymbol{i} + y\boldsymbol{j}$，因为

$$v = \frac{\mathrm{d}\boldsymbol{r}}{\mathrm{d}t} = \frac{\mathrm{d}x}{\mathrm{d}t}\boldsymbol{i} + \frac{\mathrm{d}y}{\mathrm{d}t}\boldsymbol{j}, \quad \boldsymbol{a} = \frac{\mathrm{d}^2 \boldsymbol{r}}{\mathrm{d}t^2} = \frac{\mathrm{d}^2 x}{\mathrm{d}t^2}\boldsymbol{i} + \frac{\mathrm{d}^2 y}{\mathrm{d}t^2}\boldsymbol{j}$$

它们的模即为

$$v = \sqrt{v_x^2 + v_y^2} = \sqrt{\left(\frac{\mathrm{d}x}{\mathrm{d}t}\right)^2 + \left(\frac{\mathrm{d}y}{\mathrm{d}t}\right)^2}$$

$$a = \sqrt{a_x^2 + a_y^2} = \sqrt{\left(\frac{\mathrm{d}^2 x}{\mathrm{d}t^2}\right)^2 + \left(\frac{\mathrm{d}^2 y}{\mathrm{d}t^2}\right)^2}$$

**1-3**　物体做曲线运动时，速度一定沿轨迹的切向，法向分速度恒为零，因此法向加速度也一定为零。这种说法对吗？

**解**　不对。虽然法向分速度恒为零，但法线的方向时刻在改变，所以法向加速度不一定为零，比如匀速圆周运动。

**1-4**　一质点做直线运动，其平均速率总等于 $\dfrac{1}{2}$（初速＋末速）吗？用上式计算平均速率的条件是什么？

**解**　平均速率不一定等于 $\dfrac{1}{2}$（初速＋末速）。

用上式计算平均速率的条件是加速度为恒量，即匀加速直线运动。

**1-5**　将一小球竖直上抛，不考虑空气阻力，它上升和下降所经过的时间哪一个长？如果考虑空气阻力呢？

**解**　不考虑空气阻力时，上升和下降所经过的时间一样长。

考虑空气阻力时，下降所经过的时间比上升所经过的时间长。

**1-6**　一质点在 $Oxy$ 平面上运动，运动方程为

$$x=3t+5,\quad y=\frac{1}{2}t^2+3t-4$$

式中，时间 $t$ 的单位用 s，坐标 $x,y$ 的单位用 m。求：（1）质点运动的轨迹方程；（2）质点位置矢量的表达式；（3）从 $t_1=1$ s 到 $t_2=2$ s 的位移；（4）速度矢量的表达式；（5）加速度矢量的表达式。

**解**　（1）从运动方程中消去 $t$，得轨迹方程

$$y=\frac{1}{18}x^2+\frac{4}{9}x-7\frac{11}{18}$$

（2）质点位置矢量

$$\boldsymbol{r}=x\boldsymbol{i}+y\boldsymbol{j}=(3t+5)\boldsymbol{i}+\left(\frac{1}{2}t^2+3t-4\right)\boldsymbol{j}$$

（3）$t_1=1$ s 和 $t_2=2$ s 的位置矢量分别为

$$\boldsymbol{r}_1=8\boldsymbol{i}-0.5\boldsymbol{j},\quad \boldsymbol{r}_2=11\boldsymbol{i}+4\boldsymbol{j}$$

这期间位移为　　$\Delta\boldsymbol{r}_{12}=\boldsymbol{r}_2-\boldsymbol{r}_1=3\boldsymbol{i}+4.5\boldsymbol{j}$

大小　$\Delta r_{12}=\sqrt{(\Delta x)^2+(\Delta y)^2}=\sqrt{3^2+4.5^2}$ m$=5.41$ m

方向　　$\alpha_{\Delta r_{12}}=\arctan\dfrac{4.5}{3}=56.31°$

（4）速度矢量　$v=\dfrac{\mathrm{d}\boldsymbol{r}}{\mathrm{d}t}=3\boldsymbol{i}+(t+3)\boldsymbol{j}$

（5）加速度矢量为　$\boldsymbol{a}=\dfrac{\mathrm{d}v}{\mathrm{d}t}=\boldsymbol{j}$

**1-7**　一质点在 $Oxy$ 平面上运动,其加速度为 $\boldsymbol{a}=5t^2\boldsymbol{i}+3\boldsymbol{j}$。已知 $t=0$ 时,质点静止于坐标原点。求在任一时刻该质点的速度、位置矢量、运动方程和轨迹方程。

**解**　(1) 因为 $\boldsymbol{a}=5t^2\boldsymbol{i}+3\boldsymbol{j}$,又 $t=0$ 时 $v_0=\boldsymbol{0},\boldsymbol{r}_0=\boldsymbol{0}$,所以

$$v=\int_0^t \boldsymbol{a}\mathrm{d}t+v_0=\frac{5}{3}t^3\boldsymbol{i}+3t\boldsymbol{j}$$

(2) $\boldsymbol{r}=\int_0^t v\mathrm{d}t+\boldsymbol{r}_0=\int_0^t\left(\frac{5}{3}t^3\boldsymbol{i}+3t\boldsymbol{j}\right)\mathrm{d}t+\boldsymbol{0}=\frac{5}{12}t^4\boldsymbol{i}+\frac{3}{2}t^2\boldsymbol{j}$

(3) 运动方程为　$x=\dfrac{5}{12}t^4$,　$y=\dfrac{3}{2}t^2$

(4) 轨迹方程为　　　　$x=\dfrac{5}{27}y^2$

**1-8**　一质点以匀速率 1 m/s 沿顺时针方向做圆周运动,圆半径为 1 m。(1) 求质点在走过半个圆周时的位移、路程、平均速度及瞬时速度;(2) 求质点在绕圆运动一周时的上述各量。

**解**　(1) 如图所示,从 $A$ 到 $B$ 的过程中,

$\Delta\boldsymbol{r}=\boldsymbol{r}_B-\boldsymbol{r}_A=\boldsymbol{i}-(-\boldsymbol{i})=2\boldsymbol{i}$

$s=\pi r=3.14$ m

$\overline{v}=\dfrac{\Delta\boldsymbol{r}}{\Delta t}=\dfrac{\boldsymbol{r}_B-\boldsymbol{r}_A}{s/v}=\dfrac{2\boldsymbol{i}}{3.14}\times 1$

$=0.6\boldsymbol{i}$ (m/s)

$v=v_B=-\boldsymbol{j}$ (m/s)

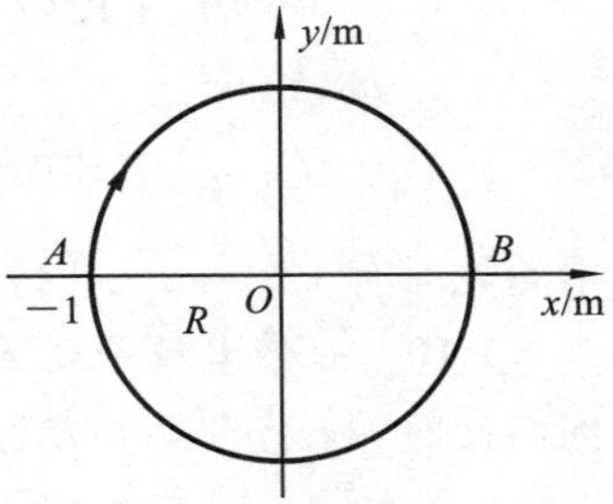

(2)　$\Delta\boldsymbol{r}=\boldsymbol{r}_A-\boldsymbol{r}_A=\boldsymbol{0}$

$s=2\pi R=6.28$ m

$\overline{v}=\dfrac{\Delta v}{\Delta t}=\dfrac{v_A-v_A}{\Delta t}=\boldsymbol{0}$

$v=v_A=\boldsymbol{j}$ (m/s)

习题 1-8 图

**1-9**　如图所示,一根绳子跨过滑轮,绳的一端挂一重物,一人拉着绳的另一端沿水平路面匀速前进,速度 $v=1$ m/s。设滑轮离地高 $H=12$ m,开始时重物位于地面,人在滑轮正下方,滑轮、重

物和人的大小都忽略。求:(1) 重物在 10 s 时的速度和加速度;
(2) 重物上升到滑轮处所需的时间。

**解**　(1) 如图所示,设在 $t$ 时刻,重物离地高度为 $x$,则

$$AC = H + x, \quad AD = ut$$

$$AC^2 = CD^2 + AD^2$$

$$(H + x)^2 = H^2 + (ut)^2$$

$$x = \sqrt{H^2 + (ut)^2} - H$$

$$= \sqrt{t^2 + 12^2} - 12$$

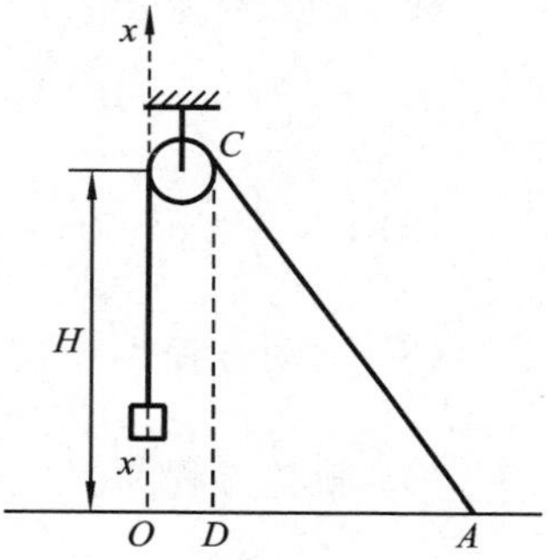

10 s 时:

$$v = \frac{\mathrm{d}x}{\mathrm{d}t} = \frac{\mathrm{d}}{\mathrm{d}t}(\sqrt{t^2 + 12^2} - 12)$$

$$= \frac{t}{\sqrt{t^2 + 12^2}} = \frac{10}{\sqrt{10^2 + 12^2}} \ \mathrm{m/s}$$

$$= 0.64 \ \mathrm{m/s}$$

习题 1-9 图

$$a = \frac{\mathrm{d}v}{\mathrm{d}t} = \frac{\mathrm{d}}{\mathrm{d}t}\left(\frac{t}{\sqrt{t^2 + 12^2}}\right) = \frac{12^2}{(t^2 + 12^2)^{3/2}} = \frac{12^2}{(10^2 + 12^2)^{3/2}} \ \mathrm{m/s^2}$$

$$= 0.038 \ \mathrm{m/s^2}$$

(2) 因为 $x = \sqrt{t^2 + 12^2} - 12$,当 $x = H = 12$ 时,即重物上升到
滑轮处时有 $12 = \sqrt{t^2 + 12^2} - 12$,解得 $t = 20.8$ s。

**1-10**　一带电粒子射入均匀磁场,当粒子的初速度与磁场方
向斜交时,粒子的运动方程为 $x = a\cos kt$,$y = a\sin kt$,$z = bt$,其中
$a$,$b$,$k$ 是常量。试求此粒子的运动轨迹,以及走过的路程 $s$ 与时
间 $t$ 的关系。

**解**　在运动方程 $x$、$y$ 分量中消去 $t$,得

$$x^2 + y^2 = (a\cos kt)^2 + (a\sin kt)^2 = a^2$$

上式是圆方程,所以轨迹是以 $z$ 轴为对称轴的螺旋线。因为

$$\mathrm{d}s = \sqrt{(\mathrm{d}x)^2 + (\mathrm{d}y)^2 + (\mathrm{d}z)^2}$$

$$= \sqrt{(-ak\sin kt)^2 + (ak\cos kt)^2 + b^2}\,\mathrm{d}t = \sqrt{a^2 k^2 + b^2}\,\mathrm{d}t$$

所以　　　$s = \int \mathrm{d}s = \int_0^t \sqrt{a^2 k^2 + b^2}\,\mathrm{d}t = \sqrt{a^2 k^2 + b^2} \cdot t$

**1-11**　一质点在 $Oxy$ 平面上运动,运动方程为 $x = 2t$, $y = 19 - 2t^2$,式中,$t$ 的单位是 s,长度的单位是 m。(1) 什么时候位置矢量与速度垂直? 这时质点位于哪里? (2) 什么时候质点离原点最近? 这时距离是多少?

**解**　$\boldsymbol{r} = x\boldsymbol{i} + y\boldsymbol{j} = 2t\boldsymbol{i} + (19 - 2t^2)\boldsymbol{j}$,　$\boldsymbol{v} = \dfrac{\mathrm{d}\boldsymbol{r}}{\mathrm{d}t} = 2\boldsymbol{i} - 4t\boldsymbol{j}$

(1) $\boldsymbol{r}$ 与 $\boldsymbol{v}$ 垂直时,$\boldsymbol{r} \cdot \boldsymbol{v} = 0$,即

$$[2t\boldsymbol{i} + (19 - 2t^2)\boldsymbol{j}] \cdot (2\boldsymbol{i} - 4t\boldsymbol{j}) = 0, \quad 4t(-18 + 2t^2) = 0$$

解得 $t_1 = 0$, $t_2 = 3$, $t_3 = -3$(舍去),即当 $t_1 = 0$, $t_2 = 3$ 时,位置矢量与速度垂直。质点分别位于 $\boldsymbol{r}_1 = 19\boldsymbol{j}$ (m)和 $\boldsymbol{r}_2 = (6\boldsymbol{i} + \boldsymbol{j})$ (m)处。

(2) 质点离原点距离

$$r = |\boldsymbol{r}| = \sqrt{x^2 + y^2} = \sqrt{4t^2 + (19 - 2t^2)^2} = \sqrt{(2t^2 - 18)^2 + 37}$$

令 $\dfrac{\mathrm{d}r}{\mathrm{d}t} = 0$,得 $t = 3$ s,即 $t = 3$ s 时,质点离原点最近,此时

$$r_{\min} = \sqrt{(2 \times 3^2 - 18)^2 + 37}\ \mathrm{m} = 6.08\ \mathrm{m}$$

**1-12**　如图所示,一气象气球自地面以匀速度 $v$ 上升到天空,在距离放出点为 $R$ 处用望远镜对气球进行观测。求:(1) 仰角 $\theta$ 随高度 $h$ 的变化率;(2) 仰角 $\theta$ 的时间变化率。

**解**　(1) 如图所示,

$$\tan\theta = \frac{h}{R}$$

两边对 $h$ 求导,有

$$\frac{1}{\cos^2\theta}\frac{\mathrm{d}\theta}{\mathrm{d}h} = \frac{1}{R}$$

$$\frac{\mathrm{d}\theta}{\mathrm{d}h} = \frac{\cos^2\theta}{R} = \left(\frac{R}{\sqrt{R^2 + h^2}}\right)^2 \frac{1}{R} = \frac{R}{R^2 + h^2}$$

习题 **1-12** 图

(2) 将 $\tan\theta = \dfrac{h}{R}$ 两边对 $t$ 求导,有

$$\frac{1}{\cos^2\theta}\frac{\mathrm{d}\theta}{\mathrm{d}t}=\frac{1}{R}\frac{\mathrm{d}h}{\mathrm{d}t}=\frac{v}{R}$$

$$\frac{\mathrm{d}\theta}{\mathrm{d}t}=\frac{v}{R}\cos^2\theta=\frac{v}{R}\frac{R^2}{R^2+h^2}=\frac{vR}{R^2+h^2}=\frac{vR}{R^2+v^2t^2}$$

**1-13**　一质点在 $Oxy$ 平面内运动,其速度分量为

$$v_x=4t^3+4t\ (\mathrm{m/s}),\quad v_y=4t\ (\mathrm{m/s})$$

设当 $t=0$ 时质点的位置是 $(1,2)$,求轨迹方程。

　　**解**　因为 $v_x=\dfrac{\mathrm{d}x}{\mathrm{d}t}=4t^3+4t,v_y=\dfrac{\mathrm{d}y}{\mathrm{d}t}=4t,x_0=1,y_0=2$,所以

$$x=x_0+\int_0^t(4t^3+4t)\mathrm{d}t=1+t^4+2t^2$$

$$y=y_0+\int_0^t4t\mathrm{d}t=2+2t^2$$

即　　　　　　　　　　$x=1+t^4+2t^2,\quad y=2+2t^2$

消去 $t$ 得轨迹方程　　　　　$x=\dfrac{y^2}{4}$

　　**1-14**　一物体沿 $x$ 轴做直线运动,其加速度 $a=a_0+kt$,式中 $a_0,k$ 是常数。在 $t=0$ 时,$v=0,x=0$。求在时刻 $t$ 物体的速率和位置。

　　**解**　因为　　$a=\dfrac{\mathrm{d}v}{\mathrm{d}t}=a_0+kt,\quad \int_{v_0}^v\mathrm{d}v=\int_0^t(a_0+kt)\mathrm{d}t$

所以　　　　　　　　　$v(t)=a_0t+\dfrac{1}{2}kt^2$

又　　　　　　　　　　$v=\dfrac{\mathrm{d}x}{\mathrm{d}t}=a_0t+\dfrac{1}{2}kt^2$

$$\int_{x_0}^x\mathrm{d}x=\int_0^t\left(a_0t+\frac{1}{2}kt^2\right)\mathrm{d}t,\quad x-x_0=\frac{1}{2}a_0t^2+\frac{1}{6}kt^3$$

所以　　　　　　　　　$x=\dfrac{1}{2}a_0t^2+\dfrac{1}{6}kt^3$

　　**1-15**　一物体沿 $x$ 轴做直线运动,其加速度为 $a=-kv^2,k$ 是常数。在 $t=0$ 时,$v=v_0,x=0$。求:(1)速率随坐标变化的规律;(2)坐标和速率随时间变化的规律。

**解** （1） $a = \dfrac{\mathrm{d}v}{\mathrm{d}t} = \dfrac{\mathrm{d}v}{\mathrm{d}x}\dfrac{\mathrm{d}x}{\mathrm{d}t} = \dfrac{\mathrm{d}v}{\mathrm{d}x}v = -kv^2$

$$\int_{v_0}^{v} \frac{\mathrm{d}v}{v} = -k \int_{0}^{x} \mathrm{d}x, \quad v = v_0 \mathrm{e}^{-kx}$$

（2）因为 $a = \dfrac{\mathrm{d}v}{\mathrm{d}t} = -kv^2$。当 $t=0$ 时，$v=v_0$，有

$$\int_{v_0}^{v} \frac{\mathrm{d}v}{v^2} = -k \int_{0}^{t} \mathrm{d}t$$

所以
$$v = \frac{v_0}{v_0 kt + 1}$$

又因为 $v = \dfrac{\mathrm{d}x}{\mathrm{d}t}$，且 $t=0$ 时，$x=0$，则

$$x = \int_{0}^{t} v \mathrm{d}t = \int_{0}^{t} \frac{v_0}{v_0 kt + 1}\mathrm{d}t = \frac{1}{k}\int_{0}^{t} \frac{\mathrm{d}(v_0 kt + 1)}{v_0 kt + 1}$$

所以
$$x = \frac{1}{k}\ln(v_0 kt + 1)$$

**1-16**　由山顶以初速 $v_0$ 水平发射一枪弹，求在时刻 $t$ 的速度、切向加速度和法向加速度的大小。

**解**　依题意有　　$x = v_0 t$，$\quad y = \dfrac{1}{2}gt^2$

则
$$v_x = \frac{\mathrm{d}x}{\mathrm{d}t} = v_0, \quad v_y = gt$$

所以
$$v = \sqrt{v_x^2 + v_y^2} = \sqrt{v_0^2 + (gt)^2}$$

$v$ 与水平方向夹角　$\theta = \arctan \dfrac{v_y}{v_x} = \arctan \dfrac{gt}{v_0}$

切向加速度大小　$a_{\mathrm{t}} = \dfrac{\mathrm{d}v}{\mathrm{d}t} = \dfrac{g^2 t}{\sqrt{v_0^2 + (gt)^2}}$

法向加速度大小　$a_{\mathrm{n}} = \sqrt{g^2 - a_{\mathrm{t}}^2} = \dfrac{v_0 g}{\sqrt{v_0^2 + (gt)^2}}$

**1-17**　一质点沿半径 $R=2$ m 做圆周运动，其速率 $v = KRt^2$ （m/s），$K$ 为常数。已知第二秒的速率为 32 m/s，求 $t=0.5$ s 时质

点的速度和加速度的大小。

**解**　依题意，$v_{t=2} = KR \times 2^2 = 32$，故 $K = 4$，所以 $v = 8t^2$

$$v_{t=0.5} = 8 \times 0.5^2 \text{ m/s} = 2 \text{ m/s}$$

$$a = \sqrt{a_t^2 + a_n^2} = \sqrt{\left(\frac{\mathrm{d}v}{\mathrm{d}t}\right)^2 + \frac{v^2}{R}} = \sqrt{(16t)^2 + 32t^4}$$

所以　$a_{t=0.5} = \sqrt{(16 \times 0.5)^2 + 32 \times 0.5^4} \text{ m/s}^2 = 8.12 \text{ m/s}^2$

**1-18**　一炮弹做抛射体运动，已知 $t = 0$ 时炮弹的初位置为 $x_0 = y_0 = 0$，初速度 $v_0$ 与水平的 $x$ 轴成 $\theta_0$ 角。若不计空气阻力，求炮弹的切向加速度和法向加速度。

**解**　如图所示，依题意

$$v_x = v_0 \cos\theta_0, \quad v_y = v_0 \sin\theta_0 + \int_0^t (-g)\mathrm{d}t = v_0 \sin\theta_0 - gt$$

$$v = \sqrt{v_x^2 + v_y^2} = \sqrt{(v_0 \cos\theta_0)^2 + (v_0 \sin\theta_0 - gt)^2}$$

$$= \sqrt{v_0^2 + g^2 t^2 - 2gv_0 t \sin\theta_0}$$

$$a_t = \frac{\mathrm{d}v}{\mathrm{d}t} = \frac{g^2 t - gv_0 \sin\theta_0}{\sqrt{v_0^2 - 2v_0 gt\sin\theta_0 + g^2 t^2}}$$

$$a_n = \sqrt{a^2 - a_t^2} = \sqrt{g^2 - a_t^2} = \frac{v_0 g\cos\theta_0}{\sqrt{v_0^2 - 2v_0 gt\sin\theta_0 + g^2 t^2}}$$

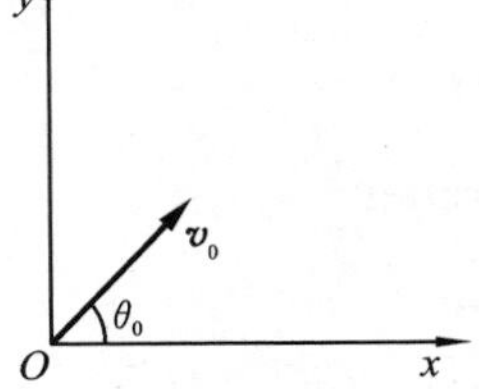

习题 1-18 图 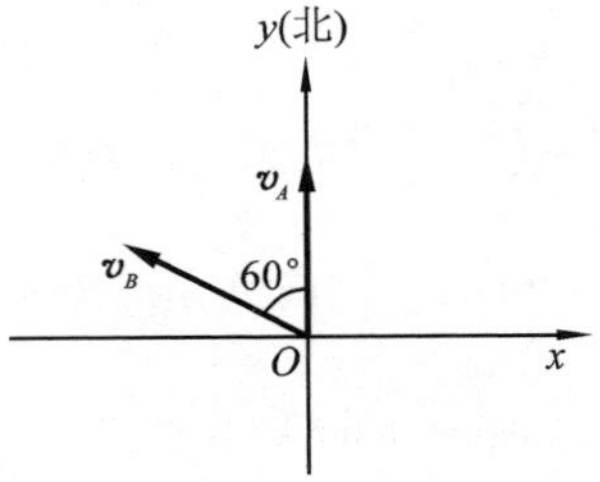　　　　　习题 1-19 图

**1-19**　一架飞机 $A$ 以相对于地面 300 km/h 的速度向北飞行，另一架飞机 $B$ 以相对于地面 200 km/h 的速度向北偏西 60° 的方向飞行。求 $A$ 相对 $B$ 和 $B$ 相对于 $A$ 的速度。

**解**　如图所示，

$$v_{A地} = v_A = 300\boldsymbol{j}\ (\mathrm{km/h})$$

$$v_{B地} = (-100\sqrt{3}\boldsymbol{i} + 100\boldsymbol{j})\ (\mathrm{km/h})$$

$A$ 相对于 $B$ 的速度

$$v_{AB} = v_{A地} + v_{地B} = v_{A地} - v_{B地}$$

$$= [300\boldsymbol{j} - (-100\sqrt{3}\boldsymbol{i} + 100\boldsymbol{j})]\ (\mathrm{km/h})$$

$$= (100\sqrt{3}\boldsymbol{i} + 200\boldsymbol{j})\ (\mathrm{km/h})$$

$$v_{AB} = \sqrt{(100\sqrt{3})^2 + 200^2}\ \mathrm{km/h} = 264.6\ \mathrm{km/h}$$

$$\tan\alpha = \frac{v_y}{v_x} = \frac{200}{100\sqrt{3}} = \frac{2\sqrt{3}}{3},\quad \alpha = 40.9°$$

即 $A$ 相对于 $B$ 的速度大小为 264.6 km/h，方向为北偏东 40.9°。$B$ 相对于 $A$ 的速度大小为 264.6 km/h，方向为南偏西 40.9°。

**1-20**　一架飞机在静止空气中的速率为 $v_1 = 135$ km/h。在刮风天气，飞机以 $v_2 = 135$ km/h 的速率向正北飞行，机头指向北偏东 30°。请协助驾驶员判断风向和风速。

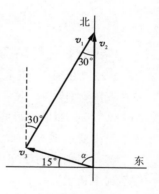

习题 1-20 图

**解**　如图所示，其中 $v_3$ 为风速，因此 $v_2 = v_1 + v_3$，所以

$$v_3 = \sqrt{v_1^2 + v_2^2 - 2v_1 v_2 \cos 30°}$$

$$= \sqrt{135^2 + 135^2 - 2 \times 135 \times 135 \times 0.866}\ \mathrm{km/h}$$

$$= 70\ \mathrm{km/h}$$

$$\alpha = \frac{1}{2}(180° - 30°) = 75°$$

即风向为东风偏北 15°，风吹方向为北偏西 75°。

**1-21**　一质量 $M = 100$ kg，长 $L = 3.6$ m 的小船静止在水面

上。现有一质量 $m=50$ kg 的人从船尾走到船头。问船头将在水面上移动多长的距离。不计水的阻力。

**解**　设船对地的速度为 $v$，人对地的速度为 $u$，由动量守恒定律，有

$$Mv+mu=0,\quad v=-\frac{m}{M}u$$

$$\Delta r_{船对地}=\int v\mathrm{d}t=-\frac{m}{M}\int u\mathrm{d}t=-\frac{m}{M}\Delta r_{人对地}$$

即
$$\Delta r_{船对地}=-\frac{m}{M}\Delta r_{人对地}$$

而
$$\Delta r_{人对地}=\Delta r_{人对船}+\Delta r_{船对地}=L+\Delta r_{船对地}$$

所以
$$\Delta r_{船对地}=-\frac{m}{M}(L+\Delta r_{船对地})$$

$$\Delta r_{船对地}=-\frac{m}{M+m}L=-\frac{50}{100+50}\times 3.6\ \mathrm{m}=-1.2\ \mathrm{m}$$

**1-22**　如图（a）所示，一行驶的货车遇到大雨。雨滴相对地面竖直下落，速度为 5 m/s。车厢里紧靠挡板水平地放有长为 $L=$ 1 m 的木板。如果木板的上表面距挡板最高端的距离 $h=1$ m，问货车至少要以多大的速度行驶，才能使木板不致淋雨？

**解**　当雨相对于车的速度 $v_{雨车}$ 沿图（b）所示方向时，雨滴恰好打不到木板上。

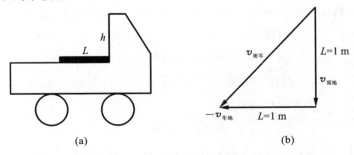

（a）　　　　　　　　　　（b）

**习题 1-22 图**

$$v_{雨车} = v_{雨地} + v_{地车} = v_{雨地} - v_{车地}$$

因为 $h = L = 1$ m,所以

$$v_{车地} = v_{雨地} = 5 \text{ m/s}$$

　　**1-23**　把两个物体 $A$ 和 $B$ 分别以初速 $v_A$ 和 $v_B$ 同时抛掷出去。若忽略空气的阻力,试证明在两物体均未落地前物体 $B$ 相对于物体 $A$ 作匀速直线运动。

　　**解**　两物体在抛出后落地前,速度可写成

$$\boldsymbol{u}_A(t) = v_A + \int_0^t \boldsymbol{g} \mathrm{d}t = v_A + \boldsymbol{g}t$$

$$\boldsymbol{u}_B(t) = v_B + \int_0^t \boldsymbol{g} \mathrm{d}t = v_B + \boldsymbol{g}t$$

$$\boldsymbol{u}_{BA}(t) = \boldsymbol{u}_B(t) - \boldsymbol{u}_A(t) = v_B - v_A = 常矢量$$

所以 $B$ 相对于 $A$ 做匀速直线运动。

# 第2章 牛顿运动定律

## 一、内 容 提 要

**1. 牛顿第二定律**

$$F = \frac{\mathrm{d}\boldsymbol{p}}{\mathrm{d}t}$$

当质量 $m$ 为常量时,有 $\quad \boldsymbol{F} = m\boldsymbol{a}$

**2. 非惯性系与惯性力**

质量为 $m$ 的物体,在平动加速度为 $\boldsymbol{a}_0$ 的参照系中受的惯性力为 $\boldsymbol{F}_0 = -m\boldsymbol{a}_0$。

**3. 动量与角动量**

(1)动量定理 $\quad \displaystyle\int_{t_1}^{t_2} \boldsymbol{F} \mathrm{d}t = \boldsymbol{p}_2 - \boldsymbol{p}_1$

(2)动量守恒定律

$\quad$ 当 $\displaystyle\sum \boldsymbol{F}_外 = \boldsymbol{0}$ 时,$\displaystyle\sum_i \boldsymbol{p}_i = \sum_i m_i \boldsymbol{v}_i =$ 常矢量

(3)角动量定理

角动量:对某一固定点,有 $\quad \boldsymbol{L} = \boldsymbol{r} \times \boldsymbol{p} = \boldsymbol{r} \times m\boldsymbol{v}$

角动量定理: $\quad \displaystyle\int_0^t \boldsymbol{M} \mathrm{d}t = \boldsymbol{L} - \boldsymbol{L}_0$

(4)角动量守恒定律 $\quad$ 当 $\displaystyle\sum \boldsymbol{M} = \boldsymbol{0}$ 时,$\boldsymbol{L} = \boldsymbol{L}_0 =$ 常矢量

**4. 功和能**

(1)功 $\quad \mathrm{d}A = \boldsymbol{F} \cdot \mathrm{d}\boldsymbol{r} = F |\mathrm{d}\boldsymbol{r}| \cos\theta = F \mathrm{d}s \cos\theta$

$$A = \int_a^b \boldsymbol{F} \cdot \mathrm{d}\boldsymbol{r}$$

（2）动能定理

质点动能定理：　　　$A = \dfrac{1}{2}mv^2 - \dfrac{1}{2}mv_0^2$

质点系动能定理：$A_{外力} + A_{内力} = \sum E_k - \sum E_{k_0}$

（3）势能

重力势能：　　　　　$E_p = mgh$

弹性势能：　　　　　$E_p = \dfrac{1}{2}kx^2$

万有引力势能：　　　$E_p = -G\dfrac{Mm}{r}$

**5. 功能原理**

$$A_{外力} + A_{非保守内力} = (E_k + E_p) - (E_{k_0} + E_{p_0})$$

**6. 机械能守恒定律**

当 $A_{外力} + A_{非保守内力} = 0$ 时，$E_k + E_p = $ 常量。

# 二、重 点 难 点

**1.** 根据牛顿三定律，应用微积分方法求解变力作用下的质点运动问题。

**2.** 变力的冲量，应用动量定理和动量守恒定律分析、解决质点的运动问题。

**3.** 质点的角动量，应用角动量定理和角动量守恒定律求解质点的运动问题。

**4.** 功的定义及变力做功的计算，保守力做功的特点及势能的计算。

**5.** 应用动能定理及功能原理分析、解决质点运动的问题。

**6.** 机械能守恒的条件及运用守恒定律分析、求解综合问题的方法。

# 三、思考题及解答

**2-1** 质量分别为 $m_1$ 和 $m_2$ 的两滑块 $A$ 和 $B$ 通过一轻弹簧水平连接后置于水平桌面上,滑块与桌面间的摩擦系数均为 $\mu$,系统在水平拉力 $F$ 作用下匀速运动,如图所示。如突然撤消拉力,则刚撤消后瞬间,二者的加速度 $a_A$ 和 $a_B$ 分别为多少?

**解** 由于系统在拉力 $F$ 作用下做匀速运动,

对 $A$ 进行受力分析,知

$$F = kx + \mu m_1 g$$

对 $B$ 进行受力分析,知

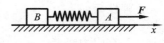

**思考题 2-1 图**

$$kx = \mu m_2 g$$

突然撤消拉力时,对 $A$ 有 $m_1 a_A = kx + \mu m_1 g$,所以

$$a_A = \mu \frac{m_1 + m_2}{m_1} g$$

对 $B$ 有 $m_2 a_B = kx - \mu m_2 g$,所以 $a_B = 0$。

**2-2** 质量分别为 $m$ 和 $M$ 的滑块 $A$ 和 $B$,叠放在光滑水平桌面上,如图所示。$A$、$B$ 间静摩擦系数为 $\mu_s$,滑动摩擦系数为 $\mu_k$,系统原处于静止。今有一水平力作用于 $A$ 上,要使 $A$、$B$ 不发生相对滑动,则 $F$ 应取什么范围?

**解** 根据题意,分别对 $A$、$B$ 进行受力分析,要使 $A$、$B$ 不发生相对滑动,必须使两者具有相同的加速度,所以列式:

$$\begin{cases} F_{\max} - \mu_s m g = m a \\ \mu_s m g = M a \end{cases}$$

解得

$$F_{\max} = \frac{m + M}{M} \mu_s m g$$

所以

$$F < \frac{m + M}{M} \mu_s m g$$

**思考题 2-2 图**

**2-3** 求证:一对内力做功与参考系的选择无关。

**证**　对于系统里的两个质点而言,一对内力做功可表示为 $A = f_1 \cdot dr_1 + f_2 \cdot dr_2$,由于外力的存在,质点 1 和质点 2 的运动情况是不同的,虽然其内力大小相等而方向相反($f_1 = -f_2$),但 $dr_1 \neq dr_2$,所以上式可写为

$$A = f_1 \cdot dr_1 + f_2 \cdot dr_2 = f_1 \cdot (dr_1 - dr_2)$$

此式表明,内力的功与两个质点的相对位移有关,与参考系的选择无关。

**2-4**　$A$ 和 $B$ 两物体放在水平面上,它们受到的水平恒力 $F$ 一样,位移 $s$ 也一样,但接触面一个光滑,另一个粗糙。$F$ 做的功是否一样? 两物体动能增量是否一样?

**答**　根据功的定义,有 $A = F \cdot \Delta r$,所以当它们受到的水平恒力 $F$ 一样,位移 $s$ 也一样时,两个功是相等的;但由于光滑的接触面无摩擦力,粗糙的接触面有摩擦力做功,所以两个物体的总功不同,动能的增量就不相同。

**2-5**　判断对错

(1) 质点系的内力可以改变系统的总质量。　　　　[　]

(2) 质点系的内力可以改变系统的总动量。　　　　[　]

(3) 质点系的内力可以改变系统的总动能。　　　　[　]

(4) 质点系的内力可以改变系统的总角动量。　　　[　]

(5) 质点系的机械能的改变与保守内力无关。　　　[　]

(6) 保守力做正功时,系统内相应的势能增加。　　[　]

(7) 质点运动经一闭合路径,保守力对质点做的功为零。

　　　　　　　　　　　　　　　　　　　　　　[　]

**答**　(1) 错误;(2) 错误;(3) 正确;(4) 错误;(5) 正确;(6) 错误;(7) 正确

**2-6**　假设卫星环绕地球中心做椭圆运动,则在运动过程中,卫星对地球中心的[　]

(A) 角动量守恒,动能守恒。

(B) 角动量守恒,机械能守恒。

（C）角动量不守恒，机械能守恒。

（D）角动量不守恒，动量也不守恒。

（E）角动量守恒，动量也守恒。

**答**　（B）

**2-7**　如图所示，在光滑水平地面上放着一辆小车，车上左端放着一只箱子，今用同样的水平恒力 **F** 拉箱子，使它由小车的左端到达右端。一次小车被固定在水平地面上，另一次小车没有固定。试以水平地面为参照系，判断下列结论中正确的是〔　　〕

（A）在两种情况下，**F** 做的功相等。

（B）在两种情况下，摩擦力对箱子做的功相等。

（C）在两种情况下，箱子获得的动能相等。

（D）在两种情况下，由于摩擦而产生的热相等。

**答**　（D）

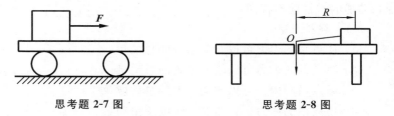

思考题 2-7 图　　　　　　　　　思考题 2-8 图

**2-8**　如图所示，一个小物体，位于光滑的水平桌面上，与绳的一端相连接，绳的另一端穿过桌面中心的小孔 $O$。该物体原以角速度 $\omega$ 在半径为 $R$ 的圆周上绕 $O$ 旋转，今将绳从小孔缓慢往下拉，则物体〔　　〕

（A）动能不变，动量改变。

（B）动量不变，动能改变。

（C）角动量不变，动量不变。

（D）角动量改变，动量改变。

（E）角动量不变，动能、动量都改变。

**答**　（E）

# 四、习题及解答

**2-1**　回答下列问题：

（1）物体的速度很大，因此它受到的合外力一定很大，对吗？

（2）物体做匀速率运动时，它所受到的合外力一定为零，对吗？

（3）物体必定沿着合外力的方向运动，对吗？

**解**　（1）不对。由 $F = m\dfrac{\mathrm{d}v}{\mathrm{d}t}$ 知，合外力与 $v$ 的变化率成正比，不是与 $v$ 成正比。

（2）不一定。比如匀速圆周运动，其速率不变，但向心力不为零。

（3）不对。比如匀速圆周运动，运动方向与合外力（向心力）垂直。

**2-2**　如图所示，用水平力 $F$ 将质量为 $m$ 的物体压在竖直墙上，摩擦力为 $f$。若水平力增加一倍，则摩擦力是否也增加一倍？

**解**　否。摩擦力与重力平衡，其大小不变。

**2-3**　一质量为 60 kg 的人，站在电梯中的磅秤上，当电梯以 0.5 m/s² 的加速度匀加速上升时，磅秤上指示的读数是多少？试用惯性力的方法求解。

习题 2-2 图

**解**　取磅秤为参考系，人受的重力 $G = mg$，惯性力 $F = ma$，磅秤支持力 $N$。

$$mg + ma + N = 0$$

$$N = -m(g+a) = -60 \times (9.8 + 0.5) \quad N = -618 \text{ N}$$

所以磅秤上指示的读数是 618 N。

**2-4**　人静止在磅秤上时称得的体重等于 $mg$，若人突然下蹲，磅秤的读数将如何变化？

**解**　先小于 $mg$，后大于 $mg$。

**2-5**　一根水平张紧的绳中间挂一重物，如图所示。绳越是接近水平，即 $\theta$ 角越小，绳越容易断。为什么？

**解**　受力平衡时，有

$$2T\sin\theta = mg, \quad T = \frac{mg}{2\sin\theta}$$

$\theta$ 越小，$T$ 越大，则绳越容易断。

习题 2-5 图

**2-6**　如图所示，运动着的升降机内，在一个很轻的定滑轮两边各挂一个物体，两物体质量不等。升降机内的观察者说：他看到两个物体平衡。你说这可能吗？为什么？

**解**　可能。升降机做自由落体运动时，惯性力与重力抵消，两物体可以受力平衡，绳子张力为零。

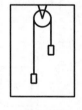

习题 2-6 图

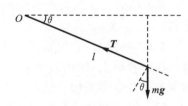

习题 2-7 图

**2-7**　一个质量为 $m$ 的珠子系在线的一端，线的另一端扎在墙壁的钉子上，线长为 $l$。先拉动珠子使线水平张直，然后松手让珠子落下。求线摆到与竖直方向成 $\theta$ 角时珠子的速率和线的张力。

**解**　由机械能守恒，有

$$\frac{1}{2}mv^2 = mgl\sin\theta, \quad v = \sqrt{2gl\sin\theta}$$

又

$$T - mg\sin\theta = m\frac{v^2}{l} = 2mg\sin\theta$$

故

$$T = 3mg\sin\theta$$

**2-8**　一物体由静止下落，所受阻力与速度成正比：$F = -kv$。

求任一时刻的速度及最终速度。

**解**　取竖直向下为正方向,则

$$mg - kv = ma = m\frac{\mathrm{d}v}{\mathrm{d}t}, \quad \int_0^v \frac{m}{mg - kv}\mathrm{d}v = \int_0^t \mathrm{d}t$$

故
$$v = \frac{mg}{k}\left(1 - \mathrm{e}^{-\frac{k}{m}t}\right)$$

在上式中令 $t \to \infty$,得最终速度 $v_f = \dfrac{mg}{k}$。

**2-9**　一个水平的木制圆盘绕其中心竖直轴匀速转动。在盘上离中心 $r = 20$ cm 处放一小铁块。铁块与木板间的静摩擦系数 $\mu = 0.4$。求圆盘转速增大到每分钟多少转时,铁块开始在圆盘上移动?

**解**　当惯性离心力大于最大静摩擦力时,铁块开始在圆盘上移动。

$$m\omega^2 r = mg\mu, \quad \omega = \sqrt{\frac{g\mu}{r}} = \sqrt{\frac{9.8 \times 0.4}{0.2}}\ \mathrm{rad/s} = 4.43\ \mathrm{rad/s}$$

每分钟转数　$N = \dfrac{\omega \times 60}{2\pi} = 42.32\ \mathrm{r/min}$

**2-10**　在半径为 $r$ 的光滑球面的顶点,有一质点从静止开始沿球面滑下。试用牛顿定律确定质点在离球的最低点多高处离开球面。

**解**　由机械能守恒,有

$$\frac{1}{2}mv^2 = mgr(1 - \sin\theta) \qquad ①$$

$$m\frac{v^2}{r} = mg\sin\theta - N \qquad ②$$

质点离开球面时,$N = 0$,则

$$m\frac{v^2}{r} = mg\sin\theta \qquad ③$$

由③式、①式解得　$\sin\theta = \dfrac{2}{3}$

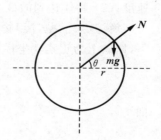

习题 2-10 图

所以 $$H = r + r\sin\theta = \frac{5}{3}r$$

**2-11**　如图(a)所示,升降机以加速度 $a_1$ 上升,一物体沿着与升降机地板成 $\theta$ 角的光滑斜面滑下,求物体的加速度。

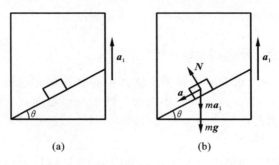

(a)　　　　　　　　　　(b)

习题 2-11 图

**解**　如图(b)所示,取升降机为参考系,物体的加速度沿斜面向下,

$$(mg + ma_1)\sin\theta = ma, \quad a = (g + a_1)\sin\theta$$

相对于地面,　$a_x = a\cos\theta = (g + a_1)\sin\theta\cos\theta$

$$a_y = a\sin\theta - a_1 = (g + a_1)\sin^2\theta - a_1 = g\sin^2\theta - a_1\cos^2\theta$$

**2-12**　将质量为 $m$ 的物体以初速度 $v_0$ 竖直上抛。设空气的阻力正比于物体的速度,比例系数为 $k$。求:(1)任一时刻物体的速度;(2)物体达到的最大高度。

**解**　(1)上抛过程物体受重力和空气阻力的作用,方向皆向下,以向上为正建立坐标系。

$$m\frac{\mathrm{d}v}{\mathrm{d}t} = -(mg + kv) \qquad ①$$

即 $$-\frac{\mathrm{d}v}{g + \frac{k}{m}v} = \mathrm{d}t \qquad ②$$

根据初始条件,$t = 0, v = v_0 > 0$,得

$$-\int_{v_0}^{v}\frac{\mathrm{d}v}{g+\dfrac{k}{m}v}=\int_{0}^{t}\mathrm{d}t\Rightarrow-\frac{m}{k}\int_{v_0}^{v}\frac{\mathrm{d}\left(g+\dfrac{k}{m}v\right)}{g+\dfrac{k}{m}v}=\int_{0}^{t}\mathrm{d}t$$

$$v=v_0\exp\left(-\frac{k}{m}t\right)+\frac{mg}{k}\left[\exp\left(-\frac{k}{m}t\right)-1\right]\qquad ③$$

（2）变量代换 $\dfrac{\mathrm{d}v}{\mathrm{d}t}=\dfrac{\mathrm{d}v}{\mathrm{d}x}\cdot\dfrac{\mathrm{d}x}{\mathrm{d}t}=v\,\dfrac{\mathrm{d}v}{\mathrm{d}x}$，并将其代入②式，有

$$-\frac{v\mathrm{d}v}{g+\dfrac{k}{m}v}=\mathrm{d}x\Rightarrow-\frac{m}{k}\mathrm{d}v+\frac{m^2}{k^2}g\frac{\mathrm{d}\left(g+\dfrac{k}{m}v\right)}{g+\dfrac{k}{m}v}=\mathrm{d}x\qquad ④$$

根据条件 $x_0=0, v=v_0 ; x=H, v=0$，对④式积分，有

$$-\frac{m}{k}\int_{v_0}^{0}\mathrm{d}v+\frac{m^2}{k^2g}\int_{v_0}^{0}\frac{\mathrm{d}\left(g+\dfrac{k}{m}v\right)}{g+\dfrac{k}{m}v}=\int_{0}^{H}\mathrm{d}x$$

则
$$H=\frac{m}{k}v_0-\frac{m^2}{k^2}g\ln\left(1+\frac{kv_0}{mg}\right)$$

**2-13**　一人造卫星的质量为 1327 kg，在离地面 $1.85\times10^6$ m 的高空中绕地球做匀速圆周运动。求：（1）卫星所受向心力的大小；（2）卫星的速率；（3）卫星围绕地球运行一周的时间。

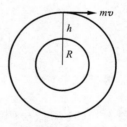

**习题 2-13 图**

**解**　地球半径取 $R=6400$ km。根据万有引力定律，有

$$F=G\frac{Mm}{r^2}, \qquad \frac{F}{mg}=\frac{R^2}{(R+h)^2}$$

（1）　$$\frac{F}{1327\times9.8}=\frac{(6400\times10^3)^2}{(6400\times10^3+1.85\times10^6)^2}$$
$$F=7.78\times10^3 \text{ N}$$

（2）　　　　　　　　$$m\frac{v^2}{r}=F$$

$$v=\sqrt{\frac{Fr}{m}}=6.95\times10^{3}\text{ m/s}$$

（3）　　　　　　　　$T=\frac{2\pi r}{v}=7.45\times10^{3}\text{ s}$

**2-14**　快艇以速率 $v_0$ 行驶，它受到的摩擦阻力与速度的平方成正比，比例系数的大小为 $k$。设快艇的质量为 $m$。求当快艇发动机关闭后，（1）速度随时间变化的规律；（2）路程随时间变化的规律；（3）速度随路程变化的规律。

**解**　（1）按题意列力学方程 $m\dfrac{\mathrm{d}v}{\mathrm{d}t}=-kv^2$，当 $t=0$ 时，$v=v_0$，故有

$$\int_{v_0}^{v}\frac{\mathrm{d}v}{v^{2}}=-\frac{k}{m}\int_{0}^{t}\mathrm{d}t$$

即得　　　　　　　$v=\dfrac{v_0}{1+\dfrac{k}{m}v_0t}$　　　　　　　①

（2）以 $v=\dfrac{\mathrm{d}s}{\mathrm{d}t}$ 代入①式，得 $\dfrac{\mathrm{d}s}{\mathrm{d}t}=\dfrac{v_0}{1+\dfrac{k}{m}v_0t}$，分离变量并积分

$$\int_{0}^{s}\mathrm{d}s=\int_{0}^{t}\left[v_0\Big/\left(1+\frac{k}{m}v_0t\right)\right]\mathrm{d}t$$

得　　　　　　　　$s=\dfrac{m}{k}\ln\left(1+\dfrac{k}{m}v_0t\right)$　　　　　②

（3）解法一：由①式得　$1+\dfrac{k}{m}v_0t=\dfrac{v_0}{v}$　　　　③

将③式代入②式，得 $\dfrac{k}{m}s=\ln\dfrac{v_0}{v}$，故

$$v=v_0\mathrm{e}^{-\frac{k}{m}s}$$

解法二：按题意，有　$m\dfrac{\mathrm{d}v}{\mathrm{d}t}=m\dfrac{\mathrm{d}v}{\mathrm{d}s}\dfrac{\mathrm{d}s}{\mathrm{d}t}=m\dfrac{\mathrm{d}v}{\mathrm{d}s}v=-kv^2$

$$m\frac{\mathrm{d}v}{\mathrm{d}s}=-kv,\qquad\frac{\mathrm{d}v}{v}=-\frac{k}{m}\mathrm{d}s$$

$$\int_{v_0}^{v} \frac{\mathrm{d}v}{v} = \int_{0}^{s} -\frac{k}{m}\mathrm{d}s , \quad v = v_0 \mathrm{e}^{-\frac{k}{m}s}$$

**2-15** 如图所示，$A$、$B$ 两物叠放在水平桌面上，并以细绳跨过一定滑轮相连接。今用水平力 $F$ 拉 $A$，设 $A$ 与 $B$ 及桌面间的摩擦系数都是 0.2，质量 $m_A = 6$ kg，$m_B = 4$ kg，滑轮和绳的质量及摩擦都可忽略不计。（1）问 $F$ 至少要多大才能拉动 $A$；（2）求此时绳中的张力。

**解** （1）设绳中的张力为 $T$，$A$ 与 $B$ 之间的摩擦力为 $f_1$，$B$ 与桌面之间的摩擦力为 $f_2$。当 $F - T - f_1 - f_2 > 0$ 时，才能拉动 $A$，即

$$F > T + f_1 + f_2$$

对于 $B$，要求 $T > f_1$，故

$$F > f_1 + f_1 + f_2 = 2\mu m_B g + (m_A + m_B)g\mu = (m_A + 3m_B)g\mu$$
$$= 18 \times 9.8 \times 0.2 \text{ N} = 35.3 \text{ N}$$

（2）　　　$T = f_1 = m_B g\mu = 4 \times 9.8 \times 0.2 \text{ N} = 7.8 \text{ N}$

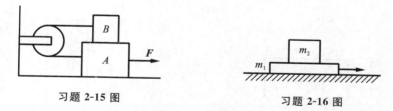

习题 2-15 图

习题 2-16 图

**2-16** 桌上有一质量 $m_1 = 1$ kg 的板子，板上放一质量 $m_2 = 2$ kg 的物体。设板与物体及桌面间的动摩擦系数 $\mu = 0.25$，静摩擦系数 $\mu' = 0.3$。问要将板从物体下抽出，至少需用多大的力。

**解** 要将板从物体下抽出，板的加速度 $a_1$ 必须大于物体的加速度 $a_2$，即 $a_1 > a_2$，亦即

$$\frac{F - \mu' m_2 g - \mu(m_1 + m_2)g}{m_1} > \frac{\mu' m_2 g}{m_2}$$

$$F > (\mu' + \mu)(m_1 + m_2)g = (0.3 + 0.25)(1+2) \times 9.8 \text{ N} = 16.17 \text{ N}$$

**2-17** 枪弹在枪管内前进时受到的合力随时间变化：$F = a -$

$bt$。枪弹到达枪口时恰好 $F=0$，速度为 $v_0$，求枪弹的质量。

**解**　枪弹到达枪口所用的时间 $\Delta t$ 满足

$$F=a-b\Delta t=0,\quad \Delta t=\frac{a}{b}$$

$$v_0=\int_0^{\Delta t}\frac{F}{m}\mathrm{d}t=\int_0^{\Delta t}\frac{a-bt}{m}\mathrm{d}t=\frac{1}{m}\int_0^{\frac{a}{b}}(a-bt)\,\mathrm{d}t=\frac{1}{m}\left(\frac{a^2}{b}-\frac{a^2}{2b}\right)$$

所以

$$m=\frac{a^2}{2bv_0}$$

**2-18**　在水平直轨道上有一车厢以加速度 $a$ 行进，在车厢中看到有一质量为 $m$ 的小球静止地悬挂在顶板下。试以车厢为参考系，求出悬线与竖直方向的夹角。

**解**　如图所示，

$$ma=T\sin\theta,\quad mg=T\cos\theta$$

$$\tan\theta=\frac{a}{g},\quad a=g\tan\theta$$

$$\theta=\arctan\frac{a}{g}$$

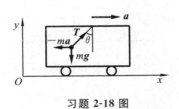

习题 2-18 图　　　　　　习题 2-19 图

**2-19**　如图所示，一根绳子跨过电梯内的定滑轮，两端悬挂质量不等的物体，$m_1>m_2$。滑轮和绳子的质量忽略不计。当电梯以加速度 $a$ 上升时，求绳的张力 $T$ 和 $m_1$ 相对于电梯的加速度 $a_r$。

**解**　以电梯为参照系，两物体分别受到向下的惯性力 $m_1a$ 和 $m_2a$。于是，

$$\begin{cases}m_1g+m_1a-T=m_1a_r\\ T-m_2g-m_2a=m_2a_r\end{cases}$$

消去方程组中的 $T$,得 $a_r = \dfrac{m_1 - m_2}{m_1 + m_2}(g + a)$

再得到绳的张力 $T = \dfrac{2m_1 m_2}{m_1 + m_2}(g + a)$

**2-20** 质量为 $m$ 的小球在水平面内做匀速圆周运动,试求小球在经过 (1) $\dfrac{1}{4}$ 圆周;(2) $\dfrac{1}{2}$ 圆周;(3) $\dfrac{3}{2}$ 圆周;(4) 整个圆周过程中的动量变化。

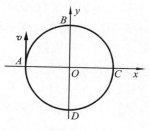

习题 2-20 图

**解** 设速率为 $v$,如图所示。

(1) $\Delta \boldsymbol{p} = mv_B - mv_A = m(v\boldsymbol{i} - v\boldsymbol{j})$
$= mv(\boldsymbol{i} - \boldsymbol{j})$

动量变化大小为 $\sqrt{2}mv$。

(2) $\Delta \boldsymbol{p} = mv_C - mv_A = m(-v\boldsymbol{j} - v\boldsymbol{j}) = -2mv\boldsymbol{j}$

动量变化大小为 $2mv$。

(3) $\Delta \boldsymbol{p} = mv_D - mv_A = m(-v\boldsymbol{i} - v\boldsymbol{j}) = -mv(\boldsymbol{i} + \boldsymbol{j})$

动量变化大小为 $\sqrt{2}mv$。

(4) $\Delta \boldsymbol{p} = mv_A - mv_A = \boldsymbol{0}$

动量变化大小为 0。

**2-21** 有两个质量不同而速度相等的运动物体,要使它们在相等的时间内同时停下来,所施的力是否相同? 速度不同而质量相同的两个物体,要用相同的力使它们停下来,作用的时间是否相同?

**解** 根据动量定理可知,两个质量不同而速度相等的运动物体,要使它们在相等的时间内同时停下来,对质量大的物体所施的力要大些;速度不同而质量相同的两个物体,要用相同的力使它们停下来,对速度大的物体所用的时间要长些。

**2-22** 一物体在一段时间 $\Delta t = \Delta t_1 + \Delta t_2$ 内沿 $x$ 方向的受力情况如图所示,已知图中的面积 $S_1$ 和 $S_2$ 相等,物体的动量将如何变化?

**解**　根据动量定理可知，

$$\Delta p = I = \int F\mathrm{d}t = F\text{-}t \text{ 曲线下的面积}$$

$$= S_1 - S_2$$

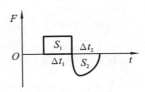

所以物体的动量在 $\Delta t_1$ 时间内增大，在 $\Delta t_2$ 时间内减小，整个过程中动量增量为 0。

习题 2-22 图

**2-23**　一质量为 2.5 g 的乒乓球以 $v_1 = 10 \text{ m/s}$ 的速率飞来，用板推挡后又以 $v_2 = 20 \text{ m/s}$ 的速率飞出。设推挡前后球的运动方向与板的夹角分别为 45°与 60°，如图(a)所示。（1）求球得到的冲量；（2）如撞击时间是 0.01 s，求板施于球的平均冲力。

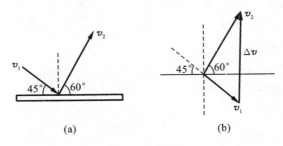

(a)　　　　　　　　(b)

习题 2-23 图

**解**　如图(b)所示。

（1）　　　　　　　　$I = \Delta p = m\Delta v$

大小为

$$I = m|\Delta v| = m\sqrt{v_1^2 + v_2^2 - 2v_1 v_2 \cos(60° + 45°)}$$

$$= 2.5 \times 10^{-3}\sqrt{10^2 + 20^2 - 2 \times 10 \times 20\cos 105°} \text{ N} \cdot \text{s}$$

$$= 6.14 \times 10^{-2} \text{ N} \cdot \text{s}$$

冲量方向沿 $\Delta v$ 的方向。

（2）平均冲力　　　　　$\overline{F} = \dfrac{I}{\Delta t} = \dfrac{m\Delta v}{\Delta t}$

大小为　　　　　　　$\overline{F} = \dfrac{I}{\Delta t} = \dfrac{6.14 \times 10^{-2}}{0.01} \text{ N} = 6.14 \text{ N}$

**2-24**　一颗子弹由枪口飞出的速度是 300 m/s,在枪管内子弹受的合力为 $F=400-\dfrac{4\times10^{5}}{3}t$,式中,$F$ 以 N 为单位,$t$ 以 s 为单位。(1)假定子弹到枪口时所受的力变为 0,计算子弹行经枪管长度所需的时间;(2)求该力的冲量;(3)求子弹的质量。

**解**　(1)　　　　　　　$F=400-\dfrac{4\times10^{5}}{3}t$

当 $F=0$ 时,$F=0=400-\dfrac{4\times10^{5}}{3}t$,故 $t=3\times10^{-3}$ s 为所需时间。

(2)　　　$\displaystyle\int_{t_1}^{t_2}F\mathrm{d}t=\int_0^{3\times10^{-3}}\left(400-\dfrac{4\times10^{5}}{6}t\right)\mathrm{d}t$

$\displaystyle\qquad\qquad=\left(400t-\dfrac{4\times10^{5}}{3}t^2\right)\Big|_0^{3\times10^{-3}}$

$\displaystyle\qquad\qquad=6\times10^{-1}\ \mathrm{N\cdot s}$

(3)　$\displaystyle\int_{t_1}^{t_2}F\mathrm{d}t=mv_2-mv_1$,其中 $v_1=0$,$v_2=300$ m/s,

$$m=\dfrac{6\times10^{-1}}{300}\ \mathrm{kg}=2\times10^{-3}\ \mathrm{kg}$$

**2-25**　某物体受到变力 $F$ 作用,它以如下关系随时间变化:在 0.1 s 内,$F$ 均匀地由 0 增加到 20 N;在以后的 0.2 s 内 $F$ 保持不变;再经 0.1 s,$F$ 又从 20 N 均匀地减少到 0。(1)画出 $F\text{-}t$ 图;(2)求这段时间内力的冲量及力的平均值;(3)如果物体的质量为 3 kg,初速度为 1 m/s,速度的方向与力的方向一致,问在力刚变为 0 时,物体的速度为多大?

**解**　(1)$F\text{-}t$ 图如图所示。

(2)力的冲量值为图中曲线(此处为折线)下的面积大小,即

$$|\boldsymbol{I}|=\left|\int_{t_1}^{t_2}\boldsymbol{F}\cdot\mathrm{d}t\right|=\int_0^{0.1}F_1\mathrm{d}t+\int_{0.1}^{0.3}F_2\mathrm{d}t+\int_{0.3}^{0.4}F_3\mathrm{d}t$$

$$=\left[\dfrac{1}{2}\times20\times(0.1-0)+20\times(0.3-0.1)\right.$$

$$\left.+\dfrac{1}{2}\times20\times(0.4-0.3)\right]\mathrm{N\cdot s}=6.0\ \mathrm{N\cdot s}$$

$$\overline{f} = \frac{I}{\Delta t} = \frac{6.0}{0.4} \text{ N} = 15 \text{ N}$$

（3）由 $I = mv_2 - mv_1$，得

$$v_2 = \frac{I + mv_1}{m} = \frac{6.0 + 3 \times 1}{3} \text{ m/s} = 3.0 \text{ m/s}$$

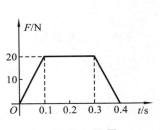

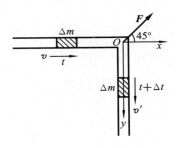

习题 2-25 图　　　　　　　　　习题 2-26 图

**2-26**　水管有一段弯曲成 $90°$，已知管中水的流量为 $3 \times 10^3$ kg/s，流速为 10 m/s。求水流对此弯管的压力的大小和方向。

**解**　如图所示，考虑质量为 $\Delta m$ 的一小段水柱通过直角弯曲处之前和之后这两个状态。设时间间隔为 $\Delta t$，水管对 $\Delta m$ 的力为 $\boldsymbol{f}$，则

$$v = v\boldsymbol{i}, \quad v' = v\boldsymbol{j}, \quad v = 10 \text{ m/s}$$

由动量定理 $\boldsymbol{I} = \Delta \boldsymbol{p}$ 得

$$\boldsymbol{f} \Delta t = \Delta m (v' - v)$$

依牛顿第三定律，水对水管的作用力 $\boldsymbol{F}$ 为

$$\boldsymbol{F} = -\boldsymbol{f} = \frac{\Delta m}{\Delta t}(v - v') = 3 \times 10^3 (10\boldsymbol{i} - 10\boldsymbol{j}) = 3 \times 10^4 (\boldsymbol{i} - \boldsymbol{j}) \text{ (N)}$$

所以，$\boldsymbol{F}$ 的大小为 $3\sqrt{2} \times 10^4$ N，方向沿直角的平分线指向右上方。

**2-27**　有人认为，由于在物体的相互作用中总质量是不变的，所以动量守恒就意味着速度守恒，对吗？

**解**　不对。总动量守恒，但系统内各部分的速度可以变化。

**2-28**　一质量为 $m_1$ 的人，手中拿着质量为 $m_2$ 的物体自地面

以倾角 $\theta$、初速 $v_0$ 斜向前跳起。跳至最高点时以相对于人的速率 $u$ 将物体水平向后抛出，这样人向前跳的距离比原来增加。增加的距离有人算得 $\Delta x = \dfrac{m_2}{m_1 + m_2} \cdot \dfrac{v_0 u \sin\theta}{g}$，有人算得 $\Delta x = \dfrac{m_2}{m_1} \cdot \dfrac{v_0 u \sin\theta}{g}$。究竟哪个结论正确呢？

**解**　人上升、下降所用的时间相等，设为 $t$，则

$$v_0 \sin\theta = gt, \qquad t = \frac{v_0 \sin\theta}{g}$$

设抛出物体后人相对地的速率为 $v$，则物体相对地的速率为 $v - u$，抛出时动量守恒，得

$$(m_1 + m_2) v_0 \cos\theta = m_1 v + m_2 (v - u)$$

$$(m_1 + m_2)(v - v_0 \cos\theta) = m_2 u$$

$$\Delta v = v - v_0 \cos\theta = \frac{m_2 u}{m_1 + m_2}$$

增加的距离为　　　$\Delta x = \Delta v t = \dfrac{m_2}{m_1 + m_2} \dfrac{v_0 u \sin\theta}{g}$

故前一个结果正确。

**2-29**　水平桌面上盘放着一根不能拉伸的均匀柔软的长绳，今用手将绳的一端以恒定速率 $v_0$ 竖直上提。试求当提起的绳长为 $L$ 时，手的提力 $F$ 的大小。（设此绳单位长度的质量为 $\lambda$。）

**解**　如图所示，设 $t$ 时刻提起的绳子长度为 $x$，经过 $\mathrm{d}t$ 后增加了 $\mathrm{d}x$，则由动量定理得

$$(F - \lambda x g - \lambda \cdot \mathrm{d}x \cdot g)\mathrm{d}t = \lambda(x + \mathrm{d}x)v_0 - \lambda x v_0$$

略去二阶无穷小量得

$$(F - \lambda x g) = \lambda v_0 \frac{\mathrm{d}x}{\mathrm{d}t}$$

即　　　　　　　　$F = \lambda x g + \lambda v_0^2$

故当提起的绳长为 $L$ 时，手的提力为

$$F = \lambda L g + \lambda v_0^2$$

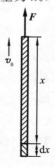

习题 2-29 图

**2-30** 镭原子核含有 88 个质子和 138 个中子,在衰变时放出一个 α 粒子(α 粒子含有 2 个质子和 2 个中子),若质子和中子的质量看做相等,镭原子核原来是静止的,当 α 粒子在离开核时具有 $1.5 \times 10^7$ m/s 的速率,试求剩下的镭原子核所具有的速度。

**解** 设质子和中子的质量均为 $m$,由动量守恒定律,得

$$4m \times 1.5 \times 10^7 + (88 + 138 - 4)mv = 0$$

$$v = -\frac{4 \times 1.5 \times 10^7}{88 + 138 - 4} \text{ m/s} = -2.7 \times 10^5 \text{ m/s}$$

负号表明剩下的原子核的速度与 α 粒子的速率方向相反。

**2-31** 一质量为 10000 kg 的敞篷货车无摩擦地沿一平直铁路滑行,此时正下雨,雨点垂直下落。此车原是空车。速度是 1 m/s,行进一长距离后,积聚水 1000 kg,问车的速率变为多少?

**解** 因水平方向动量守恒,所以

$$10000 \times 1 = (10000 + 1000)v, \quad v = 0.91 \text{ m/s}$$

**2-32** 一个小孩甩动一个系在细线上的小球,使其做水平圆周运动。他用一只手慢慢地拉细线,使半径逐渐缩短。(1)小孩的这个动作对小球的角动量有何影响?(2)为什么这样做细线容易断?

**解** (1)此力为有心力,力矩为零,对小球的角动量没影响。

(2)角动量 $L = mvr$,$L$ 不变,$r$ 减小时,$v$ 增大,向心力 $f = m\dfrac{v^2}{r}$ 增大,细线容易断。

**2-33** 单摆在单向的摆动过程中,如果忽略了摩擦,角动量的大小是否变化?

**解** 相对于摆线的固定点,重力矩不为零,所以角动量不守恒,角动量的大小变化。

**2-34** 有两辆小车绕同一中心做圆周运动,环绕的方向相反,每辆车对转动中心都有角动量。由于两车突然发生碰撞而静止,角动量也变为零。这是否与角动量守恒定律相矛盾?

**解**　不矛盾。碰撞前两辆小车的角动量大小相等,方向相反,整个系统角动量为零。碰撞后角动量也是零,角动量守恒。

**2-35**　一质量为 2200 kg 的汽车以 $v = 60$ km/h 的速度沿一平直公路行驶。求汽车对公路一侧距公路 50 m 的一点的角动量和对公路上任一点的角动量。

**解**　　　　　　　$v = 60$ km/h $= 16.7$ m/s

对路旁一侧距公路 50 m 的一点,角动量的大小为

$$L = p \cdot r = 2200 \times 16.7 \times 50 \text{ kg} \cdot \text{m}^2/\text{s}$$
$$= 1.83 \times 10^6 \text{ kg} \cdot \text{m}^2/\text{s}$$

对公路上任一点,$r$ 和 $p$ 在同一条直线上,$L = 0$。

**2-36**　我国第一颗人造卫星绕地球沿椭圆轨道运动,地球的中心 $O$ 为该椭圆的一个焦点,如图所示,已知地球的平均半径 $R = 6378$ km,人造卫星距地面最近距离 $l_1 = 439$ km,最远距离 $l_2 = 2384$ km,若人造卫星的近地点 $A_1$ 的速度 $v_1 = 8.10$ km/s,求人造卫星在远地点 $A_2$ 的速度。

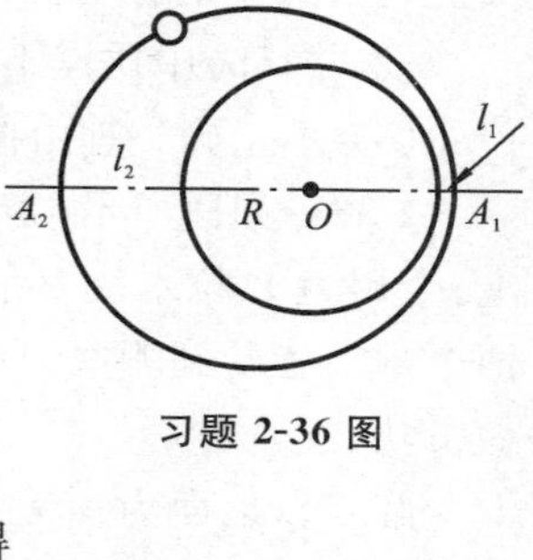

**解**　人造卫星在有心力场中运动,它对 $O$ 点的角动量守恒。人造卫星在近地点,$A_1$ 的角动量

$$L_1 = mv_1(R + l_1)$$

习题 2-36 图

在远地点,$A_2$ 的角动量

$$L_2 = mv_2(R + l_2)$$

因而有 $mv_1(R + l_1) = mv_2(R + l_2)$,由此得

$$v_2 = v_1 \frac{R + l_1}{R + l_2} = 8.10 \times \frac{6378 + 439}{6378 + 2384} \text{ km/s} = 6.31 \text{ km/s}$$

**2-37**　什么情况下功可以写成 $A = \boldsymbol{F} \cdot \boldsymbol{s}$? 对如图所示的几种情况,这个功的计算式是否正确?

(1) 恒力 $\boldsymbol{F}$ 通过跨过一定滑轮的轻绳拉物体沿斜面上升(图(a))。力 $\boldsymbol{F}$ 做的功 $A = \boldsymbol{F} \cdot \boldsymbol{s} = Fs$。

(2) 单摆小球由 $a$ 摆到 $b$ 的过程中(图(b)),重力 $m\boldsymbol{g}$ 做的功

$A=m\boldsymbol{g}\cdot\boldsymbol{s}=mgs\cos\theta=mgh$。

（3）绞车以大小不变的力把船拖向岸边（图（c）），绞车拖力 $\boldsymbol{F}$ 做的功 $A=\boldsymbol{F}\cdot\boldsymbol{s}=Fs$。

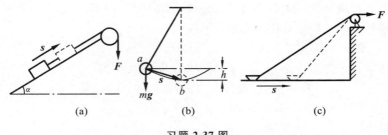

习题 2-37 图

**解**　根据功的定义，恒力作用下物体做直线运动时，功为 $A=\boldsymbol{F}\cdot\boldsymbol{s}$。

（1）不正确。图（a）中 $\boldsymbol{F}$ 并非作用于物体上的力，作用于物体上的力是绳子的拉力。

（2）图（b）中质点不是做直线运动，所以不正确。

（3）不正确。理由同（1）。

**2-38**　如图所示，木块 $A$ 放在木块 $B$ 上，$B$ 又放在水平桌面上，今用力 $\boldsymbol{F}$ 拉木块 $B$ 使两者一同做加速运动。在运动过程中，两个木块各受到哪些力的作用？这些力是否都做功？做正功还是做负功？

**解**　以地面为参考系，$A$ 受到重力、$B$ 的支撑力、$B$ 对它的摩擦力，只有摩擦力对它做正功。$B$ 受到重力、$A$ 对它的压力、$A$ 对它的摩擦力、力 $\boldsymbol{F}$、地面的支撑力及摩擦力，其中 $A$ 对 $B$ 的摩擦力和地面对 $B$ 的摩擦力都做负

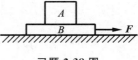

习题 2-38 图

功，力 $\boldsymbol{F}$ 做正功，其他力都不做功。

**2-39**　同一物理过程中某个力做的功的大小与参考系的选择有关吗？

**解**　功与位移有关,位移又跟参考系的选择有关,所以功的大小与参考系的选择有关。

**2-40**　风力 $F_0$ 作用于向正北运动的摩托艇,风力的方向变化规律是 $\alpha=Bs$,其中 $\alpha$ 是力 $F_0$ 的方向与位移 $s$ 之间的夹角,$B$ 为常数。如果运动中风的方向自南变到东,求风力做的功。

**解**　如图所示,

$$A = \int \boldsymbol{F} \cdot \mathrm{d}\boldsymbol{r} = \int \boldsymbol{F}_0 \cdot \mathrm{d}\boldsymbol{s} = \int_0^t F_0 \cos\alpha \mathrm{d}s$$

$$= \frac{1}{B}\int_0^{\frac{\pi}{2}} F_0 \cos\alpha \mathrm{d}\alpha = \frac{F_0}{B}\int_0^{\frac{\pi}{2}} \cos\alpha \mathrm{d}\alpha = \frac{F_0}{B}$$

习题 **2-40** 图　　　　　习题 **2-41** 图

**2-41**　一长方体蓄水池,面积 $S=50$ m²,储水深度 $h_1=1.5$ m。假定水表面低于地面的高度是 $h_2=5$ m。若要将这池水全部抽到地面上来,抽水机需做多少功?若抽水机的效率为 $80\%$,输入功率 $P=35$ kW,则抽完这池水需要多长时间?

**解**　解法一:如图所示,将 $h$ 处厚为 $\mathrm{d}h$ 的一薄层中的水抽到地面上需做功

$$\mathrm{d}A = (\mathrm{d}m)g \cdot (h_1+h_2-h) = (h_1+h_2-h) \cdot \rho g S \mathrm{d}h$$

$$A = \int \mathrm{d}A = \int_0^{h_1}(h_1+h_2-h) \cdot \rho g S \mathrm{d}h = \rho g S \int_0^{h_1}(h_1+h_2-h)\mathrm{d}h$$

$$= \rho g S\left[(h_1+h_2)h_1 - \frac{1}{2}h_1^2\right] = \rho g S\left(\frac{h_1^2}{2}+h_1 h_2\right)$$

$$= 10^3 \times 9.8 \times 50\left(\frac{1.5^2}{2}+1.5 \times 5\right) \text{ J} = 4.23 \times 10^6 \text{ J}$$

$$\frac{A}{0.8} = P \cdot \Delta t$$

$$\Delta t = \frac{A}{0.8P} = \frac{4.23 \times 10^6}{0.8 \times 35 \times 10^3} \text{ s} = 151 \text{ s}$$

解法二:如图所示,取水的质心为 $C$,其距地面的高度差为 $h_C = 5.75$ m,以地面为重力势能的零点,则水的重力势能为

$$E_p = mgh_C = \rho Sh_1 gh_C = 10^3 \times 50 \times 1.5 \times 9.8 \times (-5.75) \text{ J}$$
$$= -4.23 \times 10^6 \text{ J}$$

将这池水全部抽到地面上来,抽水机做的功等于水的重力势能的增加,即

$$A = 0 - E_p = 4.23 \times 10^6 \text{ J}$$

**2-42** 速度大小为 $v_0 = 20$ m/s 的风作用于面积为 $S = 25$ m² 的船帆上,作用力 $F = aS\rho \dfrac{(v_0-v)^2}{2}$,其中 $a$ 为无量纲常数,$\rho$ 为空气密度,$v$ 为船速。(1)求风的功率最大时的条件;(2)如果 $a = 1$,$v = 15$ m/s,$\rho = 1.2$ kg/m³,求 $t = 60$ s 时风力所做的功。

**解**　(1)　$P = \boldsymbol{F} \cdot \boldsymbol{v} = Fv = aS\rho \dfrac{(v_0-v)^2}{2}v$

令 $\dfrac{\mathrm{d}P}{\mathrm{d}v} = 0$,可得 $v_1 = \dfrac{v_0}{3}$,$v_2 = v_0$(舍去)。

当 $v_1 = \dfrac{v_0}{3}$ 时,风的功率最大。

(2)　$A = \displaystyle\int \boldsymbol{F} \cdot \mathrm{d}\boldsymbol{r} = \int F\mathrm{d}s = \int F\frac{\mathrm{d}s}{\mathrm{d}t}\mathrm{d}t = \int Fv\mathrm{d}t$

$$= \int_0^t aS\rho \frac{(v_0-v)^2}{2}v\mathrm{d}t = aS\rho \frac{(v_0-v)^2}{2}vt$$

$$= 1 \times 25 \times 1.2 \times \frac{(20-15)^2}{2} \times 15 \times 60 \text{ J}$$

$$= 3.38 \times 10^5 \text{ J}$$

**2-43** 动量和动能都与质量 $m$ 及速度 $v$ 有关,都是物体运动的量度,两者本质上有何不同?

**解**　动量是矢量,动能是标量。动能属于能量的范畴。两者的守恒条件不一样。

**2-44**　一汽车以匀速 $v$ 沿平直路面前进,车中一人以相对于车厢的速度 $u$ 向上或者向前掷一质量为 $m$ 的小球,若将参考系选在车上,小球的动能各是多少? 若将参考系选在地面,小球的动能又各是多少?

**解**　如图所示,将参考系选在车上,不管向上还是向前投掷小

球,速度大小都是 $u$,动能都是 $\frac{1}{2}mu^2$。将

参考系选在地面,小球的动能就不一样

了,向上投掷小球时,$u$ 和 $v$ 垂直,

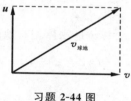

$$E_k = \frac{1}{2}m(u^2+v^2);$$

习题 2-44 图

向前投掷小球时,$u$ 和 $v$ 平行,$E_k = \frac{1}{2}m(u+v)^2$。

**2-45**　如图所示,有一小车,在水平地面上以匀加速度 $a$ 向右运动。观察者甲、乙分别对小车和地面相对静止,如图所示。在 $t=0$ 时刻,从小车天花板上掉下一物体 $A$。试求:(1)甲、乙两人测得物体 $A$ 的加速度的大小以及方向分别是多少? (2)当物体 $A$ 运动 $t$ 秒后(这时 $A$ 尚未与车厢底相碰撞),甲、乙两人测得 $A$ 的动能各为多少? (3)试用动能定理重解(2),并讨论按甲看法正确的动能表示式是什么?

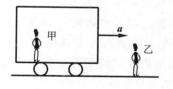
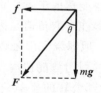

习题 2-45 图

**解** (1) 在甲看来，$A$ 受到重力作用还受到水平向左的惯性力 $f(f=ma)$，所以总加速度大小为 $\sqrt{g^2+a^2}$，方向指向左下方，与竖直方向所成角度 $\theta$ 满足 $\tan\theta=\dfrac{a}{g}$；在乙看来，$A$ 仅受到重力作用，所以总加速度大小为 $g$，方向竖直向下。

(2) $E_{k甲}=\dfrac{1}{2}mv_甲^2=\dfrac{1}{2}m\left(\sqrt{g^2+a^2}\,t\right)^2=\dfrac{1}{2}m(g^2+a^2)t^2$

$E_{k乙}=\dfrac{1}{2}mv_乙^2+\dfrac{1}{2}mv_x^2=\dfrac{1}{2}m(gt)^2+\dfrac{1}{2}mv_x^2=\dfrac{1}{2}mg^2t^2+\dfrac{1}{2}mv_x^2$

式中 $v_x$ 是物体相对地面的水平速度。

(3) $E_{k甲}=A_外=A_惯+A_重=ma\cdot\dfrac{1}{2}at^2+mg\cdot\dfrac{1}{2}gt^2$

$\qquad\quad=\dfrac{1}{2}m(g^2+a^2)t^2$

$E_{k乙}=mg\cdot\dfrac{1}{2}gt^2+\dfrac{1}{2}mv_x^2=\dfrac{1}{2}mg^2t^2+\dfrac{1}{2}mv_x^2$

按甲看法，正确的动能表示式应该是

$$E_{k甲}=\dfrac{1}{2}m(g^2+a^2)t^2$$

**2-46** 为什么重力势能有正值、负值之分？弹性势能为何常取正值，而引力势能常取负值？

**解** 势能的正负取决于势能零点的选取。对重力势能而言，势能零点的上方重力势能取正值；势能零点的下方重力势能取负值。弹性势能选取未发生形变时的势能为零，则弹性势能总是正值。引力势能常取负值是因为选取无穷远处为引力势能零点。

**2-47** 地球绕太阳公转的轨道实际上是椭圆的。问地球离太阳最近时的引力势能比离太阳最远时的引力势能是大还是小？在这两处，地球公转的速率是否一样？

**解** 地球离太阳最近时的引力势能比离太阳最远时的引力势能小；根据机械能守恒，离太阳最近时，地球公转的速率最大。

**2-48**　给出一物体在某一时刻的运动状态(位置、速度)。问此时刻物体的动能和势能能否确定？反之，如果物体的动能和势能为已知，能否确定其运动状态？

**解**　给定物体的位置和速度可以确定物体的动能和势能，但反过来不行；给定物体的动能可以确定物体的速度大小，但不能知道速度的方向。给定势能，一般也不能确定物体的位置，比如引力势能一定，只能确定两物体距离的大小，物体的位置还是可以不同。

**2-49**　一物体受到一个方向朝着原点的吸引力作用，此力 $F = -6x^3$，其中 $F$ 的单位是 N，$x$ 的单位是 m。求：(1)为使物体保持在 $a$ 点($a$ 点距原点 1 m)，需加怎样的力？(2)为了使物体保持在 $b$ 点($b$ 点距原点 2 m)，需加怎样的力？(3)将物体从 $a$ 点移到 $b$ 点，需做多少功？

**解**　(1)物体在 $a$ 点受力 $F_a = -6x^3 = -6$ N，应加 6 N 的力，方向背离原点。

(2)物体在 $b$ 点受力 $F_b = -6x^3 = -48$ N，应加 48 N 的力，方向背离原点。

(3)所加外力与 $\boldsymbol{F}$ 反向，所做的功为

$$A = \int_1^2 6x^3 \, \mathrm{d}x = \left( \frac{3}{2} \times 2^4 - \frac{3}{2} \times 1^4 \right) \mathrm{J} = 22.5 \ \mathrm{J}$$

**2-50**　如图所示，在一水平面上用力推物体 $A$，物体 $A$ 将弹簧压缩 $x_0 = 6.0$ cm。当放开物体 $A$ 后，弹簧将物体弹出，物体运动一段距离 $s = 2.00$ m 后静止下来。已知物体的质量 $m = 2.0$ kg，弹簧的劲度系数 $k = 800$ N/m，弹簧的质量不计。求物体与平面之间的滑动摩擦系数 $\mu$。

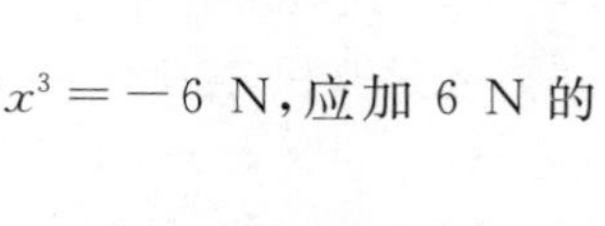

**解**　根据功能原理，有

$$\frac{1}{2}kx_0^2 = mg\mu s$$

习题 2-50 图

故　　　　　$$\mu = \frac{kx_0^2}{2mgs} = \frac{800 \times 0.06^2}{2 \times 2 \times 9.8 \times 2} = 0.037$$

**2-51**　设一质点在力 $F = 4i + 3j$ 的作用下,由原点运动到 $x = 8$ m,$y = 6$ m 处。

(1) 如果质点沿直线从原点运动到终点,力所做的功是多少?

(2) 如果质点先沿 $x$ 轴从原点运动到 $x = 8$ m,$y = 0$ 处,然后再沿平行于 $y$ 轴的路径运动到终点,力在每段路程上所做的功以及总功为多少?

(3) 如果质点先沿 $y$ 轴运动到 $x = 0$,$y = 6$ m 处,然后再沿平行于 $x$ 轴的路径运动到终点,力在每段路程上所做的功以及总功为多少?

(4) 比较上述结果,判断这个力是保守力还是非保守力?

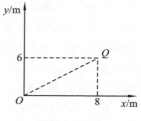

**解**　(1) 力 $F = F_x i + F_y j = 4i + 3j$,沿 $OQ$ 连线方向(见图),故

习题 2-51 图

$$A = \int_O^Q F \cdot dr = \int_O^Q |F| \cdot |dr| = \int_O^Q F dl = \int_0^{10} \sqrt{F_x^2 + F_y^2} \, dl$$

$$= \int_0^{10} 5 dl = 50 \text{ J}$$

(2) 从点 $(0,0)$ 到点 $(8,0)$,$A_1 = \int F \cdot dr = \int_0^8 F_x dx = \int_0^8 4 dx$

$$= 32 \text{ J}$$

从点 $(8,0)$ 到点 $(8,6)$,$A_2 = \int F \cdot dr = \int_0^6 F_y dy = \int_0^6 3 dy = 18 \text{ J}$

$$A = A_1 + A_2 = 50 \text{ J}$$

(3) 从点 $(0,0)$ 到点 $(0,6)$,$A_1 = \int F \cdot dr = \int_0^6 F_y dy = \int_0^6 3 dy$

$$= 18 \text{ J}$$

从点 $(0,6)$ 到点 $(8,6)$,$A_2 = \int F \cdot dr = \int_0^8 F_x dx = \int_0^8 4 dx = 32 \text{ J}$

$$A = A_1 + A_2 = 50 \text{ J}$$

（4）保守力。

**2-52**　已知双原子分子的势能曲线如图所示,图中 $r$ 为原子间距离或一原子相对于另一原子的位置矢量的大小,试分析此种分子内原子间相互作用力的规律。

**解**　两原子间的作用力与势能的关系为

$$F = -\frac{\mathrm{d}E_\mathrm{p}}{\mathrm{d}r} \quad \left(\frac{\mathrm{d}E_\mathrm{p}}{\mathrm{d}r} \text{为} E_\mathrm{p}\text{-}r \text{ 曲线的斜率}\right)$$

由图可知,

$r = r_0$ 时,$\dfrac{\mathrm{d}E_\mathrm{p}}{\mathrm{d}r} = 0$,即 $F = 0$,为平衡位置。

$r > r_0$ 时,$\dfrac{\mathrm{d}E_\mathrm{p}}{\mathrm{d}r} > 0$,即 $F < 0$,为吸引力。

$r < r_0$ 时,$\dfrac{\mathrm{d}E_\mathrm{p}}{\mathrm{d}r} < 0$,即 $F > 0$,为排斥力。

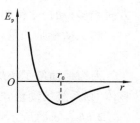

习题 **2-52** 图

**2-53**　所谓的汤川(Yukawa)势具有如下形式:

$$U(r) = -\frac{r_0}{r} U_0 \mathrm{e}^{-r/r_0}$$

它相当好地描述了核子间的互相作用。这里常量 $r_0 = 1.5 \times 10^{-15}$ m,$U_0 = 50$ MeV。（1）给出相应的作用力的表达式;（2）说明该种作用力的短程性质,并计算当 $r = 2r_0$、$4r_0$ 及 $10r_0$ 时的作用力与 $r = r_0$ 时的作用力之比。

**解**　（1）$F(r) = -\dfrac{\mathrm{d}U(r)}{\mathrm{d}r} = -\dfrac{\mathrm{d}}{\mathrm{d}r}\left(-\dfrac{r_0}{r} U_0 \mathrm{e}^{-r/r_0}\right)$

$$= -\frac{1 + r_0/r}{r} U_0 \mathrm{e}^{-r/r_0}$$

（2）$F$ 随 $r$ 的增大迅速减小,为短程力。

$$\frac{F(2r_0)}{F(r_0)} = \frac{3}{8\mathrm{e}} = 0.14, \quad \frac{F(4r_0)}{F(r_0)} = \frac{5}{32\mathrm{e}^3} = 0.008$$

$$\frac{F(10r_0)}{F(r_0)} = \frac{11}{200e^9} = 0.000007$$

**2-54**　一个物体的机械能和参考系的选择有关吗？

**解**　由于物体的速度和参考系的选择有关，所以动能与参考系的选择有关；势能也和参考零点的选择有关，故机械能和参考系的选择有关。

**2-55**　一个弹性球从高处落下，与地面发生弹性碰撞。碰撞前、后的动能是相等的，机械能守恒；碰撞前、后动量的大小相等，方向相反，动量守恒吗？如何说明？

**解**　动量是矢量，碰撞前后动量的大小相等，但方向相反，不守恒。

因为地面给了小球一个冲量，但如果把小球和地球当做一个整体，则系统的动量守恒。

**2-56**　如图所示，质量为 $m = 2.0$ kg 的物体以初速度 $v_0 = 3.0$ m/s 从斜面上 $A$ 点处下滑，它与斜面间的摩擦力 $f = 8$ N，物体到达 $B$ 点时开始压缩弹簧，直到 $C$ 点停止，使弹簧缩短了 $l = 20$ cm，然后，物体在弹力的作用下又被

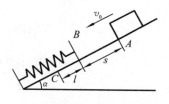

习题 2-56 图

弹送回去。已知斜面与水平面之间的夹角为 $\alpha = 37°$，$A$、$B$ 两点间的距离 $s = 4.8$ m，若弹簧的质量忽略不计，试求：(1) 弹簧的倔强系数；(2) 物体被弹回的高度。

**解**　重力与弹力均为保守内力。摩擦力 $f$ 做负功，支持力 $N$ 在此运动中不做功。

(1) 规定 $B$ 点（弹簧处于自然长度）弹性势能为零，$C$ 点重力势能为 0。按功能原理，有

$$A_{外力} + A_{非保守内力} = \Delta E_k + \Delta E_p$$

即　　$-f(s+l) = \left(0 - \frac{1}{2}mv_0^2\right) + \left[\frac{1}{2}kl^2 - mg(s+l)\sin\alpha\right]$

化简、解得

$$f(s+l) = \frac{1}{2}mv_0^2 + mg(s+l)\sin\alpha - \frac{1}{2}kl^2$$

$$k = \frac{m[v_0^2 + 2g(s+l)\sin\alpha] - 2f(s+l)}{l^2}$$

$$= \frac{2.0 \times [3.0^2 + 2 \times 9.80 \times (4.8 + 20 \times 10^{-2})\sin 37°] - 2 \times 8 \times (4.8 + 20 \times 10^{-2})}{(20 \times 10^{-2})^2} \text{ N/m}$$

$$= 1.38 \times 10^3 \text{ N/m}$$

（2）设物体被弹回后所能达到的位置相对 $C$ 点的竖直高度为 $h$，且此时刻物体速度为 0。反弹过程中，物体在初态（$C$ 点）的高度为 0，速度也为 0，$E_p = \frac{1}{2}kl^2$，则有

$$A_{\text{外力}} + A_{\text{非保守内力}} = \Delta E_k + \Delta E_p$$

得

$$-f\frac{h}{\sin\alpha} = (0-0) + \left(mgh - \frac{1}{2}kl^2\right)$$

所以

$$h = \frac{kl^2}{2\left(mg + \dfrac{f}{\sin\alpha}\right)} = \frac{1.38 \times 10^3 \times 0.20^2}{2 \times \left(2.0 \times 9.80 + \dfrac{8}{\sin 37°}\right)} \text{ m} = 0.839 \text{ m}$$

**2-57**　如图所示，弹簧的一端固定在一墙上，另一端连在一质量为 $m_1$ 的小车上。使小车在一光滑的水平面上运动，当弹簧未发生形变时，小车位于 $O$ 处。今使小车从距 $O$ 点左边距离为 $l_0$ 处由静止开始运动，每经过 $O$ 点一次时，从上方向车中滴入一质量为 $m_2$ 的水滴，求滴到车中 $n$ 滴水后，车离 $O$ 点的最远距离。

**解**　$\dfrac{1}{2}m_1v_0^2 = \dfrac{1}{2}kl^2$

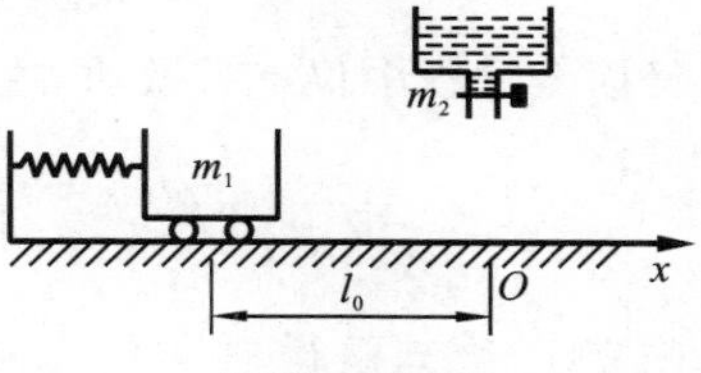

水平方向的动量守恒，得

$$m_1 v_0 = (m_1 + nm_2)v$$

$$v = \frac{m_1}{m_1 + nm_2}v_0$$

习题 2-57 图

$$\frac{1}{2}kl^2 = \frac{1}{2}(m_1 + nm_2)v^2 = \frac{1}{2}\frac{m_1^2}{m_1 + nm_2}v_0^2 = \frac{1}{2}\frac{m_1^2}{m_1 + nm_2}\frac{k}{m_1}l_0^2$$

$$l = l_0 \sqrt{\frac{m_1}{m_1 + nm_2}}$$

**2-58** 如图所示,将一质点沿一个半径为 $r$ 的光滑半球形碗的内面水平地投射,碗保持静止,设 $v_0$ 是质点恰好能达到碗口所需的初速率。试求出 $v_0$ 作为 $\theta_0$ 的函数的表达式。$\theta_0$ 是用角度表示的质点的初位置。(提示:应用角动量守恒定律和机械能守恒定律求解。)

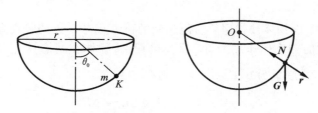

习题 2-58 图

**解** 如图所示,小球所受力为 $G,N$。它们产生的力矩

$$M = r \times (G+N) = r \times G + r \times N = r \times G \neq 0$$

观察 $r \times G$ 的方向可知,此力矩 $M$ 的方向在垂直碗中心轴的水平平面内,所以 $M$ 与中心轴平行的分量 $M_{/\!/} = 0$,而垂直分量 $M_{\perp} = r \times G$。由 $M = \dfrac{\mathrm{d}L}{\mathrm{d}t}$ 可知,球在与中心轴平行方向上的角动量守恒,即

$$r\sin\theta_0 \cdot mv_0 = rmv_{末} \qquad ①$$

又因全过程中仅重力做功,故机械能守恒,

$$\frac{1}{2}mv_0^2 = \frac{1}{2}mv_{末}^2 + mgr\cos\theta_0 \qquad ②$$

联立①、②式解得

$$v_0 = \sqrt{\frac{2gr}{\cos\theta_0}}$$

**2-59** 如图所示,$A$ 和 $B$ 两物体的质量均为 $m$,物体 $B$ 与桌面间的滑动摩擦系数为 $0.20$,滑轮摩擦不计。试求物体 $A$ 自静止下落 $1.0$ m 时的速度。

**解** 设绳的张力为 $T$,根据 $A$、$B$ 的加速度大小相等,有

$$\frac{m_A g - T}{m_A} = \frac{T - m_B g\mu}{m_B}$$

$$T = \frac{1}{2}(1+\mu)mg$$

$$a = \frac{mg - T}{m} = g - \frac{1}{2}(1+\mu)g$$

$$= \frac{1}{2}(1-\mu)g = 0.4g$$

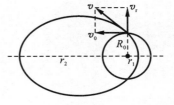

习题 2-59 图

而 $v^2 - v_0^2 = 2as$，$v_0 = 0$，则

$$v = \sqrt{2as} = \sqrt{2 \times 0.4 \times 9.8 \times 1}\ \text{m/s} = 2.8\ \text{m/s}$$

**2-60**　如图所示，一飞船环绕某星体做圆轨道运动，半径为 $R_0$，速率为 $v_0$。突然点燃一火箭，其冲力使飞船增加了向外的径向速度分量 $v_r$（设 $v_r < v_0$），因此飞船的轨道变成椭圆形。（1）用 $v_0$，$R_0$ 表示出引力 $F$ 的表达式；（2）求飞船与星体的最远与最近距离。

**解**　（1）飞船做圆轨道运动时，

$$F = m\frac{v_0^2}{R_0}$$

（2）由于　$m\dfrac{v_0^2}{R_0} = G\dfrac{Mm}{R_0^2}$

所以　　　$GMm = mR_0 v_0^2$　　①

由机械能守恒，有

$$\frac{1}{2}m(v_0^2 + v_r^2) - G\frac{Mm}{R_0} = \frac{1}{2}mv^2 - G\frac{Mm}{r}\quad ②$$

由角动量守恒，有　　　$R_0 m v_0 = r m v$　　③

联立①、②、③式，得

$$\left(\frac{R_0 v_0}{r}\right)^2 - 2\frac{R_0 v_0}{r}v_0 + v_0^2 = v_r^2$$

$$r_{\max} = \frac{v_0 R_0}{v_0 - v_r},\quad r_{\min} = \frac{v_0 R_0}{v_0 + v_r}$$

**2-61**　如图所示，一飞船环绕某星体做圆轨道运动，半径为

$R_0$,速率为 $v_0$,要使飞船从此圆轨道变成近距离为 $R_0$,远距离为 $3R_0$ 的椭圆轨道,则飞船的速率 $v$ 应变为多大?

**解** 当飞船做半径为 $R_0$ 的圆轨道运动时,

$$G\frac{Mm}{R_0^2} = m\frac{v_0^2}{R_0} \qquad ①$$

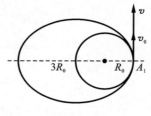

设飞船沿椭圆轨道运动时在近地点和远地点的速率分别为 $v$、$v'$,则由角动量守恒和机械能守恒得

$$R_0 mv = 3R_0 mv' \qquad ②$$

$$\frac{1}{2}mv^2 - G\frac{Mm}{R_0} = \frac{1}{2}mv'^2 - G\frac{Mm}{3R_0} \qquad ③$$

由①、②、③式解得

$$v = \frac{\sqrt{6}}{2}v_0$$

习题 2-61 图

# 第3章　刚体的定轴转动

## 一、内 容 提 要

### 1. 刚体的定轴转动

角速度　$\omega = \dfrac{\mathrm{d}\theta}{\mathrm{d}t}$

角加速度　$\beta = \dfrac{\mathrm{d}\omega}{\mathrm{d}t} = \dfrac{\mathrm{d}^2\theta}{\mathrm{d}t^2}$

线速度与角速度关系　$v = \boldsymbol{\omega} \times \boldsymbol{r}$

### 2. 转动惯量

$$J = \sum_i r_i^2 \Delta m_i, \quad J = \int r^2 \,\mathrm{d}m = \int r^2 \rho \mathrm{d}V$$

### 3. 刚体定轴转动定律

对 $O$ 点力矩　$\boldsymbol{M}_O = \boldsymbol{r} \times \boldsymbol{F}$

定轴转动定律　$M_z = J\beta = J\dfrac{\mathrm{d}\omega}{\mathrm{d}t}$

式中,$M_z$ 为外力对轴上任一点 $O$ 的力矩 $M_O$ 在该轴上的分量,$J$ 为刚体对该轴的转动惯量。

### 4. 定轴转动的动能定理

转动动能　$E_k = \dfrac{1}{2}J\omega^2$

力矩的功　$A = \displaystyle\int M\mathrm{d}\theta$

动能定理　$A = \displaystyle\int_{\theta_1}^{\theta_2} M\mathrm{d}\theta = \int_{\omega_1}^{\omega_2} J\omega\,\mathrm{d}\omega = \dfrac{1}{2}J\omega_2^2 - \dfrac{1}{2}J\omega_1^2$

**5. 机械能守恒定律**

刚体的重力势能　$E_{\mathrm{p}} = mgh_C$

机械能守恒　只有保守内力做功时，$E_k + E_p = $ 常量。

**6. 刚体的角动量定理与角动量守恒**

对于定轴 $z$：

角动量　$L_z = J\omega$

角动量定理　$M_z = \dfrac{\mathrm{d}L_z}{\mathrm{d}t} = \dfrac{\mathrm{d}}{\mathrm{d}t}(J\omega)$

角动量守恒定律　当 $M_z = 0$ 时，$L_z = J\omega = (J\omega)_0 = $ 常量。

**7. 进动**

进动角速度　$\omega_{\mathrm{p}} = \dfrac{M}{J\omega\sin\theta}$

# 二、重 点 难 点

转动惯量概念以及常见模型的转动惯量

$$J = \sum_i r_i^2 \Delta m_i, \quad J = \int r^2 \mathrm{d}m = \int r^2 \rho \mathrm{d}V$$

常见模型：均质圆环，圆盘，杆。

定轴转动定律　$M = J\dfrac{\mathrm{d}\omega}{\mathrm{d}t} = J\beta$

角动量守恒定律

# 三、思考题及解答

**3-1**　地球自西向东自转，它的自转角速度矢量指向什么方向？

**答**　地球自转轴是南北向的，上北下南，地球自西向东自转，角速度矢量沿自转轴由南指向北。根据右手螺旋法则可作出图来。

**3-2**　如果刚体转动的角速度很大，那么（1）作用在它上面的力是否一定很大？（2）作用在它上面的力矩是否一定很大？

**答**　（1）不一定。因为刚体的转动只与力矩有关，而与力无直接关系。作用在刚体上的力可以很大，但当力矩为零时，刚体只会平动，无转动。

（2）不一定。根据转动定律知 $M = J\beta$，作用在刚体上的力矩只与它转动的角加速度 $\beta$ 有关，而与角速度 $\omega$ 无直接关系。由 $\beta = \dfrac{\mathrm{d}\omega}{\mathrm{d}t}$ 可以看出，力矩反映的是角速度的时间变化率，因而可以力矩很大但角速度为零，也可以力矩很小但角速度很大。

**3-3**　为什么在研究刚体转动时，要研究力矩的作用？力矩和哪些因素有关？

**答**　因为刚体是否转动，不仅与力的大小、方向有关，而且还与力的作用点和作用线有关，而力矩正是全面反映力的这三要素的一个重要概念。转动问题离不开力矩的作用。转动有角动量 $\boldsymbol{L}$，它的变化由力矩决定，$\boldsymbol{M} = \dfrac{\mathrm{d}\boldsymbol{L}}{\mathrm{d}t}$。

由力矩定义 $\boldsymbol{M} = \boldsymbol{r} \times \boldsymbol{F}$ 可知，力矩是对点定义的，它与该点到力的作用点的位矢 $\boldsymbol{r}$、力 $\boldsymbol{F}$ 以及两者间的夹角 $\varphi$ 有关。大小为 $M = rF\sin\varphi$，方向为右手螺旋法则确定的矢积方向。

**3-4**　假定一次内部爆炸在地面上开出巨大的洞穴，它的表面被向外推出，这对地球绕自身轴的转动和绕太阳的转动有何影响？

**答**　根据转动惯量定义 $J = \displaystyle\int r^2 \mathrm{d}m$ 可知，爆炸后质量分布发生变化，地球绕自身轴的转动惯量会变大。爆炸是内部作用，不影响系统的角动量，亦即角动量守恒。由 $L = J\omega = $ 恒量知，当 $J$ 变大时 $\omega$ 减小，因此地球绕自身轴的转动会有所减慢。

设地球的半径为 $R$，因地球到太阳的距离 $r \gg R$，所以地球可以看做质点，爆炸对地球绕太阳的转动可认为没有影响。

**3-5**　对静止的刚体施以外力作用，如果合外力为零，刚体会不会运动？

**答**　可能运动。如果合外力为零,且对质心的合外力矩也为零,则刚体不会运动。如对质心的合外力矩不为零,则刚体会转动。例如一飞轮,在其一直径两端的边缘处沿切向施以等值反向的一对力 **F**,刚体会转动;如是等值同向的一对力,再考虑轴对刚体的作用力,刚体不会运动。

**3-6**　将一个生鸡蛋和一个熟鸡蛋放在桌上使它旋转,如何判定哪个是生的,哪个是熟的? 为什么?

**答**　旋转时比较平稳,转动时间长的是生鸡蛋。旋转时摇晃不稳,转动时间短的是熟鸡蛋。

因为生鸡蛋的蛋黄、蛋白未凝固,可以自由移动,一旦旋转其重心移至转轴,对转轴外力矩为零,所以角动量守恒。这样就可以旋转比较长的时间才停下来,而且转动也比较平稳。而熟鸡蛋的蛋黄、蛋白已经凝固,重心位置一般不会在轴心上。由于生鸡蛋偏心,转动起来不稳、会摇晃,而且重力矩作为外力矩不等于零,角动量也不守恒,很快就会停下来。

**3-7**　两个重量一样的小孩,分别抓住跨过定滑轮绳子的两端,一个用力往上爬,另一个不动,问哪一个先到达滑轮处? 如果小孩重量不相等,情况又将如何?(滑轮和绳子的质量可以忽略。)

**答**　两小孩开始均在地面,滑轮两边绳长一样。因两小孩重量相等,二者对滑轮轴的合外力矩为零。用力上爬的小孩施于绳的力对系统来说是内力,所以此过程中系统的角动量守恒。

设用力的小孩相对于绳上升的速度为 $v$,另一小孩相对于地面向上的速度为 $u$,则用力的小孩相对于地的速度为 $v-u$。由角动量守恒定律可知,对转轴,有

$$0 = muR - m(v-u)R$$

所以

$$u = \frac{v}{2}, \quad v - u = \frac{v}{2}$$

即两小孩同时到达滑轮处。

小孩重量不等,则合外力矩不为零,系统的角动量不守恒。如

上升过程是匀速运动,则根据受力分析,重量大的小孩在地面,重量轻的小孩升至滑轮处。

# 四、习题及解答

**3-1**　一轮子从静止开始加速,它的角速度在 6 s 内均匀增加到 200 r/min,以这个速度转动一段时间之后,使用了制动装置,再过 5 min 轮子停止,若轮子的转数为 3100r,试计算总的转动时间。(注:1 r＝2π rad。)

**解**　整个转动过程是由静止开始匀加速转动的,然后匀速转动,再匀减速转动到停止。在匀加速转动中,由

$$\theta_{匀加速}=\theta_0+\overline{\omega}\,t_1, \quad 且 \quad \theta_0=0,\overline{\omega}=\frac{\omega_0+\omega}{2},\omega_0=0$$

得

$$\theta_{匀加速}=\frac{1}{2}\omega t_1=\frac{1}{2}\times\frac{2\pi\times200}{60}\times6\ \text{rad}=20\pi\ \text{rad}$$

在匀减速转动中,则有

$$\theta_{匀减速}=\overline{\omega}t_2=\frac{1}{2}\omega t_2=\frac{1}{2}\times\frac{2\pi\times200}{60}\times5\times60\ \text{rad}=1000\pi\text{rad}$$

在匀速转动中,则有

$$\theta_{匀速}=\theta_{总}-\theta_{匀加速}-\theta_{匀减速}$$
$$=(3100-10-500)\times2\pi\ \text{rad}=2590\times2\pi\ \text{rad}$$
$$t_2=\frac{\theta_{匀速}}{\omega}=\frac{2590\times2\pi}{2\pi\times200}\ \text{min}=12.95\ \text{min}$$

所以总的转动时间为

$$t_{总}=t_1+t_2+t_3=\left(\frac{6}{60}+12.95+5\right)\ \text{min}=18.1\ \text{min}$$

**3-2**　一物体由静止(在 $t=0$ 时,$\theta=0$ 和 $\omega=0$)按照方程 $\beta=120t^2-48t+16$（rad/s²）的规律被加速于一半径为 1.3 m 的圆形路径上。求:(1) 物体的角速度和角位置关于时间的函数;(2) 它的加速度的切向分量和法向分量。

**解** (1) 由 $\beta = \dfrac{\mathrm{d}\omega}{\mathrm{d}t}$ 及 $t = 0$ 时，$\omega = 0$，有

$$\omega = \int_0^t (120t^2 - 48t + 16)\mathrm{d}t = (40t^3 - 24t^2 + 16t)\ (\mathrm{rad/s})$$

由 $\omega = \dfrac{\mathrm{d}\theta}{\mathrm{d}t}$ 及 $t = 0$ 时，$\theta = 0$，有

$$\theta = \int_0^t (40t^3 - 24t^2 + 16t)\mathrm{d}t = (10t^4 - 8t^3 + 8t^2)\ (\mathrm{rad})$$

(2) 因为 $a_n = R\omega^2$，$a_t = R\beta$，所以

$$a_n = 1.3 \times (40t^3 - 24t^2 + 16t)^2 = 83.2t^2(5t^2 - 3t + 2)^2\ (\mathrm{m/s^2})$$
$$a_t = 1.3 \times (120t^2 - 48t + 16) = 10.4(15t^2 - 6t + 2)\ (\mathrm{m/s^2})$$

**3-3** 一半径为 2 m 的飞轮绕水平轴转动，轮的边缘用细绳缠绕，绳的末端挂一重物，若重物垂直下落的距离用方程式 $x = at^2$ 给出，$a = 20\ \mathrm{m/s^2}$，$x$ 用 m 计，$t$ 用 s 计，试计算飞轮在任一时刻的角速度和角加速度。

**解** 重物下落的速度为

$$v = \frac{\mathrm{d}x}{\mathrm{d}t} = \frac{\mathrm{d}}{\mathrm{d}t}(at^2) = 2at = 2 \times 20t = 40t\ (\mathrm{m/s})$$

而 $v = r\omega$，故

$$\omega = \frac{v}{r} = \frac{40t}{2} = 20t\ (\mathrm{rad/s})$$

重物下落的加速度为

$$a = \frac{\mathrm{d}v}{\mathrm{d}t} = \frac{\mathrm{d}}{\mathrm{d}t}(40t) = 40\ \mathrm{m/s^2}$$

而 $a = r\beta$，故角加速度

$$\beta = \frac{a}{r} = \frac{40}{2}\ \mathrm{rad/s^2} = 20\ \mathrm{rad/s^2}$$

**3-4** 一个有固定轴的刚体，受到两个力的作用，当这两个力的合力为零时，它们对轴的合力矩也一定为零吗？当这两个力对轴的合力矩为零时，它们的合力也一定为零吗？

**解** 两个力的合力为零时，对轴的合力矩不一定为零；两个力

对轴的合力矩为零时,它们的合力也不一定为零。比如两个力同方向,且作用线均通过固定轴的情形。

**3-5** 要使一条长铁棒保持水平,为什么握住它的中点比握住它的端点容易?

**解** 握住中点时手施的力等于棒的重量就可以了,这时棒受的合外力及合外力矩均为零。握住端点时,手上的力若只有一个作用点,则此力须向上方能与重力相消,此时棒的合外力虽然为零,但对于握点的力矩却不为零,不能保持水平。因此必须在握点外侧加一个向下的力,使其力矩与重力矩平衡,这时握点上的力必须向上,且大小为重力与外侧所加向下的力之和,即大于重力。比较而言,握住中点时较容易。

**3-6** 如图所示,有一正三角形的匀质薄板,边长为 $a$,质量为 $m$,试求此板对任一边的转动惯量。

**解** 设正三角形的高为 $h = \dfrac{1}{2}a\tan 60°$,正三角形的质量面密度 $\sigma = \dfrac{m}{\dfrac{\sqrt{3}}{4}a^2}$,则此正三角形薄板绕一边轴的转动惯量为

$$J = \int_0^{y_1} y^2 \mathrm{d}m = \int_0^h y^2 \sigma \mathrm{d}s = \int_0^{\frac{1}{2}a\tan 60°} y^2 \sigma \left( a - \frac{2y}{\tan 60°} \right) \mathrm{d}y = \frac{1}{8}ma^2$$

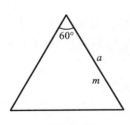

习题 3-6 图

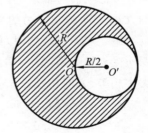

习题 3-7 图

**3-7** 从一个半径为 $R$ 的均匀薄板上挖去一个直径为 $R$ 的圆板,所形成的圆洞中心在距原薄板中心 $R/2$ 处,如图所示。所剩

薄板的质量为 $m$。求此时薄板对于通过原中心而与板面垂直的轴的转动惯量。

**解**　本题要用到平行轴定理

$$J = J_C + md^2$$

板的质量面密度为

$$\sigma = \frac{m}{\pi\left[R^2 - \left(\dfrac{R}{2}\right)^2\right]} = \frac{4m}{3\pi R^2}$$

故　　　$J_0 = \dfrac{1}{2}(\sigma\pi R^2)R^2 - \left[\dfrac{1}{2}\left(\sigma\pi\dfrac{R^2}{4}\right)\dfrac{R^2}{4} + \sigma\pi\dfrac{R^2}{4}\cdot\dfrac{R^2}{4}\right]$

$$= \frac{1}{2}\sigma\pi R^4 - \frac{1}{2}\sigma\pi\frac{R^4}{16} - \sigma\pi\frac{R^4}{16}$$

$$= \frac{13}{32}\sigma\pi R^4 = \frac{13}{32}\cdot\frac{4}{3\pi R^2}\cdot\pi R^4 = \frac{13}{24}mR^2$$

**3-8**　有一飞轮,其轴成水平方向,轴之半径 $r = 2.00$ cm,其上绕有一根细长的绳。在其自由端先系以一质量 $m_1 = 20.0$ g 的轻物,使此物能匀速下降,然后改系以一质量 $m_2 = 5.00$ kg 的重物,则此物从静止开始,经过 $t = 10.0$ s 时间,共下降了 $h = 40.0$ cm。忽略绳的质量和空气阻力,并设重力加速度 $g = 980$ cm/s²。求:(1)飞轮主轴与轴承之间的摩擦力矩的大小;(2)飞轮转动惯量的大小;(3)绳上张力的大小。

**解**　(1)挂轻物时,此物能匀速下降,即飞轮能匀速转动,说明所受力矩平衡,$\boldsymbol{M}_合 = \boldsymbol{0}$,亦即摩擦力矩 $\boldsymbol{M}_f$ 与轻物的拉力矩 $\boldsymbol{M}_m$ 大小相等、方向相反,故

$$M_f = M_m = m_1 gr$$
$$= 20.0 \times 10^{-3} \times 9.80 \times 2.00 \times 10^{-2}\ \text{N}\cdot\text{m}$$
$$= 3.92 \times 10^{-3}\ \text{N}\cdot\text{m}$$

(2)挂重物 $m_2$ 时,$m_2$ 受重力 $m_2 g$ 与拉力 $T$ 作用,如图所示,飞轮主轴受力矩 $rT$ 与 $M_f$ 的作用,可列方程组如下:

$$\begin{cases} m_2g - T = m_2a & \text{①} \\ rT - M_f = J\beta & \text{②} \\ a = r\beta & \text{③} \\ h = \dfrac{1}{2}at^2 & \text{④} \end{cases}$$

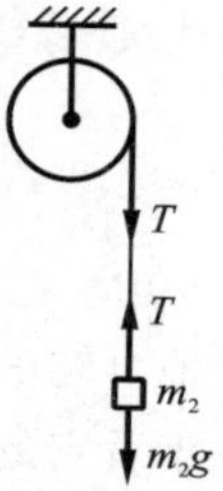

由④式与③式,有 $h = \dfrac{1}{2}r\beta t^2$,即

$$\beta = \frac{2h}{rt^2} = \frac{2 \times 40.0 \times 10^{-2}}{2.00 \times 10^{-2} \times 10.0^2} \text{ rad/s}^2$$

$$= 4.0 \times 10^{-1} \text{ rad/s}^2$$

习题 3-8 图

再由①、②、③式得

$$J = \frac{m_2(g - r\beta)r - M_f}{\beta}$$

$$= \frac{5.00 \times (9.80 - 2.00 \times 10^{-2} \times 4.0 \times 10^{-1}) \times 2.00 \times 10^{-2} - 3.92 \times 10^{-3}}{4.0 \times 10^{-1}} \text{ kg} \cdot \text{m}^2$$

$$= 2.44 \text{ kg} \cdot \text{m}^2$$

（3）由①、③式得绳上的张力

$$T = m_2(g - r\beta) = 5.00 \times (9.80 - 2.00 \times 10^{-2} \times 4.0 \times 10^{-1}) \text{ N}$$

$$= 4.90 \times 10 \text{ N}$$

**3-9** 一质量均匀分布的薄圆盘,半径为 $a$,盘面与粗糙的水平桌面紧密接触。圆盘绕通过其中心的竖直轴转动,开始时角速度为 $\omega_0$。已知圆盘与桌面间摩擦系数为 $\mu$,问经过多少时间后圆盘静止不动?

**解** 先计算摩擦力矩 $M$。考虑薄圆盘上半径为 $r$ 处,宽为 $\mathrm{d}r$ 的圆环上的力矩 $\mathrm{d}M$,则

$$\mathrm{d}M = r \cdot \sigma 2\pi r \mathrm{d}r \cdot g\mu = 2\pi\sigma g\mu r^2 \mathrm{d}r$$

式中,$\sigma$ 为质量面密度。

$$M = \int_0^a 2\pi\sigma g\mu r^2 \mathrm{d}r = 2\pi\sigma g\mu \int_0^a r^2 \mathrm{d}r = 2\pi \frac{m}{\pi a^2} g\mu \frac{a^3}{3} = \frac{2}{3}mg\mu a$$

而 $\qquad M = J\beta = \dfrac{1}{2}ma^2\beta$, 即 $\qquad \dfrac{2}{3}mg\mu a = \dfrac{1}{2}ma^2\beta$

角加速度
$$\beta = \frac{4g\mu}{3a}$$

故
$$0 = \omega_0 - \beta\Delta t, \quad \Delta t = \frac{\omega_0}{\beta} = \frac{3a\omega_0}{4\mu g}$$

**3-10** 已知银河系中有一天体是均匀球体,现在半径为 $R$,绕对称轴自转的周期为 $T$,由于引力凝聚,它的体积不断收缩,假定一万年后它的半径缩小为 $r$,试问:一万年后此天体绕对称轴自转的周期比现在大还是小? 它的动能是增加还是减小?

**解** 因
$$\omega_0 = \frac{2\pi}{T}, \quad J_0 = \frac{2}{3}mR^2, \quad L_0 = J_0\omega_0$$

$$J = \frac{2}{3}mr^2, \quad L = J\omega$$

而角动量守恒,故
$$J\omega = J_0\omega_0 = \frac{2}{3}mR^2 \cdot \frac{2\pi}{T}$$

$$\frac{2}{3}mr^2 \cdot \frac{2\pi}{T'} = \frac{2}{3}mR^2 \cdot \frac{2\pi}{T}$$

即
$$\frac{T'}{T} = \left(\frac{r}{R}\right)^2 < 1$$

故周期变小。又

$$E_k = \frac{1}{2}J\omega^2 = \frac{1}{2} \cdot \frac{r^2}{R^2}J_0\left(\frac{2\pi}{T'}\right)^2 = \frac{1}{2} \cdot \frac{r^2}{R^2}J_0\left[\frac{2\pi}{T}\left(\frac{R}{r}\right)^2\right]^2$$

$$= \frac{1}{2}J_0\omega_0^2\left(\frac{R}{r}\right)^2 = \left(\frac{R}{r}\right)^2 E_{k0} > E_{k0}$$

故动能增加。

**3-11** 如图所示,一质量为 $m$、长度为 $l$ 的匀质细杆,可绕通过其一端且与杆垂直的水平轴 $O$ 转动,且杆对端点转轴的转动惯量 $J = ml^2/3$。若将此杆水平横放时由静止释放,求当杆转到与铅直方向成 $30°$ 角时的角速度。

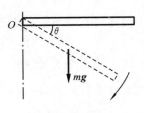

**习题 3-11 图**

**解** 由机械能守恒,有

$$\frac{1}{2}J\omega^2 = mg\,\frac{l}{2}\sin\theta$$

因为　　　　　$J = \frac{1}{3}ml^2$,　　$\theta = 90° - 30° = 60°$

所以　　$\omega = \left(\frac{mgl\sin\theta}{J}\right)^{1/2} = \left[\dfrac{mgl\sin60°}{\dfrac{1}{3}ml^2}\right]^{1/2} = \left(\frac{3\sqrt{3}}{2}\cdot\frac{g}{l}\right)^{1/2}$

**3-12**　一个系统的动量守恒条件和角动量守恒条件有何不同?

**解**　系统所受合外力为零时动量守恒;系统的合外力矩为零时角动量守恒。

**3-13**　两个半径相同的轮子,质量相同。但一个轮子的质量聚集在边缘附近,另一个轮子的质量分布比较均匀,试问:(1)如果它们的角动量相同,哪个轮子转得快?(2)如果它们的角速度相同,哪个轮子的角动量大?

**解**　(1)由 $L = J\omega$ 可知,当 $L$ 相同时,$J$ 大的转得慢,$J$ 小的转得快。质量分布均匀的轮子 $J$ 较小,转得快。

(2)由 $L = J\omega$ 可知,当 $\omega$ 相同时,质量聚集在边缘附近的轮子的角动量大。

**3-14**　一圆形水平台面可绕中心轴无摩擦地滑动,有一玩具车相对台面由静止启动,绕轴做圆周运动,问圆形台面如何运动?如玩具车突然刹车则又如何?此过程是否能量守恒?动量是否守恒?角动量是否守恒?

**解**　玩具车做圆周运动时,台面反方向转动;因角动量守恒,故玩具车刹车时台面做减速转动;因有摩擦力做功,故机械能不守恒;因为转轴对系统有作用力,故动量不守恒;由于合外力矩为零,故对轴的角动量守恒。

**3-15**　一质量为 $M$、半径为 $R$ 并以角速度 $\omega$ 旋转着的飞轮,某瞬时有一质量为 $m$ 的碎片从飞轮上飞出(见图)。假定碎片脱离飞轮时速度方向正好竖直向上,(1)它能上升多高?(2)求余下部分的角速度、角动量和转动的动能。

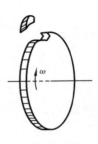

**解**　(1) $h = \dfrac{v_2}{2g} = \dfrac{(R\omega)^2}{2g} = \dfrac{R^2\omega^2}{2g}$

(2) 设飞轮剩余部分转动惯量为 $J_1$,角速度为 $\omega_1$,则

**习题 3-15 图**

$$J_1 = J - mR^2 = \frac{1}{2}MR^2 - mR^2$$

分离时角动量守恒,即

$$J\omega = J_1\omega_1 + mR^2\omega$$

由上两式得　　　　　$J_1\omega = J_1\omega_1$

故角速度　　　　　　$\omega_1 = \omega$

角动量　　　$L_1 = J_1\omega_1 = \left(\dfrac{1}{2}MR^2 - mR^2\right)\omega$

转动动能　$E_k = \dfrac{1}{2}J_1\omega_1^2 = \dfrac{1}{2}\left(\dfrac{1}{2}MR^2 - mR^2\right)\omega^2$

**3-16**　如图所示,转台绕中心铅直轴原来以 $\omega_0$ 角速度匀速转动,转台对该轴的转动惯量 $J_0 = 5 \times 10^{-5}\ \text{kg} \cdot \text{m}^2$。今每秒有 1 g 的沙粒落入转台,沙粒粘附在转台面上并形成一圆形,且沙粒距轴的半径 $r = 0.1$ m。当沙粒落到转台时,转台的角速度要变慢,试求当角速度减到 $\dfrac{1}{2}\omega_0$ 时所需的时间。

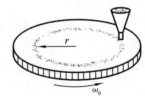

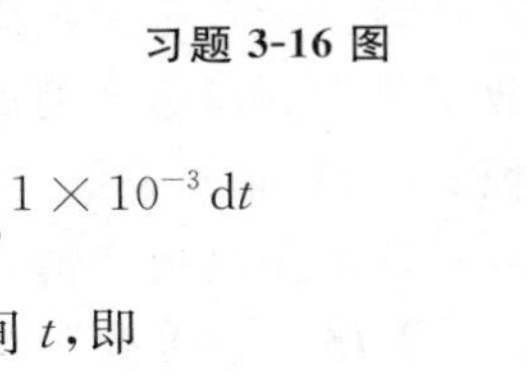

**习题 3-16 图**

**解**　对转台及下落沙粒这一系统而言,角动量守恒,即 $J\omega = J_0\omega_0$。又由于

$$J = J_0 + \int r^2 \cdot \mathrm{d}m = J_0 + r^2 \int_0^t 1 \times 10^{-3}\,\mathrm{d}t$$

故由题意知,当 $\omega = \dfrac{1}{2}\omega_0$ 时,可得相应的时间 $t$,即

$$J_0 \omega_0 = J\omega = \left( J_0 + r^2 \int_0^t 1 \times 10^{-3} \mathrm{d}t \right) \frac{1}{2} \omega_0$$

$$= \frac{1}{2} J_0 \omega_0 + \frac{1}{2} \omega_0 r^2 (1 \times 10^{-3}) t$$

$$t = \frac{J_0}{r^2(1 \times 10^{-3})} = \frac{5 \times 10^{-5}}{0.1^2 \times 1 \times 10^{-3}} \ \mathrm{s} = 5 \ \mathrm{s}$$

**3-17** 一个平台以 1.0 rad/s 的角速度绕通过其中心且与台面垂直的光滑竖直轴转动。这时,有一人站在平台中心,其两臂伸平,且在每一手中拿着质量相等的重物。人、平台与重物的总转动惯量为 6.0 kg·m²。设当他的两臂下垂时,转动惯量减小到 2.0 kg·m²。(1)问这时转台的角速度为多大?(2)转动动能增加多少?

**解** (1)因为人站在中心,由于对称,人及手中拿的质量相等的重物对中心转轴而言,其合重力矩为零,整个过程角动量守恒,即

$$J_1 \omega_1 = J_2 \omega_2, \quad \omega_2 = \frac{J_1}{J_2} \omega_1 = \frac{6.0}{2.0} \times 1.0 \ \mathrm{rad/s} = 3.0 \ \mathrm{rad/s}$$

$$(2) \Delta E_k = E_{k2} - E_{k1} = \frac{1}{2} J_2 \omega_2^2 - \frac{1}{2} J_1 \omega_1^2$$

$$= \left( \frac{1}{2} \times 2.0 \times 3.0^2 - \frac{1}{2} \times 6.0 \times 1.0^2 \right) \mathrm{J} = 6.0 \ \mathrm{J}$$

即转动动能增加 6.0 J。

$$\frac{E_{k2}}{E_{k1}} = \frac{\frac{1}{2} J_2 \omega_2^2}{\frac{1}{2} J_1 \omega_1^2} = \frac{2.0 \times (3.0)^2}{6.0 \times (1.0)^2} = 3.0$$

即转动动能增加到两臂伸平时的 3.0 倍。

**3-18** 一条长 $l = 0.4$ m 的均匀木棒。质量 $M = 1.0$ kg,可绕水平轴 $O$ 在铅垂面内转动,开始时棒自然地铅直悬垂,有质量 $m = 8$ g 的子弹以 $v = 200$ m/s 的速率从 $A$ 点射入棒中,假定 $A$ 点与 $O$ 点的距离为 $3l/4$(见图)。求:(1)棒开始转动时的角速度;

（2）棒的最大偏转角。

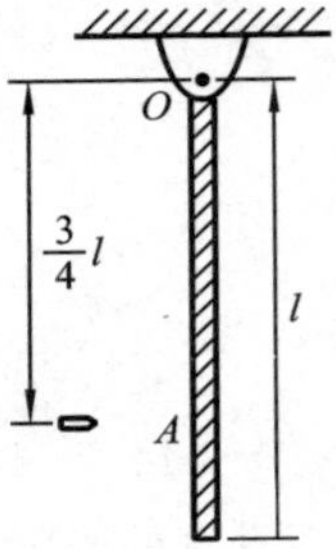

**解**　（1）子弹射入时,棒及子弹角动量守恒,即

$$mvr = J\omega + mr^2\omega \qquad ①$$

由题意有

$$r = \frac{3}{4}l \qquad ②$$

$$J = \frac{1}{3}Ml^2 \qquad ③$$

将②、③式代入①式,化简得

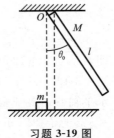

习题 3-18 图

$$\omega = \frac{36mv}{(16M+27m)l} = \frac{36\times 8\times 10^{-3}\times 2\times 10^2}{(16\times 1+27\times 8\times 10^{-3})\times 4\times 10^{-1}}\ \text{rad/s}$$

$$= 8.9\ \text{rad/s}$$

（2）当棒与子弹整体转动时,系统机械能守恒,即

$$\frac{1}{2}J\omega^2 + \frac{1}{2}m(r\omega)^2 = \frac{l}{2}Mg(1-\cos\theta) + rmg(1-\cos\theta)$$

由②、③式及 $m\ll M$,有

$$1-\cos\theta = \frac{J\omega^2}{Mgl} \approx \frac{l\omega^2}{3g} = \frac{4\times 10^{-1}\times 8.9^2}{3\times 9.8} = 1.078$$

$$\theta = 94°27'$$

**3-19**　如图所示,一质量为 $M$、长为 $l$ 的均匀细杆,以 $O$ 点为轴,从静止在与竖直方向成 $\theta_0$ 角处自由下摆,到竖直位置时,与光滑桌面上一质量为 $m$ 的静止物体(可视为质点)发生弹性碰撞,求碰撞后杆的角速度 $\omega_M$ 和质点的线速度 $v_m$。

**解**　细杆自由下摆,能量守恒,即

$$\frac{1}{2}\times\frac{1}{3}Ml^2 \cdot \omega^2 = Mg\frac{l}{2}(1-\cos\theta_0)$$

得

$$\omega = \sqrt{\frac{3g}{l}(1-\cos\theta_0)} \qquad ①$$

杆与物体在弹性碰撞过程中对转轴的角动量守恒,有

习题 3-19 图

$$\frac{1}{3}Ml^2\omega = \frac{1}{3}Ml^2\omega_M + mlv_m \qquad \textcircled{2}$$

由机械能守恒,有

$$\frac{1}{2}\times\frac{1}{3}Ml^2\omega^2 = \frac{1}{2}\times\frac{1}{3}Ml^2\omega_M^2 + \frac{1}{2}mv_m^2 \qquad \textcircled{3}$$

由①、②、③式,可得

$$\omega_M = \frac{M-3m}{M+3m}\sqrt{\frac{3g}{l}(1-\cos\theta_0)}$$

$$v_m = \frac{2M}{M+3m}\sqrt{3gl(1-\cos\theta_0)}$$

# 第 4 章　流体运动简介

## 一、内 容 提 要

**1. 理想流体**

绝对不可压缩、完全没有黏性的流体。

**2. 稳定流动**

流场中任意点处流体质元的流速不随时间而变,仅为空间坐标的函数。

**3. 连续性方程**

$$Sv = \text{const}$$

**4. 理想流体的伯努利方程**

$$p + \frac{1}{2}\rho v^2 + \rho g h = \text{const}$$

**5. 牛顿黏性定律**

$$F = \eta S \frac{\mathrm{d}v}{\mathrm{d}x}$$

**6. 雷诺数**

$$Re = \frac{\rho v d}{\eta}$$

**7. 黏性流体的伯努利方程**

$$p_1 + \frac{1}{2}\rho v_1^2 + \rho g h_1 = p_2 + \frac{1}{2}\rho v_2^2 + \rho g h_2 + \omega$$

其中 $\omega$ 为单位体积流体在流管中从截面 1 处流到截面 2 处的过程中克服黏性阻力所做的功。

**8.** 泊肃叶定律

$$Q = \frac{\pi R^4 \Delta p}{8 \eta L}$$

**9.** 斯托克斯定律

$$f = 6\pi \eta r v$$

# 二、重点难点

**1.** 连续性方程。

**2.** 理想流体的伯努利方程及应用。

**3.** 泊肃叶定律。

# 三、思考题及解答

**4-1**　理想流体在粗细不均匀、位置高低不同的管中做稳定流动时〔　〕

（A）位置低处压强一定比较大。

（B）位置低处流速一定比较大。

（C）位置高处的单位体积流体的动能总是比较小。

（D）压强较小处，单位体积流体的动能和重力势能的和一定较大。

**答**　（D）

**4-2**　在一横截面积恒定的水平油管中，相隔 300 m 的两点压强下降 $1.5 \times 10^4$ Pa，则每立方米的油流过长度为 1 m 时的能量损失为_____。

**答**　50 J

**4-3**　为什么自来水沿一竖直管道向下流时，形成一连续不断的水流，而当水从高处的水龙头自由下落时，则断裂成水滴？

**答**　水沿一竖直管道向下流时，由于管壁的摩擦力作用，使得各处水的速度一致,因而可以形成连续不断的水流。水自由下落时,由于水在不同高度处速度不同,因此难以形成连续的流管,故易断开。

**4-4** 有人认为从连续性方程来看,管子愈粗流速愈小,而从泊肃叶定律来看,管子愈粗流速愈大,两者似有矛盾,你认为如何?为什么?

**答** 因两种情形的前提条件不同,所以结果不同。对于截面积不均匀的管子,在流量一定的情况下,根据连续性方程知,管子愈粗流速愈小,此结论是针对同一流管中的两个不同截面而言的;在管子两端压强差一定的情况下,根据泊肃叶定律知,管子愈粗流速愈大,此结果是对长度相同、半径不同的两根管子而言的。

**4-5** 黏性流体在流动过程中,为什么会有能量损失?其能量损失与那些因素有关?

**答** 因为黏性流体在流动过程中要克服黏性力所做的功,因而其能量会有损失。能量的损失与流体的黏性、管长、管径等有关。

# 四、习题及解答

**4-1** 连续性方程成立的条件是什么?伯努利方程成立的条件又是什么?在方程的推导过程中用过这些条件没有?伯努利方程的物理意义是什么?

**答** 连续性方程成立的条件是:不可压缩的流体做稳定流动。

伯努利方程成立的条件是:理想流体做稳定流动;在方程的推导过程中,除了运用了不可压缩的流体稳定流动时各处密度相等以外,还用到了理想流体稳定流动时没有黏性阻力带来的机械能的损耗。

伯努利方程的物理意义是:理想流体做稳定流动时,单位体积的动能、重力势能以及该点的压强之和为一常量。

**4-2** 两条木船朝同一方向平行地前进时,会彼此靠拢甚至导致船体相撞。试解释产生这一现象的原因。

**答** 两船朝同一方向平行地前进时,两船间的水的流速大于外侧的流速,根据伯努利方程 $p + \frac{1}{2}\rho v^2 = $ const 可知,两船外侧的压强大于两船间的压强,因而两船会彼此靠拢甚至导致两船相撞。

**4-3** 冷却器由 20 根 $\phi$ 14 mm$\times$2 mm(即管的外直径为 14 mm,壁厚为 2 mm)的列管组成,冷却水由 $\phi$ 54 mm$\times$2 mm 的导管流入列管中,已知导管中水的流速为 1.2 m/s,求列管中水流的速度?

**解** 已知导管的内半径为 $r_1 = \frac{54-2\times2}{2}$ mm=25 mm,每根列管的内半径为 $r_2 = \frac{14-2\times2}{2}$ mm=5 mm,根据连续性方程有

$$\pi r_1^2 \cdot v_1 = n \cdot \pi r_2^2 \cdot v_2$$

$$v_2 = \frac{r_1^2}{nr_2^2}v_1 = \frac{25^2}{20\times5^2}\times1.2 \text{ m/s} = 1.5 \text{ m/s}$$

即列管中水流的速度为 1.5 m/s。

**4-4** 如图所示,密度 $\rho = 0.90\times10^3$ kg/m$^3$ 的液体在粗细不同的水平管道中流动。截面 1 处管的内直径为 106 mm,液体的流速为 1.00 m/s,压强为 $1.176\times10^5$ Pa。若截面 2 处管的内直径为 68 mm,求该处液体的流速和压强?

**解** 根据连续性方程,截面 2 处的流速为

$$v_2 = \frac{S_1}{S_2}v_1 = \frac{\frac{1}{4}\pi d_1^2}{\frac{1}{4}\pi d_2^2}v_1 = \left(\frac{d_1}{d_2}\right)^2 v_1 = \left(\frac{106}{68}\right)^2 \times1.00 \text{ m/s}$$

$$= 2.43 \text{ m/s}$$

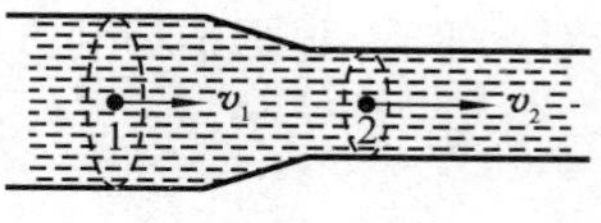

对于水平流管,其伯努利方程为

$$p_1 + \frac{1}{2}\rho v_1^2 = p_2 + \frac{1}{2}\rho v_2^2$$

习题 4-4 图

$$p_2 = p_1 + \frac{1}{2}\rho(v_1^2 - v_2^2)$$

$$= \left[1.176 \times 10^5 + \frac{1}{2} \times 0.90 \times 10^3 \times (1.00^2 - 2.43^2)\right] \text{Pa}$$

$$= 1.15 \times 10^5 \text{ Pa}$$

**4-5** 已知水管上端的截面积为 $4.0 \times 10^{-4}$ m²,其中水的流速为 $5.0$ m/s,水在上端的压强为 $1.5 \times 10^5$ Pa,水管下端比上端低 $10$ m,下端的截面积为 $8.0 \times 10^{-4}$ m²。求水在下端的流速和压强?

**解** 根据连续性方程可知,水管下端的流速为

$$v_2 = \frac{S_1}{S_2}v_1 = \frac{4.0 \times 10^{-4}}{8.0 \times 10^{-4}} \times 5.0 \text{ m/s} = 2.5 \text{ m/s}$$

再根据伯努利方程 $p_1 + \frac{1}{2}\rho v_1^2 + \rho g h_1 = p_2 + \frac{1}{2}\rho v_2^2 + \rho g h_2$,求得水在下端的压强为

$$p_2 = p_1 + \frac{1}{2}\rho(v_1^2 - v_2^2) + \rho g(h_1 - h_2)$$

$$= \left[1.5 \times 10^5 + \frac{1}{2} \times 10^3 \times (5.0^2 - 2.5^2) + 10^3 \times 10 \times 10\right] \text{Pa}$$

$$= 2.6 \times 10^5 \text{ Pa}$$

**4-6** 假设水在不均匀的水平管道中做稳定流动。已知出口处截面积是管中最细处截面积的 3 倍,出口处的流速为 $2.0$ m/s,求最细处的流速和压强各为多少? 若在最细处开一小孔,请判断水是否能够流出来?

**解** 根据连续性方程知,最细处的流速为

$$v_2 = \frac{S_1}{S_2}v_1 = 6 \text{ m/s}$$

对水平管,根据伯努利方程 $p_1 + \frac{1}{2}\rho v_1^2 = p_2 + \frac{1}{2}\rho v_2^2$,求得最细处的压强为

$$p_2 = p_1 + \frac{1}{2}\rho(v_1^2 - v_2^2) = \left[1.01 \times 10^5 + \frac{1}{2} \times 10^3 \times (2^2 - 6^2)\right] \text{Pa}$$

$$=0.85\times10^5\ \text{Pa}$$

因为 $p_2 < p_0$，所以水不会流出来。

**4-7**　汾丘里流量计主管的直径为 $0.25$ m，细颈处的直径为 $0.10$ m，如果水在主管的压强为 $5.6\times10^4$ Pa，在细颈处的压强为 $4.2\times10^4$ Pa，求水的流量是多少？

**解**　设水在主管和细颈处的流速分别为 $v_1$ 和 $v_2$，根据连续性方程和伯努利方程，有

$$S_1v_1=S_2v_2,\qquad p_1+\frac{1}{2}\rho v_1^2=p_2+\frac{1}{2}\rho v_2^2$$

联立求解得　　　　$v_1=S_2\sqrt{\dfrac{2(p_1-p_2)}{\rho(S_1^2-S_2^2)}}$

流量 $Q=S_1v_1=S_1S_2\sqrt{\dfrac{2(p_1-p_2)}{\rho(S_1^2-S_2^2)}}=\dfrac{1}{4}\pi d_1^2d_2^2\sqrt{\dfrac{2(p_1-p_2)}{\rho(d_1^4-d_2^4)}}$

$$=\left(\frac{1}{4}\pi\times0.25^2\times0.10^2\times\sqrt{\frac{2\times(5.6\times10^4-4.2\times10^4)}{1.0\times10^3\times(0.25^4-0.10^4)}}\right)\ \text{m}^3/\text{s}$$

$$=4.2\times10^{-2}\ \text{m}^3/\text{s}$$

**4-8**　如图 4-1-7(b)（见主教材）所示，一水平管道内直径从 $200$ mm 均匀地缩小到 $100$ mm，管道中通有甲烷气体，已知甲烷密度 $\rho=0.645$ kg/m$^3$，并在管道的 1、2 两处分别装上压强计，压强计的工作液体是水。设 1 处 U 形管压强计中水面高度差 $h_1'=30$ mm，2 处压强计中水面高度差 $h_2'=-68$ mm（负号表示开管液面低于闭管液面），求甲烷的体积流量 $Q$。

**解**　设水的密度为 $\rho'$。根据题意知，1、2 两处的压强分别为
$$p_1=p_0+\rho'gh_1',\qquad p_2=p_0+\rho'gh_2',$$
其中 $h_2'$ 为负值。根据连续性方程和伯努利方程，有

$$S_1v_1=S_2v_2,\qquad p_1+\frac{1}{2}\rho v_1^2=p_2+\frac{1}{2}\rho v_2^2$$

联立求解得　　$v_1=S_2\sqrt{\dfrac{2(p_1-p_2)}{\rho(S_1^2-S_2^2)}}=S_2\sqrt{\dfrac{2\rho'g(h_1'-h_2')}{\rho(S_1^2-S_2^2)}}$

流量　　$Q=S_1v_1=S_1S_2\sqrt{\dfrac{2\rho'g(h_1'-h_2')}{\rho(S_1^2-S_2^2)}}=\dfrac{1}{4}\pi d_1^2d_2^2\sqrt{\dfrac{2\rho'g(h_1'-h_2')}{\rho(d_1^4-d_2^4)}}$

$$= \frac{1}{4}\pi \times 0.2^2 \times 0.1^2 \times \sqrt{\frac{2 \times 10^3 \times 10 \times (0.03 + 0.068)}{0.645 \times (0.2^4 - 0.1^4)}} \text{ m}^3/\text{s}$$

$$= 0.44 \text{ m}^3/\text{s}$$

**4-9** 将皮托管插入河水中测量水速,测得其两管中水柱上升的高度各为 0.6 cm 和 5.5 cm,求水速。

**解** 已知 $h_1' = 0.6 \times 10^{-2}$ m,$h_2' = 5.5 \times 10^{-2}$ m,$v_2 = 0$,根据伯努利方程 $p_1 + \frac{1}{2}\rho v_1^2 = p_2 + \frac{1}{2}\rho v_2^2$,有

$$p_1 + \frac{1}{2}\rho v_1^2 = p_2, \quad \text{且} \quad p_2 - p_1 = \rho g(h_2' - h_1')$$

因此,水的流速为

$$v_1 = \sqrt{2g(h_2' - h_1')} = \sqrt{2 \times 9.8 \times (5.5 \times 10^{-2} - 0.6 \times 10^{-2})} \text{ m/s}$$

$$= 0.98 \text{ m/s}$$

**4-10** 注射器的活塞截面积 $S_1 = 1.20 \times 10^{-4}$ m²,而注射器针孔的截面积 $S_2 = 2.50 \times 10^{-7}$ m²。当注射器水平放置时,用 $f = 4.9$ N 的力压迫活塞,使之移动 $l = 4.0$ cm,问水从注射器中流出需要多少时间?

**解** 设注射器出口处大气压强为 $p_2 = p_0$,则活塞处的压强为

$$p_1 = p_0 + \frac{f}{S_1}$$

根据连续性方程和伯努利方程:

$$S_1 v_1 = S_2 v_2, \quad p_1 + \frac{1}{2}\rho v_1^2 = p_2 + \frac{1}{2}\rho v_2^2$$

因为 $S_1 \gg S_2$,所以 $v_1^2 \approx 0$,因而求得

$$v_1 = \frac{S_2}{S_1}\sqrt{\frac{2f}{\rho S_1}}$$

所以水从注射器中流出需要的时间为

$$t = \frac{l}{v_1} = l \cdot \frac{S_1}{S_2} \cdot \sqrt{\frac{\rho S_1}{2f}}$$

$$= 0.04 \times \frac{1.20 \times 10^{-4}}{2.50 \times 10^{-7}} \times \sqrt{\frac{1.0 \times 10^3 \times 1.20 \times 10^{-4}}{2 \times 4.9}} \text{ s} = 2.1 \text{ s}$$

**4-11**　水从一截面为 $10\ \text{cm}^2$ 的水平管 $A$ 流入两根并联的水平支管 $B$ 和 $C$，它们的截面积分别为 $8\ \text{cm}^2$ 和 $6\ \text{cm}^2$。如果水在管 $A$ 中的流速为 $1.00\ \text{m/s}$，在管 $C$ 中的流速为 $0.50\ \text{m/s}$。问：(1) 水在管 $B$ 中的流速是多大？(2) $B$、$C$ 两管中的压强差是多少？(3) 哪根管中的压强最大？

**解**　(1) 根据连续性方程知　$S_A v_A = S_B v_B + S_C v_C$

$$v_B = \frac{S_A v_A - S_C v_C}{S_B} = \frac{10 \times 1.00 - 6 \times 0.50}{8}\ \text{m/s} = 0.875\ \text{m/s}$$

(2) 根据伯努利方程知

$$p_A + \frac{1}{2}\rho v_A^2 = p_B + \frac{1}{2}\rho v_B^2 = p_C + \frac{1}{2}\rho v_C^2$$

所以　　$p_C - p_B = \frac{1}{2}\rho(v_B^2 - v_C^2)$

$$= \frac{1}{2} \times 1.0 \times 10^3 \times (0.875^2 - 0.5^2)\ \text{Pa}$$

$$= 258\ \text{Pa}$$

(3) $C$ 管中的压强比 $B$ 管中的压强大。

**4-12**　水桶底部有一小孔，桶中水深 $h = 0.40\ \text{m}$。试求在下列几种情况下，从小孔流出的水相对于桶的速率：(1) 桶是静止的；(2) 桶匀速上升；(3) 桶以加速度 $a = 1.4\ \text{m/s}^2$ 加速上升。

**解**　当桶静止或匀速上升时，高为 $h$ 的单位体积液体的势能为 $\rho g h$；当桶以加速度 $a$ 上升时，高为 $h$ 的单位体积液体的势能为 $\rho(g+a)h$。

根据伯努利方程，对 (1)、(2) 两种情况

$$p_0 + \frac{1}{2}\rho v_1^2 + \rho g h = p_0 + \frac{1}{2}\rho v_2^2$$

由于桶的截面积远大于小孔的截面积，所以 $v_1^2 \approx 0$，因而

$$v_2 = \sqrt{2gh} = \sqrt{2 \times 9.8 \times 0.4}\ \text{m/s} = 2.8\ \text{m/s}$$

即这两种情况下小孔处的水流相对于桶的流速均为 $2.8\ \text{m/s}$。

同理，可求得在情况 (3) 时小孔处的水流相对于桶的流速为

$$v_2' = \sqrt{2(g+a)h} = \sqrt{2 \times (9.8 + 1.4) \times 0.4} \text{ m/s} = 3.0 \text{ m/s}$$

**4-13** 如图所示,一开口水槽中的水深为 $H$,在水槽侧壁水面下 $h$ 深处开一小孔。问:(1)从小孔射出的水流在地面上的射程 $s$ 为多大?(2)能否在水槽侧壁水面下的其他深度处再开一小孔,使其射出的水流有相同的射程?(3)分析小孔开在水面下多深处射程最远?(4)最远射程为多少?

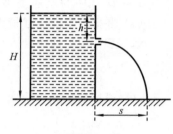

习题 **4-13** 图

**解** (1)由连续性方程和伯努利方程不难求得小孔处水的流速为

$$v = \sqrt{2gh}$$

射程 $\qquad s = vt = \sqrt{2gh} \cdot \sqrt{\dfrac{2(H-h)}{g}} = 2\sqrt{h(H-h)}$

(2)若在水槽侧壁水面下 $x$ 处再开一小孔,则其射程为 $2\sqrt{x(H-x)}$,

$$2\sqrt{x(H-x)} = 2\sqrt{h(H-h)}$$

解得 $x$ 的另一解为 $H-h$,即再在水槽侧壁水面下 $H-h$ 处开一小孔,其射出的水流有相同的射程。

(3)使射程 $2\sqrt{x(H-x)}$ 有最大值的条件是 $x = H-x$,即 $x = \dfrac{H}{2}$。

(4)最远射程为 $s_{\max} = 2\sqrt{\dfrac{H}{2}\left(H - \dfrac{H}{2}\right)} = H$。

**4-14** 匀速地将水注入一容器中,注入的流量 $Q = 1.50 \times 10^{-4}$ m$^3$/s,容器的底部有面积 $S = 0.50 \times 10^{-4}$ m$^2$ 的小孔,使水不断流出。求达到稳定状态时,容器中水的高度。

**解** 当水面达到稳定高度时,小孔的流量等于注入的流量,即

$$Sv = Q, \qquad v = \dfrac{Q}{S} = \dfrac{1.5 \times 10^{-4}}{0.5 \times 10^{-4}} \text{ m/s} = 3 \text{ m/s}$$

根据伯努利方程 $p_0 + \dfrac{1}{2}\rho v_1^2 + \rho g h = p_0 + \dfrac{1}{2}\rho v^2$，因为容器的截面积远大于小孔的面积，所以 $v_1^2 \approx 0$，求得此时容器中水的高度

$$h = \frac{v^2}{2g} = \frac{3^2}{2 \times 9.8} \text{ m} = 0.46 \text{ m}$$

**4-15**　在一个顶部开启、高度为 0.1 m 的直立圆柱形水箱内装满水，水箱底部开有一小孔，已知小孔的横截面积是水箱的横截面积的 1/400。求通过水箱底部的小孔将水箱内的水流尽需要的时间。

**解**　设水箱内的水全部流尽需要的时间为 $T$，在 $t$ 时刻水箱中水面的高度为 $h$。此时小孔处水的流速为 $v = \sqrt{2gh}$，液面下降 $\mathrm{d}h$ 高度所需时间为 $\mathrm{d}t$，则

$$\mathrm{d}t = \frac{\mathrm{d}V}{Q} = \frac{S_1 \cdot \mathrm{d}h}{S_2 v} = \frac{S_1}{S_2} \cdot \frac{\mathrm{d}h}{\sqrt{2gh}}$$

则　　$T = \displaystyle\int_0^H \frac{S_1}{S_2} \cdot \frac{\mathrm{d}h}{\sqrt{2gh}} = \frac{S_1}{S_2}\sqrt{\frac{2H}{g}} = \dfrac{S_1}{\dfrac{1}{400}S_1}\sqrt{\dfrac{2 \times 0.1}{9.8}} \text{ s} = 57 \text{ s}$

**4-16**　如图所示，两个很大的开口容器 $A$ 和 $B$，盛有相同的液体。由容器 $A$ 底部接一水平非均匀管 $CD$，水平管的较细部分 1 处连接一倒 U 形管 $E$，并使 $E$ 管下端插入容器 $B$ 的液体内。假设液流是理想流体做稳定流动，且 1 处的横截面积是 2 处的一半，水平管 2 处比容器 $A$ 内的液面低 $h$，问 $E$ 管中液体上升的高度 $H$ 是多少？

**解**　设大气压强为 $p_0$，则 1 处的压强为

$$p_1 = p_0 - \rho g H$$

对 $A$ 处和 2 处，由伯努利方程求得 2 处的流速

$$v_2 = \sqrt{2gh}$$

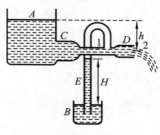

**习题 4-16 图**

根据连续性方程可得 1 处的流速

$$v_1 = \frac{S_2}{S_1} v_2 = 2\sqrt{2gh}$$

对 1 处和 2 处应用伯努利方程,有

$$p_1 + \frac{1}{2}\rho v_1^2 = p_2 + \frac{1}{2}\rho v_2^2$$

即
$$p_0 - \rho g H + \frac{1}{2}\rho \cdot 8gh = p_0 + \frac{1}{2}\rho \cdot 2gh$$

所以
$$H = 3h$$

**4-17** 20 ℃的水,在半径为 1.0 cm 的水平管内流动,如果管中心处的流速是 10.0 cm/s。求由于黏性使得管长为 2.0 m 的两个端面间的压强差是多少?

**解** 已知 20 ℃的水的黏度为 $\eta = 1.005 \times 10^{-3}$ Pa·s,根据管中心处的流速 $v_{\max} = \frac{\Delta p \cdot R^2}{4\eta L}$ 得

$$\Delta p = \frac{4\eta L v_{\max}}{R^2} = \frac{4 \times 1.005 \times 10^{-3} \times 2 \times 0.1}{0.01^2} \text{ Pa} = 8.04 \text{ Pa}$$

**4-18** 使体积为 25 cm³ 的水,在均匀的水平管中从压强为 $1.3 \times 10^5$ Pa 的截面移到压强为 $1.1 \times 10^5$ Pa 的截面时,克服摩擦力所做的功是多少?

**解** 克服摩擦力所做的功为

$$W = (p_1 - p_2)V = (1.3 \times 10^5 - 1.1 \times 10^5) \times 25 \times 10^{-6} \text{ J} = 0.50 \text{ J}$$

**4-19** 石油的密度为 $\rho = 888$ kg/m³,在半径为 $R = 1.50$ mm,长度为 $L = 0.50$ m 的水平细管中流动,测得其流量为 $Q = 5.66 \times 10^{-6}$ m³/s。细管两端的压强差为 $\Delta h = 0.455$ m 石油柱高,试求石油的黏滞系数?

**解** 根据泊肃叶定律 $Q = \frac{\pi R^4 \Delta p}{8\eta L}$,得

$$\eta = \frac{\pi R^4 \Delta p}{8QL} = \frac{\pi R^4 \rho g \Delta h}{8QL}$$

$$= \frac{3.14 \times (1.50 \times 10^{-3})^4 \times 888 \times 9.8 \times 0.455}{8 \times 5.66 \times 10^{-6} \times 0.50} \text{ Pa} \cdot \text{s}$$

$$= 2.78 \times 10^{-3} \text{ Pa} \cdot \text{s}$$

**4-20**　一条半径 $r_1 = 3.0 \times 10^{-3}$ m 的小动脉被一硬斑部分阻塞,此狭窄处的有效半径 $r_2 = 2.0 \times 10^{-3}$ m,血流平均速度 $v_2 = 0.50$ m/s。已知血液黏度 $\eta = 3.00 \times 10^{-3}$ Pa·s,密度 $\rho = 1.05 \times 10^3 \text{kg/m}^3$。试求:(1)未变狭窄处的平均血流速度?(2)狭窄处会不会发生湍流?(3)狭窄处的血流动压强?

**解**　(1)未变狭窄处的平均血流速度

$$v_1 = \frac{S_2}{S_1} v_2 = \frac{\pi r_2^2}{\pi r_1^2} v_2 = \left(\frac{r_2}{r_1}\right)^2 v_2 = \left(\frac{2.0 \times 10^{-3}}{3.0 \times 10^{-3}}\right)^2 \times 0.50 \text{ m/s} = 0.22 \text{ m/s}$$

(2)狭窄处的雷诺数为

$$Re = \frac{\rho v d}{\eta} = \frac{1.05 \times 10^3 \times 0.50 \times 2 \times 2.0 \times 10^{-3}}{3.00 \times 10^{-3}} = 700 < 2000$$

故狭窄处不会发生湍流。

(3)狭窄处的血流动压强

$$\frac{1}{2} \rho v_2^2 = \frac{1}{2} \times 1.05 \times 10^3 \times 0.50^2 \text{ Pa} = 131 \text{ Pa}$$

**4-21**　在一开口的大容器中装有密度 $\rho = 1.9 \times 10^3$ kg/m$^3$ 的硫酸。硫酸从液面下 $H = 5$ cm 深处的水平细管中流出,已知细管半径 $R = 0.05$ cm、长 $L = 10$ cm,若测得 1 min 内由细管流出硫酸的质量 $m = 6.54 \times 10^{-4}$ kg,试求此硫酸的黏度?

**解**　硫酸的流量为　　$Q = \dfrac{V}{t} = \dfrac{m}{\rho t}$

根据泊肃叶定律 $Q = \dfrac{\pi R^4 \Delta p}{8 \eta L}$,得

$$\eta = \frac{\pi R^4 \Delta p}{8QL} = \frac{\pi R^4 \rho g H}{8 \dfrac{m}{\rho t} L} = \frac{\pi R^4 \rho^2 g H t}{8mL}$$

$$= \frac{3.14 \times (5 \times 10^{-4})^4 \times (1.9 \times 10^3)^2 \times 9.8 \times 0.05 \times 60}{8 \times 6.54 \times 10^{-4} \times 0.10} \text{ Pa}$$

$$= 3.98 \times 10^{-2} \text{ Pa}$$

**4-22**　为什么跳伞员从高空降落时,最后达到一个稳恒的降落速度?

**答**　跳伞员从高空降落,开始时重力大于浮力,将加速下降。但随着其下降速度的增加,空气对跳伞员的黏性阻力也随之增大。当速度达到一定值时,重力、浮力、黏性阻力这三个力达到平衡,跳伞员最后将达到一个稳恒的降落速度。

**4-23**　直径为 $0.01$ mm 的水滴,在速度为 $2$ cm/s 的上升气流中,能否向地面落下?(设空气的黏度 $\eta = 1.8 \times 10^{-5}$ Pa·s。)

**解**　水滴受到向下的重力

$$mg = \rho \cdot \frac{4}{3} \pi r^3 g = 10^3 \times \frac{4}{3} \times 3.14 \times (0.005 \times 10^{-3})^3 \times 9.8 \text{ N}$$

$$= 1.04 \times 10^{-12} \text{ N}$$

向上的浮力

$$F = \frac{4}{3} \pi r^3 \rho' g = \frac{4}{3} \times 3.14 \times (0.005 \times 10^{-3})^3 \times 1.29 \times 9.8 \text{ N}$$

$$= 1.35 \times 10^{-15} \text{ N}$$

水滴相对于气流向下运动,因而受到向上的黏性阻力,即

$$f = 6\pi \eta r v = (6 \times 3.14 \times 1.8 \times 10^{-5} \times 0.005 \times 10^{-3} \times 0.02) \text{ N}$$

$$= 3.39 \times 10^{-7} \text{ N}$$

显然 $f + F \gg mg$,所以水滴不会向地面落下。

**4-24**　一个半径 $r = 1.0 \times 10^{-3}$ m 的小钢球在盛有甘油的量筒中下落,已知钢和甘油的密度分别为 $\rho = 8.5 \times 10^3$ kg/m³,$\rho' = 1.32 \times 10^3$ kg/m³,甘油黏度 $\eta = 0.83$ Pa·s,求小钢球的收尾速度是多少?

**解**

$$v_T = \frac{2}{9} \frac{gr^2}{\eta} (\rho - \rho')$$

$$= \frac{2}{9} \times \frac{9.8 \times (1.0 \times 10^{-3})^2}{0.83} \times (8.5 \times 10^3 - 1.32 \times 10^3) \text{ m/s}$$

$$= 1.88 \times 10^{-2} \text{ m/s}$$

# 第5章 狭义相对论基础

## 一、内 容 提 要

**1. 狭义相对论基本原理**

（1）爱因斯坦相对性原理。

（2）光速不变原理。

**2. 洛伦兹变换**

坐标变换式

$$x' = \frac{x \pm vt}{\sqrt{1 - \left(\dfrac{v}{c}\right)^2}}, \quad y' = y, \quad z' = z$$

$$t' = \frac{t \pm vx/c^2}{\sqrt{1 - \left(\dfrac{v}{c}\right)^2}}$$

**3. 时空的相对性**

同时的相对性

时间膨胀　$\tau = \dfrac{\tau_0}{\sqrt{1 - \left(\dfrac{v}{c}\right)^2}}$　（$\tau_0$ 为原时）

长度收缩　$l' = l\sqrt{1 - \left(\dfrac{v}{c}\right)^2}$　（$l$ 为原长）

**4. 相对论力学的基本方程**

相对论质量　$m = \dfrac{m_0}{\sqrt{1 - \left(\dfrac{v}{c}\right)^2}}$　（$m_0$ 为静止质量）

相对论动量　$\boldsymbol{p} = m\upsilon = \dfrac{m_0}{\sqrt{1-\left(\dfrac{\upsilon}{c}\right)^2}}\upsilon$

基本方程　$\boldsymbol{F} = \dfrac{\mathrm{d}\boldsymbol{p}}{\mathrm{d}t} = \dfrac{\mathrm{d}(m\,\upsilon)}{\mathrm{d}t}$

**5．相对论能量**

质能关系　$E = mc^2$

相对论动能　$E_k = mc^2 - m_0 c^2$

相对论动量能量　$E^2 = p^2 c^2 + m_0^2 c^4$

# 二、重 点 难 点

**1．** 洛伦兹坐标变换式。

**2．** 时空的相对性。

**3．** 相对论能量。

# 三、思考题及解答

**5-1**　有一枚接近于光速相对于地球飞行的宇宙火箭,在地球上的观察者测得火箭上的物体长度缩短,过程的时间延长,有人因此得出结论说:火箭上观察者将测得地球上的物体比火箭上同类物体更长,而同一过程的时间缩短。这个结论对吗?

**答**　不对。火箭上的观察者观察到地球相对自己在运动,因而地面的物体也相对自己运动,从而火箭上的观察者测得地面物体的长度缩短,而同一过程的时间延长。

**5-2**　下面两种论断是否正确?

（1）在某个惯性系中同时、同地发生的事件,在所有其他惯性系中也一定是同时、同地发生的。

（2）在某个惯性系中有两个事件,同时发生在不同地点,而在对该系有相对运动的其他惯性系中,这两个事件却一定不同时。

**答**　设两事件分别为 1、2,在 $S$ 惯性系中为 $1(x_1,t_1)$、$2(x_2,t_2)$,在 $S'$ 惯性系中为 $1(x_1',t_1')$、$2(x_2',t_2')$。应用洛伦兹变换,可得

$$x_2'-x_1'=\frac{1}{\sqrt{1-\left(\dfrac{v}{c}\right)^2}}\big[(x_2-x_1)-v(t_2-t_1)\big]$$

$$t_2'-t_1'=\frac{1}{\sqrt{1-\left(\dfrac{v}{c}\right)^2}}\Big[(t_2-t_1)-\frac{v}{c^2}(x_2-x_1)\Big]$$

(1) 由 $x_2=x_1$,$t_2=t_1$,则 $x_2'=x_1'$,$t_2'=t_1'$,可见论断正确。

(2) 由 $t_2=t_1$,$x_2\neq x_1$ 知,$t_2'\neq t_1'$,可见这一论断也正确。

**5-3**　两个相对运动的标准时钟 A 和 B,从 A 所在惯性系观察,哪个钟走得快? 从 B 所在惯性系观察,又是如何呢?

**答**　根据时间膨胀即运动的时钟变慢效应知,从 A 所在惯性系观察,时钟 A 走得快。从 B 所在惯性系观察,时钟 B 走得快。

**5-4**　洛伦兹变换与伽利略变换的本质差别是什么? 如何理解洛伦兹变换的物理意义?

**答**　其本质差别在于,伽利略变换的时空观是绝对时空观,认为时间和空间是绝对的,它们的测量值与运动无关。洛伦兹变换的时空观是相对论时空观,认为时间和空间以及运动物质之间是不可分割地联系着的。测量值与运动有关。

洛伦兹变换集中反映了时间、空间和物质运动三者的紧密联系,它对高速运动和低速运动都成立。经典力学是它在 $v\ll c$ 时的极限。洛伦兹变换中 $v$ 不能大于 $c$,表明物体运动的速度不能超过真空中的光速。

**5-5**　在相对论中,对动量定义 $\boldsymbol{p}=m\boldsymbol{v}$ 和公式 $\boldsymbol{F}=\mathrm{d}\boldsymbol{p}/\mathrm{d}t$ 的理解,与在牛顿力学中的有何不同? 在相对论中,$\boldsymbol{F}=m\boldsymbol{a}$ 一般是否成立? 为什么?

**答**　牛顿力学中质量是恒量,$m$ 为 $m_0$,它与物体运动与否无

关。在相对论中，$m = \dfrac{m_0}{\sqrt{1-\left(\dfrac{v}{c}\right)^2}}$，在 $\boldsymbol{p} = m\boldsymbol{v}$ 和 $\boldsymbol{F} = \dfrac{\mathrm{d}\boldsymbol{p}}{\mathrm{d}t}$ 中的 $m$ 均

如此。

在相对论中，$\boldsymbol{F} = m\boldsymbol{a}$ 一般不成立。因为

$$\boldsymbol{F} = \frac{\mathrm{d}\boldsymbol{p}}{\mathrm{d}t} = \frac{\mathrm{d}(m\boldsymbol{v})}{\mathrm{d}t} = v\,\frac{\mathrm{d}m}{\mathrm{d}t} + m\,\frac{\mathrm{d}v}{\mathrm{d}t} = v\,\frac{\mathrm{d}m}{\mathrm{d}t} + m\boldsymbol{a}$$

比较即可知，只有在 $v \ll c$ 时，$\dfrac{\mathrm{d}m}{\mathrm{d}t} = 0$，$\boldsymbol{F} = m\boldsymbol{a}$ 才成立。

**5-6**　相对论的能量与动量的关系式是什么？相对论的质量与能量的关系式是什么？静止质量与静止能量的物理意义是什么？

**答**　相对论的能量与动量的关系式为

$$E^2 = p^2 c^2 + E_0^2 = p^2 c^2 + m_0^2 c^4$$

相对论的质量与能量的关系式为

$$E = mc^2, \quad E_0 = m_0 c^2$$

静止质量 $m_0$ 是物体在相对质点静止的惯性系中测出的质量。静止能量 $m_0 c^2$ 是静止质量所对应的能量。

# 四、习题及解答

**5-1**　有两个事件，在 $S$ 惯性系发生在同一地点和同一时刻，在任何其他惯性系 $S'$ 中是否也是同时发生？若在 $S$ 惯性系发生在同一时刻，不同地点，在 $S'$ 惯性系中是否也发生在同一时刻？

**解**　应用洛伦兹变换，得 $\Delta t' = \gamma\left(\Delta t - \dfrac{v}{c^2}\Delta x\right)$。

第一种情况：$\Delta x = 0$，$\Delta t = 0$，故 $S'$ 中 $\Delta t' = 0$，即两事件同时发生。

第二种情况：$\Delta x \neq 0$，$\Delta t = 0$，故 $S'$ 中 $\Delta t' \neq 0$，即两事件不同时发生。

**5-2**　有一根棒，相对静止观察者 $S'$ 测得长度为 $L_0$，当棒相对观察者以速度 $v$ 平行于棒的方向运动时，观察者测得棒的长度 $L$

为多少? 有人推论说,取两个坐标系,如图所示,$S'$坐标系随着棒一起运动,$S$ 坐标系相对 $S$ 观察者为静止的,棒的两端在 $S'$ 坐标系中的位置为 $x_1'$ 和 $x_2'$,在 $S$ 坐标系中的位置为 $x_1$ 和 $x_2$,根据洛伦兹变换,有

$$x_1 = \frac{x_1' + vt'}{\sqrt{1 - \left(\dfrac{v}{c}\right)^2}}, \quad x_2 = \frac{x_2' + vt'}{\sqrt{1 - \left(\dfrac{v}{c}\right)^2}}, \quad x_2 - x_1 = \frac{x_2' - x_1'}{\sqrt{1 - \left(\dfrac{v}{c}\right)^2}}$$

求得
$$L = \frac{L_0}{\sqrt{1 - \left(\dfrac{v}{c}\right)^2}}$$

这个结论对不对,为什么?

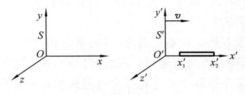

习题 5-2 图

**解**　测量运动棒的长度,棒的两端须相对于观测者($S$ 系)同时测量。

该推论者的结论是错误的,其原因在于:将棒的两端须相对于观测者($S$ 系)同时测量的要求误认为是相对于 $S'$ 系棒两端须同时测量($t_1' = t_2'$)。

正确的做法应是:已知 $x_1, t_1$;$x_2, t_2$,且 $t_1 = t_2$,求 $\Delta x = x_2 - x_1$ 与 $\Delta x' = x_2' - x_1'$ 的关系。应用洛伦兹正变换,有
$$\Delta x' = \gamma(\Delta x - v\Delta t), \quad \Delta t = t_2 - t_1 = 0$$
得 $\Delta x' = \gamma\Delta x$ 即 $\Delta x = \dfrac{1}{\gamma}\Delta x'$,长度收缩。

**5-3**　甲、乙两汽车,静止时一样长,当它们在马路上迎面而过时,甲车上的人测得乙车比甲车短了,乙车上的人测得甲车比乙车短了。(1)你觉得谁对? 这个矛盾如何解决? (2)如果你站在马

路旁边观测,你将得出什么结论?(3)如果你在任何一个车(例如甲车)上观测,你将得出什么结论?

**解** (1)甲、乙都对,没有矛盾。因为根据相对论,长度不是绝对的,物体的长度是与参考系密切相关的,同一物体的长度在不同的参考系中通常是不相同的;运动的长度比静长短。

(2)若两车相对于马路的速率相同,则其长度相同,若速率不同,两车的长度不同。

(3)乙车比甲车短。

**5-4** $S$ 和 $S'$ 是两个惯性参考系,彼此做匀速相对运动,因此,在 $S$ 系的人观测得出,$S'$ 系的钟(时间)慢了;在 $S'$ 系的人观测出,$S$ 系的钟(时间)慢了。究竟是谁的钟(时间)慢了?你认为这个矛盾如何解决?

**解** 都没有慢。根据相对论,时间具有相对性,时间与参考系密切相关,不同参考系观测同一时钟,时钟的指示是不一样的。所谓"钟慢效应"是指各个观测者都会观测到相对于观测者运动的钟走慢了。

**5-5** 你是否认为在相对论中,一切都是相对的?有没有绝对性的方面?有哪些方面?举例说明。

**解** 不是一切都是相对的,有绝对性的方面。如:真空中光相对于所有惯性系,其速率是不变的,亦即是绝对的。又如:力学规律是绝对的,如动量守恒定律、能量守恒定律等在所有惯性系中都是成立的,即相对于不同的惯性系,力学规律不会有所不同,此也是绝对的。

**5-6** 假定一个粒子在 $S'$ 系的 $O'x'y'$ 平面内以 $\dfrac{c}{2}$ 的恒定速度运动,$t=0$ 时,粒子通过原点 $O'$,其运动方向与 $x'$ 轴成 60°角。如果 $S'$ 系相对于 $S$ 系沿 $x$ 轴方向运动的速度为 $0.6c$,试求由 $S$ 系所确定的粒子的运动方程。

**解** 在 $S'$ 系中的观测者所确定的运动方程为

$$x' = u_x t' = \frac{c}{2}(\cos 60°)t' \qquad \text{①}$$

$$y' = u_y t' = \frac{c}{2}(\sin 60°)t' \qquad \text{②}$$

由洛伦兹变换，①式变换为

$$\frac{x - vt}{\sqrt{1 - \left(\dfrac{v}{c}\right)^2}} = \frac{c}{2}(\cos 60°)\frac{t - \dfrac{v}{c^2}x}{\sqrt{1 - \left(\dfrac{v}{c}\right)^2}}, \quad 得 \quad x = 0.739ct$$

②式变换为

$$y = y' = \frac{c}{2}(\sin 60°)\frac{t - \dfrac{v}{c^2}x}{\sqrt{1 - \left(\dfrac{v}{c}\right)^2}}, \quad 得 \quad y = 0.302ct$$

因而由 $S$ 系所确定的粒子的运动方程是

$$\begin{cases} x = 0.74ct \\ y = 0.30ct \end{cases}$$

**5-7** 一根长度为 $L$ 的尺固定在 $S$ 系中的 $x$ 轴上,其两端各装一手枪,另一根长尺固定在 $S'$ 系中的 $x'$ 轴上,当后者从前者旁以速度 $v$ 沿 $x$ 轴正方向经过时,$S$ 系的观察者同时扳动两手枪,使子弹在 $S'$ 系的尺上打出两个记号,求 $S'$ 系中这两个记号间的距离 $L'$ 的大小。

**解** 此题即为:已知在 $S$ 系中 $\Delta x = L$,$\Delta t = 0$,求 $\Delta x'$。

根据洛伦兹变换,有 $\Delta x' = \gamma(\Delta x - v\Delta t)$,所以 $L' = \gamma \cdot L$。

**5-8** 一高速列车以 $0.6c$ 的速率沿平直轨道运动,车上 $A$、$B$ 两人相距 $L = 10$ m,$B$ 在车前,$A$ 在车后。当列车通过一站台的时候,突然发生枪战事件,站台上的人看到 $A$ 先向 $B$ 开枪,过了 12.5 ns,$B$ 才向 $A$ 开枪,因而站台上的人作证:这场枪战是由 $A$ 挑起的。假如你是车中的乘客,你看见的情况是怎样的?

**解** 设列车为 $S'$ 系,站台为 $S$ 系,用洛伦兹坐标变换式的逆变换式得

$$t_B - t_A = \frac{t'_B + \dfrac{v}{c^2}x'_B}{\sqrt{1-\left(\dfrac{v}{c}\right)^2}} - \frac{t'_A + \dfrac{v}{c^2}x'_A}{\sqrt{1-\left(\dfrac{v}{c}\right)^2}}$$

将 $t_B - t_A = 12.5 \times 10^{-9}$ s,$x'_B - x'_A = 10$ m,$\gamma = \dfrac{1}{\sqrt{1-(0.6)^2}} = 1.25$

代入上式,得

$$t'_B - t'_A = -10 \times 10^{-9} \text{ s} = -10 \text{ ns}$$

可见,$t'_A > t'_B$,即车中乘客认为 B 先开枪,过了 10 ns 后 A 才开枪。

**5-9**　在静止于实验室的放射性物质样品中,有两个电子从放射性原子中沿相反的方向射出。由实验室观察者测得每一个电子的速度为 $0.67c$,根据相对论,两个电子的相对速度应该等于多少?

**解**　将一个电子视作 S 系,样品视作 S′ 系,另一电子视作物体来求物体相对 S 系的速度,于是

$$u' = 0.67c, \quad v = 0.67c$$

$$u = \frac{u'+v}{1+\dfrac{v}{c^2}u'} = \frac{0.67c+0.67c}{1+0.67^2} = 0.92c$$

**5-10**　一原子核以 $0.5c$ 的速度离开一观察者而运动,原子核在它运动方向上向前发射一电子,该电子相对于原子核有 $0.8c$ 的速度;此原子核又向后发射了一光子指向观察者,对静止观察者来讲,(1) 电子具有多大的速度?(2) 光子具有多大的速度?

**解**　将观察者视作 S 系,原子核视作 S′ 系,于是由洛伦兹速度变换式,有

$$(1) \qquad u_{电子} = \frac{u'+v}{1+\dfrac{v}{c^2}u'} = \frac{0.8c+0.5c}{1+\dfrac{0.5c}{c^2}\times 0.8c} = 0.93c$$

$$(2) \qquad u_{光子} = \frac{u'_{光子}+v}{1+\dfrac{v}{c^2}u'} = \frac{c+0.5c}{1+\dfrac{0.5c}{c^2}\times c} = c$$

事实上,由狭义相对论的两个基本假设之一,即光速不变原理可直

接得到,光子相对于观察者的速度仍为 $c$。

**5-11**　在 $t=0$ 时,$S$ 系观察者发射一个沿与 $x$ 轴成 $60°$ 角的方向上飞行的光子,$S'$ 系以 $0.6c$ 的速度沿公共轴 $x,x'$ 飞行。问 $S'$ 系的观察者测得光子与 $x'$ 轴所成的角度是多大?速度是多大?

**解**　(1) $u_x=c \cdot \cos60°=0.500c$,　$u_y=c \cdot \sin60°=0.866c$

$$u_x'=\frac{u_x-v}{1-\frac{v}{c^2}u_x}=\frac{0.5c-0.6c}{1-\frac{0.6c \times 0.5c}{c^2}}=-\frac{1}{7}c=-0.143c$$

$$u_y'=\frac{u_y \sqrt{1-\left(\frac{v}{c}\right)^2}}{1-\frac{v}{c^2}u_x}=\frac{\frac{\sqrt{3}}{2}c \times \sqrt{1-\left(\frac{0.6c}{c}\right)^2}}{1-\frac{0.6c \times 0.5c}{c^2}}=\frac{4\sqrt{3}}{7}c=0.990c$$

所以　　　　　　$\tan\varphi'=\frac{u_y'}{u_x'}=\frac{0.990c}{-0.143c}=-6.92$

即与 $x'$ 轴负方向夹角 $\varphi'=81.8°$,也就是与 $x'$ 轴成 $98.2°$ 的角度。

(2) 根据光速不变原理,$S'$ 系中光子速度依然为 $c$,或者按下式

$$u'=\sqrt{(u_x')^2+(u_y')^2}=\sqrt{\left(-\frac{1}{7}c\right)^2+\left(\frac{4\sqrt{3}}{7}c\right)^2}=c$$

这是必然的结果。

**5-12**　两只完全相同的飞船 $A$ 和 $B$,在 $A$ 中的观察者测得 $B$ 接近它的速度为 $0.8c$,则 $B$ 中的观察者测得 $A$ 接近它的速率为多少?一观察者处在两只飞船组成的质点系的质心上,该观察者测得的每一飞船的速率是多少?

**解**　设 $A$ 为 $S$ 系,$B$ 为 $S'$ 系,$B$(即 $S'$ 系)相对于 $A$(即 $S$ 系)沿 $x$ 轴运动。根据洛伦兹变换

$$u_x'=\frac{u_x-v}{1-\frac{v}{c^2}u_x} \qquad\qquad ①$$

由假设及题意 $u_x=0,v=0.8c$,得 $u_x'=-v=-0.8c$,负号表示 $A$

相对于 $B$ 逆着 $x'$ 轴运动。

再设：$A$、$B$ 质心处为 $S$ 系坐标原点，$B$ 为 $S'$ 系，$S'$ 相对于 $S$ 沿 $x$ 轴运动，有 $0 = \dfrac{x_A + x_B}{2}$，两边对 $S$ 系的时间 $t$ 求导，得

$$u_{Ax} = - u_{Bx} \qquad\qquad ②$$

而 $B$ 相对于质心的速度就是 $S'$ 系相对 $S$ 系的速度，即

$$u_{Bx} = v \qquad\qquad ③$$

根据洛伦兹速度变换

$$u'_{Ax} = \frac{u_{Ax} - v}{1 - \dfrac{v}{c^2} u_{Ax}} \qquad\qquad ④$$

由前面的讨论知　　　　$u'_{Ax} = - 0.8c \qquad\qquad ⑤$

由②、③、④、⑤式得

$$v = 0.5c$$

$v = 2c$ 无物理意义，舍掉。

**5-13**　$\mu$ 子在它为静止的参考系中，寿命为 $2.22 \times 10^{-6}$ s。现在地面测得宇宙射线中 $\mu$ 子的速度为 $0.99c$，问地面上的观察者测得 $\mu$ 子的平均寿命 $t$ 为多少。

**解**　根据时间膨胀公式 $\Delta t = \gamma \tau_0$，得

$$\Delta t = \frac{1}{\sqrt{1 - (0.99)^2}} \times 2.22 \times 10^{-6} \text{ s} = 1.57 \times 10^{-5} \text{ s}$$

**5-14**　某种介子静止时的寿命是 $10^{-8}$ s，如它在实验室中的速度为 $2 \times 10^8$ m/s，在它的一生中能飞行多少米？

**解**　介子静止寿命为固有时间，由于它相对于实验室运动，因而从实验室观测得此介子的寿命为

$$t' = \frac{t}{\sqrt{1 - \left(\dfrac{v}{c}\right)^2}} = \frac{10^{-8}}{\sqrt{1 - \left(\dfrac{2 \times 10^8}{3 \times 10^8}\right)^2}} \text{ s} = \frac{3 \times 10^{-8}}{\sqrt{5}} \text{ s}$$

所以　$s = vt' = 2 \times 10^8 \times \dfrac{3 \times 10^{-8}}{\sqrt{5}} \text{ m} = \dfrac{6}{\sqrt{5}} \text{ m} = 2.68 \text{ m}$

**5-15**　若有一宇航员,乘速度为 1000 km/s 的火箭,经过 40 h 到达火星,求宇航员和地面上的观测者进行时间测量值的差,并验证二者所测时间的差值不超过 1 s。

**解**　时间膨胀公式 $\Delta t = \gamma \tau$。两种情况 $\tau = 40$ h 或 $\Delta t = 40$ h,时间差

$$\Delta T = \Delta t - \tau$$

第一种情况　　　　$\Delta T_1 = (\gamma - 1)\tau = 40(\gamma - 1)$ 　　　　　　①

第二种情况　　　　$\Delta T_2 = \left(1 - \dfrac{1}{\gamma}\right)\Delta t = 40\left(1 - \dfrac{1}{\gamma}\right)$ 　　　②

$$\gamma = \frac{1}{\sqrt{1 - \left(\dfrac{1 \times 10^6}{3 \times 10^8}\right)^2}} = 1 + 5.56 \times 10^{-6} \qquad ③$$

$$\frac{1}{\gamma} = \sqrt{1 - \left(\frac{1 \times 10^6}{3 \times 10^8}\right)^2} = 1 - 5.56 \times 10^{-6} \qquad ④$$

将③、④式代入①、②式得

$$\Delta T_1 = 5.56 \times 10^{-6} \times 40 \text{ h} = 0.8 \text{ s}, \quad \Delta T_2 = 0.8 \text{ s}$$

即二者所测时间的差值,不超过 1 s。

**5-16**　在 S 系中有一个静止的正方形,其面积为 100 m²,观察者 S′ 以 0.8c 的速度沿正方形的对角线运动,S′ 测得的该面积是多少?

**解**　设正方形在 S 系中每边长为 L,其对角线长为 $\sqrt{2}L$,如图所示,因相对运动,在 S′ 系中对角线 $l_2$ 不变,等于 $\sqrt{2}L$,而对角线 $l_1$ 收缩为

$$l_1' = \sqrt{2}L\sqrt{1 - \left(\frac{v}{c}\right)^2}$$

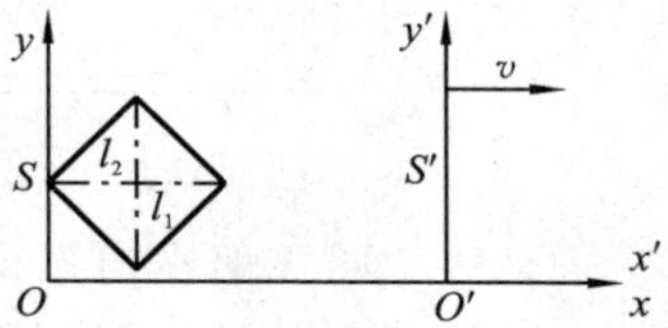

习题 5-16 图

于是在 S′ 系中观测得的面积

$$S' = \frac{1}{2} l_2' l_1' = \frac{1}{2}(\sqrt{2}L)^2 \sqrt{1 - \left(\frac{v}{c}\right)^2} = L^2 \sqrt{1 - \left(\frac{v}{c}\right)^2}$$

$$= 100\sqrt{1-(0.8)^2}\,m^2 = 60\ m^2$$

**5-17**　一个以 $2\times10^{10}$ cm/s 的速度运动的球,静止着的人观察时,是什么样的形状呢?

**解**　设球半径为 $a$,在运动方向半径缩短为 $b$,则

$$b = \frac{1}{\gamma}a,\quad \gamma = \frac{1}{\sqrt{1-\left(\dfrac{2\times10^8}{3\times10^8}\right)^2}},\quad \frac{1}{\gamma} = \frac{\sqrt{5}}{3}$$

得 $b = \dfrac{\sqrt{5}}{3}a$,即旋转椭球。

**5-18**　在 $S'$ 坐标系中,有一根长度为 $l'$ 的静止棒,它和 $x'$ 轴有夹角 $\theta'$。(1) 当从 $S$ 系观测时长度 $l$ 为多少? 它与 $x$ 轴方向的夹角 $\theta$ 为多少? (2) 当 $\theta'=30°$ 和 $\theta=45°$ 时,其相对速度为多少?

**解**　(1) $S'$ 系 $\Delta x'=l'\cos\theta'$,$\Delta y'=l'\sin\theta'$;$S$ 系 $\Delta x=\dfrac{1}{\gamma}\Delta x'$,$\Delta y=\Delta y'$,则

$$l=(\Delta x^2+\Delta y^2)^{\frac{1}{2}}=l'\left(\frac{1}{\gamma^2}\cos^2\theta'+\sin^2\theta'\right)^{\frac{1}{2}}=l'\left(1-\left(\frac{v}{c}\right)^2\cos^2\theta'\right)^{\frac{1}{2}}$$

$$\tan\theta=\frac{\Delta y}{\Delta x}=\gamma\tan\theta' \qquad\qquad ①$$

(2) 将 $\theta'=30°$,$\theta=45°$ 代入①式,有

$$\gamma = \frac{1}{\sqrt{1-\left(\dfrac{v}{c}\right)^2}} = \sqrt{3},\text{得 } v=\sqrt{\frac{2}{3}}c$$

**5-19**　两飞船在自己的静止参考系中测得各自的长度均为 100 m,飞船甲上的仪器测得飞船甲的前端驶完飞船乙的全长需 $\dfrac{5}{3}\times10^{-7}$ s,求两飞船的相对速度的大小。

**解**　由相对论运动观念,可以看做乙船全长驶过甲船前端所需时间为 $\dfrac{5}{3}\times10^{-7}$ s。100 m 是乙船固有长度,在甲船上来观测,

乙船的长度收缩为 $l=\dfrac{l_0}{\gamma}$，即 $l=l_0\sqrt{1-(v/c)^2}$，所以

$$t=\frac{l_0\sqrt{1-\left(\dfrac{v}{c}\right)^2}}{v}$$

得 $v=\dfrac{l_0 c}{\sqrt{t^2 c^2+l_0^2}}=\dfrac{100c}{\sqrt{\left(\dfrac{5}{3}\times10^{-7}\times3\times10^8\right)^2+100^2}}=\dfrac{2c}{\sqrt{5}}=0.894c$

**5-20**　在 $S$ 系中的 $x$ 轴上相隔为 $\Delta x$ 处有两只同步钟时 A 和 B，读数相同，在 $S'$ 系中 $x'$ 轴上也有一只同样的时钟 A′。若 $S'$ 系相对于 $S$ 系沿 $x$ 轴的速度为 $v$，且当 A 与 A′ 相遇时，两钟的读数为零，当时钟 A′ 和 B 相遇时，在 $S$ 系中时钟 B 的读数是多少？此时在 $S'$ 系中时钟 A′ 的读数又是多少？

**解**　对于 $S$ 系 $\Delta t=\dfrac{\Delta x}{v}$，此即 $S$ 系中时钟 B 的读数。

对于 $S'$ 系　　　　　　　　$\Delta t'=\dfrac{\Delta x'}{v}$

由于长度收缩　　　　　　　$\Delta x'=\dfrac{1}{\gamma}\Delta x$

故时钟 A′ 的读数　　　　　$\Delta t'=\dfrac{1}{\gamma}\dfrac{\Delta x}{v}$

**5-21**　两个事件由两个观察者 $S$ 和 $S'$ 观察，$S$ 和 $S'$ 彼此相对做匀速运动，观察者 $S$ 测得两事件相隔 3 s，两事件的发生地点相距 10 m，观察者 $S'$ 测得两事件相隔 5 s。$S'$ 测得两事件的距离应该是多少米？

**解**　洛伦兹正变换

$$\Delta t'=\gamma\left(\Delta t-\dfrac{\Delta x}{c}\beta\right) \qquad ①$$

$$\Delta x'=\gamma(\Delta x-v\Delta t) \qquad ②$$

$$\beta=\dfrac{v}{c}<1 \qquad ③$$

$$\gamma = (1-\beta^2)^{-\frac{1}{2}} \qquad ④$$

由题意知 $\Delta t = 3$ s, $\Delta t' = 5$ s, $\Delta x = 10$ m。由于 $\dfrac{\Delta x}{c}\beta \ll 1$, 则①式可

变为 $\Delta t' = \gamma \Delta t$, 代入数值得

$$\gamma = \frac{5}{3} \qquad ⑤$$

$$v = \frac{4}{5}c \qquad ⑥$$

将⑤、⑥式代入②式, 由于 $\Delta x \ll v\Delta t$, 得

$$\Delta x' = -\gamma v\Delta t = -\frac{5}{3} \times \frac{4}{5} \times 3 \times 10^8 \times 3 \text{ m}$$

$$|\Delta x'| = 1.2 \times 10^9 \text{ m}$$

**5-22**　在 $S$ 系中, 相距 $\Delta x = 5.00 \times 10^6$ m 的两个地方发生两事件, 时间间隔 $\Delta t = 1.00 \times 10^{-2}$ s; 而在相对于 $S$ 系沿 $x$ 轴匀速运动的 $S'$ 系中观察到这两事件却是同时发生的。试计算在 $S'$ 系中发生这两事件的地点之间的距离 $\Delta x'$。

　　**解**　洛伦兹变换　$\Delta x' = \gamma(\Delta x - v\Delta t)$ ①

$$\Delta t' = \gamma\left(\Delta t - \frac{\Delta x}{c}\beta\right) \qquad ②$$

由题意知 $\Delta t = 1.00 \times 10^{-2}$ s, $\Delta x = 5.00 \times 10^6$ m, $\Delta t' = 0.00$ s, 将这些数据代入②式, 求得 $\beta = \dfrac{3}{5}$, 而

$$\gamma = (1-\beta^2)^{-1/2} = \frac{5}{4}, \quad v = \beta c = \frac{3}{5}c$$

将此代入①式, 求得

$$\Delta x' = \frac{5}{4}\left(5.00 \times 10^6 - \frac{3}{5} \times 3 \times 10^8 \times 10^{-2}\right) \text{ m} = 4.00 \times 10^6 \text{ m}$$

**5-23**　一个粒子, (1) 从静止加速到 $0.100c$ 时, (2) 从 $0.900c$ 加速到 $0.980c$ 时, 各需要外力对粒子做多少功?

　　**解**　(1) 从静止加速到运动, 外力所做的功为

$$A = mc^2 - m_0c^2 = (\gamma - 1)m_0c^2$$

其中 $\quad \gamma=\left[1-\left(\dfrac{v}{c}\right)^2\right]^{-1/2}\approx 1+\dfrac{1}{2}\left(\dfrac{v}{c}\right)^2 \quad \left(\dfrac{v}{c}=0.1\right)$

得 $\quad A=\dfrac{1}{2}\times 10^{-2}m_0 c^2=5.00\times 10^{-3}m_0 c^2$

（2）从一个运动状态加速到另一个运动状态，外力做功为

$$A=m_2 c^2-m_1 c^2=(\gamma_2-\gamma_1)m_0 c^2$$

其中 $\quad \gamma_2=(1-0.98^2)^{-1/2}=5.025,\quad \gamma_1=(1-0.9^2)^{-1/2}=2.294$

得 $\quad A=(5.025-2.294)m_0 c^2=2.73m_0 c^2$

**5-24** 一个粒子的动能要能够写成 $\dfrac{1}{2}m_0 v^2$，而且误差不超过 $0.5\%$，该粒子可能有的最大速率是多少？

**解** $\qquad E_k=(\gamma-1)m_0 c^2$

$$\gamma=\left(1-\left(\dfrac{v}{c}\right)^2\right)^{-1/2}=1+\dfrac{1}{2}\left(\dfrac{v}{c}\right)^2+\dfrac{3}{8}\left(\dfrac{v}{c}\right)^4+\cdots$$

$$E_k=\left(\dfrac{1}{2}\left(\dfrac{v}{c}\right)^2+\dfrac{3}{8}\left(\dfrac{v}{c}\right)^4+\cdots\right)m_0 c^2 \qquad ①$$

当动能取 $E_k'=\dfrac{1}{2}m_0 v^2$ 时，由 ① 式可知 $\left(\dfrac{v}{c}\right)^2\ll 1$，依题意 $\dfrac{E_k-E_k'}{E_k'}\leqslant 5\times 10^{-3}$。只顾及 $\left(\dfrac{v}{c}\right)^4$ 项，有

$$E_k=\left(\dfrac{1}{2}\left(\dfrac{v}{c}\right)^2+\dfrac{3}{8}\left(\dfrac{v}{c}\right)^4\right)m_0 c^2$$

则 $\qquad \dfrac{E_k-E_k'}{E_k'}=\dfrac{\dfrac{3}{8}\left(\dfrac{v}{c}\right)^4}{\dfrac{1}{2}\left(\dfrac{v}{c}\right)^2}=\dfrac{3}{4}\left(\dfrac{v}{c}\right)^2\leqslant 5\times 10^{-3}$

得 $\qquad v\leqslant 0.0816c$

**5-25** 一个电子以 $0.99c$ 的速率运动，电子的静止质量为 $m_e=9.11\times 10^{31}$ kg，试问：（1）它的总能量是多少？（2）按牛顿力学算出的动能和按相对论力学算出的动能各为多少？它们的比值是多少？

**解**　(1) $E_{总}=mc^2=\dfrac{m_0c^2}{\sqrt{1-\left(\dfrac{v}{c}\right)^2}}=\dfrac{9.11\times10^{-31}\times(3\times10^8)^2}{\sqrt{1-\left(\dfrac{0.99c}{c}\right)^2}}$ J

$\qquad\qquad=5.81\times10^{-13}$ J

(2)　$E_{k牛}=\dfrac{1}{2}m_0v^2=\dfrac{1}{2}\times9.11\times10^{-31}\times(0.99\times3\times10^8)^2$ J

$\qquad\qquad=4.02\times10^{-14}$ J

$E_{k相}=mc^2-m_0c^2=[5.81\times10^{-13}-9.11\times10^{-31}\times(3\times10^8)^2]$ J

$\qquad=4.99\times10^{-13}$ J

(3) $\dfrac{E_{k牛}}{E_{k相}}=\dfrac{4.02\times10^{-14}}{4.99\times10^{-13}}=0.08$

**5-26**　在聚变过程中,4 个氢核转变成一个氦核,同时以各种辐射形式放出能量。假设一个氢核的静止质量为 1.0081 u(u 为原子质量单位),而一个氦核的静止质量为 4.0039 u,计算 4 个氢核聚变成一个氦核时所释放出来的能量。(1 u=1.66×10⁻²⁷ kg。)

**解**

$\Delta E=4m_Hc^2-m_{He}c^2$

$\qquad=(4\times1.0081-4.0039)\times1.66\times10^{-27}\times(3\times10^8)^2$ J

$\qquad=4.258\times10^{-12}$ J

**5-27**　试计算动能为 1 MeV 的电子的动量。(1 MeV=10⁶ eV,电子的静止能 $m_0c^2=0.511$ MeV。)

**解**　由动量能量关系式

$$E^2=(E_k+m_0c^2)^2=(pc)^2+(m_0c^2)^2 \qquad ①$$

其中,一个电子的静止能是

$m_0c^2=9.109\times10^{-31}\times(2.998\times10^8)^2$ J$=8.187\times10^{-14}$ J

$\qquad=0.511$ MeV

将数值代入①式中,有

$\qquad(1\text{ MeV}+0.511\text{ MeV})^2=(pc)^2+(0.511\text{ MeV})^2$

得到

$$p = 1.42 \text{ MeV}/c = \frac{1.42 \times 10^6 \times 1.60 \times 10^{-19}}{3 \times 10^8} \text{ kg} \cdot \text{m/s}$$

$$= 7.57 \times 10^{-22} \text{ kg} \cdot \text{m/s}$$

**5-28**　一个质量数为 42 u(1 u $= 1.66 \times 10^{-27}$ kg)的静止粒子,蜕变成两个碎片,其中一个碎片的静质量数为 20 u,以速率 $\frac{3}{5}c$ 运动,求另一碎片的动量 $p$、能量 $E$、静质量 $m_0$。

**解**　由能量守恒 $M_0 c^2 = m_1 c^2 + E_2$,有

$E_2 = M_0 c^2 - m_1 c^2$

$$= \left[ 42 \times 1.66 \times 10^{-27} (2.998 \times 10^8)^2 - \frac{20 \times 1.66 \times 10^{-27} \times (2.998 \times 10^8)}{\sqrt{1 - (3/5)^2}} \right] \text{J}$$

$$= 2.536 \times 10^{-9} \text{ J}$$

由动量守恒,有 $m_1 v + p = 0$,即

$$p = \left| -\frac{m_1 v}{\sqrt{1 - \left(\frac{v}{c}\right)^2}} \right| = \frac{20 \times 1.66 \times 10^{-27} \times \frac{3}{5}c}{\sqrt{1 - \left(\frac{3}{5}\right)^2}} \text{ kg} \cdot \text{m/s}$$

$$= 7.47 \times 10^{-18} \text{ kg} \cdot \text{m/s}$$

由动量能量关系 $E^2 = (pc)^2 + (m_0 c^2)^2$,得

$$m_0 = \frac{\sqrt{E^2 - (pc)^2}}{c^2}$$

$$= \frac{\sqrt{(2.536 \times 10^{-9})^2 - (7.47 \times 10^{-18} \times 3 \times 10^8)^2}}{(3 \times 10^8)^2} \text{ kg}$$

$$= 1.32 \times 10^{-26} \text{ kg} \approx 8 \text{ u}$$

**5-29**　静止的电子偶(质量等于电子的静质量,电量等于电子的电量,电性相反的两个粒子)湮灭时产生两个光子,如果其中一个光子再与另一个静止电子碰撞,求它能给予这个电子的最大速度。

**解**　两光子能量均为 $E_\gamma$,湮没前两电子的能量等于湮没后两光子的能量,即湮没前后能量守恒,亦即

$$2E_\gamma = 2m_0 c^2 \qquad \text{①}$$

因为正负电子对的初始动量为零,所产生的两个光子必定向相反方向运动,其中一光子与另一静止电子碰撞时,要使此电子具有最大的速度,入射光子必定反向散射回来,碰撞时能量守恒,得

$$E_\gamma + m_0 c^2 = E_\gamma' + mc^2 \qquad \text{②}$$

碰撞时动量守恒,得

$$\frac{E_\gamma}{c} = \frac{E_\gamma'}{c} + p_e \qquad \text{③}$$

被碰电子 $\qquad E_e^2 = (p_e c)^2 + (m_0 c^2)^2 = (mc^2)^2 \qquad \text{④}$

$$m = \gamma m_0 = \frac{m_0}{\sqrt{1 - \left(\dfrac{v}{c}\right)^2}} \qquad \text{⑤}$$

联立解以上五个方程,得

$$v = \frac{4}{5}c$$

**5-30** 静止质量为 $M$ 的粒子处于静止状态,它蜕变为具有静止质量为 $m_1, m_2$ 的两个粒子,质量为 $m_1$ 的粒子的能量为 $E_1$,试求其速度 $v_1$。

**解** 由动量守恒定律、能量守恒定律及相对论动量能量关系,有

$$\begin{cases} 0 = p_1 + p_2 & \text{①} \\ Mc^2 = (p_1^2 c^2 + m_1^2 c^4)^{1/2} + (p_2^2 c^2 + m_2^2 c^4)^{1/2} & \text{②} \end{cases}$$

由动量的定义 $p = \gamma m_0 v = \dfrac{m_0 v}{\sqrt{1 - (v/c)^2}}$,可得

$$v_1 = \frac{p_1 c}{\sqrt{p_1^2 + m_1^2 c^2}} \qquad \text{③}$$

由 ① 式有 $\qquad p_1^2 = p_2^2 \qquad \text{④}$

利用④式,由②式可得

$$(p_1^2 c^2 + m_1^2 c^4)^{1/2} = \frac{M^2 + m_1^2 - m_2^2}{2M} = A \qquad ⑤$$

由 ⑤ 式得
$$p_1 c = (A^2 - m_1^2 c^2)^{1/2} \qquad ⑥$$

将⑤、⑥式代入③式化简得

$$v_1 = \frac{c\,(M^4 + m_1^4 + m_2^4 - 2M^2 m_1^2 - 2M^2 m_2^2 - 2m_1^2 m_2^2)^{\frac{1}{2}}}{M^2 + m_1^2 - m_2^2}$$

# 第6章 静 电 场

## 一、内 容 提 要

**1. 库仑定律**

$$F = \frac{q_1 q_2}{4\pi\varepsilon_0 r^2} e_r$$

**2. 电场强度**

$$E = \frac{F}{q_0}$$

场强叠加原理

（1）点电荷的场强　$E = \dfrac{q}{4\pi\varepsilon_0 r^2} e_r$

（2）点电荷系的场强　$E = E_1 + E_2 + \cdots + E_n = \displaystyle\sum_{i=1}^{n} \dfrac{q}{4\pi\varepsilon_0 r_i^2} e_{r_i}$

（3）电荷连续分布的带电体的场强　$E = \displaystyle\int dE = \int \dfrac{dq}{4\pi\varepsilon_0 r^2} e_r$

**3. 电通量与高斯定理**

（1）电通量　$\varPhi_E = \displaystyle\oint_S E \cdot dS$

（2）高斯定理　$\varPhi_E = \displaystyle\oint_S E \cdot dS = \dfrac{1}{\varepsilon_0} \sum_{S_内} q_i$

**4. 静电场的环路定理**

$$\oint_L E \cdot dl = 0$$

**5．电势**

（1）电势 $V_P = \displaystyle\int_P^{V=0\text{处}} \boldsymbol{E} \cdot \mathrm{d}\boldsymbol{l}$

点电荷电场中的电势 $V_P = \dfrac{q}{4\pi\varepsilon_0 r}$

点电荷系电场中的电势 $V_P = \displaystyle\sum_i V_i = \sum_i \dfrac{q_i}{4\pi\varepsilon_0 r_i}$

电荷连续分布的带电体电场中的电势 $V_P = \displaystyle\int \dfrac{\mathrm{d}q}{4\pi\varepsilon_0 r}$

（2）电场强度与电势梯度的关系 $\boldsymbol{E} = -\dfrac{\mathrm{d}V}{\mathrm{d}l_n}\boldsymbol{n}$

在直角坐标系中 $\boldsymbol{E} = -\left(\dfrac{\mathrm{d}V}{\mathrm{d}x}\boldsymbol{i} + \dfrac{\mathrm{d}V}{\mathrm{d}y}\boldsymbol{j} + \dfrac{\mathrm{d}V}{\mathrm{d}z}\boldsymbol{k}\right) = -\mathbf{grad}V$

**6．静电场中的导体**

（1）导体静电平衡的条件。

（2）导体静电平衡时的性质。

（3）静电屏蔽。

**7．静电场中的电介质**

（1）电极化强度 $\boldsymbol{P} = \dfrac{\displaystyle\sum_i \boldsymbol{p}_i}{\Delta V}$， $\boldsymbol{P} = \chi_e\varepsilon_0\boldsymbol{E}$

（2）电介质中静电场的基本规律

有电介质存在时静电场的环路定理 $\displaystyle\oint_L \boldsymbol{E} \cdot \mathrm{d}\boldsymbol{l} = 0$

电位移矢量 $\boldsymbol{D}$ 的高斯定理 $\displaystyle\oint_S \boldsymbol{D} \cdot \mathrm{d}\boldsymbol{S} = \sum_{S_内} q_i$

（3）电容和电容器

电容器的电容 $C = \dfrac{q}{\Delta U}$

电容器串联时 $\dfrac{1}{C} = \displaystyle\sum_i \dfrac{1}{C_i}$，并联时 $C = \displaystyle\sum_i C_i$

**8．静电场的能量**

（1）电荷在外电场中的静电势能 $W = qV$

（2）带电体系的静电能

点电荷系的静电能　　$W = \dfrac{1}{2}\displaystyle\sum_{i=1}^{n} q_i V_i$

电荷连续分布的带电体的静电能　　$W = \dfrac{1}{2}\displaystyle\int_q V \mathrm{d}q$

电容器的储能　　$W = \dfrac{1}{2}\dfrac{Q^2}{C} = \dfrac{1}{2}QU = \dfrac{1}{2}CU^2$

静电场的能量密度　　$w_e = \dfrac{1}{2}\varepsilon E^2$

静电场的能量　　$W = \displaystyle\int_V w_e \mathrm{d}V$

# 二、重 点 难 点

**1.** 电场强度、电势及两者的关系。

**2.** 高斯定理、环路定理及其应用。

**3.** 导体的静电平衡条件及平衡态下导体的主要性质。

**4.** 介质中的高斯定理，电位移矢量，电容的计算。

**5.** 电场的能量。

# 三、思考题及解答

**6-1**　设电荷均匀分布在一空心均匀带电的球面上，若把另一个点电荷放在球心上，这个电荷能处于平衡状态吗？如果把它放在偏离球心的位置上，又将如何？

**答**　若把另一个点电荷放在球心上，这个电荷能处于平衡状态。因为把另一个点电荷放在球心上时，不会改变带电球面上电荷分布的均匀性，从而带电球面上电荷所激发的电场在中心处为零，点电荷处于平衡状态。

若把它放在偏离球心的位置上，这个电荷不一定能处于平衡状态。因为当点电荷放在偏离球心的位置上时,有可能会使带电球面上的电荷分布发生变化(如该带电球面为金属时,内表面电荷分布变得不均匀),从而带电球面上电荷所激发的电场在该电荷处不为零,点电荷不能处于平衡状态。

**6-2** 在点电荷的电场强度公式 $E = \dfrac{q}{4\pi\varepsilon_0 r^2} e_r$ 里,若 $r \rightarrow 0$,则电场强度 $E \rightarrow \infty$。对此,你如何解释?

**答** 点电荷只是一个理想化模型,只有当带电体本身的线度远比所研究的问题中涉及的距离 $r$ 小很多时,带电体才近似地当成点电荷。所以当 $r \rightarrow 0$ 时,这个电荷就不能看做点电荷,因此点电荷的场强公式不再适用。

**6-3** 如果在一曲面上每点的电场强度 $E = 0$,那么穿过此曲面的电通量 $\Phi_E$ 也为零吗? 如果穿过曲面的电通量 $\Phi_E = 0$,那么,能否说此曲面上每点的电场强度 $E$ 也必为零呢?

**答** 如果 $E = 0$,则 $\Phi_E = \displaystyle\int_S E \cdot dS = 0$ 是必然的。

如果 $\Phi_E = \displaystyle\int_S E \cdot dS = 0$,则不能说此曲面上每点的电场强度 $E$ 也必为零,这是因为还需考虑 $E$ 与 $dS$ 的方向性问题。

**6-4** 下列几个带电体能否用高斯定理来计算电场强度? 为什么? 作为近似计算,应如何考虑呢?

(1)电偶极子;(2)长为 $l$ 的均匀带电直线;(3)半径为 $R$ 的均匀带电圆盘。

**答** (1)不能。

(2)不能。但作为近似计算,可以考虑用高斯定理求解均匀带电直线附近的电场,这时有限长的均匀带电直线可以近似为无穷长的均匀带电直线。

(3)不能。但作为近似计算,可以考虑用高斯定理求解带电圆盘附近的电场,这时半径为 $R$ 的均匀带电圆盘可近似为无穷大的均匀带电平面。

**6-5** 电荷 $q$ 从电场中的点 $A$ 移到点 $B$,若使点 $B$ 的电势比点 $A$ 的电势低,而点 $B$ 的电势能又比点 $A$ 的电势能要大,这可能吗?

**答** 可能。当电荷 $q$ 为负电荷时,如点 $B$ 的电势比点 $A$ 的电势低,则点 $B$ 的电势能就比点 $A$ 的电势能要大。因为此时将负电荷从点 $A$ 移至点 $B$,电场力做负功。

**6-6** 有一个绝缘的金属筒,上面开一小孔,通过小孔放入一用丝线悬挂的带正电的小球。试讨论在下列各种情形下,金属筒外壁带何种电荷? (1)小球跟筒的内壁不接触;(2)小球跟筒的内壁接触;(3)小球不跟筒接触,但人用手接触一下筒的外壁,松开手后再把小球移出筒外。

**答** (1)小球跟筒内壁不接触时,由于静电感应,所以金属筒外壁带等量正电荷。

(2)小球跟筒内壁接触时,球上电荷全部转移至金属筒外壁,故金属筒外壁将带正电荷。

(3)用手触摸筒外壁,外壁正电荷全部流入大地,外壁将不带电,若再将小球移出,则由于静电平衡,筒内壁的负电荷将全部移至外壁,故外壁带负电荷。

**6-7** 在绝缘支柱上放置一闭合的金属球壳,球壳内有一人。当球壳带电且电荷越来越多时,他观察到的球壳表面的电荷面密度、球壳内的场强是怎样的? 当一个带有跟球壳相异电荷的巨大带电体移近球壳时,此人又将观察到什么? 此人在球壳内是否安全?

**答** (1)他发现,外表面上电荷面密度会越来越大,球壳内场强仍为零。

(2)他发现球面电荷开始重新分布,靠近大球的地方电荷密度大,远离大球处电荷密度小。

(3)此人在球壳内始终安全。

# 四、习题及解答

**6-1** 把某一电荷分成 $q$ 和 $Q-q$ 两部分,且此两部分相隔一定距离,如果使这两部分有最大库仑斥力,则 $Q$ 与 $q$ 有什么关系?

**解** 设分开后 $q$ 与 $Q-q$ 相距为 $a$,则

$$F = \frac{1}{4\pi\varepsilon_0}\frac{q(Q-q)}{a^2} = \frac{1}{4\pi\varepsilon_0 a^2}(qQ-q^2)$$

令 $\dfrac{\mathrm{d}F}{\mathrm{d}q}=0$,有 $\qquad Q-2q=0, \quad q=\dfrac{Q}{2}$

即当 $Q$ 分成两个相等部分时有最大斥力。

**6-2** 在边长为 $a$ 的正方形的四角,依次放置 $q$、$2q$、$-4q$ 和 $2q$,它的正中放着一个单位正电荷,求这个电荷受力的大小和方向。

**解** 各点电荷在正方形中心产生的电场方向如图所示,它们的大小分别为

$$E_1 = \frac{q}{4\pi\varepsilon_0\left(\frac{\sqrt{2}}{2}a\right)^2} = \frac{q}{2\pi\varepsilon_0 a^2}$$

$$E_3 = \frac{4q}{4\pi\varepsilon_0\left(\frac{\sqrt{2}}{2}a\right)^2} = \frac{2q}{\pi\varepsilon_0 a^2}$$

$$E_2 = E_4 = \frac{2q}{4\pi\varepsilon_0\left(\frac{\sqrt{2}}{2}a\right)^2} = \frac{q}{\pi\varepsilon_0 a^2}$$

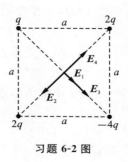

习题 6-2 图

方向如图所示,则在正方形中心处的场强为

$$E = E_3 + E_1 = \frac{5q}{2\pi\varepsilon_0 a^2}$$

$E$ 的方向指向 $-4q$。该处单位正电荷的受力就等于该点的电场强度 $E$。

**6-3** 一个正 π 介子由一个 u 夸克和一个反 d 夸克组成。u

夸克带电量为 $\dfrac{2}{3}e$，反 d 夸克带电量为 $\dfrac{1}{3}e$，它们之间的距离为 $1.0 \times 10^{-15}$ m。将夸克作为经典粒子处理，试计算正 π 介子中夸克间的电力。

**解**　根据库仑定律，两夸克之间的电力为

$$F = \frac{q_1 q_2}{4\pi\varepsilon_0 r^2} = \frac{\dfrac{2}{3}e \times \dfrac{1}{3}e}{4\pi\varepsilon_0 r^2} = 9 \times 10^9 \times \frac{2}{9} \times \left(\frac{1.6 \times 10^{-19}}{10^{-15}}\right)^2 \text{ N} = 51.2 \text{ N}$$

**6-4**　一个粒子所带的电荷为 $-2.0 \times 10^{-9}$ C，在均匀电场中受到向下作用的电力 $3.0 \times 10^{-6}$ N，试问：(1) 该电场的场强如何？(2) 放在这个电场中的质子所受电力的大小和方向如何？(3) 质子所受到的重力如何？(4) 在这种情况下，电力和重力之比如何？

**解**　(1) 场强为

$$E = \frac{F}{q} = \frac{3 \times 10^{-6}}{2 \times 10^{-9}} \text{ N/C} = 1.5 \times 10^3 \text{ N/C} \quad \text{（方向向上）}$$

(2) 质子受电场力 $F_e = eE$，即

$$F_e = 1.6 \times 10^{-19} \times 1.5 \times 10^3 \text{ N} = 2.4 \times 10^{-16} \text{ N} \quad \text{（方向向上）}$$

(3) 质子受重力 $F_m = mg$，即

$$F_m = 1.67 \times 10^{-27} \times 9.8 \text{ N} = 1.6 \times 10^{-26} \text{ N} \quad \text{（方向向下）}$$

(4) 电场力与重力之比为

$$\frac{F_e}{F_m} = \frac{2.4 \times 10^{-16}}{1.6 \times 10^{-26}} = 1.5 \times 10^{10}，$$ 可见这种情况下电力远远大于万有引力。

**6-5**　两根无限长的均匀带电直线相互平行，相距为 $2a$，电荷线密度分别为 $+\lambda$ 和 $-\lambda$，求每单位长度的带电直线所受的作用力。

**解**　设带电直线 1 的电荷线密度为 $+\lambda$，带电直线 2 的电荷线密度为 $-\lambda$。带电直线 1 在带电直线 2 处产生的场强为

$$\boldsymbol{E} = \frac{\lambda}{2\pi\varepsilon_0 (2a)} \boldsymbol{e}_r$$

在带电直线 2 上取电荷元 $\mathrm{d}q$，由场强的定义得该电荷元受的作用

力为

$$\mathrm{d}\boldsymbol{F} = \boldsymbol{E}\mathrm{d}q$$

带电直线 1 对带电直线 2 单位长度上的电荷的作用力为

$$\boldsymbol{F}_{12} = \int \boldsymbol{E}\mathrm{d}q = \int_0^1 \frac{\lambda \boldsymbol{e}_r}{4\pi\varepsilon_0 a}(-\lambda)\mathrm{d}l = -\frac{\lambda^2}{4\pi\varepsilon_0 a}\boldsymbol{e}_r$$

同理,带电直线 2 对带电直线 1 单位长度上的电荷的作用力为

$$\boldsymbol{F}_{21} = -\boldsymbol{F}_{12} = \frac{\lambda^2}{4\pi\varepsilon_0 a}\boldsymbol{e}_r$$

可见,两带异性电荷直线相互吸引。

**6-6** 把电偶极矩 $\boldsymbol{p} = q\boldsymbol{l}$ 的电偶极子放在点电荷 $Q$ 的电场内,$\boldsymbol{p}$ 的中心 $O$ 到 $Q$ 的距离为 $r(r \gg l)$,分别求:(1) $\boldsymbol{p} /\!/ \overrightarrow{QO}$ 和(2) $\boldsymbol{p} \perp \overrightarrow{QO}$ 时电偶极子所受的力 $\boldsymbol{F}$ 和力矩 $\boldsymbol{M}$。

**解** (1) 当 $\boldsymbol{p} /\!/ \overrightarrow{QO}$ 时,电偶极子在延长线上的场强为

$$\boldsymbol{E} = \frac{2\boldsymbol{p}}{4\pi\varepsilon_0 r^3}$$

点电荷 $Q$ 受到的电场力为

$$\boldsymbol{F}_e = Q\boldsymbol{E} = \frac{2Q\boldsymbol{p}}{4\pi\varepsilon_0 r^3}$$

根据牛顿第三定律,$Q$ 对电偶极子的作用力为

$$\boldsymbol{F} = -\boldsymbol{F}_e = -\frac{2Q\boldsymbol{p}}{4\pi\varepsilon_0 r^3}$$

点电荷在点 $O$ 的电场为 $\quad \boldsymbol{E}' = \frac{Q}{4\pi\varepsilon_0 r^3}\boldsymbol{r}$

因为 $\boldsymbol{E}'$ 和 $\boldsymbol{p}$ 在同一条线上,故电偶极子受的力矩为

$$\boldsymbol{M} = \boldsymbol{p} \times \boldsymbol{E}' = 0$$

(2) 当 $\boldsymbol{p} \perp \overrightarrow{QO}$ 时,电偶极子在中垂面上的场强为

$$\boldsymbol{E} = -\frac{\boldsymbol{p}}{4\pi\varepsilon_0 r^3}$$

点电荷 $Q$ 受到的电场力为

$$F_e = QE = -\frac{Qp}{4\pi\varepsilon_0 r^3}$$

根据牛顿第三定律，$Q$ 对电偶极子的作用力为

$$F = -F_e = -\frac{Qp}{4\pi\varepsilon_0 r^3}$$

因为 $E' \perp p$，故电偶极子受的力矩为

$$M = p \times E' = \frac{Q}{4\pi\varepsilon_0} \frac{p \times r}{r^3}$$

**6-7** 如图（a）所示，一根细玻璃棒被弯成半径为 $R$ 的半圆形，其上半段均匀地带电荷$+Q$，下半段均匀地带电荷$-Q$，试求半圆中心 $P$ 点处的电场 $E$。

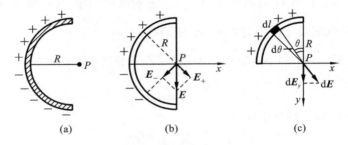

习题 6-7 图

**解** 如图（b）、（c）所示，合场强 $E$ 沿 $y$ 轴正向。在上半段取 $dl = Rd\theta$，电荷元 $dq = \lambda dl = \frac{2Q}{\pi}d\theta$，在 $P$ 点处场强为

$$dE = \frac{dq}{4\pi\varepsilon_0 R^2} = \frac{Q}{2\pi^2\varepsilon_0 R^2}d\theta$$

$$dE_y = dE\cos\theta = \frac{Q}{2\pi^2\varepsilon_0 R^2}\cos\theta d\theta$$

$$E_y = \int dE_y = \frac{Q}{2\pi^2\varepsilon_0 R^2}$$

同理，下半段带电玻璃棒在 $P$ 点产生的 $E_y$ 同上，故有

$$E = 2E_y = \frac{Q}{\pi^2\varepsilon_0 R^2} \quad （方向向下）$$

**6-8** 用不导电的细塑料棒弯成半径为 50.0 cm 的圆弧,两端间的空隙为 2.0 cm,电量为 $3.12 \times 10^{-9}$ C 的正电荷均匀分布在棒上,求圆心处场强的大小和方向。

**解** 圆弧两端的空隙长

$$d = 2.0 \text{ cm} = 2 \times 10^{-2} \text{ m}$$

圆弧长　$l = 2\pi r - d = (2\pi \times 0.5 - 0.02) \text{ m} = 3.12 \text{ m}$

电荷线密度 $\lambda = \dfrac{q}{l} = \dfrac{3.12 \times 10^{-9}}{3.12} \text{ C/m} = 10^{-9} \text{ C/m}$

带电系统可看做由半径为 $r$、电荷线密度为 $\lambda$ 的均匀带电圆环和环上长为 $d$ 的小段上填充了电荷线密度为 $-\lambda$ 的负点电荷 $q'$ ($q' = -\lambda d$)组成。根据电场叠加原理,圆心处的场强为均匀带正电圆环产生的场强与 $q'$ 产生的场强叠加,前者为零,所以圆心处的场强由负点电荷 $q'$ 产生,其大小为

$$E_0 = \frac{|q'|}{4\pi\varepsilon_0 r^2} = \frac{\lambda d}{4\pi\varepsilon_0 r^2} = 9 \times 10^9 \times \frac{10^{-9} \times 2 \times 10^{-2}}{(5 \times 10^{-1})^2} \text{ V/m}$$

$$= 0.72 \text{ V/m}$$

$\boldsymbol{E}_0$ 的方向由 $O$ 沿半径指向缝隙。

**6-9** 一无限大带电平面,带有密度为 $\sigma$ 的面电荷,如图所示。试证明:在离开平面为 $x$ 处一点的场强有一半是由图中半径为 $\sqrt{3}x$ 的圆内电荷产生的。

**解** 带电圆面在轴线上的场强为

$$E = \frac{\sigma}{2\varepsilon_0}\left(1 - \frac{x}{\sqrt{R^2 + x^2}}\right)$$

当 $R = \sqrt{3}x$ 时,

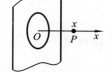

习题 **6-9** 图

$$E = \frac{\sigma}{2\varepsilon_0} \cdot \frac{1}{2} = \frac{1}{2}E'$$

$E'$ 为无限大均匀带电平面外的场强,$E' = \dfrac{\sigma}{2\varepsilon_0}$。证毕。

**6-10** 如图所示,一个细的带电塑料圆环,半径为 $R$,所带电

荷线密度 $\lambda$ 和 $\theta$ 有 $\lambda = \lambda_0 \sin\theta$ 的关系,求在圆心处的电场强度的方向和大小。

**解**　在圆环上 $\theta$ 附近取一长度 $\mathrm{d}l$ 的电荷元,其电量

$$\mathrm{d}q = \lambda\mathrm{d}l = \lambda_0\sin\theta\mathrm{d}l$$

该电荷元在 $O$ 点产生的场强大小为

$$\mathrm{d}E = \frac{\mathrm{d}q}{4\pi\varepsilon_0 R^2} = \frac{\lambda_0\sin\theta\mathrm{d}l}{4\pi\varepsilon_0 R^2}$$

注意到 $\mathrm{d}l = R\mathrm{d}\theta$,则

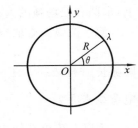

习题 6-10 图

$$\mathrm{d}E = \frac{\lambda_0}{4\pi\varepsilon_0 R}\sin\theta\mathrm{d}\theta$$

$\mathrm{d}\boldsymbol{E}$ 的方向与电荷 $\mathrm{d}q$ 对 $O$ 点的径矢方向相反。$\mathrm{d}\boldsymbol{E}$ 在坐标轴上的分量分别为

$$\mathrm{d}E_x = -\mathrm{d}E\cos\theta = -\frac{\lambda_0}{4\pi\varepsilon_0 R}\sin\theta\cos\theta\mathrm{d}\theta$$

$$\mathrm{d}E_y = -\mathrm{d}E\sin\theta = -\frac{\lambda_0}{4\pi\varepsilon_0 R}\sin^2\theta\mathrm{d}\theta$$

整个圆环上电荷在圆心处产生的场强的两个分量分别为

$$E_x = \int\mathrm{d}E_x = -\frac{\lambda_0}{4\pi\varepsilon_0 R}\int_0^{2\pi}\sin\theta\cos\theta\mathrm{d}\theta = 0$$

$$E_y = \int\mathrm{d}E_y = -\frac{\lambda_0}{4\pi\varepsilon_0 R}\int_0^{2\pi}\sin^2\theta\mathrm{d}\theta = -\frac{\lambda_0}{4\varepsilon_0 R}$$

所以圆心处场强为　$\boldsymbol{E} = E_y\boldsymbol{j} = -\dfrac{\lambda_0}{4\varepsilon_0 R}\boldsymbol{j}$

**6-11**　一无限大平面,开有一个半径为 $R$ 的圆洞,设平面均匀带电,电荷面密度为 $\sigma$,求这个洞的轴线上离洞心为 $r$ 处的场强。

**解**　解法一:把无限大平面开有半径为 $R$ 的圆洞后的剩余部分看作是由许许多多同心圆环组成的,轴线上 $P$ 点的场强为这些带电圆环产生的场强叠加。如图所示,取半径为 $\rho$、宽为 $\mathrm{d}\rho$ 的圆环,其带电为

$$dq = \sigma 2\pi\rho d\rho$$

在 $P$ 点产生的场强为

$$dE = \frac{1}{4\pi\varepsilon_0} \cdot \frac{rdq}{(\rho^2 + r^2)^{3/2}}$$

$P$ 点的总场强为

$$E = \int dE = \int_R^{\infty} \frac{\sigma 2\pi r}{4\pi\varepsilon_0} \cdot \frac{\rho}{(\rho^2 + r^2)^{3/2}} d\rho$$

$$= \frac{\sigma r}{2\varepsilon_0(R^2 + r^2)^{1/2}}$$

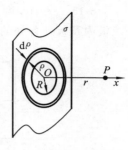

习题 **6-11** 图

方向沿 $x$ 轴正向。

解法二：$P$ 点的场强可视为电荷面密度为 $\sigma$ 的无限大平面产生的场强与半径为 $R$、电荷面密度为 $-\sigma$ 的圆面产生的场强叠加，即

$$E = \frac{\sigma}{2\varepsilon_0} - \frac{\sigma}{2\varepsilon_0}\left(1 - \frac{r}{\sqrt{R^2 + r^2}}\right) = \frac{\sigma r}{2\varepsilon_0(R^2 + r^2)^{1/2}}$$

方向沿 $x$ 轴正向。

**6-12** 一均匀带电的正方形细框，边长为 $l$，总电量为 $q$，求正方形轴线上离中心为 $x$ 处的电场强度。

**解** 如图所示，根据对称性，$P$ 点的场强沿 $x$ 轴正向，其大小为

$$E = 4E_{AB} = 4\int_{-\frac{l}{2}}^{\frac{l}{2}} dE\cos\alpha \quad \text{①}$$

式中，

$$dE = \frac{\frac{q}{4l}dz}{4\pi\varepsilon_0 r^2} \quad \text{②}$$

$$\cos\alpha = \frac{x}{r} \quad \text{③}$$

$$r^2 = x^2 + \left(\frac{l}{2}\right)^2 + z^2 \quad \text{④}$$

习题 **6-12** 图

将②、③、④式代入①式求得

$$E = \frac{qx}{4\pi\varepsilon_0\left(x^2 + \dfrac{l^2}{4}\right)^{\frac{3}{2}}}$$

**6-13** 一个厚度为 $d$ 的非导体平板,具有均匀电荷体密度 $\rho$,求板内及板外各处的电场强度值。

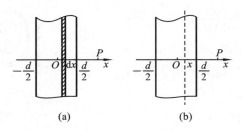

(a)　　　　　　　　(b)

**习题 6-13 图**

**解** 如图(a)所示,在平板内取一厚度为 $\mathrm{d}x$ 且与板面平行的薄层,这是一个无限大均匀带电平面,其电荷面密度为 $\sigma = \rho\mathrm{d}x$。它在板外右侧的任意点 $P$ 产生的场强是

$$\mathrm{d}E = \frac{\sigma}{2\varepsilon_0} = \frac{\rho}{2\varepsilon_0}\mathrm{d}x$$

整个带电平板是由无限多平行均匀带电薄层连续组成的,每一带电薄层在 $P$ 点产生的电场方向相同,根据场强叠加原理,$P$ 点的场强大小为

$$E = \int \mathrm{d}E = \int_{-d/2}^{d/2} \frac{\rho}{2\varepsilon_0}\mathrm{d}x = \frac{\rho d}{2\varepsilon_0} \qquad ①$$

由①式可知,在板外右侧的电场是均匀电场。同理可得在板外左侧的场强大小与右侧相同,但方向相反。

在板内部坐标为 $x$ 处作一平面与 $x$ 轴垂直(图(b)),这一平面把平板分为左、右两部分,根据①式,左部分电荷在平面上任意一点的场强为

$$E_1 = \frac{\rho}{2\varepsilon_0}\left(\frac{d}{2}+x\right)$$

右部分电荷在平面上同一点的场强为

$$E_2 = \frac{\rho}{2\varepsilon_0}\left(\frac{d}{2}-x\right)$$

$E_1$ 与 $E_2$ 方向相反,该点合场强为

$$E = E_1 - E_2 = \frac{\rho}{\varepsilon_0}x$$

当 $x>0$ 时,$E$ 沿 $x$ 轴正向;当 $x<0$ 时,$E$ 沿 $x$ 轴反向。

**6-14** 按照一种模型,中子是由带正电荷的内核与带负电荷的外壳所组成的。假设正电荷的电量为 $\frac{2e}{3}$,且均匀分布在半径为 $0.50\times10^{-15}$ m 的球内;而负电荷的电量为 $-\frac{2e}{3}$,分布在内外半径分别为 $0.50\times10^{-15}$ m 和 $1.0\times10^{-15}$ m 的同心球壳内,如图所示。求在与中心距离分别为 $1.0\times10^{-15}$ m、$0.75\times10^{-15}$ m、$0.50\times10^{-15}$ m 和 $0.25\times10^{-15}$ m 处电场的大小和方向。

**解** 令 $R_1=0.5\times10^{-15}$ m,$R_2=1.0\times10^{-15}$ m,正电荷的体密度为

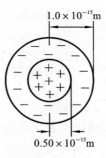

$$\rho_1 = \frac{q_1}{V_1} = \frac{\frac{2e}{3}}{\frac{4}{3}\pi R_1^3} = \frac{e}{2\pi R_1^3}$$

$$= \frac{1.6\times10^{-19}}{2\times3.14\times(0.50\times10^{-15})^3} \text{ C/m}^3$$

$$= 2.04\times10^{26} \text{ C/m}^3$$

习题 6-14 图

负电荷的体密度为

$$\rho_2 = \frac{q_2}{V_2} = \frac{-\frac{2e}{3}}{\frac{4}{3}\pi(R_2^3-R_1^3)} = \frac{-e}{2\pi(R_2^3-R_1^3)}$$

$$= \frac{-1.6\times10^{-19}}{2\times3.14\times[(1.0\times10^{-15})^3-(0.50\times10^{-15})^3]} \text{ C/m}^3$$

$$= -2.91\times10^{25} \text{ C/m}^3$$

中子内电荷为球对称分布,其场强分布为

$$E = \frac{q}{4\pi\varepsilon_0 r^2}$$

在 $r=1.0\times10^{-15}$ m 处,以 $r$ 为半径的球面内的净电荷为零,因此

$$E = 0$$

在 $r=0.75\times10^{-15}$ m 处,以 $r$ 为半径的球面内的净电荷为

$$q = \frac{2e}{3} + \frac{4}{3}\pi\rho_2(r^3 - R_1^3) = 0.71\times10^{-19}\ \text{C}$$

球面上各点场强大小为

$$E = \frac{q}{4\pi\varepsilon_0 r^2} = 1.14\times10^{21}\ \text{V/m}\quad\text{（方向沿半径向外）}$$

在 $r=0.50\times10^{-15}$ m 处,以 $r$ 为半径的球面内的电荷为

$$q = \frac{2e}{3} = 1.07\times10^{-19}\ \text{C}$$

球面上各点场强大小为

$$E = \frac{q}{4\pi\varepsilon_0 r^2} = 3.84\times10^{21}\ \text{V/m}\quad\text{（方向沿半径向外）}$$

在 $r=0.25\times10^{-15}$ m 处,以 $r$ 为半径的球面内的电荷为

$$q = \frac{4}{3}\pi\rho_1 r^3 = 1.33\times10^{-20}\ \text{C}$$

球面上各点场强大小为

$$E = \frac{q}{4\pi\varepsilon_0 r^2} = 1.92\times10^{21}\ \text{V/m}\quad\text{（方向也是沿半径向外）}$$

**6-15** $\tau$ 子是与电子一样带负电荷而质量却很大的粒子。它的质量为 $3.18\times10^{-27}$ kg,大约是电子质量的 3490 倍。$\tau$ 子可穿透核物质,因此,$\tau$ 子在核电荷的电场作用下在核内可做轨道运动。设 $\tau$ 子在铀核内的圆轨道半径为 $2.9\times10^{-15}$ m。把铀核看做半径为 $7.4\times10^{-15}$ m 的球,并且带有 $92e$ 且均匀分布于其体积内的电荷。计算 $\tau$ 子的轨道运动的速率、动能、角动量和频率。

**解**　$\tau$ 子的电量 $q_1=e$,铀核的电量为 $q_2=92e$。设铀核的半径为 $R$,$\tau$ 子的轨道半径为 $r$,在轨道上的电场强度为

$$E = \frac{q_2 r}{4\pi\varepsilon_0 R^3}$$

$\tau$ 子所受引力为 $$F = q_1 E = \frac{q_1 q_2 r}{4\pi\varepsilon_0 R^3}$$

这是 $\tau$ 子做轨道运动所需的向心力,则有

$$\frac{q_1 q_2 r}{4\pi\varepsilon_0 R^3} = \frac{mv^2}{r}$$

式中,$m$ 是 $\tau$ 子的质量,从而可得其速率

$$v = \frac{r}{R}\sqrt{\frac{q_1 q_2}{4\pi\varepsilon_0 mR}} = \frac{2.9\times10^{-15}}{7.4\times10^{-15}}\sqrt{\frac{9\times10^9\times92\times(1.6\times10^{-19})^2}{3.18\times10^{-27}\times7.4\times10^{-15}}}\ \text{m/s}$$

$$= 1.2\times10^7\ \text{m/s}$$

$\tau$ 子的动能

$$E_k = \frac{1}{2}mv^2 = \frac{1}{2}\times3.18\times10^{-27}\times(1.2\times10^7)^2\ \text{J} = 2.3\times10^{-13}\ \text{J}$$

$\tau$ 子的角动量

$$L = mvr = 3.18\times10^{-27}\times1.2\times10^7\times2.9\times10^{-15}\ \text{J}\cdot\text{s}$$

$$= 1.1\times10^{-34}\ \text{J}\cdot\text{s}$$

$\tau$ 子的运动频率

$$\nu = \frac{v}{2\pi r} = \frac{1.2\times10^7}{2\times3.14\times2.9\times10^{-15}}\ \text{Hz} = 6.5\times10^{20}\ \text{Hz}$$

**6-16** (1)点电荷 $q$ 位于边长为 $a$ 的正立方体的中心,通过此立方体的每一面的电通量各是多少?

(2)若将点电荷移至正立方体的一个顶角上,那么通过每一面的电通量又各是多少?

**解** (1)点电荷 $q$ 位于正立方体的中心,正立方体的六个面对该电荷来说都是等同的。因此通过每个面的电通量相等,且等于总电通量的 1/6。对正立方体的某一面,其电通量为

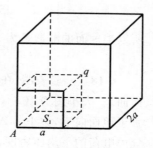

$$\Phi_{E1} = \int_S \boldsymbol{E}\cdot\mathrm{d}\boldsymbol{S} = \frac{1}{6}\oint_S \boldsymbol{E}\cdot\mathrm{d}\boldsymbol{S}$$

根据高斯定理,有

习题 6-16 图

$$\oint_S \boldsymbol{E} \cdot \mathrm{d}\boldsymbol{S} = \frac{q}{\varepsilon_0}$$

所以 
$$\Phi_{E1} = \frac{q}{6\varepsilon_0}$$

（2）当点电荷移至正立方体的一个顶角上时,设想以此顶角为中心,作边长为 $2a$ 且与原边平行的大正立方体,如图所示。与（1）相同,这个大正立方体的每个面上的电通量都相等,且均等于 $\frac{q}{6\varepsilon_0}$,对原正立方体而言,只有交于 $A$ 点的三个面上有电场线穿过,每个面的面积是大正立方体一个面的面积的 $\frac{1}{4}$,则每个面的电通量也是大正立方体一个面的电通量的 $\frac{1}{4}$,即 $\frac{q}{24\varepsilon_0}$,原正立方体的其他不与 $A$ 点相交的三个面上的电通量均为零。

**6-17** 如图所示,设均匀电场 $\boldsymbol{E}$ 与半径为 $r$ 的半球的轴平行,试计算通过此半球的电通量 $\Phi_E$。

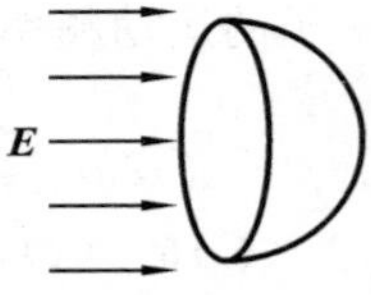

**解** 设想图中的半球面和圆面（面积 $\pi R^2$）构成闭合曲面,根据高斯定理,有

习题 6-17 图

$$\oint_S \boldsymbol{E} \cdot \mathrm{d}\boldsymbol{S} = \int_{半球面} \boldsymbol{E} \cdot \mathrm{d}\boldsymbol{S} + \int_{圆面} \boldsymbol{E} \cdot \mathrm{d}\boldsymbol{S} = 0$$

即 
$$\int_{半球面} \boldsymbol{E} \cdot \mathrm{d}\boldsymbol{S} = -\int_{圆面} \boldsymbol{E} \cdot \mathrm{d}\boldsymbol{S}$$

又 
$$\int_{圆面} \boldsymbol{E} \cdot \mathrm{d}\boldsymbol{S} = \int_{圆面} E\cos\pi \mathrm{d}S = -E\pi R^2$$

所以半球面的电通量为

$$\Phi_E = E\pi R^2$$

**6-18** 实验表明,在靠近地面处有相当强的电场,$\boldsymbol{E}$ 垂直于地面向下,大小约为 $100\ \mathrm{N/C}$;在离地面 $1.5\ \mathrm{km}$ 高的地方,$\boldsymbol{E}$ 也是垂直于地面向下,大小为 $25\ \mathrm{N/C}$。（1）试计算从地面到此高度的大气中电荷的平均体密度;（2）如果地球上的电荷全部分布在表面,求地面上的电荷面密度。

**解** （1）设平均电荷体密度为 $\rho$，在靠近地表面附近取底面积为 $\Delta S$、高为 $h$ 的高斯柱面（图(a)），根据高斯定理得

$$\oint_S \boldsymbol{E} \cdot \mathrm{d}\boldsymbol{S} = (-E_{\text{上}} + E_{\text{下}})\Delta S = \frac{1}{\varepsilon_0}\rho h \Delta S$$

则
$$\rho = \frac{(E_{\text{下}} - E_{\text{上}})}{h}\varepsilon_0 = \frac{100 - 25}{1500} \times 8.85 \times 10^{-12} \text{ C/m}^3$$
$$= 4.43 \times 10^{-13} \text{ C/m}^3$$

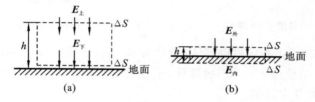

习题 6-18 图

（2）设地面的电荷面密度为 $\sigma$，在地表面取底面积为 $\Delta S$、高为 $h$ 的高斯柱面（图(b)），根据高斯定理得

$$\oint_S \boldsymbol{E} \cdot \mathrm{d}\boldsymbol{S} = (-E_{\text{上}} + E_{\text{下}})\Delta S = -E_{\text{上}}\Delta S = \frac{1}{\varepsilon_0}\sigma\Delta S$$

则
$$\sigma = -\varepsilon_0 E_{\text{上}} = -8.85 \times 10^{-12} \times 100 \text{ C/m}^2$$
$$= -8.85 \times 10^{-10} \text{ C/m}^2$$

**6-19** 如图所示，电场分量是 $E_x = bx^{\frac{1}{2}}$，$E_y = E_z = 0$，式中 $b = 800 \text{ N/(C} \cdot \text{m}^{1/2})$，假设 $a = 10 \text{ cm}$，试计算：（1）通过立方体表面的电通量 $\Phi_E$；（2）立方体内部的电荷。

**解** （1）电场沿 $x$ 方向，立方体上只有垂直 $x$ 轴的两个面上有电通量，即

$$\oint_S \boldsymbol{E} \cdot \mathrm{d}\boldsymbol{S} = \int_{\text{左面}} \boldsymbol{E}_1 \cdot \mathrm{d}\boldsymbol{S} + \int_{\text{右面}} \boldsymbol{E}_2 \cdot \mathrm{d}\boldsymbol{S} = -ba^{\frac{1}{2}}a^2 + b(2a)^{\frac{1}{2}}a^2$$

故 $\Phi_E = (\sqrt{2} - 1)a^{\frac{5}{2}}b = (\sqrt{2} - 1) \times (10 \times 10^{-2})^{\frac{5}{2}} \times 800 \text{ N} \cdot \text{m}^2/\text{C}$
$$= 1.05 \text{ N} \cdot \text{m}^2/\text{C}$$

（2）设立方体内的总电荷为 $q$，根据 $\Phi_E = \dfrac{q}{\varepsilon_0}$，有

$$q = \varepsilon_0 \Phi_E = 8.85 \times 10^{-12} \times 1.05 \text{ C} = 9.3 \times 10^{-12} \text{ C}$$

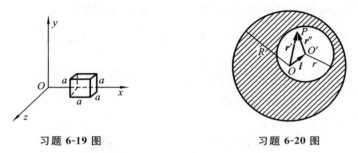

习题 6-19 图　　　　　　　　　　习题 6-20 图

**6-20** 一均匀带电球体,半径为 $R$,电荷体密度为 $\rho$,今在球内挖去一半径为 $r(r<R)$ 的球体,求证由此形成的空腔内的电场是均匀的,并求其值。

**解** 可将球形空腔的电荷体密度看做为零,则空腔中的电场可看成为一半径为 $R$、电荷体密度为 $\rho$ 的均匀带电球体与一半径为 $r$、电荷体密度为 $-\rho$ 的均匀带电球体产生的电场叠加。如图所示,空腔中任意 $P$ 点相对大球球心 $O$ 的位矢为 $\boldsymbol{r}'$,相对空腔中心 $O'$ 的位矢为 $\boldsymbol{r}''$,$O'$ 相对大球球心 $O$ 的位矢为 $\boldsymbol{l}$。均匀带电的大球在 $P$ 点产生的场强为 $\boldsymbol{E}_1 = \dfrac{\rho}{3\varepsilon_0}\boldsymbol{r}'$,电荷体密度为 $-\rho$ 的均匀带电球体在 $P$ 点产生的场强为 $\boldsymbol{E}_2 = -\dfrac{\rho}{3\varepsilon_0}\boldsymbol{r}''$。$P$ 点的合场强为

$$\boldsymbol{E} = \boldsymbol{E}_1 + \boldsymbol{E}_2 = \frac{\rho}{3\varepsilon_0}\boldsymbol{r}' - \frac{\rho}{3\varepsilon_0}\boldsymbol{r}'' = \frac{\rho}{3\varepsilon_0}\boldsymbol{l}$$

可见,$\boldsymbol{E}$ 与 $P$ 点的位置无关。因此,空腔内的电场是均匀的。

**6-21** 一半径为 $R$ 的带电球,其电荷体密度为 $\rho = \rho_0\left(1 - \dfrac{r}{R}\right)$,$\rho_0$ 为一常量,$r$ 为空间某点至球心的距离。试求:(1)球内、外的场强分布;(2)$r$ 为多大时场强最大? 等于多少?

**解** 由于电荷球对称分布,故电场也球对称分布。利用高斯定理,取半径为 $r$ 的同心高斯球面。

（1）当 $r < R$ 时，有

$$\oint_s \boldsymbol{E} \cdot \mathrm{d}\boldsymbol{S} = \frac{1}{\varepsilon_0} \int_0^r \rho_0 \left(1 - \frac{r}{R}\right) 4\pi r^2 \,\mathrm{d}r$$

则

$$E \cdot 4\pi r^2 = \frac{4\pi \rho_0 r^3}{3\varepsilon_0} \left(1 - \frac{3r}{4R}\right)$$

所以球内的场强为

$$E = \frac{\rho_0 r}{3\varepsilon_0} \left(1 - \frac{3r}{4R}\right)$$

当 $r > R$ 时，有

$$\oint_s \boldsymbol{E} \cdot \mathrm{d}\boldsymbol{S} = \frac{1}{\varepsilon_0} \int_0^R \rho_0 \left(1 - \frac{r}{R}\right) 4\pi r^2 \,\mathrm{d}r$$

则

$$E \cdot 4\pi r^2 = \frac{\pi \rho_0 R^3}{3\varepsilon_0}$$

所以球外的场强为

$$E = \frac{\rho_0 R^3}{12\varepsilon_0 r^2}$$

（2）球外无极值，在球内令 $\dfrac{\mathrm{d}E}{\mathrm{d}r} = 0$，得 $r = \dfrac{2}{3}R$，即在球内 $\dfrac{2}{3}R$ 处有最大场强

$$E_{\max} = \frac{\rho_0 R}{9\varepsilon_0}$$

**6-22** 电荷均匀分布在半径为 $R$ 的无限长圆柱体内，求证：离柱轴 $r$（$r < R$）远处的 $\boldsymbol{E}$ 值由式 $E = \dfrac{\rho r}{2\varepsilon_0}$ 给出，式中 $\rho$ 是电荷体密度（C/m³），当 $r > R$ 时，结果如何？

**解** 由于电荷分布是轴对称的，所以电场具有轴对称性。取半径为 $r$、高为 $h$ 的共轴圆柱面为高斯面，根据高斯定理，当 $r < R$ 时，有

$$\oint_s \boldsymbol{E} \cdot \mathrm{d}\boldsymbol{S} = E \cdot 2\pi rh = \frac{1}{\varepsilon_0} \rho \pi r^2 h, \text{即 } E = \frac{\rho r}{2\varepsilon_0}$$

当 $r > R$ 时，有 $\quad \oint_s \boldsymbol{E} \cdot \mathrm{d}\boldsymbol{S} = E \cdot 2\pi rh = \dfrac{1}{\varepsilon_0} \rho \pi R^2 h$

即

$$E = \frac{\rho R^2}{2\varepsilon_0 r} = \frac{\lambda}{2\pi \varepsilon_0 r}$$

式中,$\lambda = \rho\pi R^2$ 为单位长度上的电荷密度。可见,无限长均匀带电圆柱体在其体外产生的场强,相当于全部电荷集中分布在轴线上的无限长带电直线产生的场强。

**6-23**　两个无限长同轴圆柱面,半径分别为 $R_1$ 和 $R_2$($R_2 > R_1$),带有等值异号电荷,每单位长度的电量分别为 $+\lambda$、$-\lambda$(即电荷线密度)。试分别求:(1) $r < R_1$,(2) $r > R_2$,(3) $R_1 < r < R_2$ 时,离轴线为 $r$ 处的电场强度。

**解**　分析可知,电场具有轴对称性,通过不同区间作半径为 $r$、长为 $l$ 的圆柱形高斯面,根据高斯定理,有

$$\oint_S \boldsymbol{E} \cdot d\boldsymbol{S} = E \cdot 2\pi rl = \frac{q}{\varepsilon_0}$$

(1) 当 $r < R_1$ 时,因 $q=0$,故 $E=0$。

(2) 当 $r > R_2$ 时,因 $q=0$,故 $E=0$。

(3) 当 $R_1 < r < R_2$ 时,因 $q = \lambda l$,故 $E = \dfrac{\lambda}{2\pi\varepsilon_0 r}$。

**6-24**　在两个同心球面之间($a < r < b$),电荷体密度 $\rho = \dfrac{A}{r}$,其中 $A$ 为常量。在带电区域所围空腔的中心($r=0$),有一个点电荷 $Q$,问 $A$ 应为何值,才能使区域 $a < r < b$ 中的电场强度的大小为常数?

**解**　作半径为 $r$($a < r < b$)的球面,并将此球面作为高斯面,根据高斯定理,有

$$\oint_S \boldsymbol{E} \cdot d\boldsymbol{S} = \frac{1}{\varepsilon_0}\left(\int_a^r \frac{A}{r} 4\pi r'^2 \, dr' + Q\right)$$

$$E \cdot 4\pi r^2 = \frac{1}{\varepsilon_0}\left[Q + 4\pi A \cdot \frac{1}{2}(r^2 - a^2)\right]$$

即　　　　　　$$E = \frac{1}{4\pi\varepsilon_0}\left(2\pi A - 2\pi A \frac{a^2}{r^2} + \frac{Q}{r^2}\right)$$

要在 $a < r < b$ 区间使 $E$ 不随 $r$ 的变化而变化,必须满足 $\dfrac{dE}{dr}=0$,则必有

$$-\frac{Q}{2\pi\varepsilon_0 r^3}+\frac{Aa^2}{\varepsilon_0 r^3}=0, 即\ A=\frac{Q}{2\pi a^2}$$

**6-25** 三个无限大的平行平面都均匀带电,电荷面密度分别为 $\sigma_1$、$\sigma_2$ 和 $\sigma_3$。求下列情形下各区域的场强。(1) $\sigma_1=\sigma_2=\sigma_3=\sigma$;(2) $\sigma_1=\sigma_3=\sigma,\sigma_2=-\sigma$;(3) $\sigma_1=\sigma_3=-\sigma,\sigma_2=\sigma$;(4) $\sigma_1=\sigma,\sigma_2=\sigma_3=-\sigma$。

**解** 如图所示,约定向右为 $E$ 的正向。根据场强叠加原理,将三个无限大的平面各自在周围空间产生的场强在图中所示的四个区域进行叠加。

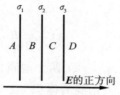

习题 6-25 图

(1) 当 $\sigma_1=\sigma_2=\sigma_3=\sigma$ 时,

$$E_A=-\frac{\sigma}{2\varepsilon_0}-\frac{\sigma}{2\varepsilon_0}-\frac{\sigma}{2\varepsilon_0}=-\frac{3\sigma}{2\varepsilon_0},\quad E_B=\frac{\sigma}{2\varepsilon_0}-2\frac{\sigma}{2\varepsilon_0}=-\frac{\sigma}{2\varepsilon_0}$$

$$E_C=2\frac{\sigma}{2\varepsilon_0}-\frac{\sigma}{2\varepsilon_0}=\frac{\sigma}{2\varepsilon_0},\quad E_D=\frac{\sigma}{2\varepsilon_0}+\frac{\sigma}{2\varepsilon_0}+\frac{\sigma}{2\varepsilon_0}=\frac{3\sigma}{2\varepsilon_0}$$

(2) 当 $\sigma_1=\sigma_3=\sigma,\sigma_2=-\sigma$ 时,

$$E_A=-2\frac{\sigma}{2\varepsilon_0}+\frac{\sigma}{2\varepsilon_0}=-\frac{\sigma}{2\varepsilon_0},\quad E_B=-\frac{\sigma}{2\varepsilon_0}+2\frac{\sigma}{2\varepsilon_0}=\frac{\sigma}{2\varepsilon_0}$$

$$E_C=\frac{\sigma}{2\varepsilon_0}-2\frac{\sigma}{2\varepsilon_0}=-\frac{\sigma}{2\varepsilon_0},\quad E_D=2\frac{\sigma}{2\varepsilon_0}-\frac{\sigma}{2\varepsilon_0}=\frac{\sigma}{2\varepsilon_0}$$

(3) 当 $\sigma_1=\sigma_3=-\sigma,\sigma_2=\sigma$ 时,

$$E_A=2\frac{\sigma}{2\varepsilon_0}-\frac{\sigma}{2\varepsilon_0}=\frac{\sigma}{2\varepsilon_0},\quad E_B=-2\frac{\sigma}{2\varepsilon_0}+\frac{\sigma}{2\varepsilon_0}=-\frac{\sigma}{2\varepsilon_0}$$

$$E_C=2\frac{\sigma}{2\varepsilon_0}-\frac{\sigma}{2\varepsilon_0}=\frac{\sigma}{2\varepsilon_0},\quad E_D=\frac{\sigma}{2\varepsilon_0}-2\frac{\sigma}{2\varepsilon_0}=-\frac{\sigma}{2\varepsilon_0}$$

(4) 当 $\sigma_1=\sigma,\sigma_2=\sigma_3=-\sigma$ 时,

$$E_A=2\frac{\sigma}{2\varepsilon_0}-\frac{\sigma}{2\varepsilon_0}=\frac{\sigma}{2\varepsilon_0},\quad E_B=\frac{\sigma}{2\varepsilon_0}+\frac{\sigma}{2\varepsilon_0}+\frac{\sigma}{2\varepsilon_0}=\frac{3\sigma}{2\varepsilon_0}$$

$$E_C=2\frac{\sigma}{2\varepsilon_0}-\frac{\sigma}{2\varepsilon_0}=\frac{\sigma}{2\varepsilon_0},\quad E_D=\frac{\sigma}{2\varepsilon_0}-2\frac{\sigma}{2\varepsilon_0}=-\frac{\sigma}{2\varepsilon_0}$$

**6-26** (1) 一个球形雨滴半径为 $0.40$ mm,带有电量 $1.6$ pC,

它的表面电势有多大?

(2) 两个这样的雨滴碰后合成一个较大的球形雨滴,这个雨滴的表面电势又是多大?

**解** (1) 假设电荷在雨滴表面均匀分布,则它表面上的电势为

$$V = \frac{q}{4\pi\varepsilon_0 R} = \frac{9\times10^9\times1.6\times10^{-12}}{0.40\times10^{-3}} \text{ V} = 36 \text{ V}$$

(2) 两个雨滴合成一个大的雨滴后,大雨滴上的电量 $q' = 2q$,大雨滴的体积 $V'_{\text{体}} = 2V_{\text{体}}$。设大雨滴的半径为 $R'$,则

$$\frac{4}{3}\pi R'^3 = 2\times\frac{4}{3}\pi R^3$$

于是　　　　　　　　　　　　$R' = 2^{1/3}R$

所以大雨滴表面的电势为

$$V = \frac{q'}{4\pi\varepsilon_0 R'} = \frac{2\times9\times10^9\times1.6\times10^{-12}}{2^{1/3}\times0.40\times10^{-3}} \text{ V} = 57 \text{ V}$$

**6-27** 电荷 $q$ 均匀分布在半径为 $R$ 的非导体球内。(1) 求证:离中心 $r(r<R)$ 处的电势由式 $V = \dfrac{q(3R^2-r^2)}{8\pi\varepsilon_0 R^3}$ 给出;(2) 依照这一表达式,在球心处 $V$ 不为零,这是否合理?

**解** (1) 由高斯定理可求得带电球内、外的电场分别为

当 $r<R$ 时,　　　　　　　　$E = \dfrac{q}{4\pi\varepsilon_0 R^3}r$

当 $r>R$ 时,　　　　　　　　$E = \dfrac{q}{4\pi\varepsilon_0 r^2}$

取 $r=\infty$ 处,$V_\infty = 0$,则球内任意一点处的电势为

$$V = \int_r^R \frac{q}{4\pi\varepsilon_0 R^3}r\mathrm{d}r + \int_R^\infty \frac{q}{4\pi\varepsilon_0 r^2}\mathrm{d}r = \frac{q}{8\pi\varepsilon_0 R^3}(R^2-r^2) + \frac{q}{4\pi\varepsilon_0 R}$$

$$= \frac{q(3R^2-r^2)}{8\pi\varepsilon_0 R^3}$$

(2) 由上面结果可得出球心处的电势

$$V = \frac{3q}{8\pi\varepsilon_0 R} \neq 0$$

这是合理的。这个值正是把单位正电荷从球心移到无穷远处,电场力所做的功。

**6-28** 如图所示,一个均匀分布的正电荷球层,电荷体密度为 $\rho$,球层内表面半径为 $R_1$,外表面半径为 $R_2$。试求:(1) $A$ 点的电势;(2) $B$ 点的电势。

**解** 由电荷的球对称分布,用高斯定理可求出各区域的电场强度 $E$。

当 $r < R_1$ 时, $E = 0$

当 $R_1 < r < R_2$ 时,

$$E \cdot 4\pi r^2 = \frac{\rho}{\varepsilon_0} \cdot \frac{4}{3}\pi(r^3 - R_1^3)$$

$$E = \frac{\rho}{3\varepsilon_0} \cdot \frac{r^3 - R_1^3}{r^2}$$

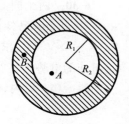

习题 6-28 图

当 $r > R_2$ 时, $\qquad E = \frac{\rho}{3\varepsilon_0} \cdot \frac{R_2^3 - R_1^3}{r^2}$

根据电势的定义,$A$、$B$ 两点的电势分别为

$$V_A = \int_{r_A}^{R_1} 0 \cdot dr + \int_{R_1}^{R_2} \frac{\rho}{3\varepsilon_0} \cdot \frac{r^3 - R_1^3}{r^2} dr + \int_{R_2}^{\infty} \frac{\rho}{3\varepsilon_0} \cdot \frac{R_2^3 - R_1^3}{r^2} dr$$

$$= \frac{\rho}{2\varepsilon_0}(R_2^2 - R_1^2)$$

$$V_B = \int_{r_B}^{R_2} \frac{\rho}{3\varepsilon_0} \cdot \frac{r^3 - R_1^3}{r^2} dr + \int_{R_2}^{\infty} \frac{\rho}{3\varepsilon_0} \cdot \frac{R_2^3 - R_1^3}{r^2} dr$$

$$= \frac{\rho}{2\varepsilon_0}\left[R_2^2 - \frac{1}{3r_B}(r_B^3 + 2R_1^3)\right]$$

**6-29** 两个均匀带电球壳同心放置,半径分别为 $R_1$ 和 $R_2$($R_2 > R_1$),已知内外球之间的电势差为 $V_{12}$,求两球壳间的电场分布。

**解** 设内球带电荷 $q$,则两球面之间的电场为

$$E = \frac{q}{4\pi\varepsilon_0 r^2} \quad (R_1 < r < R_2)$$

两球之间的电势差

$$V_{12} = \int_{R_1}^{R_2} \boldsymbol{E} \cdot \mathrm{d}\boldsymbol{r} = \int_{R_1}^{R_2} \frac{q}{4\pi\varepsilon_0 r^2} \mathrm{d}r = \frac{q(R_2 - R_1)}{4\pi\varepsilon_0 R_1 R_2}$$

则　　　　　　　　　　$$q = \frac{4\pi\varepsilon_0 R_1 R_2 V_{12}}{R_2 - R_1}$$

即有　　　　　　　$$E = \frac{q}{4\pi\varepsilon_0 r^2} = \frac{R_1 R_2 V_{12}}{(R_2 - R_1)r^2}$$

**6-30**　两个同心的均匀带电球面,半径分别为 $R_1 = 5.0$ cm, $R_2 = 20.0$ cm,已知内球面的电势为 $V_1 = 60$ V,外球面的电势为 $V_2 = -30$ V。(1)求内、外球面上所带的电量;(2)在两个球面之间何处的电势为零?

　　**解**　(1)设内、外两球面分别带电荷 $q_1$、$q_2$,则内球电势为

$$V_1 = \frac{q_1}{4\pi\varepsilon_0 R_1} + \frac{q_2}{4\pi\varepsilon_0 R_2} \qquad \text{①}$$

外球电势为　　　　　$$V_2 = \frac{q_1 + q_2}{4\pi\varepsilon_0 R_2} \qquad \text{②}$$

将①、②式联立求解,可得内、外球上电量分别为

$$q_1 = 6.7 \times 10^{-10} \text{ C}, \quad q_2 = -1.3 \times 10^{-9} \text{ C}$$

　　(2)在两球面之间距球心 $r$ 处的电势为

$$V = \frac{q_1}{4\pi\varepsilon_0 r} + \frac{q_2}{4\pi\varepsilon_0 R_2}$$

令 $V = 0$,则可解得

$$r = \frac{q_1}{|q_2|} R_2 = \frac{6.7 \times 10^{-10}}{1.3 \times 10^{-9}} \times 0.20 \text{ m} = 0.10 \text{ m}$$

**6-31**　一对无限长的共轴直圆筒,半径分别为 $R_1$ 和 $R_2$,筒面上均匀带电,沿轴线单位长度的电量分别为 $\lambda_1$ 和 $\lambda_2$。(1)求各区域的场强;(2)求各区域的电势;(3)若 $\lambda_1 = -\lambda_2$,求两筒间的电势差。(取 $V|_{r=R_1} = 0$)

　　**解**　(1)由于电荷分布是轴对称的,所以电场具有轴对称性。根据高斯定理,可得

当 $r<R_1$ 时，　　　　　$E_1=0$

当 $R_1<r<R_2$ 时，　　　$E_2=\dfrac{\lambda_1}{2\pi\varepsilon_0 r}$

当 $r>R_2$ 时，　　　　　$E_3=\dfrac{\lambda_1+\lambda_2}{2\pi\varepsilon_0 r}$

（2）取 $V\,|_{r=R_1}=0$，则

当 $r<R_1$ 时，　　　$V_1=\displaystyle\int_r^{R_1}\boldsymbol{E}_1\cdot\mathrm{d}\boldsymbol{r}=0$

当 $R_1<r<R_2$ 时，$V_2=\displaystyle\int_r^{R_1}\boldsymbol{E}_2\cdot\mathrm{d}\boldsymbol{r}=\int_r^{R_1}\dfrac{\lambda_1}{2\pi\varepsilon_0 r}\mathrm{d}r=\dfrac{\lambda_1}{2\pi\varepsilon_0}\ln\dfrac{R_1}{r}$

当 $r>R_2$ 时，

$$V_3=\int_r^{R_2}\boldsymbol{E}_3\cdot\mathrm{d}\boldsymbol{r}+\int_{R_2}^{R_1}\boldsymbol{E}_2\cdot\mathrm{d}\boldsymbol{r}$$

$$=\int_r^{R_2}\dfrac{\lambda_1+\lambda_2}{2\pi\varepsilon_0 r}\mathrm{d}r+\int_{R_2}^{R_1}\dfrac{\lambda_1}{2\pi\varepsilon_0 r}\mathrm{d}r=\dfrac{\lambda_1+\lambda_2}{2\pi\varepsilon_0}\ln\dfrac{R_2}{r}+\dfrac{\lambda_1}{2\pi\varepsilon_0}\ln\dfrac{R_1}{R_2}$$

（3）若 $\lambda_1=-\lambda_2$，则两筒之间的电势差为

$$\Delta V=V_{R_2}-V_{R_1}=\int_{R_2}^{R_1}-\dfrac{\lambda_2}{2\pi\varepsilon_0 r}\mathrm{d}r=\dfrac{\lambda_2}{2\pi\varepsilon_0}\ln\dfrac{R_2}{R_1}$$

**6-32**　求电偶极子 $\boldsymbol{p}=q\boldsymbol{l}$ 的电势，并利用电势与场强的关系求出场强（用直角坐标系表示出来）。

**解**　以电偶极子中心 $O$ 为原点，作直角坐标系 $Oxyz$，如图所示。设场中任意点 $P(x,y,z)$ 离原点的距离 $r\gg l$，则该点的电势为

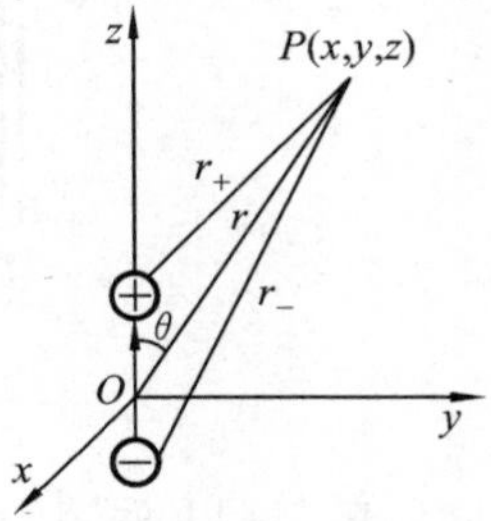

习题 6-32 图

$$V=\dfrac{q}{4\pi\varepsilon_0}\cdot\dfrac{1}{r_+}-\dfrac{q}{4\pi\varepsilon_0}\cdot\dfrac{1}{r_-}=\dfrac{q}{4\pi\varepsilon_0}\cdot\dfrac{r_--r_+}{r_+\,r_-}$$

式中　$r_+=r-\dfrac{l}{2}\cos\theta$，　$r_-=r+\dfrac{l}{2}\cos\theta$

$r_--r_+=l\cos\theta=l\,\dfrac{z}{r}$，　$r_+\,r_-=r^2-\dfrac{l^2}{4}\cos^2\theta\approx r^2$　$(r\gg l)$

所以　　　$V=\dfrac{ql}{4\pi\varepsilon_0}\cdot\dfrac{z}{r^3}$，　$r=(x^2+y^2+z^2)^{\frac{1}{2}}$

故 
$$V = \frac{p}{4\pi\varepsilon_0} \cdot \frac{z}{(x^2 + y^2 + z^2)^{3/2}}$$

利用场强与电势的梯度关系求场强,得

$$\boldsymbol{E} = -\nabla V = -\left(\frac{\partial V}{\partial x}\boldsymbol{i} + \frac{\partial V}{\partial y}\boldsymbol{j} + \frac{\partial V}{\partial z}\boldsymbol{k}\right)$$

$\boldsymbol{E}$ 的三个分量分别为

$$E_x = -\frac{\partial V}{\partial x} = \frac{p}{4\pi\varepsilon_0} \cdot \frac{3xz}{(x^2 + y^2 + z^2)^{5/2}}$$

$$E_y = -\frac{\partial V}{\partial y} = \frac{p}{4\pi\varepsilon_0} \cdot \frac{3yz}{(x^2 + y^2 + z^2)^{5/2}}$$

$$E_z = -\frac{\partial V}{\partial z} = \frac{p}{4\pi\varepsilon_0} \cdot \frac{2z^2 - x^2 - y^2}{(x^2 + y^2 + z^2)^{5/2}}$$

**6-33**　电量 $q$ 均匀分布在长为 $2l$ 的细直线上,求下列各处的电势:(1)中垂面上离带电线段中心 $O$ 为 $r$ 处,并利用梯度关系求 $E_r$;(2)延长线上离中心 $O$ 为 $z$ 处,并利用梯度关系求 $E_z$。

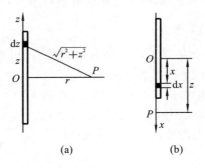

习题 6-33 图

**解**　(1)如图(a)所示,当 $P$ 点在中垂面上时,取电荷元 $dq = \lambda dz$,其在 $P$ 点处产生的电势为

$$dV = \frac{\lambda}{4\pi\varepsilon_0} \cdot \frac{dz}{\sqrt{r^2 + z^2}}$$

则 $P$ 点的电势为

$$V = \frac{\lambda}{4\pi\varepsilon_0} \int_{-l}^{l} \frac{1}{\sqrt{r^2+z^2}} \mathrm{d}z = \frac{q}{4\pi\varepsilon_0 l} \ln \frac{l+\sqrt{r^2+l^2}}{r}$$

由电场与电势的梯度关系得

$$E_r = -\frac{\partial V}{\partial r} = \frac{q}{4\pi\varepsilon_0 r \sqrt{r^2+l^2}}$$

（2）如图（b）所示，当 $P$ 点在延长线上时，取电荷元 $\mathrm{d}q = \lambda \mathrm{d}x$ $= \frac{q}{2l}\mathrm{d}x$，其在 $P$ 点处产生的电势为

$$\mathrm{d}V = \frac{q\mathrm{d}x}{8\pi\varepsilon_0(z-x)l}$$

则 $P$ 点的电势为　　　$V = \int \mathrm{d}V = \frac{q}{8\pi\varepsilon_0 l} \ln \frac{z+l}{z-l}$

由电场与电势的梯度关系得

$$E_z = -\frac{\partial V}{\partial z} = \frac{q}{4\pi\varepsilon_0(z^2-l^2)}$$

讨论：如果 $P$ 点在 $Ox$ 轴负向，则 $E_z < 0$，故

$$E_z = \pm \frac{q}{4\pi\varepsilon_0(z^2-l^2)} \quad (z>l,\text{取}+\text{号};z<l,\text{取}-\text{号})$$

**6-34**　一均匀带电圆盘，半径为 $R$，电荷面密度为 $\sigma$，若将其中心挖去半径为 $R/2$ 的圆片，试用叠加法求剩余圆环带在其垂直轴线上的电势分布，在中心的电势和电场强度各是多大？

**解**　在圆环带上取半径为 $r$、宽为 $\mathrm{d}r$ 的同心细圆环，此细圆环在轴线上任意点 $P$ 处产生的电势为

$$\mathrm{d}V = \frac{\mathrm{d}q}{4\pi\varepsilon_0(r^2+x^2)^{1/2}} = \frac{\sigma \cdot 2\pi r\mathrm{d}r}{4\pi\varepsilon_0(r^2+x^2)^{1/2}} = \frac{\sigma \cdot r\mathrm{d}r}{2\varepsilon_0(r^2+x^2)^{1/2}}$$

均匀带电圆环带在该处产生的电势为

$$V = \int \mathrm{d}V = \int_{R/2}^{R} \frac{\sigma \cdot r\mathrm{d}r}{2\varepsilon_0(r^2+x^2)^{1/2}} = \frac{\sigma}{2\varepsilon_0}\left(\sqrt{R^2+x^2} - \sqrt{\frac{R^2}{4}+x^2}\right)$$

圆环中心处 $x = 0$，电势为　　$V = \frac{\sigma R}{4\varepsilon_0}$

则电场强度为　　　　　　　　　$E = 0$

**6-35** 面积很大的导体平板 $A$ 与均匀带电平面 $B$ 平行放置，如图所示。已知 $A$ 与 $B$ 相距为 $d$，两者相对的部分的面积为 $S$。(1) 设 $B$ 面带电量为 $q$，$A$ 板的电荷面密度为 $\sigma_1$ 及 $\sigma_2$，求 $A$ 板与 $B$ 面的电势差；(2) 若 $A$ 板带电量为 $Q$，求 $\sigma_1$ 及 $\sigma_2$。

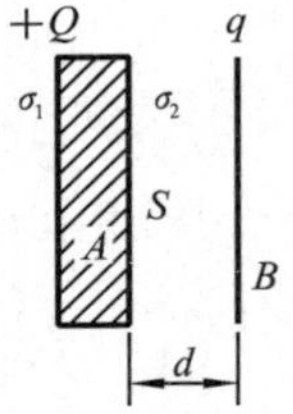

**解** (1) 导体平板 $A$ 与平面 $B$ 之间的电场强度为

$$E = \frac{\sigma_1}{2\varepsilon_0} + \frac{\sigma_2}{2\varepsilon_0} - \frac{q}{2\varepsilon_0 S}$$

则 $A$ 与 $B$ 之间的电势差为

$$V_A - V_B = Ed = \frac{d}{2\varepsilon_0}\left(\sigma_1 + \sigma_2 - \frac{q}{S}\right)$$

习题 6-35 图

(2) 在导体平板 $A$ 内任取一点 $P$，根据静电平衡条件，$P$ 点场强为

$$E_P = \frac{\sigma_1}{2\varepsilon_0} + \frac{\sigma_2}{2\varepsilon_0} - \frac{q}{2\varepsilon_0 S} = 0$$

即
$$\sigma_1 + \sigma_2 - \frac{q}{S} = 0 \qquad ①$$

又由电荷守恒得
$$\sigma_1 S + \sigma_2 S = Q \qquad ②$$

将①、②式联立求解得

$$\sigma_1 = \frac{Q+q}{2S}, \quad \sigma_2 = \frac{Q-q}{2S}$$

**6-36** 如图(a)所示，有三块互相平行的导体板，外面的两块用导线连接，原来不带电。中间一块上所带总电荷面密度为 $1.3 \times 10^{-5}$ C/m²。求每块板的两个表面的电荷面密度各是多少？(忽略边缘效应。)

**解** 从上到下，设各导体板表面上电荷面密度分别为 $\sigma_1$、$\sigma_2$、$\sigma_3$、$\sigma_4$、$\sigma_5$、$\sigma_6$，相邻两板距离分别为 $d_1$、$d_2$（图(b)）。在上板和中板之间电场方向垂直于板面，作底面为单位面积的闭合圆柱面，两底分别位于两导体板内，圆柱面轴线与板面垂直，则此闭合圆柱面的电通量为零。根据高斯定理，可得

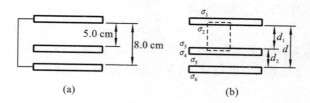

习题 6-36 图

$$\sigma_2 = -\sigma_3 \qquad \qquad ①$$

同理可得

$$\sigma_5 = -\sigma_4 \qquad \qquad ②$$

　　忽略边缘效应,则导体板可看成是无限大的,具有屏蔽性,在相邻导体板之间的电场只由相对两表面上的电荷决定。因此,上板和中板之间的场强为 $E_1 = \dfrac{\sigma_3}{\varepsilon_0}$ ,下板和中板之间的场强为 $E_2 = \dfrac{\sigma_4}{\varepsilon_0}$ ,上板和下板相连接,因此相邻两板的电势差相等,即 $E_1 d_1 = E_2 d_2$ ,由此可得

$$\sigma_3 d_1 = \sigma_4 d_2 \qquad \qquad ③$$

中板的总电荷面密度为 $\sigma$ ,则

$$\sigma_3 + \sigma_4 = \sigma \qquad \qquad ④$$

由③、④式两式可得

$$\sigma_3 = \frac{d_2}{d_1 + d_2}\sigma = \frac{d - d_1}{d}\sigma = \frac{8.0 - 5.0}{8.0} \times 1.3 \times 10^{-5} \ \text{C/m}^2$$

$$= 4.9 \times 10^{-6} \ \text{C/m}^2$$

$$\sigma_4 = \sigma - \sigma_3 = 8.1 \times 10^{-6} \ \text{C/m}^2$$

将 $\sigma_3$ 、$\sigma_4$ 的数值代入①、②式中,分别得

$$\sigma_2 = -4.9 \times 10^{-6} \ \text{C/m}^2, \quad \sigma_5 = -8.1 \times 10^{-6} \ \text{C/m}^2$$

　　在上板内任意一点场强为零,它是 6 个无限大均匀带电平面在该点产生的场强叠加的结果,即

$$\frac{1}{2\varepsilon_0}(\sigma_1 - \sigma_2 - \sigma_3 - \sigma_4 - \sigma_5 - \sigma_6) = 0$$

将①、②两式代入上式,则有

$$\sigma_1 = \sigma_6 \qquad\qquad ⑤$$

上、下两块导体板原来是不带电的。根据电荷守恒定律,两导体板表面出现感应电荷后,总电量仍然为零。因此有

$$\sigma_1 + \sigma_2 + \sigma_5 + \sigma_6 = 0 \qquad\qquad ⑥$$

由⑤、⑥两式得到

$$\sigma_1 = \sigma_6 = -\frac{1}{2}(\sigma_2 + \sigma_5) = 6.5 \times 10^{-6} \text{ C/m}^2$$

**6-37** 半径为 $R_1$ 的导体球带有电荷 $q$,球外有一个内、外半径为 $R_2$、$R_3$ 的同心导体球壳,壳上带有电荷 $Q$,如图所示。求:(1) 两球的电势 $V_1$ 及 $V_2$;(2) 两球的电势差 $\Delta V$;(3) 用导线把球和球壳连接在一起后,$V_1$、$V_2$ 及 $\Delta V$ 分别为多少? (4) 在情形 (1)、(2) 中,若外球接地,$V_1$、$V_2$ 及 $\Delta V$ 又各为多少? (5) 设外球离地面很远,若内球接地,情况如何?

**解** (1) 由高斯定理,可得各区域的电场分布:

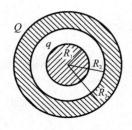

习题 6-37 图

当 $R_1 < r < R_2$ 时, $E_1 = \dfrac{q}{4\pi\varepsilon_0 r^2}$

当 $R_2 < r < R_3$ 时, $E_2 = 0$

当 $r > R_3$ 时, $E_3 = \dfrac{q+Q}{4\pi\varepsilon_0 r^2}$

两球的电势分别为

$$V_1 = \int_{R_1}^{R_2} \frac{q}{4\pi\varepsilon_0 r^2}\mathrm{d}r + \int_{R_3}^{\infty} \frac{q+Q}{4\pi\varepsilon_0 r^2}\mathrm{d}r = \frac{1}{4\pi\varepsilon_0}\left(\frac{q}{R_1} - \frac{q}{R_2} + \frac{q+Q}{R_3}\right)$$

$$V_2 = \int_{R_3}^{\infty} \frac{q+Q}{4\pi\varepsilon_0 r^2}\mathrm{d}r = \frac{Q+q}{4\pi\varepsilon_0 R_3}$$

(2) 两球的电势差为

$$\Delta V = V_1 - V_2 = \frac{q}{4\pi\varepsilon_0}\left(\frac{1}{R_1} - \frac{1}{R_2}\right)$$

(3) 用导线将球和球壳连接在一起后,则有

$$V_1 = V_2 = \int_{R_3}^{\infty} \frac{q+Q}{4\pi\varepsilon_0 r^2} \mathrm{d}r = \frac{q+Q}{4\pi\varepsilon_0 R_3}, \quad \Delta V = 0$$

（4）当外球接地时，

$$V_2 = 0, \quad V_1 = \int_{R_1}^{R_2} \frac{q}{4\pi\varepsilon_0 r^2} \mathrm{d}r = \frac{q}{4\pi\varepsilon_0} \left( \frac{1}{R_1} - \frac{1}{R_2} \right)$$

$$\Delta V = V_1 - V_2 = \frac{q}{4\pi\varepsilon_0} \left( \frac{1}{R_1} - \frac{1}{R_2} \right)$$

（5）当内球接地时，其电势 $V_1 = 0$。设此时内球带电 $q'$，则球壳内表面带电 $-q'$，外表面带电 $Q - q'$。故有

$$V_1 = \frac{q'}{4\pi\varepsilon_0 R_1} - \frac{q'}{4\pi\varepsilon_0 R_2} + \frac{q'+Q}{4\pi\varepsilon_0 R_3} = 0$$

$$q' = -\frac{R_1 R_2}{R_1 R_2 + R_2 R_3 - R_1 R_3} Q < 0 \quad （即内球带负电）$$

$$V_2 = \frac{Q+q'}{4\pi\varepsilon_0 R_3} = \frac{Q}{4\pi\varepsilon_0} \cdot \frac{R_2 - R_1}{R_1 R_2 + R_2 R_3 - R_1 R_3}$$

$$\Delta V = V_1 - V_2 = -V_2$$

**6-38** 如图所示，一半径为 $a$ 的非导体球，放于内半径为 $b$，外半径为 $c$ 的导体球壳的中心。电荷均匀分布于内球（电荷密度为 $\rho(\mathrm{C/m^3})$），外球壳带电 $-Q$。求下列各处的电场强度：（1）球内 $(r < a)$；（2）内球与球壳之间 $(a < r < b)$；（3）球壳内 $(b < r < c)$；（4）球壳外 $(r > c)$；（5）球壳的内外表面各出现多少电荷？

**解** （1）在 $r < a$ 的区域，根据高斯定理，可得

$$E_1 \cdot 4\pi r^2 = \frac{1}{\varepsilon_0} \cdot \frac{q}{\frac{4}{3}\pi a^3} \cdot \frac{4}{3}\pi r^3$$

$$E_1 = \frac{Q}{4\pi\varepsilon_0 a^3} r$$

（2）在 $a < r < b$ 的区域，同理，根据高斯定理，可得

$$E_2 = \frac{Q}{4\pi\varepsilon_0 r^2}$$

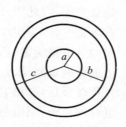

**习题 6-38 图**

（3）在 $b<r<c$ 的区域，由静电平衡条件，可得
$$E_3=0$$

（4）在 $r>c$ 的区域，根据高斯定理，可得
$$E_4 \cdot 4\pi r^2 = \frac{1}{\varepsilon_0}(Q-Q), \quad E_4=0$$

（5）设导体球壳的内表面有电荷 $q'$，外表面有电荷 $q''$，根据高斯定理，可得
$$E_3 \cdot 4\pi r^2 = \frac{1}{\varepsilon_0}(Q+q')=0, \quad E_3=0$$

则导体球壳的内表面的电荷
$$q'=-Q$$

又由电荷守恒，可得 $q'+q''=-Q$，则外表面上的电荷为
$$q''=-Q-q'=-Q-(-Q)=0$$

**6-39**　一球形导体 $A$ 含有两个球形空腔，这导体本身的总电荷为零，但在两空腔中心分别有一个点电荷 $q_b$ 和 $q_c$，导体球外离导体球很远的 $r$ 处有另一个点电荷 $q_d$，如图所示。试求 $q_b$、$q_c$ 和 $q_d$ 各受多大的力？哪个答案是近似的？

**解**　由于静电屏蔽的原因，点电荷 $q_b$ 和 $q_d$ 不能在点电荷 $q_c$ 所在空腔内产生电场，因此 $q_c$ 受到的作用力 $f_c=0$。同理，$q_b$ 受到的作用力 $f_b=0$。

在导体内作一闭合曲面包围 $q_b$ 所在空腔。由于导体内场强处处为零，因此闭合曲面的电通量为零。根据高斯定理，空腔壁上有电量 $-q_b$。同理，在 $q_c$ 所在空腔壁上也有电量 $-q_c$。这导体本身的总电荷为零，因此在导体外表面上电荷的电量为 $q_b+q_c$。由于 $q_d$ 距导体球很远，忽略它对导体球外表面电荷的影响，则电荷在外表面上是均匀分布的，它在 $q_d$ 处产生的场强

$$E=\frac{q_b+q_c}{4\pi\varepsilon_0 r^2}$$

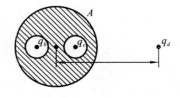

**习题 6-39 图**

$q_d$ 受到的作用力

$$f_d = q_d E = \frac{q_d(q_b + q_c)}{4\pi\varepsilon_0 r^2} \quad (近似)$$

**6-40**　如图所示,球形金属腔带电量为 $Q(Q>0)$,内半径为 $a$,外半径为 $b$,腔内距球心 $O$ 为 $r$ 处有一点电荷 $q$,求球心 $O$ 的电势。

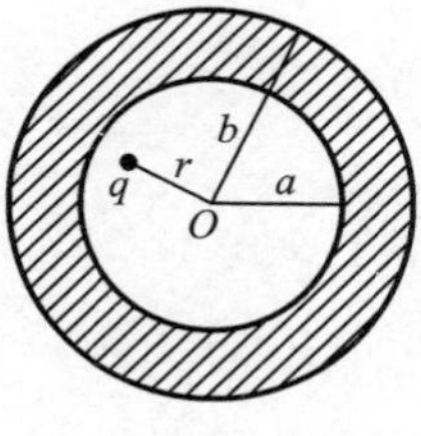

**解**　由高斯定理可得球壳内表面电荷为 $-q$。用电势叠加法,球心处电势为

$$V_O = V_q + V_{-q} + V_{Q+q} = \frac{q}{4\pi\varepsilon_0 r} + \frac{-q}{4\pi\varepsilon_0 a} + \frac{Q+q}{4\pi\varepsilon_0 b}$$

$$= \frac{q}{4\pi\varepsilon_0}\left(\frac{1}{r} - \frac{1}{a} + \frac{1}{b}\right) + \frac{Q}{4\pi\varepsilon_0 b}$$

习题 6-40 图

**6-41**　半径为 $R$ 的金属球与大地相连接,在与球心相距 $d=2R$ 处有一点电荷 $q(q>0)$,问球上的感应电荷 $q'$ 有多大?(设金属球距地面及其他物体很远。)

**解**　如图所示。球面上感应电荷 $q'$ 分布不均匀,但是需保证球体上处处电势 $V=0$,则球心处的电势

$$V_O = 0$$

电荷 $q$ 在球心 $O$ 产生的电势为

$$V_q = \frac{q}{4\pi\varepsilon_0(2R)}$$

感应电荷 $q'$ 在球心 $O$ 产生的电势为

$$V_{q'} = \frac{q'}{4\pi\varepsilon_0 R}$$

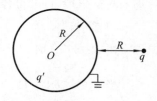

习题 6-41 图

那么

$$V_q + V_{q'} = \frac{q}{4\pi\varepsilon_0(2R)} + \frac{q'}{4\pi\varepsilon_0 R} = 0$$

则球面上感应电荷为

$$q' = -q/2$$

**6-42**　半径为 $R$ 的导体球,带有电荷 $Q$,球外有一均匀电介质的同心球壳,球壳的内、外半径分别为 $a$ 和 $b$,相对介电常量为 $\varepsilon_r$,如图(a)所示。求:(1) 各区域的电场强度 $E$、电位移矢量 $D$ 及电

势 $V$，绘出 $E(r)$、$D(r)$ 及 $V(r)$ 图线；(2) 介质内的电极化强度 $P$ 和介质表面上的极化电荷面密度 $\sigma'$。

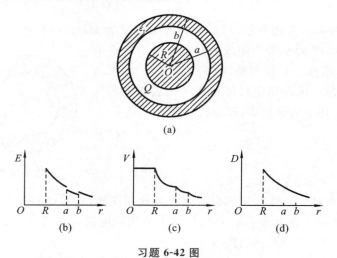

(a)

(b)　　　　　(c)　　　　　(d)

**习题 6-42 图**

**解**　(1) 由电荷的对称分布可知，电场为球对称分布，根据电场的高斯定理，可求得各区域的电场分布。

当 $r < R$ 时，　　　　$D_1 = 0$，　$E_1 = 0$

当 $R < r < a$ 时，$D_2 = \dfrac{Q}{4\pi r^2}$，　$E_2 = \dfrac{Q}{4\pi\varepsilon_0 r^2}$

当 $a < r < b$ 时，$D_3 = \dfrac{Q}{4\pi r^2}$，　$E_3 = \dfrac{Q}{4\pi\varepsilon_0\varepsilon_r r^2}$

当 $r > b$ 时，　　　$D_4 = \dfrac{Q}{4\pi r^2}$，　$E_4 = \dfrac{Q}{4\pi\varepsilon_0 r^2}$

取 $V_\infty = 0$，则各区域的电势分布分别为

当 $r < R$ 时，$V_1 = \displaystyle\int_R^a \dfrac{Q}{4\pi\varepsilon_0 r^2}\,\mathrm{d}r + \int_a^b \dfrac{Q}{4\pi\varepsilon_0\varepsilon_r r^2}\,\mathrm{d}r + \int_b^\infty \dfrac{Q}{4\pi\varepsilon_0 r^2}\,\mathrm{d}r$

$\qquad\qquad = \dfrac{Q}{4\pi\varepsilon_0}\left[\dfrac{1}{R} - \left(1 - \dfrac{1}{\varepsilon_r}\right)\left(\dfrac{1}{a} - \dfrac{1}{b}\right)\right]$

当 $R < r < a$ 时，$V_2 = \dfrac{Q}{4\pi\varepsilon_0}\left[\dfrac{1}{r} - \left(1 - \dfrac{1}{\varepsilon_r}\right)\left(\dfrac{1}{a} - \dfrac{1}{b}\right)\right]$

当 $a < r < b$ 时，$V_3 = \dfrac{Q}{4\pi\varepsilon_0\varepsilon_r}\left(\dfrac{1}{r} + \dfrac{\varepsilon_r - 1}{b}\right)$

当 $r > b$ 时，$\qquad V_4 = \dfrac{Q}{4\pi\varepsilon_0 r}$

$E(r)$、$V(r)$、$D(r)$ 图线如图(b)、(c)、(d)所示。

(2) 由电场强度可得介质中的电极化强度为

$$P = (\varepsilon_r - 1)\varepsilon_0 E_3 = \left(1 - \dfrac{1}{\varepsilon_r}\right)\dfrac{Q}{4\pi r^2} \quad \text{（方向沿径向）}$$

则介质表面上的极化电荷为

$$\sigma'_{r=a} = P\cos\pi = -\left(1 - \dfrac{1}{\varepsilon_r}\right)\dfrac{Q}{4\pi a^2}, \quad \sigma'_{r=b} = P\cos 0 = \left(1 - \dfrac{1}{\varepsilon_r}\right)\dfrac{Q}{4\pi b^2}$$

**6-43** 一块大的均匀电介质平板放在一电场强度为 $E_0$ 的均匀电场中，电场方向与板的夹角为 $\theta$，如图所示。已知板的相对介电常量为 $\varepsilon_r$，求板面的面束缚电荷密度。

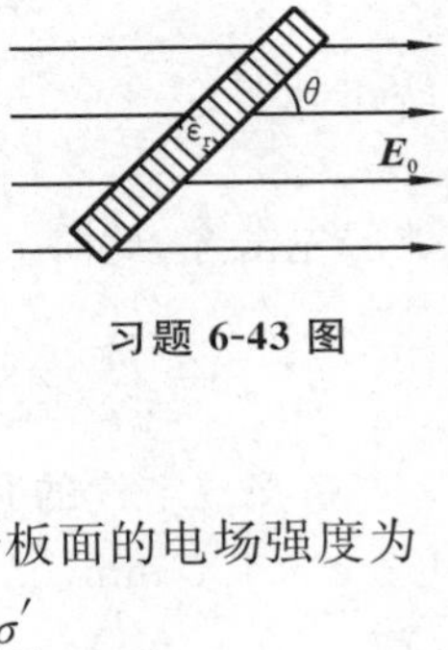

**解** 在电介质内束缚电荷产生的电场方向与板面垂直。设板面的面束缚电荷密度为 $\sigma'$，则电介质内束缚电荷产生的场强为

$$E' = \dfrac{\sigma'}{\varepsilon_0}$$

习题 6-43 图

在电介质内，电场 $E_0$ 垂直于板面的分量为

$$E_{0n} = E_0\sin\theta$$

其方向与 $E'$ 的方向相反。因此电介质内垂直于板面的电场强度为

$$E_n = E_{0n} - E' = E_0\sin\theta - \dfrac{\sigma'}{\varepsilon_0}$$

电介质极化强度 $P$ 垂直于板面的分量为

$$P_n = \varepsilon_0(\varepsilon_r - 1)E_n = \varepsilon_0(\varepsilon_r - 1)\left(E_0\sin\theta - \dfrac{\sigma'}{\varepsilon_0}\right)$$

又 $\qquad \sigma' = P_n = \varepsilon_0(\varepsilon_r - 1)\left(E_0\sin\theta - \dfrac{\sigma'}{\varepsilon_0}\right)$

解此方程得 $\qquad \sigma' = \left(1 - \dfrac{1}{\varepsilon_r}\right)\varepsilon_0 E_0\sin\theta$

**6-44** 两共轴的导体圆筒,内圆筒半径为 $R_1$,外圆筒半径为 $R_2(R_2<2R_1)$,其间有两层均匀介质,分界面的半径为 $r$,内层介电常量为 $\varepsilon_1$,外层介电常量为 $\varepsilon_2(\varepsilon_2=\varepsilon_1/2)$,两介质的击穿场强都是 $E_m$,当电压升高时,哪层介质先击穿? 证明:两圆筒最大电势差为

$$V_m=\frac{1}{2}rE_m\ln\frac{R_2^2}{rR_1}.$$

**解** 设两导体圆筒上电荷线密度分别为 $\lambda$ 和 $-\lambda$,则空间电场分布为

当 $R_1<r_1<r$ 时,　　　　$E_1=\dfrac{\lambda}{2\pi\varepsilon_1 r_1}$

当 $r<r_2<R_2$ 时,　　　　$E_2=\dfrac{\lambda}{2\pi\varepsilon_2 r_2}$

故　　　　　　　　　　$\dfrac{E_1}{E_2}=\dfrac{r_2}{2r_1}$

又　　　　　$R_2<2R_1,\quad r_2<R_2<2R_1<2r_1$

故　　　　　　　$\dfrac{E_1}{E_2}<1,\quad E_1<E_2$

外层先击穿,此时 $r$ 处有 $E_m=\dfrac{\lambda_m}{2\pi\varepsilon_2 r}$,那么

$$V_m=\int_{R_1}^{r}\frac{\lambda_m}{2\pi\varepsilon_1 r_1}dr_1+\int_{r}^{R_2}\frac{\lambda_m}{2\pi\varepsilon_2 r_2}dr_2=\frac{1}{2}E_m r\ln\frac{R_2^2}{rR_1}$$

**6-45** 空气的介电强度为 $3\ kV/mm$,问:空气中半径分别为 $1.0\ cm$、$1.0\ mm$、$0.1\ mm$ 的长直导线上单位长度最多能带多少电荷?

**解** 设长直导线上电荷线密度为 $\lambda$,则导线外表面处的电场强度为

$$E_R=\frac{\lambda}{2\pi\varepsilon_0 R}$$

当此处的场强达到空气的介电强度,即 $E_R=E_m$ 时,导线上电荷线密度最大,设为 $\lambda_m$,则

$$\lambda_m=E_m 2\pi\varepsilon_0 R$$

当 $R = 1.0$ cm 时，

$\lambda_m = 3 \times 10^6 \times 2 \times 3.14 \times 8.85 \times 10^{-12} \times 1 \times 10^{-2}$ C/m

$= 1.67 \times 10^{-6}$ C/m

当 $R = 1.0$ mm 时，

$\lambda_m = 3 \times 10^6 \times 2 \times 3.14 \times 8.85 \times 10^{-12} \times 1 \times 10^{-3}$ C/m

$= 1.67 \times 10^{-7}$ C/m

当 $R = 0.1$ mm 时，

$\lambda_m = 3 \times 10^6 \times 2 \times 3.14 \times 8.85 \times 10^{-12} \times 1 \times 10^{-4}$ C/m

$= 1.67 \times 10^{-8}$ C/m

**6-46** 设在氢原子中，负电荷均匀分布在半径为 $r_0 = 0.53 \times 10^{-10}$ m 的球体内，总电量为 $-e$，质子位于其中心。求当外加电场 $E = 3 \times 10^6$ V/m(实验室中很强的电场)时，负电荷的球心和质子相距多远？由此产生的感应电偶极矩多大？

**解** 在外电场力作用下，正、负电荷中心分开，直至每一电荷所受外电场力与电荷之间相互作用力达到平衡时停止移动。设平衡时，负电荷球心 $O$ 与质子相距 $l$，如图所示。质子所受的外电场力为

$$F_1 = eE$$

电子对质子的作用力即为电子的电场对质子的作用力，由于电子的电荷均匀分布在半径为 $r_0$ 的球内，故由高斯定理可求得质子处的场强为

$$E' = -\frac{e}{4\pi\varepsilon_0 r_0^3}l \quad \text{（方向与外电场 } E \text{ 反向）}$$

质子所受的负电荷电场力为

$$F_2 = eE' = -\frac{e^2}{4\pi\varepsilon_0 r_0^3}l$$

$F_1$ 与 $F_2$ 大小相等，方向相反，故

$$eE = \frac{e^2 l}{4\pi\varepsilon_0 r_0^3}$$

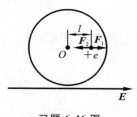

习题 **6-46** 图

所以负电荷的球心 $O$ 与质子相距为

$$l = \frac{4\pi\varepsilon_0 r_0^3 E}{e} = \frac{(0.53)^3 \times 10^{-30} \times 3 \times 10^6}{9 \times 10^9 \times 1.6 \times 10^{-19}} \text{ m} = 3.1 \times 10^{-16} \text{ m}$$

感应电偶极矩为

$$P_e = el = 1.6 \times 10^{-19} \times 3.1 \times 10^{-16} \text{ C} \cdot \text{m} = 4.96 \times 10^{-35} \text{ C} \cdot \text{m}$$

**6-47**　如图所示,一平板电容器,两极板相距 $d$,面积为 $S$,电势差为 $V$,板间放有一层厚为 $t$ 的介质,其相对介电常量为 $\varepsilon_r$,介质两边都是空气。略去边缘效应,求:(1) 介质中的电场强度 $E$,电位移矢量 $\boldsymbol{D}$ 和极化强度 $\boldsymbol{P}$ 的大小;(2) 极板上的电量 $Q$;(3) 极板和介质间隙中的场强大小;(4) 电容。

**解**　(1) 根据高斯定理可求出极板间空气和介质中的电位移矢量 $\boldsymbol{D}$,$\boldsymbol{D}$ 处处大小相等、方向相同。空气中的场强大小为 $E_0 = \dfrac{D}{\varepsilon_0}$,介质中的场强大小为 $E = \dfrac{D}{\varepsilon_0 \varepsilon_r}$,所以

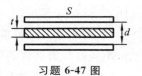

习题 6-47 图

$$E_0 = \varepsilon_r E \qquad \qquad ①$$

又极板间的电势差为

$$V = E_0(d - t) + Et \qquad \qquad ②$$

将①式代入②式可得介质中的场强

$$E = \frac{V}{\varepsilon_r d + (1 - \varepsilon_r)t}$$

电位移矢量大小为

$$D = \varepsilon_0 \varepsilon_r E = \frac{V\varepsilon_0 \varepsilon_r}{\varepsilon_r d + (1 - \varepsilon_r)t}$$

电极化强度大小为　$P = \varepsilon_0(\varepsilon_r - 1)E = \dfrac{V\varepsilon_0(\varepsilon_r - 1)}{\varepsilon_r d + (1 - \varepsilon_r)t}$

(2) 因为 $D = \sigma$,故极板上的电荷为

$$Q = \sigma S = DS = \varepsilon_0 \varepsilon_r ES = \frac{V\varepsilon_0 \varepsilon_r S}{\varepsilon_r d + (1 - \varepsilon_r)t}$$

(3) 极板和介质间隙中的场强大小为

$$E_0 = \frac{D}{\varepsilon_0} = \frac{V\varepsilon_r}{\varepsilon_r d + (1 - \varepsilon_r)t}$$

（4）该电容器的电容为　　$C = \dfrac{Q}{V} = \dfrac{\varepsilon_0 \varepsilon_r S}{\varepsilon_r d + (1 - \varepsilon_r)t}$

**6-48**　球形电容器由半径 $R_1$ 的导体球和与它同心的导体球壳组成,球壳的内半径为 $R_2$,其间有两层均匀介质,分界面的半径为 $r$,相对介电常量分别为 $\varepsilon_{r1}$ 和 $\varepsilon_{r2}$,求电容 $C$。

**解**　设导体球带电荷 $Q$,则外球壳带电荷 $-Q$,它们之间的电势差为

$$V_1 - V_2 = \int_{R_1}^{r} \frac{Q}{4\pi\varepsilon_0 \varepsilon_{r1} r^2} \mathrm{d}r + \int_{r}^{R_2} \frac{Q}{4\pi\varepsilon_0 \varepsilon_{r2} r^2} \mathrm{d}r$$

$$= \frac{Q[\varepsilon_{r2} R_2 (r - R_1) + \varepsilon_{r1} R_1 (R_2 - r)]}{4\pi\varepsilon_0 \varepsilon_{r1} \varepsilon_{r2} R_1 R_2}$$

由定义可得该电容

$$C = \frac{Q}{V_1 - V_2} = \frac{4\pi\varepsilon_0 \varepsilon_{r1} \varepsilon_{r2} R_1 R_2}{\varepsilon_{r2} R_2 (r - R_1) + \varepsilon_{r1} R_1 (R_2 - r)}$$

**6-49**　一个长为 $l$ 的圆柱形电容器,如图所示,其中半径为 $R_0$ 的部分是直导线,导线单位长度上带有自由电荷 $\lambda_0$;外筒是导体,斜线部分是相对介电常量分别为 $\varepsilon_{r1}$ 和 $\varepsilon_{r2}$ 的两层均匀介质。忽略边缘效应,求:（1）介质内的 $\boldsymbol{D}$、$\boldsymbol{E}$ 及导线与圆筒间的电势差 $V$;（2）电容。

**解**　（1）忽略边缘效应,由电荷的对称分布,根据高斯定理可求得介质内的电场强度。

在 $R_0 \leqslant r \leqslant R_1$ 内质内,

$$D_1 = \frac{\lambda_0}{2\pi r}, \quad E_1 = \frac{D_1}{\varepsilon_0 \varepsilon_{r1}} = \frac{\lambda_0}{2\pi\varepsilon_0 \varepsilon_{r1} r}$$

在 $R_1 \leqslant r \leqslant R_2$ 介质内,

$$D_2 = \frac{\lambda_0}{2\pi r}, \quad E_2 = \frac{D_2}{\varepsilon_0 \varepsilon_{r2}} = \frac{\lambda_0}{2\pi\varepsilon_0 \varepsilon_{r2} r}$$

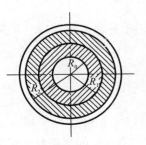

习题 **6-49** 图

导线与圆筒间的电势差为

$$V_1 - V_2 = \int_{R_0}^{R_1} E_1 \cdot \mathrm{d}r + \int_{R_1}^{R_2} E_2 \cdot \mathrm{d}r$$

$$= \frac{\lambda_0}{2\pi\varepsilon_0\varepsilon_{r1}\varepsilon_{r2}} \left( \varepsilon_{r1} \ln \frac{R_2}{R_1} + \varepsilon_{r2} \ln \frac{R_1}{R_0} \right)$$

（2）该电容器的电容为

$$C = \frac{Q}{V_1 - V_2} = \frac{2\pi\varepsilon_0\varepsilon_{r1}\varepsilon_{r2} l}{\varepsilon_{r1} \ln \dfrac{R_2}{R_1} + \varepsilon_{r2} \ln \dfrac{R_1}{R_0}}$$

**6-50**　由半径分别为 $R_1 = 5$ cm 与 $R_2 = 10$ cm 的两个很长的共轴金属圆柱面构成一个圆柱形电容器。将它与一个直流电源相连接。今将电子射入电容器中，电子的速度沿其半径为 $r(R_1 < r < R_2)$ 的圆周的切线方向，其值为 $3 \times 10^6$ m/s。欲使该电子在电容器中做圆周运动（见图），问在电容器的两极之间应加多大的电压？（$m_e = 9.1 \times 10^{-31}$ kg, $e = 1.6 \times 10^{-19}$ C。）

**解**　由题意可知，电子在圆柱形电容器中垂直于轴线的平面上做圆周运动，其所受的向心力为

$$F = eE = m_e \frac{v^2}{r}$$

即有

$$E = \frac{m_e v^2}{er}$$

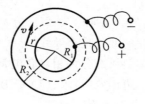

习题 6-50 图

电容器极板间的电压为

$$U = \int_{R_1}^{R_2} E \cdot \mathrm{d}r = \frac{m_e v^2}{e} \int_{R_1}^{R_2} \frac{1}{r} \cdot \mathrm{d}r = \frac{m_e v^2}{e} \ln \frac{R_2}{R_1}$$

$$= \frac{9.1 \times 10^{-31} \times (3 \times 10^6)^2}{1.6 \times 10^{-19}} \ln \frac{10}{5} \text{ V} = 35.5 \text{ V}$$

**6-51**　为了测量电介质材料的相对介电常量，将一块厚为 1.5 cm 的平板材料慢慢地插进一电容器的距离为 2.0 cm 的两平行板之间。在插入过程中，电容器的电荷保持不变。插入之后，两

板间的电势差减小为原来的 60%,求电介质的相对介电常量。

**解**　设两平行板间距离为 $d$,插入的介质板厚度为 $d'$,电容器电势差插入前为 $V$,插入后为 $V'$。电容器上电荷面密度为 $\sigma$。插入前,电容器内的场强为 $E_1 = \dfrac{\sigma}{\varepsilon_0}$,电势差为 $V = E_1 d = \dfrac{\sigma d}{\varepsilon_0}$。插入介质板后,电容器内空气中的场强仍为 $E_1$,介质内的场强为 $E_2 = \dfrac{\sigma}{\varepsilon_0 \varepsilon_r}$,两板间电势差为

$$V' = E_1(d - d') + E_2 d' = \frac{\sigma}{\varepsilon_0}(d - d') + \frac{\sigma d'}{\varepsilon_0 \varepsilon_r}$$

已知 $V' = 0.60\ V$,因此有

$$0.60 \times \frac{\sigma d}{\varepsilon_0} = \frac{\sigma(d - d')}{\varepsilon_0} + \frac{\sigma d'}{\varepsilon_0 \varepsilon_r}$$

解此方程得　$\varepsilon_r = \dfrac{d'}{d' - 0.4 d} = \dfrac{1.5}{1.5 - 0.4 \times 2.0} = 2.1$

**6-52**　某计算机键盘的每个键下面连有一小块金属片,它下面隔一定的空隙有另一块小的固定金属片。这样两片金属片就组成一个小电容器(见图)。当键被按下时,该小电容器的电容就发生变化,与之相连的电子线路就能检测出是哪个键被按下了,从而给出相应的信号。设每个金属片的面积为 $50.0\ mm^2$,两金属片之间的距离是 $0.600\ mm$。如果电子线路能检测出的电容变化是 $0.250\ pF$,那么键需要按下多大的距离才能给出必要的信号?

**解**　按下键之前,电容器的电容为

$$C_1 = \frac{\varepsilon_0 S}{d}$$

当将键按下距离 $d'$ 时,电容器的电容变为

$$C_2 = \frac{\varepsilon_0 S}{d - d'}$$

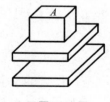

习题 6-52 图

电容器的电容增量为

$$\Delta C = C_2 - C_1 = \varepsilon_0 S\left(\frac{1}{d - d'} - \frac{1}{d}\right)$$

解之得

$$d' = d\left(1 - \frac{\varepsilon_0 S}{d\Delta C + \varepsilon_0 S}\right)$$

$$= 0.600 \times 10^{-3}\left(1 - \frac{8.85 \times 10^{-12} \times 50 \times 10^{-6}}{0.600 \times 10^{-3} \times 0.250 \times 10^{-12} + 8.85 \times 10^{-12} \times 50 \times 10^{-6}}\right) \text{ m}$$

$$= 1.52 \times 10^{-4} \text{ m}$$

**6-53** 一个平行板电容器的每个板的面积是 $0.02 \text{ m}^2$，两板相距 $0.50 \text{ mm}$，放在一个金属盒子中，如图所示。电容器两板到盒子上、下底面的距离均为 $0.25 \text{ mm}$，忽略边缘效应，求此电容器的电容。如果将一个板和盒子用导线连接起来，电容器的电容又是多大？

**解** 设平行板电容器每个板的面积为 $S$，两板间的距离为 $d_1$，两板到盒子上、下底面的距离均为 $d_2$。在电容器放进盒子之前，其电容为 $C_0$，放进盒内后，

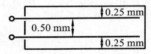

习题 6-53 图

电容器的上方平板与金属盒的相对表面相当于一个电容器，设电容为 $C_1$；电容器的下方平板与金属盒的相对表面也相当于一个电容器，设电容为 $C_2$。$C_1$ 与 $C_2$ 是串联组合，这个串联组合与 $C_0$ 是并联组合。所以整个系统的电容为

$$C = C_0 + \frac{C_1 C_2}{C_1 + C_1}$$

而　　　　　$$C_0 = \frac{\varepsilon_0 S}{d_1}, \quad C_1 = C_2 = \frac{\varepsilon_0 S}{d_2}$$

因此 $$C = \varepsilon_0 S\left(\frac{1}{d_1} + \frac{1}{2d_2}\right)$$

$$= 8.85 \times 10^{-12} \times 0.02 \times \left(\frac{1}{0.5 \times 10^{-3}} + \frac{1}{2 \times 0.25 \times 10^{-3}}\right) \text{ F}$$

$$= 7.08 \times 10^{-10} \text{ F}$$

如果将一个板和盒子用导线连接起来，则整个系统就是 $C_0$ 与 $C_1$（或 $C_2$）的并联，其电容为

$$C' = C_0 + C_1 = \varepsilon_0 S\left(\frac{1}{d_1} + \frac{1}{d_2}\right)$$

$$= 8.85 \times 10^{-12} \times 0.02 \times \left( \frac{1}{0.5 \times 10^{-3}} + \frac{1}{0.25 \times 10^{-3}} \right) \text{F}$$

$$= 1.06 \times 10^{-9} \text{ F}$$

**6-54** 将一个电容为 $4\ \mu\text{F}$ 的电容器和一个电容为 $6\ \mu\text{F}$ 的电容器串联起来接到 $200\ \text{V}$ 的电源上,充电后将电源断开,并将两电容器分离。在下列两种情况下,每个电容器的电压变为多少?(1)将每一个电容器的正极板与另一个电容器的负极板连接;(2)将两电容器的正极板与正极板连接,负极板与负极板连接。

**解** 设 $C_1 = 4\ \mu\text{F}, C_2 = 6\ \mu\text{F}, U = 200\ \text{V}$,当 $C_1$ 和 $C_2$ 串联时,它们的总电容为

$$C = \frac{C_1 C_2}{C_1 + C_2} = \frac{4 \times 6}{4 + 6}\ \mu\text{F} = 2.4\ \mu\text{F}$$

极板上的电量为

$$Q = CU = 2.4 \times 10^{-6} \times 200\ \text{C} = 4.8 \times 10^{-4}\ \text{C}$$

(1)当两电容器串联时,它们的电量是相等的。电源断开,电容器分离,每个电容器仍保持原有电荷。当每个电容器的正板与另一个电容器的负板相连时,正、负电荷完全中和,每个电容器的电压都变为零。

(2)将两电容器同极相连时,它们就是并联组合,总电容为

$$C' = C_1 + C_2 = (4 + 6)\ \mu\text{F} = 10\ \mu\text{F}$$

总电量为

$$Q' = 2Q = 9.6 \times 10^{-4}\ \text{C}$$

两电容的电压相等

$$U' = \frac{Q'}{C'} = \frac{9.6 \times 10^{-4}}{10 \times 10^{-6}}\ \text{V} = 96\ \text{V}$$

**6-55** 如图所示,一平行板电容器充以两种电介质,试证明其电容为 $C = \dfrac{\varepsilon_0 A}{d} \left( \dfrac{\varepsilon_{r1} + \varepsilon_{r2}}{2} \right)$。

**解** 设左半部极板的电荷面密度为 $\sigma_1$,右半部极板的电荷面密度为 $\sigma_2$,电容器左边介质中的场强为

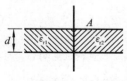

习题 6-55 图

$$E_1 = \frac{\sigma_1}{\varepsilon_0 \varepsilon_{r1}}$$

右边介质中的场强为　　　　　　$E_2 = \frac{\sigma_2}{\varepsilon_0 \varepsilon_{r2}}$

由电荷守恒可得　　　　$(\sigma_1 + \sigma_2)\frac{A}{2} = Q$ 　　　　　①

左边与右边极板间的电势差相等,则　　$\frac{\sigma_1}{\varepsilon_0 \varepsilon_{r1}}d = \frac{\sigma_2}{\varepsilon_0 \varepsilon_{r2}}d$ 　　②

①、②两式联立,解得

$$\sigma_1 = \frac{\varepsilon_{r1}}{\varepsilon_{r1} + \varepsilon_{r2}} \cdot \frac{2Q}{A}, \quad \sigma_2 = \frac{\varepsilon_{r2}}{\varepsilon_{r1} + \varepsilon_{r2}} \cdot \frac{2Q}{A}$$

极板间的电势差　$V = E_1 d = \frac{2Qd}{\varepsilon_0 (\varepsilon_{r1} + \varepsilon_{r2})A}$

电容器的总电容为　$C = \frac{Q}{V} = \frac{\varepsilon_0 A}{d}\left(\frac{\varepsilon_{r1} + \varepsilon_{r2}}{2}\right)$

**6-56**　如图所示,一平行板电容器充以两种电介质,试证明其电容为 $C = \frac{2\varepsilon_0 A}{d} \cdot \frac{\varepsilon_{r1} \varepsilon_{r2}}{\varepsilon_{r1} + \varepsilon_{r2}}$。

**解**　设两极板分别带电荷$+Q$、$-Q$,则极板间两介质中的场强分别为

$$E_1 = \frac{Q/A}{\varepsilon_0 \varepsilon_{r1}}, \quad E_2 = \frac{Q/A}{\varepsilon_0 \varepsilon_{r2}}$$

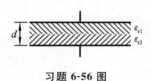

习题 6-56 图

极板间的电势差为

$$V = E_1 \frac{d}{2} + E_2 \frac{d}{2} = \frac{Qd}{2\varepsilon_0 A}\left(\frac{1}{\varepsilon_{r1}} + \frac{1}{\varepsilon_{r2}}\right) = \frac{Qd}{2\varepsilon_0 A} \cdot \frac{\varepsilon_{r1} + \varepsilon_{r2}}{\varepsilon_{r1} \varepsilon_{r2}}$$

电容器的电容为

$$C = \frac{Q}{V} = \frac{2\varepsilon_0 A}{d} \cdot \frac{\varepsilon_{r1} \varepsilon_{r2}}{\varepsilon_{r1} + \varepsilon_{r2}}$$

结果表明,$C$ 为两个平行板电容器 $C_1 = \frac{\varepsilon_0 \varepsilon_{r1} A}{d/2}$ 与 $C_2 = \frac{\varepsilon_0 \varepsilon_{r2} A}{d/2}$ 串联的等效电容。

**6-57**　如图所示,一平板电容器两极板的面积都是 $S$,相距为

$d$，今在其间平行地插入厚度为 $t$，相对介电常量为 $\varepsilon_r$ 的均匀介质，其面积为 $S/2$。设两极板分别带有电量 $Q$ 与 $-Q$，略去边缘效应，求：(1) 两极电势差 $V$；(2) 电容 $C$。

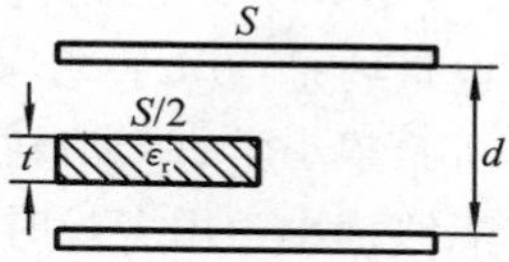

**解**　设极板上电荷面密度左半部分为 $\pm\sigma_1$，右半部分为 $\pm\sigma_2$，由电荷守恒得

$$(\sigma_1 \pm \sigma_2)S/2 = Q \qquad ①$$

由电势差相等得

$$\frac{\sigma_2}{\varepsilon_0}d = \frac{\sigma_1}{\varepsilon_0}(d - t) + \frac{\sigma_1}{\varepsilon_0\varepsilon_r}t \qquad ②$$

习题 6-57 图

①、②两式联立，解得

$$\sigma_1 = \frac{2Q\varepsilon_r d}{S[2\varepsilon_r d + (1-\varepsilon_r)t]}, \quad \sigma_2 = \frac{2Q[\varepsilon_r d + (1-\varepsilon_r)t]}{S[2\varepsilon_r d + (1-\varepsilon_r)t]}$$

(1) 由上面的电荷分布可求得两极板的电势差

$$V = \frac{\sigma_2}{\varepsilon_0}d = \frac{2Qd[\varepsilon_r d + (1-\varepsilon_r)t]}{S\varepsilon_0[2\varepsilon_r d + (1-\varepsilon_r)t]}$$

(2) 插入介质板后电容器的电容为

$$C = \frac{Q}{V} = \frac{S\varepsilon_0[2\varepsilon_r d + (1-\varepsilon_r)t]}{2d[\varepsilon_r d + (1-\varepsilon_r)t]}$$

**6-58**　一个中空铜球浮在相对介电常量为 3.0 的大油缸中，一半没入油内。如果铜球所带总电量是 $2.0\times10^{-6}$ C，它的上半部和下半部各带多少电量？

**解**　将上、下半球看成两个电容，上半球的电容为 $C_1 = 2\pi\varepsilon_0 R$，下半球没入油中，若油的相对介电常量为 $\varepsilon_r$，则其电容为 $C_2 = 2\pi\varepsilon_0\varepsilon_r R$。设球的上半部和下半部各带电荷 $Q_1$ 和 $Q_2$。整个铜球是个等势体，因此有 $\dfrac{Q_1}{C_1} = \dfrac{Q_2}{C_2}$，即

$$Q_1 = \frac{Q_2}{\varepsilon_r} \qquad ①$$

铜球所带总电量为 $\qquad Q = Q_1 + Q_2 \qquad ②$

由①、②两式可解得

$$Q_1 = \frac{Q}{1+\varepsilon_r} = \frac{2.0 \times 10^{-6}}{1+3.0} \text{ C} = 5.0 \times 10^{-7} \text{ C}$$

$$Q_2 = Q - Q_1 = (2.0 \times 10^{-6} - 5.0 \times 10^{-7}) \text{ C} = 1.5 \times 10^{-6} \text{ C}$$

**6-59** 一次闪电的放电电压大约是 $1.0 \times 10^9$ V,而被中和的电量约是 30 C。求:(1) 一次放电所释放的能量是多大?(2) 一所希望小学每天消耗电能 20 kW·h,上述一次放电所释放的电能够该小学用多长时间?

**解** (1)闪电所释放的能量就等于电场力对被中和的电荷所做的功,即

$$W = A = q\Delta V = qU = 30 \times 1.0 \times 10^9 \text{ J} = 3.0 \times 10^{10} \text{ J}$$

(2)希望小学每天消耗的电能为

$$W_希 = 20 \text{ kW·h} = 20 \times 10^3 \times 3600 \text{ J} = 7.2 \times 10^7 \text{ J}$$

则一次闪电所释放的能量可供该小学使用的时间为

$$\frac{W}{W_希} = \frac{3.0 \times 10^{10}}{7.2 \times 10^7} 天 = 416 \text{ 天}$$

**6-60** 如图所示,三块互相平行的均匀带电平面,电荷面密度分别是 $\sigma_1 = 1.2 \times 10^{-4}$ C/m$^2$, $\sigma_2 = 2.0 \times 10^{-5}$ C/m$^2$, $\sigma_3 = 1.1 \times 10^{-4}$ C/m$^2$。$A$ 点与平面 II 相距为 5.0 cm,$B$ 点与平面 II 相距为 7.0 cm。(1) 计算 $A$、$B$ 两点的电势差;(2) 设把电量 $q_0 = -1.0 \times 10^{-8}$ C 的点电荷从 $A$ 点移到 $B$ 点,外力克服电场力做多少功?

**解** (1)在平面 I、II 之间和平面 II、III 之间都是均匀电场。根据场强叠加原理,平面 I、II 之间的场强大小为

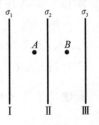

$$E_1 = \frac{1}{2\varepsilon_0}(\sigma_2 + \sigma_3 - \sigma_1) \quad (方向指向平面 \text{ I})$$

平面 II、III 之间的场强大小为

$$E_2 = \frac{1}{2\varepsilon_0}(\sigma_1 + \sigma_2 - \sigma_3) \quad (方向指向平面 \text{ III})$$

习题 **6-60** 图

因为电场线都垂直于平面 II,所以平面 II 是一等势面。$A$、$B$ 两点的电势差为

$$V_A - V_B = (V_A - V_{\text{II}}) + (V_{\text{II}} - V_B) = -E_1 d_1 + E_2 d_2$$

式中，$d_1$、$d_2$ 分别为 $A$、$B$ 两点到平面 II 的距离。因此，$A$、$B$ 两点的电势差

$$V_A - V_B = -\frac{1}{2\varepsilon_0}(\sigma_2 + \sigma_3 - \sigma_1)d_1 + \frac{1}{2\varepsilon_0}(\sigma_1 + \sigma_2 - \sigma_3)d_2$$

$$= 9.0 \times 10^4 \text{ V}$$

（2）把电量 $q_0$ 从 $A$ 点移到 $B$ 点，外力克服电场力做的功为

$$A = -q_0(V_A - V_B) = (1.0 \times 10^{-8} \times 9.0 \times 10^4) \text{ J} = 9.0 \times 10^{-4} \text{ J}$$

**6-61**　假设某一瞬间，氦原子的两个电子正在核的两侧，它们与核的距离都是 $0.2 \times 10^{-10}$ m。这种配置状态的静电势能是多少？（把电子与原子核看做点电荷。）

**解**　电子电量为 $-e$，氦核的电量为 $2e$。设两个电子和原子核所在位置的电势分别为 $V_1$、$V_2$、$V_3$，电子和原子核相距为 $r$，则

$$V_1 = V_2 = \frac{2e}{4\pi\varepsilon_0 r} - \frac{e}{8\pi\varepsilon_0 r} = \frac{3e}{8\pi\varepsilon_0 r}, \quad V_3 = 2\frac{-e}{4\pi\varepsilon_0 r} = -\frac{e}{2\pi\varepsilon_0 r}$$

电荷系统的静电势能为

$$W = \frac{1}{2}(-eV_1 - eV_2 + 2eV_3) = -\frac{7e^2}{8\pi\varepsilon_0 r} = -4.0 \times 10^{-17} \text{ J}$$

**6-62**　如果把质子当成半径为 $1.0 \times 10^{-15}$ m 的均匀带电球体，它的静电势能是多大？这势能是质子的相对论静能的百分之几？

**解**　视质子为一均匀带电球体，其电场分布为

$$\boldsymbol{E} = \begin{cases} \dfrac{q}{4\pi\varepsilon_0 R^3}\boldsymbol{r} & (r \leqslant R) \\[2mm] \dfrac{q}{4\pi\varepsilon_0 r^3}\boldsymbol{r} & (r \geqslant R) \end{cases}$$

球体内距球心为 $r$ 处的电势为

$$V = \int_r^R \boldsymbol{E} \cdot \mathrm{d}\boldsymbol{r} + \int_R^\infty \boldsymbol{E} \cdot \mathrm{d}\boldsymbol{r} = \int_r^R \frac{q}{4\pi\varepsilon_0 R^3}\boldsymbol{r} \cdot \mathrm{d}\boldsymbol{r} + \int_R^\infty \frac{q}{4\pi\varepsilon_0 r^3}\boldsymbol{r} \cdot \mathrm{d}\boldsymbol{r}$$

$$= \frac{q}{8\pi\varepsilon_0 R^3}(3R^2 - r^2)$$

在半径为 $r$、厚度为 $dr$ 的球壳内电量为

$$dq = \rho \cdot 4\pi r^2 dr = \frac{q}{\frac{4}{3}\pi R^3} \cdot 4\pi r^2 dr = \frac{3qr^2}{R^3}dr$$

均匀带电球体的静电势能为

$$W = \frac{1}{2}\int_q V dq = \int_0^R \frac{3q^2(3R^2-r^2)r^2}{16\pi\varepsilon_0 R^6}dr = \frac{3q^2}{20\pi\varepsilon_0 R}$$

令 $q=e$,则得质子的静电势能为

$$W = \frac{3q^2}{20\pi\varepsilon_0 R} = 8.6\times10^5 \text{ eV}$$

质子的相对论静能为

$$W_0 = m_0 c^2 = 1.67\times10^{-27}\times(3\times10^8)^2 \text{ J} = 1.5\times10^{-10} \text{ J}$$
$$= 9.4\times10^8 \text{ eV}$$

则 　　　　　$$\frac{W}{W_0} = \frac{8.6\times10^5}{9.4\times10^8} = 0.092\%$$

**6-63**　铀核带电量为 $92e$,可以近似地认为它均匀分布在一个半径为 $7.4\times10^{-15}$ m 的球体内,求铀核的静电势能。

当铀核对称裂变后,产生两个相同的钯核,各带电 $46e$,总体积和原来一样。设这两个钯核也可看成球体,当它们分离很远时,它们的总静电势能又是多少? 这一裂变释放出的静电能是多少?

按每个铀核都这样对称裂变。计算:1 kg 铀裂变后释放的静电能是多少? (裂变时释放的"核能"基本上就是这静电能。铀的摩尔质量 $\mu = 238\times10^{-3}$ kg/mol。)

**解**　电量为 $q$,半径为 $R$ 的均匀带电球具有静电势能为

$$W = \frac{3q^2}{20\pi\varepsilon_0 R}$$

令 $q=92e$,则铀核的静电势能为

$$W_1 = \frac{3\times(92e)^2}{20\pi\varepsilon_0 R} = \frac{9\times10^9\times3\times(92\times1.6\times10^{-19})^2}{5\times7.4\times10^{-15}} \text{ J}$$
$$= 1.6\times10^{-10} \text{ J}$$

当铀核分裂成两个相距很远的钯核后,总体积不变,因此有

$$\frac{4}{3}\pi R^3 = 2 \cdot \frac{4}{3}\pi r^3$$

则钯核的半径为 $r = 2^{1/3}R$,两钯核系统的静电势能为

$$W_2 = 2 \times \frac{3 \times (46e)^2}{20\pi\varepsilon_0 r} = \frac{3 \times 2^{1/3} \times (46e)^2}{10\pi\varepsilon_0 R}$$

$$= \frac{9 \times 10^9 \times 3 \times 2^{1/3} \times (46 \times 1.6 \times 10^{-19})^2}{10 \times 3.14 \times 7.4 \times 10^{-15}} \text{ J} = 1.0 \times 10^{-10} \text{ J}$$

这一裂变释放出的静电势能为

$$W_1 - W_2 = (1.6 \times 10^{-10} - 1.0 \times 10^{-10}) \text{ J} = 6.0 \times 10^{-11} \text{ J}$$

质量为 $m$ 的铀内原子核数为

$$N = \frac{m}{M}N_A$$

式中,$M$ 为铀的摩尔质量,$N_A$ 为阿伏伽德罗常数。那么,$m = 1$ kg 的铀裂变之后释放的静电势能为

$$W = N(W_1 - W_2) = \frac{mN_A(W_1 - W_2)}{M}$$

$$= \frac{1 \times 6.02 \times 10^{23} \times 6.0 \times 10^{-11}}{238 \times 10^{-3}} \text{ J} = 1.5 \times 10^{14} \text{ J}$$

**6-64** 按照玻尔理论,氢原子中的电子围绕原子核做圆周运动,维持电子运动的力为库仑力。轨道的大小取决于角动量,最小的轨道角动量为 $\hbar(\hbar = 1.05 \times 10^{-34}$ J・s$)$,其他依次为 $2\hbar, 3\hbar$ 等。(1) 证明:如果圆轨道有角动量 $n\hbar(n = 1, 2, 3, \cdots)$,则其半径 $r = \frac{4\pi\varepsilon_0}{m_e e^2}n^2\hbar^2$;(2) 证明:在这样的轨道中,电子的轨道能量(动能+势能)为 $W = -\frac{m_e e^4}{2(4\pi\varepsilon_0)^2\hbar^2}\frac{1}{n^2}$;(3) 计算 $n = 1$ 时的轨道能量(用 eV 表示)。

**解** (1) 电子做圆周运动的向心力为库仑力,则

$$\frac{m_e v^2}{r} = \frac{e^2}{4\pi\varepsilon_0 r^2} \qquad \textcircled{1}$$

电子的轨道运动角动量为

$$L = m_e vr = n\hbar \qquad \text{②}$$

将 ② 式代入 ① 式,得　　$r = \dfrac{4\pi\varepsilon_0}{m_e e^2} n^2 \hbar^2 \qquad \text{③}$

（2）电子做圆周运动的总能量为

$$W = \frac{1}{2} m_e v^2 - \frac{e^2}{4\pi\varepsilon_0 r} = \frac{e^2}{8\pi\varepsilon_0 r} - \frac{e^2}{4\pi\varepsilon_0 r} = -\frac{e^2}{8\pi\varepsilon_0 r}$$

将 ③ 式代入上式,得 $W = -\dfrac{m_e e^4}{2(4\pi\varepsilon_0)^2 \hbar^2} \dfrac{1}{n^2}$

（3）当 $n=1$ 时,轨道能量为

$$W = -\frac{m_e e^4}{2(4\pi\varepsilon_0)^2 \hbar^2} = -\frac{(9\times10^9)^2 \times 9.1\times10^{-31} \times (1.6\times10^{-19})^4}{2\times(1.05\times10^{-34})^2}\ \text{J}$$

$$= -2.2\times10^{-18}\ \text{J} = -13.6\ \text{eV}$$

**6-65** 有一电容器,电容 $C_1 = 20.0\ \mu\text{F}$,用电压 $U = 1000\ \text{V}$ 的电源使之带电,然后撤去电源,使其与另一个未充电的电容器 $C_2$ （$C_2 = 5.0\ \mu\text{F}$）相连接（见图）。求:（1）两个电容器各带电多少?（2）第一个电容器两端的电势差为多少?（3）能量损失了多少?

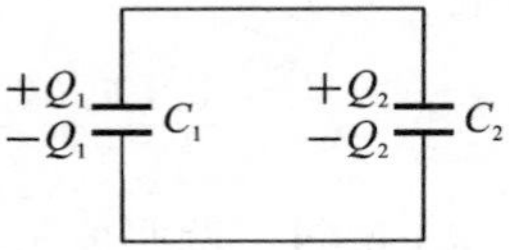

习题 6-65 图

**解**　（1）由题意可知,极板上的总电量为 $C_1 V_0$（$V_0 = U = 1000\ \text{V}$）,电容 $C_1$ 与 $C_2$ 并联,则有

$$\begin{cases} Q_1 + Q_2 = C_1 V_0 \\ \dfrac{Q_1}{C_1} = \dfrac{Q_2}{C_2} \end{cases}$$

解之得

$$Q_1 = \frac{C_1^2 V_0}{C_1 + C_2} = \frac{(20\times10^{-6})^2 \times 10^3}{20\times10^{-6} + 5\times10^{-6}}\ \text{C} = 1.6\times10^{-2}\ \text{C}$$

$$Q_2 = \frac{C_2}{C_1} Q_1 = \frac{5}{20} \times 1.6\times10^{-2}\ \text{C} = 0.4\times10^{-2}\ \text{C}$$

（2）电容器两端的电势差为

$$V_1 = V_2 = \frac{Q_1}{C_1} = \frac{1.6 \times 10^{-2}}{20 \times 10^{-6}} \text{ V} = 800 \text{ V}$$

（3）能量损失为

$$\Delta W = \frac{1}{2} C_1 V_0^2 - \frac{1}{2}(C_1 + C_2)V_1^2$$

$$= \left[ \frac{1}{2} \times 20 \times 10^{-6} \times 10^6 - \frac{1}{2} \times (20 \times 10^{-6} + 5 \times 10^{-6}) \times 800^2 \right] \text{J}$$

$$= 2 \text{ J}$$

**6-66**  一平板电容器,极板面积为 $S$,间距为 $d$,接在电源上以保持电压为 $U$。现将极板的距离拉开一倍,计算：（1）静电能的改变；（2）电场对电源做的功；（3）外力对极板做的功。

**解**  （1）极板拉开前,平板电容器的电容和能量分别为

$$C_1 = \frac{\varepsilon S}{d}, \quad W_1 = \frac{1}{2} C_1 U^2 = \frac{1}{2} \frac{\varepsilon S}{d} U^2$$

极板拉开后,平板电容器的电容和能量分别为

$$C_2 = \frac{\varepsilon S}{2d}, \quad W_2 = \frac{1}{2} C_2 U^2 = \frac{1}{2} \frac{\varepsilon S}{2d} U^2$$

极板拉开前后,电容器静电能的改变为

$$\Delta W = W_2 - W_1 = \frac{1}{2} \frac{\varepsilon S}{2d} U^2 - \frac{1}{2} \frac{\varepsilon S}{d} U^2 = -\frac{\varepsilon S}{4d} U^2$$

（2）电场对电源做功等于电源力克服电场力做功,则电源做功为

$$A_1 = \int_{Q_1}^{Q_2} U \mathrm{d}q = (Q_2 - Q_1)U = (C_2 - C_1)U^2$$

电场对电源做功为

$$A_2 = -A_1 = -(C_2 - C_1)U^2 = -\left( \frac{\varepsilon S}{2d} - \frac{\varepsilon S}{d} \right)U^2 = \frac{\varepsilon S}{2d} U^2$$

（3）根据能量守恒,外力与电源做功之和应等于电容器能量的增量,那么外力做功为

$$A_3 = \Delta W - A_1 = \Delta W + A_2 = -\frac{\varepsilon S}{4d} U^2 + \frac{\varepsilon S}{2d} U^2 = \frac{\varepsilon S}{4d} U^2$$

**6-67**  一平板电容器,极板的面积是 $S$,板间距为 $d$,如图所

示。(1)充电后保持其电量 $Q$ 不变,将一块厚为 $b$ 的金属板平行于两极板插入。与金属板插入前相比,电容器储能增加了多少? (2)金属板进入时,外力(非电力)对它做功多少? 是被吸入还是需要推入?(3)如果充电后保持电容器的电压 $U$ 不变,则(1)、(2)两问的结果又如何?

**解** (1)金属板插入之前,电容器的
电容为

$$C_1 = \frac{\varepsilon_0 S}{d}$$

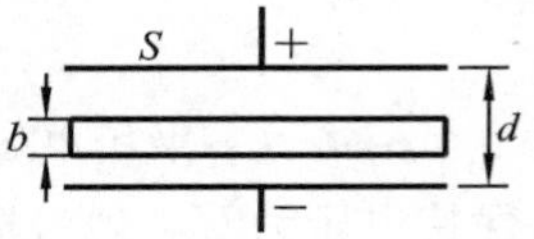

充电后电容器的能量为

习题 6-67 图

$$W_1 = \frac{Q^2}{2C_1}$$

金属板插入之后,整个电容器可以看成由两个电容器串联而成。它们的极板面积相同,一个电容器两极板间距为 $x$,另一个极板间距为 $d-(b+x)$。整个电容器的电容为

$$C_2 = \frac{C_{21}C_{22}}{C_{21}+C_{22}} = \frac{\dfrac{\varepsilon_0 S}{x} \cdot \dfrac{\varepsilon_0 S}{d-(b+x)}}{\dfrac{\varepsilon_0 S}{x} + \dfrac{\varepsilon_0 S}{d-(b+x)}} = \frac{\varepsilon_0 S}{d-b}$$

电容器的电量仍为 $Q$,则其能量为

$$W_2 = \frac{Q^2}{2C_2} = \frac{Q^2(d-b)}{2\varepsilon_0 S}$$

金属板插入前后,电容器能量增量为

$$\Delta W = W_2 - W_1 = \frac{Q^2(d-b)}{2\varepsilon_0 S} - \frac{Q^2 d}{2\varepsilon_0 S} = -\frac{Q^2 b}{2\varepsilon_0 S}$$

(2)插入金属板时,外力做功应等于电容器能量的增量,即

$$A = \Delta W = -\frac{Q^2 b}{2\varepsilon_0 S}$$

可见,$A<0$,则金属板是被吸入的。

(3)如果充电后保持电容器的电压 $U$ 不变,则金属板插入前后,电容器能量的增量为

$$W_2 - W_1 = \frac{1}{2}C_2 U^2 - \frac{1}{2}C_1 U^2 = \frac{\varepsilon_0 SbU^2}{2d(d-b)}$$

若保持电容器电压不变,则说明电容器与电源没有断开。插入金属板时,除了外力做功外,电源也会做功,两者做功之和等于电容器能量的增量。设插入金属板前后,电容器的电量分别为 $Q_1$ 和 $Q_2$,则

$$Q_1 = C_1 U, \quad Q_2 = C_2 U^2$$

插入金属板时,电源做的功为

$$A_1 = (Q_2 - Q_1)U = (C_2 - C_1)U^2$$

设外力做功为 $A_2$,则 $A_1 + A_2 = W_2 - W_1$

即

$$(C_2 - C_1)U^2 + A_2 = \frac{1}{2}(C_2 - C_1)U^2$$

由此可得

$$A_2 = -\frac{1}{2}(C_2 - C_1)U^2 = -\frac{\varepsilon_0 SbU^2}{2d(d-b)}$$

因为 $A_2 < 0$,故金属板仍是被吸入的。

**6-68** 两个同轴的圆柱面,长度均为 $l$,半径分别为 $a$ 和 $b$,两圆柱面之间充有介电常量为 $\varepsilon$ 的均匀电介质。当两个圆柱面带有等量异号电荷 $+Q$ 与 $-Q$ 时,求:(1) 在半径为 $r(a<r<b)$ 处的电场能量密度;(2) 电介质中的总能量,并由此推算出圆柱形电容器的电容。

**解** (1) 由于电荷分布是轴对称的,故电场分布也是轴对称的。设两圆柱面单位长度上的电量为

$$\lambda = \pm \frac{Q}{l}$$

则在 $a<r<b$ 区域电场强度为

$$E = \frac{\lambda}{2\pi\varepsilon r} = \frac{Q}{2\pi\varepsilon l} \cdot \frac{1}{r}$$

能量密度为

$$w = \frac{1}{2}\varepsilon E^2 = \frac{Q^2}{8\pi^2 \varepsilon l^2} \cdot \frac{1}{r^2}$$

(2) 取圆柱状同轴薄壳微元 $dV = 2\pi rl dr$,则介质中的总能量

为

$$W = \int w \mathrm{d}V = \frac{Q^2}{4\pi\varepsilon l}\int_a^b \frac{1}{r}\mathrm{d}r = \frac{Q^2}{4\pi\varepsilon l}\ln\frac{b}{a}$$

又 $W = \dfrac{Q^2}{2C}$，故得圆柱形电容器的电容为 $C = \dfrac{2\pi\varepsilon l}{\ln(b/a)}$。

**6-69** 假设电子是一个半径为 $R$、电量为 $e$ 且均匀分布在它的表面上的导体球。如果静电能等于电子的静止能量 $m_e c^2$，那么以电子 $e$ 和 $m_e$、光速 $c$ 等表示的电子半径 $R$ 的表示式是什么？$R$ 在数值上等于多少？（$m_e = 9.11 \times 10^{-31}$ kg，$e = 1.6 \times 10^{-19}$ C。）

**解** 一个半径为 $R$、电量为 $Q$ 的均匀带电球面具有的静电能为

$$W = \frac{Q^2}{8\pi\varepsilon_0 R}$$

若将电子看成这样一个带电球面，则由题意可得

$$W = \frac{e^2}{8\pi\varepsilon_0 R} = m_e c^2$$

故电子的半径为

$$R = \frac{e^2}{8\pi\varepsilon_0 m_e c^2}$$

$$= \frac{(1.6 \times 10^{-19})^2}{8 \times 3.14 \times 8.85 \times 10^{-12} \times 9.11 \times 10^{-31} \times (3 \times 10^8)^2} \text{ m}$$

$$= 1.41 \times 10^{-15} \text{ m}$$

# 第7章　稳恒磁场

## 一、内容提要

### 1. 毕奥-萨伐尔定律

$$d\boldsymbol{B} = \frac{\mu_0}{4\pi} \frac{I d\boldsymbol{l} \times \boldsymbol{e}_r}{r^2}$$

毕奥-萨伐尔定律的几种基本计算结果：

（1）长直载流导线激发的磁场　$B = \dfrac{\mu_0 I}{4\pi r}(\cos\varphi_1 - \cos\varphi_2)$

（2）无限长直载流导线激发的磁场　$B = \dfrac{\mu_0 I}{2\pi r}$

（3）圆环电流轴线上的磁场　$B = \dfrac{\mu_0 I}{2(R^2 + x^2)^{3/2}}$

### 2. 安培环路定理

$$\oint_L \boldsymbol{B} \cdot d\boldsymbol{l} = \mu_0 \sum_i I_i$$

（1）无限长直圆柱面磁场　$B = \begin{cases} 0 & (r < R) \\[2mm] \dfrac{\mu_0 I}{2\pi r} & (r \geqslant R) \end{cases}$

（2）无限长直圆柱体磁场　$B = \begin{cases} \dfrac{\mu_0 I}{2\pi R^2} r & (r < R) \\[2mm] \dfrac{\mu_0 I}{2\pi r} & (r \geqslant R) \end{cases}$

（3）载流长直螺线管磁场　$B = \mu_0 n I$

（4）载流螺绕环磁场　$B=\begin{cases} 0 & (r<r_1) \\ \mu_0 nI & (r_1<r<r_2) \\ 0 & (r>r_2) \end{cases}$

## 3. 磁场的高斯定理

$$\oint_S \boldsymbol{B} \cdot \mathrm{d}\boldsymbol{S} = 0$$

## 4. 磁场与带电物质相互作用

磁场对运动电荷的作用力：$\boldsymbol{F}_\mathrm{m} = q\boldsymbol{v} \times \boldsymbol{B}$

磁场对载流导线的作用力：$\mathrm{d}\boldsymbol{F}_\mathrm{m} = I\mathrm{d}\boldsymbol{l} \times \boldsymbol{B}$

磁场对平面闭合载流线圈的力矩：$\boldsymbol{M}_\mathrm{m} = I\boldsymbol{S} \times \boldsymbol{B}$

## 5. 磁介质

磁介质分类：顺磁质、抗磁质、铁磁质。

相对磁导率特征：$\begin{cases} \mu_r>1 & 顺磁质 \\ \mu_r<1 & 抗磁质 \\ \mu_r \gg 1 & 铁磁质 \end{cases}$

## 6. 磁化强度

$$\boldsymbol{M} = \frac{\sum_i \boldsymbol{P}_{mi}}{\Delta V} = \frac{\mu_r - 1}{\mu_r \mu_0}\boldsymbol{B} = (\mu_r - 1)\boldsymbol{H} = \chi_m \boldsymbol{H}(\chi_m = \mu_r - 1)$$

## 7. 介质中的安培环路定理

$$\oint_L \boldsymbol{H} \cdot \mathrm{d}\boldsymbol{l} = \sum_i I_i, \quad \boldsymbol{B} = \mu_r \mu_0 \boldsymbol{H}$$

## 8. 磁化面电流密度

$$\boldsymbol{i}'_\mathrm{m} = \boldsymbol{M}_\mathrm{m} \times \boldsymbol{e}_\mathrm{n}$$

# 二、重点难点

1. 根据毕奥-萨伐尔定律和安培环路定理求电流激发的磁场。

2. 磁场与物质的相互作用。

3. 磁介质的极化与束缚电流计算。

# 三、思考题及解答

**7-1**　在同一磁感应线上,各点 $B$ 的数值是否都相等? 为何不把作用于运动电荷的磁力方向定义为磁感应强度 $B$ 的方向?

**答**　在同一磁感应线上,各点 $B$ 的数值一般不相等。因为磁场作用于运动电荷的磁力方向不仅与磁感应强度 $B$ 的方向有关,而且与电荷速度方向有关,即磁力方向并不是唯一由磁场决定的,所以不把磁力方向定义为 $B$ 的方向。

**7-2**　(1) 在没有电流的空间区域里,如果磁感应线是平行直线,磁感应强度的大小在沿磁感应线和垂直它的方向上是否可能变化(即磁场是否一定是均匀的)? (2)若存在电流,上述结论是否还对?

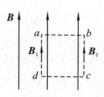

思考题 7-2 图

**答**　(1) 不可能变化,即磁场一定是均匀的。如图所示,作闭合回路 $abcd$,可证明 $B_1 = B_2$。

$$\oint_{abcd} \boldsymbol{B} \cdot \mathrm{d}\boldsymbol{l} = B_1 \,\overline{da} - B_2 \,\overline{bc} = \mu_0 \sum I = 0$$

得到
$$B_1 = B_2$$

(2) 若存在电流,上述结论不对。如无限大均匀带电平面两侧之磁力线是平行直线,但 $B$ 方向相反,即 $B_1 \neq B_2$。

**7-3**　如果一个电子在通过空间某一区域时不偏转,能否肯定这个区域中没有磁场? 如果它发生偏转能否肯定那个区域中存在着磁场?

**答**　如果一个电子在通过空间某一区域时不偏转,不能肯定这个区域中没有磁场,也可能存在互相垂直的电场和磁场,电子受的电场力与磁场力抵消所致。如果它发生偏转也不能肯定那个区域存在着磁场,因为仅有电场也可以使电子偏转。

**7-4**　两种不同磁性材料做成的小棒,放在磁铁的两个磁极之间,小棒被磁化后在磁极间处于不同的方位,如图所示。试指出哪一个是由顺磁质材料做成的,哪一个是由抗磁质材料做成的?

**答**　如图所示。

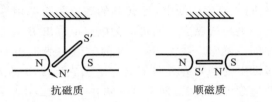

抗磁质　　　　　　　顺磁质

**思考题 7-4 图**

**7-5**　图中的三条线表示三种不同磁介质的 $B\text{-}H$ 关系曲线,虚线是 $B=\mu_0 H$ 关系的曲线,试指出哪一条是表示顺磁质? 哪一条是表示抗磁质? 哪一条是表示铁磁质?

**答**　曲线 II 是顺磁质,曲线 III 是抗磁质,曲线 I 是铁磁质。

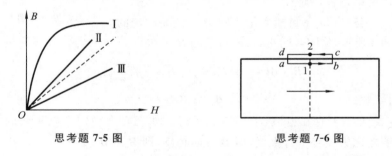

**思考题 7-5 图**　　　　　　　　　　**思考题 7-6 图**

**7-6**　试证明任何长度的沿轴向磁化的磁棒的中垂面上,侧表面内、外两点 1、2 的磁场强度 $H$ 相等,如图所示。这两点的磁感应强度相等吗?

**解**　磁化棒表面没有传导电流,取矩形回路 $abcd$,则

$$\oint_l \boldsymbol{H} \cdot \mathrm{d}\boldsymbol{l} = H_1 \overline{ab} - H_2 \overline{cd} = 0, \quad H_2 = H_1$$

侧表面内、外两点的磁感应强度 $B_1 = \mu H_1$,$B_2 = \mu_0 H_2$,则

$$B_1 \neq B_2$$

# 四、习题及解答

**7-1**　一长直载流导线沿 $Oy$ 轴正方向放置，在原点 $O$ 处取一电流元 $Idl$，求该电流元在 $(a,0,0)$、$(0,a,0)$、$(0,0,a)$、$(a,a,0)$、$(0,-a,a)$、$(a,a,a)$ 各点处的磁感应强度。

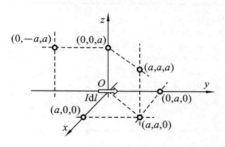

**习题 7-1 图**

**解**　如图所示，由 $$dB = \frac{\mu_0}{4\pi} \cdot \frac{Idl \times e_r}{r^2}$$

可知，在 $(a,0,0)$ 点处

$$dB = \frac{\mu_0}{4\pi} \cdot \frac{Idle_y \times e_x}{a^2} = -\frac{\mu_0 Idl}{4\pi a^2} e_z$$

同理，在 $(0,a,0)$ 点处　　　$dB = 0$

在 $(0,0,a)$ 点处　$dB = \frac{\mu_0}{4\pi} \cdot \frac{Idle_y \times e_z}{a^2} = \frac{\mu_0 Idl}{4\pi a^2} e_x$

在 $(a,a,0)$ 点处　　$dB = \frac{\mu_0}{4\pi} \cdot \frac{Idle_y \times \dfrac{e_x + e_y}{\sqrt{2}}}{(\sqrt{2}a)^2} = -\frac{\mu_0 \sqrt{2} Idl}{16\pi a^2} e_z$

在 $(0,-a,a)$ 点处　$dB = \frac{\mu_0}{4\pi} \cdot \frac{Idle_y \times \dfrac{-e_y + e_z}{\sqrt{2}}}{(\sqrt{2}a)^2} = \frac{\mu_0 \sqrt{2} Idl}{16\pi a^2} e_i$

在 $(a,a,a)$ 点处　$\mathrm{d}\boldsymbol{B} = \dfrac{\mu_0}{4\pi} \cdot \dfrac{I\mathrm{d}l\boldsymbol{e}_y \times \dfrac{\boldsymbol{e}_x + \boldsymbol{e}_y + \boldsymbol{e}_z}{\sqrt{3}}}{(\sqrt{3}a)^2}$

$$= \dfrac{\mu_0 \sqrt{3} I\mathrm{d}l}{36\pi a^2}(\boldsymbol{e}_x - \boldsymbol{e}_z)$$

有关参数和结果用下表集中表示：

| $(a,0,0)$ | $(0,a,0)$ | $(0,0,a)$ | $(a,a,0)$ | $(0,-a,a)$ | $(a,a,a)$ |
|---|---|---|---|---|---|
| $\boldsymbol{e}_r = \boldsymbol{i}$ | $\boldsymbol{e}_r = \boldsymbol{j}$ | $\boldsymbol{e}_r = \boldsymbol{k}$ | $\boldsymbol{e}_r = (\boldsymbol{i}+\boldsymbol{j})/\sqrt{2}$ | $\boldsymbol{e}_r = (\boldsymbol{k}-\boldsymbol{j})/\sqrt{2}$ | $\boldsymbol{e}_r = (\boldsymbol{i}+\boldsymbol{j}+\boldsymbol{k})/\sqrt{3}$ |
| $r = a$ | $r = a$ | $r = a$ | $r = \sqrt{2}a$ | $r = \sqrt{2}a$ | $r = \sqrt{3}a$ |
| $-\dfrac{\mu_0 I\mathrm{d}l}{4\pi a^2}\boldsymbol{e}_z$ | $\mathrm{d}\boldsymbol{B} = 0$ | $\dfrac{\mu_0 I\mathrm{d}l}{4\pi a^2}\boldsymbol{e}_x$ | $-\dfrac{\sqrt{2}\mu_0 I\mathrm{d}l}{16\pi a^2}\boldsymbol{e}_z$ | $\dfrac{\sqrt{2}\mu_0 I\mathrm{d}l}{16\pi a^2}\boldsymbol{e}_x$ | $\dfrac{\sqrt{3}\mu_0 I\mathrm{d}l}{36\pi a^2}(\boldsymbol{e}_x - \boldsymbol{e}_z)$ |

**7-2**　如图所示,一无限长的直导线,通有电流 $I$,中部一段弯成半径为 $a$ 的圆弧形,求图中 $P$ 点的磁感应强度。

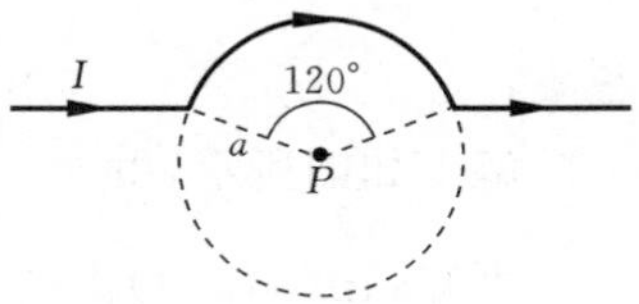

习题 7-2 图

**解**　设左边直导线、圆弧、右边直导线在 $P$ 点处产生的磁感应强度分别为 $\boldsymbol{B}_1$、$\boldsymbol{B}_2$、$\boldsymbol{B}_3$,则

$$B_1 = \dfrac{\mu_0 I}{4\pi R}(\cos\theta_1 - \cos\theta_2) = \dfrac{\mu_0 I}{4\pi \cdot a/2}(\cos 0° - \cos 30°)$$

得到

$$B_1 = \dfrac{\mu_0 I}{2\pi a}\left(1 - \dfrac{\sqrt{3}}{2}\right), \quad B_2 = \dfrac{\mu_0}{4\pi}\int \dfrac{I\mathrm{d}l}{r^2} = \dfrac{\mu_0}{4\pi}\int_0^{\frac{2\pi}{3}} \dfrac{Ia\,\mathrm{d}\theta}{a^2} = \dfrac{\mu_0 I}{6a}$$

$$B_3 = B_1$$

因为 $\boldsymbol{B}_1$、$\boldsymbol{B}_2$、$\boldsymbol{B}_3$ 方向相同,所以

$$B = B_1 + B_2 + B_3 = \dfrac{\mu_0 I}{\pi a}\left(1 - \dfrac{\sqrt{3}}{2}\right) + \dfrac{\mu_0 I}{6a} = 0.21\dfrac{\mu_0 I}{a}$$

$\boldsymbol{B}$ 的方向垂直纸面向里。

**7-3**　如图所示,一无限长的直导线,在某处弯成半径为 $R$ 的 $1/4$ 圆弧,圆心在点 $O$ 处,直线的延长线都通过圆心,已知导线中的电流为 $I$,求 $O$ 点的磁感应强度。

**解**　两载流直导线延长线通过 $O$ 点,在 $O$ 点处磁感应强度的贡献是零。

半径为 $R$ 的 $1/4$ 圆弧在 $O$ 点处磁感应强度为

$$B = \frac{\mu_0}{4\pi}\int \frac{I\mathrm{d}l}{r^2} = \frac{\mu_0}{4\pi}\int_0^{\frac{\pi}{2}} \frac{IR\,\mathrm{d}\theta}{R^2} = \frac{\mu_0 I}{8R}$$

$\boldsymbol{B}$ 的方向垂直纸面向里。

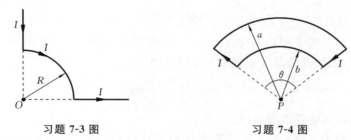

习题 7-3 图　　　　　　　　习题 7-4 图

**7-4**　如图所示的回路,曲线部分是半径为 $a$ 和 $b$ 的圆周的一部分,而直线部分沿着半径方向,假设回路载有电流 $I$,求 $P$ 点处的磁感应强度 $\boldsymbol{B}$。

**解**　因回路中两段直线的延长线均通过 $P$ 点,所以它们在 $P$ 点激发的磁感应强度为零。$P$ 点的磁场 $\boldsymbol{B}$ 是由两圆弧电流激发的磁感应强度 $\boldsymbol{B}_1$、$\boldsymbol{B}_2$ 的矢量和,即

$$\boldsymbol{B} = \boldsymbol{B}_1 + \boldsymbol{B}_2$$

因 $\boldsymbol{B}_1$ 和 $\boldsymbol{B}_2$ 的方向相反,故

$$B = B_1 - B_2 = \int_{\text{外圆弧}} \frac{\mu_0}{4\pi} \frac{|\,I\mathrm{d}\boldsymbol{l} \times \boldsymbol{e}_r\,|}{r^2} - \int_{\text{内圆弧}} \frac{\mu_0}{4\pi} \frac{|\,I\mathrm{d}\boldsymbol{l} \times \boldsymbol{e}_r\,|}{r^2}$$

$$= \frac{\mu_0 I}{4\pi}\int_0^\theta \frac{a\mathrm{d}\theta}{a^2} - \frac{\mu_0 I}{4\pi}\int_0^\theta \frac{b\mathrm{d}\theta}{b^2} = \frac{\mu_0 I\theta}{4\pi}\left(\frac{1}{a} - \frac{1}{b}\right)$$

$\boldsymbol{B}$ 的方向垂直纸面向外。

**7-5**　将通有电流的导线弯成如图(a)、(b)所示的形状,求 $O$ 点处的磁感应强度 $\boldsymbol{B}$。

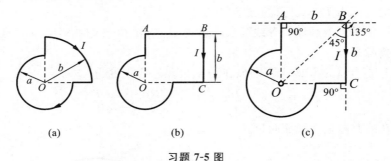

习题 7-5 图

**解**　对于图(a),仿习题 7-4,直线部分在 $O$ 点的磁感应强度为零,两段圆弧激发磁场在 $O$ 点同向叠加:

$$B_O = \frac{\mu_0 I}{4\pi}\int_0^{3\pi/2}\frac{a}{a^2}\mathrm{d}\theta + \frac{\mu_0 I}{4\pi}\int_{3\pi/2}^{2\pi}\frac{b}{b^2}\mathrm{d}\theta = \frac{\mu_0 I}{4}\left(\frac{3}{2a}+\frac{1}{2b}\right)$$

$\boldsymbol{B}$ 的方向垂直纸面向里。

对于图(b),3/4 圆弧激发的磁感应强度与图(a)中相应圆弧激发的磁感应强度相同。

如图(c)所示,设直导线 $AB$ 长度为 $b$,$OA$ 长度也为 $b$,$AB$、$BC$ 直导线和 3/4 圆弧激发的磁感应强度分别为 $\boldsymbol{B}_1$、$\boldsymbol{B}_2$、$\boldsymbol{B}_3$(两段延长线均通过 $O$ 点的直导线对 $O$ 点磁感应强度无贡献),则

$$B_1 = \frac{\mu_0 I}{4\pi b}(\cos\theta_1 - \cos\theta_2) = \frac{\mu_0 I}{4\pi b}(\cos 90° - \cos 135°) = \frac{\sqrt{2}\mu_0 I}{8\pi b}$$

$$B_2 = \frac{\mu_0 I}{4\pi b}(\cos 45° - \cos 90°) = \frac{\sqrt{2}\mu_0 I}{8\pi b} = B_1$$

$$B_3 = \frac{\mu_0 I}{4\pi}\int_0^{3\pi/2}\frac{a\mathrm{d}\theta}{a^2} = \frac{3\mu_0 I}{8a}$$

$O$ 点总磁感应强度 $B_O$ 为

$$B_O = B_1 + B_2 + B_3 = 2\times\frac{\sqrt{2}\mu_0 I}{8\pi b} + \frac{3\mu_0 I}{8a} = \frac{\mu_0 I}{4\pi}\left(\frac{\sqrt{2}}{b}+\frac{3\pi}{2a}\right)$$

$B_O$ 的方向垂直纸面向里。

**7-6**　一长导线 $KLMN$ 折成图示形状,通过电流 $I$,求证图中 $O$ 点的磁感应强度 $B$ 垂直于纸面向里,大小为

$$\frac{\mu_0 I}{4\pi b}\left(\frac{l-a}{\sqrt{b^2+(l-a)^2}}+\frac{a}{\sqrt{b^2+a^2}}\right)$$

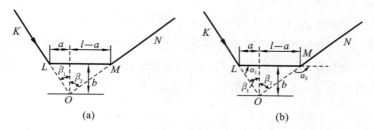

(a)　　　　　　　　(b)

习题 **7-6** 图

**解**　$KL$、$MN$ 两段载流直导线延长线通过 $O$ 点,对 $O$ 点的磁感应强度无贡献。

$LM$ 载流直导线在 $O$ 点激发的磁感应强度(见图(b))为

$$B_O = \frac{\mu_0 I}{4\pi b}(\cos\alpha_1 - \cos\alpha_2)$$

式中　　$\cos\alpha_1 = \dfrac{a}{\sqrt{a^2+b^2}}$,　$\cos\alpha_2 = -\dfrac{l-a}{\sqrt{(l-a)^2+b^2}}$

则　　　　$B_O = \dfrac{\mu_0 I}{4\pi b}\left(\dfrac{l-a}{\sqrt{(l-a)^2+b^2}}+\dfrac{a}{\sqrt{a^2+b^2}}\right)$

$B$ 的方向垂直纸面向里。

**7-7**　载流正方形线圈边长为 $2a$,电流为 $I$。(1)求轴线上距中心为 $r_0$ 处的磁感应强度;(2)当 $a=1.0$ cm,$I=0.5$ A,$r_0=0$ 和 10 cm 时,磁感应强度 $B$ 等于多少?

**解**　(1)如图所示,正方形的一个边在其轴线上 $P$ 点的磁场为

$$B_1 = \frac{\mu_0 I}{4\pi r}(\cos\theta_1 - \cos\theta_2)$$

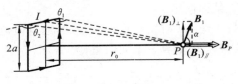

习题 7-7 图

其中 $r$ 是 $P$ 点到直电流的距离。根据对称性，$\boldsymbol{B}_1$ 的垂直分量 $(B_1)_\perp$ 与对边电流激发的磁感应强度矢量的垂直分量抵消，只有水平分量叠加。正方形四条边激发的磁感应强度矢量大小相同，其水平分量大小相同。$\boldsymbol{B}_1$ 的水平分量 $(B_1)_\parallel$ 为

$$(B_1)_\parallel = \frac{\mu_0 I}{4\pi \sqrt{a^2 + r_0^2}} (\cos\theta_1 - \cos\theta_2)\cos\alpha$$

式中　　$\cos\alpha = \dfrac{a}{\sqrt{(a^2 + r_0^2)}}, \quad \cos\theta_1 = \dfrac{a}{\sqrt{a^2 + (a^2 + r_0^2)}}$

$$\cos\theta_2 = -\frac{a}{\sqrt{a^2 + (a^2 + r_0^2)}}$$

得　　$(B_1)_\parallel = \dfrac{\mu_0 I}{4\pi \sqrt{a^2 + r_0^2}} \cdot \dfrac{2a}{\sqrt{a^2 + a^2 + r_0^2}} \cdot \dfrac{a}{\sqrt{a^2 + r_0^2}}$

$$= \frac{\mu_0 I a^2}{2\pi(a^2 + r_0^2)\sqrt{2a^2 + r_0^2}}$$

$P$ 点磁感应强度矢量的大小为

$$B_P = 4B_1 = \frac{2\mu_0 I a^2}{\pi(a^2 + r_0^2)\sqrt{2a^2 + r_0^2}} = \frac{\mu_0(IS)}{2\pi(a^2 + r_0^2)\sqrt{2a^2 + r_0^2}}$$

$\boldsymbol{B}_P$ 的方向是水平方向，其中 $S$ 为正方形电流的面积。当 $r_0 \gg 2a$ 时，$P$ 点的磁感应强度为

$$B_P = \frac{\mu_0(IS)}{2\pi r_0^3}$$

可见矩形电流框的自身属性 $IS$ 决定了远场磁效应。

　　(2) 当 $a = 1.0$ cm，$I = 0.5$ A，$r_0 = 0$ 和 10 cm 时，

$$B_P \mid_{r_0 = 0} = \frac{2\mu_0 I}{\pi a \sqrt{2}} = \frac{2 \times (4\pi \times 10^{-7}) \times 0.5}{\pi \times (1.0 \times 10^{-2}) \times \sqrt{2}} \text{ T}$$
$$= 2.8 \times 10^{-5} \text{ T}$$

$$B_P \mid_{r_0 = 0.1 \text{ m}} = \frac{2\mu_0 I a^2}{\pi (a^2 + r_0^2) \sqrt{2a^2 + r_0^2}} = 3.9 \times 10^{-8} \text{ T}$$

**7-8**　半径为 $R$ 的木球上绕有漆包细导线,导线紧密排列,并相互平行。沿着与导线垂直的球大圆单位弧长上绕有 $n$ 圈,如图所示。设导线中的电流为 $I$,试求球心处的磁感应强度。

**解**　在球大圆上任意 $\theta$ 处取圆电流 $\mathrm{d}I = In\mathrm{d}l = InR\mathrm{d}\theta$,其半径 $r = R\sin\theta$,与球心 $O$ 点的垂直距离 $x = R\cos\theta$。利用圆电流在轴线上任意点的磁感应强度公式

$$B = \frac{\mu_0 IR^2}{2(r^2 + x^2)^{3/2}}$$

得 $\mathrm{d}I$ 在球心产生的磁感应强度为

$$\mathrm{d}B = \frac{\mu_0 (InR\mathrm{d}\theta)(R^2\sin^2\theta)}{2(R^2\sin^2\theta + R^2\cos^2\theta)^{3/2}} = \frac{1}{2}\mu_0 In\sin^2\theta\mathrm{d}\theta$$

所有电流在球心处的磁感应强度为

$$B = \int \mathrm{d}B = \int_0^\pi \frac{1}{2}\mu_0 In\sin^2\theta\mathrm{d}\theta = \frac{1}{4}\pi\mu_0 nI$$

$\boldsymbol{B}$ 的方向沿 $x$ 轴正方向。

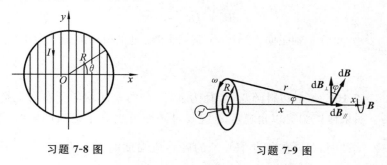

习题 7-8 图　　　　　　　　习题 7-9 图

**7-9**　半径为 $R$ 的薄圆盘上均匀带电,总电量为 $q$,令此盘绕通过盘心且垂直盘面的轴线匀速转动,角速度为 $\omega$,求轴线上距盘

心为 $x$ 处的磁感应强度 **B**。

**解**　将旋转带电圆盘看成半径不同的圆电流。对于半径为 $r'$ 的圆电流元，其电流强度为

$$\mathrm{d}I = 2\pi r' \cdot \mathrm{d}r' \cdot \left(\frac{q}{\pi R^2}\right) \cdot \frac{\omega}{2\pi} = \frac{q\omega}{\pi R^2} r' \mathrm{d}r'$$

利用载流圆环在其轴线上的磁感应强度公式，得到均匀带电圆盘轴线上距盘心为 $x$ 处的磁感应强度 **B** 的值（见图）：

$$\mathrm{d}B = \frac{\mu_0 r'^2}{2\ (r'^2 + x^2)^{3/2}} \mathrm{d}I = \frac{\mu_0 r'^2}{2\ (r'^2 + x^2)^{3/2}} \frac{q\omega}{\pi R^2} r' \mathrm{d}r'$$

叠加，得到

$$B = \frac{q\omega\mu_0}{2\pi R^2} \int_0^R \frac{r'^3 \mathrm{d}r'}{(r'^2 + x^2)^{3/2}}$$

利用数学积分公式 $\displaystyle\int \frac{x^3 \mathrm{d}x}{\sqrt{(x^2 \pm a^2)^3}} = \sqrt{x^2 + a^2} \pm \frac{a^2}{\sqrt{x^2 + a^2}}$

得到　$\displaystyle\int_0^R \frac{r'^3 \mathrm{d}r'}{(r'^2 + x^2)^{3/2}} = \left( \sqrt{r'^2 + x^2} + \frac{x^2}{\sqrt{r'^2 + x^2}} \right) \Bigg|_0^R$

$$= \sqrt{R^2 + x^2} + \frac{x^2}{\sqrt{R^2 + x^2}} - 2x = \frac{R^2 + 2x^2}{\sqrt{R^2 + x^2}} - 2x$$

则轴线上距盘心为 $x$ 处的磁感应强度 **B** 的大小为

$$B = \frac{q\omega\mu_0}{2\pi R^2} \left( \frac{R^2 + 2x^2}{\sqrt{R^2 + x^2}} - 2x \right)$$

方向沿 $x$ 轴正向。当 $x = 0$ 时，即盘心处的磁感应强度大小为

$$B_0 = \frac{q\omega\mu_0}{2\pi R}$$

**7-10**　一个塑料圆盘，半径为 $R$，圆盘的表面均匀分布有电荷 $q$。如果使该圆盘以角速度 $\omega$ 绕其过圆心且垂直于盘面的轴线旋转，试证明：(1) 在圆盘中心处的磁感应强度的大小为 $B = \dfrac{\mu_0 \omega q}{2\pi R}$；

(2) 圆盘的磁偶极矩大小为 $p_m = \dfrac{\omega q R^2}{4}$。

**解**　如图所示,小圆环的电流为

$$dI = 2\pi r dr \cdot \sigma \cdot \frac{\omega}{2\pi} = \sigma\omega r dr$$

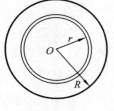

(1)此电流在环心 $O$ 点产生的磁场为

$$dB = \frac{\mu_0 dI}{2r}$$

$$B = \int dB = \int \frac{\mu_0 dI}{2r} = \int_0^R \frac{\mu_0 \sigma\omega r}{2r} dr = \frac{1}{2}\mu_0\sigma\omega R$$

习题 7-10 图

因为 $\sigma = \dfrac{q}{\pi R^2}$,故

$$B = \frac{\mu_0\omega q}{2\pi R}$$

(2) $dI$ 的磁偶极矩为

$$dp_{\mathrm{m}} = \pi r^2 dI = \pi\sigma\omega r^3 dr$$

则　　　　$$p_{\mathrm{m}} = \int dp_{\mathrm{m}} = \int_0^R \pi\sigma\omega r^3 dr = \frac{\pi}{4}\sigma\omega R^4 = \frac{1}{4}\omega q R^2$$

**7-11**　半径为 $R$ 的球面均匀带电,电荷面密度为 $\sigma$,该球面以匀角速度 $\omega$ 绕它的直径旋转,求球心处的磁感应强度。

**解**　本问题与 7-8 题相似,如图所示,在球面上任意 $\theta$ 处取一带电小圆环,其半径 $r = R\sin\theta$,与球心 $O$ 点的垂直距离 $x = R\cos\theta$,所带电量

$$dq = \sigma dS = \sigma \cdot 2\pi r dl = 2\pi\sigma R^2 \sin\theta d\theta$$

球面匀角速旋转时,该小圆环的电流为

$$dI = dq \cdot \frac{\omega}{2\pi} = \sigma\omega R^2 \sin\theta d\theta$$

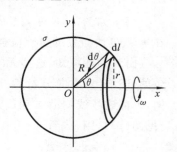

习题 7-11 图

它在球心产生的磁感应强度为

$$dB = \frac{\mu_0 r^2 dI}{2(r^2+x^2)^{3/2}} = \frac{\mu_0 R^2 \sin^2\theta \cdot \sigma\omega R^2 \sin\theta d\theta}{2(R^2\sin^2\theta + R^2\cos^2\theta)^{3/2}} = \frac{1}{2}\mu_0\sigma\omega\sin^3\theta d\theta$$

利用积分公式 $\int \sin^3 x dx = -\dfrac{1}{3}\cos x(\sin^2 x + 2)$,得到旋转带电球面球心的磁场:

$$B = \int dB = \int_0^\pi \frac{1}{2}\mu_0\sigma\omega\sin^3\theta d\theta = \frac{2}{3}\mu_0\sigma\omega R$$

**7-12**　有一个导体片,由无限多根相邻的导线组成,每根导线都无限长并且载有电流 $i$。试证明在这个无限电流片外所有各点处的 **B** 线将如图(a)所示,并且证明在这个无限电流片外所有各点处 **B** 的大小由式 $B = \frac{1}{2}\mu_0 ni$ 给出,其中 $n$ 表示每单位长度上的导线根数。

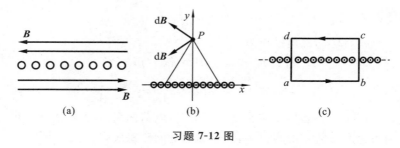

习题 **7-12** 图

**解**　如图(b)所示,设 $P$ 点为导体片外任意一点,则每根导线在 $P$ 点处所激发的磁感应强度垂直于此导线引向 $P$ 点处的矢径。

由对称性可知,这些无限多根且无限长载流直导线在 $P$ 点产生的 d**B** 的 $y$ 方向分量相互抵消。故上部磁场线均沿着 $x$ 正方向,下部磁场线均沿 $x$ 轴负方向。由安培环路定理,作回路 $abcda$（见图(b)）,则

$$\oint B \cdot dl = \mu_0 I, \quad 2B \cdot cd = \mu_0 i \cdot cd \cdot n$$

即　　　　　　　　　　　　$$B = \frac{1}{2}\mu_0 ni$$

**7-13**　如图所示,闭合回路由半径为 $a$ 和 $b$ 的两个半圆组成,电流为 $I$。求:(1) $P$ 点处 **B** 的大小和方向;(2) 回路的磁偶极矩。

**解**　(1) 由于 $P$ 点在两段直电流的延长线上,直电流在 $P$ 处不产生磁场,故 $P$ 处的磁场由两个半圆电流产生。又因为 $P$ 点为

两个半圆电流的圆心,且两者在 $P$ 点的磁
场方向均垂直纸面向里,所以

$$B_P = \frac{1}{2}\left(\frac{\mu_0 I}{2a} + \frac{\mu_0 I}{2b}\right) = \frac{\mu_0 I}{4}\left(\frac{1}{a} + \frac{1}{b}\right)$$

方向垂直纸面向里。

（2）回路的磁矩为

$$\boldsymbol{p}_{\mathrm{m}} = IS\boldsymbol{n} = \frac{1}{2}\pi I(a^2 + b^2)\boldsymbol{n}$$

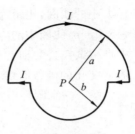

习题 7-13 图

$\boldsymbol{n}$ 为回路平面的法线方向单位矢量。

**7-14** 如图所示,亥姆霍兹线圈。设有各绕 300 匝的两个同

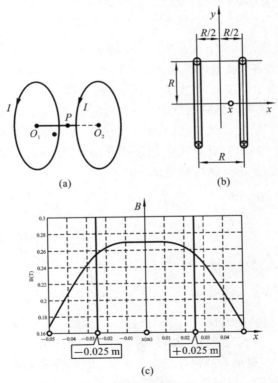

习题 7-14 图

样大小的线圈,相距为 $R$,$R$ 等于线圈的半径。设线圈的半径为 $R$ =5.0 cm,线圈中的电流 $I$ =50 A。取 $P$ 点处 $x$ =0($O_1$、$O_2$ 连线中点),试在公共轴上从 $x$ =−5 cm 到 $x$ =+5 cm 范围内,画出 $B$ 随 $x$ 变化的函数曲线。

**解**　一个圆环电流在轴线上距离圆心为 $x$ 处激发的磁场为

$$B(x) = \frac{\mu_0 R^2 I}{2(R^2 + x^2)^{3/2}}$$

如图(b)所示,建立坐标系,在 $x$ 轴上任意坐标为 $x$ 的点,两个环形线圈的合磁场:

$$B = B_1 + B_2 = \frac{\mu_0 R^2 I}{2\left[R^2 + \left(\dfrac{R}{2} + x\right)^2\right]^{3/2}} + \frac{\mu_0 R^2 I}{2\left[R^2 + \left(\dfrac{R}{2} - x\right)^2\right]^{3/2}}$$

图(c)是公共轴上从 $x$ =−0.05 m 到 $x$ =+0.05 m 范围内 $B$ 随 $x$ 变化的函数曲线图。在−0.025 m～+0.025 m 区域内,即亥姆霍兹线圈中部区域,产生了一个均匀的磁场。

**7-15**　已知磁感应强度 $B$ =2.0 Wb/m² 的均匀磁场,方向沿 $x$ 正向,如图所示。试求:(1)通过图中 $abcd$ 面的磁通量;(2)通过图中 $befc$ 面的磁通量;(3)通过图中 $aefd$ 面的磁通量。

**解**　通过 $abcd$ 面的磁通量

$$\Phi_{abcd} = \int \boldsymbol{B} \cdot \mathrm{d}\boldsymbol{S} = -BS_{abcd}$$
$$= -2 \times 0.4 \times 0.3 \,\mathrm{Wb}$$
$$= -0.24 \,\mathrm{Wb}$$

通过 $befc$ 面的磁通量

$$\Phi_{befc} = \boldsymbol{B} \cdot \boldsymbol{S} = BS\cos\frac{\pi}{2} = 0$$

通过 $aefd$ 面的磁通量

$$\Phi_{aefd} = \boldsymbol{B} \cdot \boldsymbol{S} = BS\cos\alpha = 0.24 \,\mathrm{Wb}$$

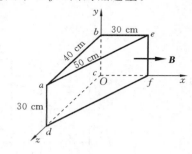

习题 **7-15** 图

**7-16**　一根很长的铜导线载有电流10 A,在导线内部作一平面 $S$,如图所示。试计算通过 $S$ 平面的磁通量(沿导线长度方向取长为 1 m 的一段计算),铜的磁导率取 $\mu_0$。

**解**　由安培环路定律,可求出铜导线
内 $\boldsymbol{B}$ 的分布。

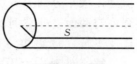

$$\oint \boldsymbol{B} \cdot \mathrm{d}\boldsymbol{l} = \mu_0 \cdot \frac{I}{\pi R_2} \cdot \pi r^2$$

$$B \cdot 2\pi r = \mu_0 I \cdot \frac{r^2}{R_2}, \quad B = \frac{r}{2\pi R_2} \mu_0 I$$

**习题 7-16 图**

故通过 $S$ 面的磁通量为

$$\Phi_B = \int \boldsymbol{B} \cdot \mathrm{d}\boldsymbol{S} = \int_0^R \frac{r}{2\pi R_2} \mu_0 I \cdot 1 \cdot \mathrm{d}r = \frac{\mu_0 I}{4\pi} = \frac{4\pi \times 10^{-7} \times 10}{4\pi} \text{Wb}$$

$$= 10^{-6} \text{Wb}$$

**7-17**　一根很长的同轴电缆,由一导体圆柱(半径为 $a$)和一
同轴的导体圆管(内外半径分别为 $b$ 和 $c$)构成,使用时,电流 $I$ 从
一导体流出,从另一导体流回。设电流都是均匀地分布在导体的
横截面上,求 $r<a, a<r<b, b<r<c$ 及 $r>$
$c$ 各区间的磁感应强度大小,$r$ 为场点到轴
线的垂直距离。

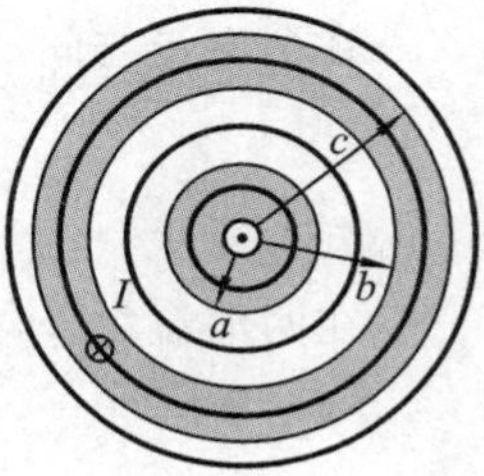

**解**　如图所示。取半径为 $r$ 的圆周,将
安培环路定律 $\oint \boldsymbol{B} \cdot \mathrm{d}\boldsymbol{l} = \mu_0 i$ 用于该圆周环
路,则有

$$B \cdot 2\pi r = \mu_0 i, \quad B = \frac{\mu_0 i}{2\pi r}$$

**习题 7-17 图**

式中 $i$ 为安培环路包围的电流值。

当 $r<a$ 时,　　$B = \frac{\mu_0}{2\pi r} \cdot \frac{I}{\pi a^2} \pi r^2 = \frac{\mu_0 I r}{2\pi a^2}$

当 $a<r<b$ 时,　　$i = I$,　$B = \frac{\mu_0 I}{2\pi r}$

当 $b<r<c$ 时,　$i = I - \frac{I(\pi r^2 - \pi b^2)}{\pi c^2 - \pi b^2}$,　$B = \frac{\mu_0 I}{2\pi r}\left(\frac{c^2 - r^2}{c^2 - b^2}\right)$

当 $r>c$ 时,　　$i = I - I = 0$,　$B = 0$

**7-18** 两个无穷大的平行平面上,有均匀分布的面电流,面电流密度大小分别为 $i_1$ 及 $i_2$。试求下列情况下两面之间的磁感应强度与两面之外空间的磁感应强度。(1) 两电流平行;(2) 两电流反平行;(3) 两电流相互垂直。

**解** 对于一个无限大均匀分布的面电流,其磁场是对称的,如图所示。由安培环路定理

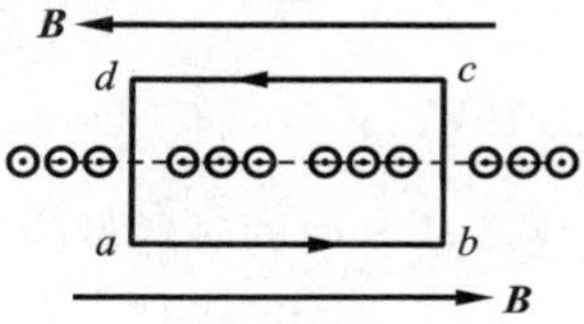

$$\oint \boldsymbol{B} \cdot \mathrm{d}\boldsymbol{l} = \mu_0 I$$

有 $B \cdot 2 \cdot ab = \mu_0 \cdot i \cdot ab$,$B = \dfrac{1}{2}\mu_0 i$

习题 7-18 图

当有两平面电流时,空间任一点磁感应强度为

$$\boldsymbol{B} = \boldsymbol{B}_1 + \boldsymbol{B}_2$$

(1) 当两电流平行时

在两电流之间　$|\boldsymbol{B}| = |\boldsymbol{B}_1 - \boldsymbol{B}_2| = \left| \dfrac{1}{2}\mu_0 i_1 - \dfrac{1}{2}\mu_0 i_2 \right|$

$$= \dfrac{1}{2}\mu_0 |i_1 - i_2|$$

在两电流之外　$|\boldsymbol{B}| = |\boldsymbol{B}_1 + \boldsymbol{B}_2| = \left| \dfrac{1}{2}\mu_0 i_1 + \dfrac{1}{2}\mu_0 i_2 \right|$

$$= \dfrac{1}{2}\mu_0 |i_1 + i_2|$$

(2) 当两电流反平行时

在两电流之间　$|\boldsymbol{B}| = |\boldsymbol{B}_1 + \boldsymbol{B}_2| = \left| \dfrac{1}{2}\mu_0 i_1 + \dfrac{1}{2}\mu_0 i_2 \right|$

$$= \dfrac{1}{2}\mu_0 |i_1 + i_2|$$

在两电流之外　$|\boldsymbol{B}| = |\boldsymbol{B}_1 - \boldsymbol{B}_2| = \left| \dfrac{1}{2}\mu_0 i_1 - \dfrac{1}{2}\mu_0 i_2 \right|$

$$= \dfrac{1}{2}\mu_0 |i_1 - i_2|$$

(3) 当两电流相互垂直时

在两电流之间 $\quad |\boldsymbol{B}| = \sqrt{B_1^2 + B_2^2} = \sqrt{\dfrac{1}{4}\mu_0^2 i_1^2 + \dfrac{1}{4}\mu_0^2 i_2^2}$

$$= \frac{1}{2}\mu_0 \ \sqrt{i_1^2 + i_2^2}$$

在两电流之外 $\quad |\boldsymbol{B}| = \sqrt{B_1^2 + B_2^2} = \sqrt{\dfrac{1}{4}\mu_0^2 i_1^2 + \dfrac{1}{4}\mu_0^2 i_2^2}$

$$= \frac{1}{2}\mu_0 \ \sqrt{i_1^2 + i_2^2}$$

**7-19** 如图(a)所示,有一根长的载流导体直圆管,内半径为 $a$,外半径为 $b$,电流强度为 $I$,电流沿轴线方向流动,并且均匀地分布在管壁的横截面上。空间某一点到管轴的垂直距离为 $r$,求 $r<a,a<r<b,r>b$ 各区间的磁感应强度。

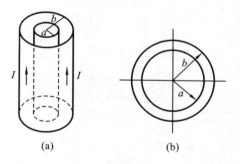

(a)        (b)

习题 7-19 图

**解** 在图(b)中,取半径为 $r$ 的同心圆周,将安培环路定理 $\oint \boldsymbol{B} \cdot \mathrm{d}\boldsymbol{l} = \mu_0 i$ 用于该圆周环路,则有

$$B \cdot 2\pi r = \mu_0 i, \quad B = \frac{\mu_0 i}{2\pi r}$$

当 $r<a$ 时, $\qquad i = 0, \quad B = 0$

当 $a<r<b$ 时,$i = \dfrac{I(\pi r^2 - \pi a^2)}{\pi b^2 - \pi a^2} = \dfrac{(r^2 - a^2)I}{b^2 - a^2}$,$B = \dfrac{\mu_0 I}{2\pi r} \cdot \dfrac{r^2 - a^2}{b^2 - a^2}$

当 $r>b$ 时, $\qquad i = I, \quad B = \dfrac{\mu_0 I}{2\pi r}$

**7-20** 图中所示的是一个外半径为 $R_1$ 的无限长的圆柱形导体管,管内空心部分的半径为 $R_2$,空心部分的轴与圆柱的轴相互平行但不重合,两轴间距离为 $a$,且 $a > R_2$,现有电流 $I$ 沿导体管流动,电流均匀分布在管的横截面上,而电流方向与管的轴线平行。求:(1)圆柱轴线上的磁感应强度的大小;(2)空心部分轴线上的磁感应强度的大小。

**解** (1)圆柱轴线上的 $\boldsymbol{B}$ 可视为一实心导体柱的 $\boldsymbol{B}_1$ 与沿着空心柱的反向电流的 $\boldsymbol{B}_2$ 的叠加,即(设顺时针为正)

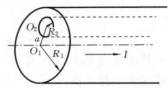

习题 7-20 图

$$\boldsymbol{B} = \boldsymbol{B}_1 + \boldsymbol{B}_2 = 0 + \frac{\mu_0 I'}{2\pi a}(-\boldsymbol{e}_\theta)$$

式中 $\boldsymbol{e}_\theta$ 为切向的单位矢量,它与圆柱轴线垂直。

$$I' = \frac{I}{\pi(R_1^2 - R_2^2)} \cdot \pi R_2^2 = \frac{I R_2^2}{R_1^2 - R_2^2}$$

故 
$$\boldsymbol{B} = -\frac{\mu_0}{2\pi a}\frac{I R_2^2}{R_1^2 - R_2^2}\boldsymbol{e}_\theta$$

(2)同理,空心部分轴线上的一点 $\boldsymbol{B}$ 为

$$\boldsymbol{B} = \boldsymbol{B}_1 + \boldsymbol{B}_2 = \boldsymbol{B}_1 + 0 = \frac{\mu_0 I_1}{2\pi a}\boldsymbol{e}_\theta = \frac{\mu_0}{2\pi a}\frac{I}{\pi(R_1^2 - R_2^2)}\pi a^2 \boldsymbol{e}_\theta$$

$$= \frac{\mu_0 a I}{2\pi(R_1^2 - R_2^2)}\boldsymbol{e}_\theta$$

**7-21** 在 $S$ 系中,一个点电荷 $q_1$ 以匀速 $v = v\boldsymbol{e}_x$ 运动,在 $t = 0$ 时通过原点 $O$;另一点电荷 $q_2$ 静止于 $z$ 轴上的点 $(0,0,z)$。试问 $t = 0$ 时 $q_2$ 受到 $q_1$ 的作用力 $F_{21}$。

**解** 设 $q_2$ 所在坐标系为 $S$,固定于 $q_1$ 上的运动坐标系为 $S'$。

根据点电荷 $q_1$ 在 $S'$ 系产生的电场和磁场,由狭义相对论中洛伦兹变换可以得到其在 $S$ 系中产生的磁场和电场分别为

$$\boldsymbol{B} = \frac{\mu_0}{4\pi}\frac{\gamma(q_1 \boldsymbol{v}) \times \boldsymbol{r}_q}{\left[\gamma^2 (x - vt)^2 + y^2 + z^2\right]^{3/2}}$$

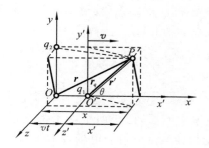

**习题 7-21 图**

$$E = \frac{1}{4\pi\varepsilon_0} \frac{\gamma q_1 \cdot r_q}{\left[\gamma^2 (x - vt)^2 + y^2 + z^2\right]^{3/2}}$$

其中，
$$r_q = (x - vt)e_x + y e_y + z e_z$$

$t = 0$ 时 $q_2$ 受到的作用力 $F_{21}$ 有电场力和磁场力，由于 $q_2$ 静止于 S 系中，故磁场力：

$$F_m = (q_2 v_{q_2}) \times B = 0$$

电场力：依题意，$t = 0$，$q_1$ 在原点，$q_2$ 位于 $x = 0$，$y = 0$，$z = z$，所以 $r_q = z e_k$，

$$F_{21} = q_2 E = \frac{1}{4\pi\varepsilon_0} \frac{\gamma q_1 q_2 \cdot r_{q_1}}{\left[\gamma^2 (x - vt)^2 + y^2 + z^2\right]^{3/2}}$$

$$= \frac{1}{4\pi\varepsilon_0} \frac{\gamma q_1 q_2 \cdot e_z}{z^2} = \frac{1}{4\pi\varepsilon_0} \frac{q_1 q_2 \cdot e_z}{z^2} \frac{1}{\sqrt{1 - (v/c)^2}}$$

当 $v \ll c$ 时，

$$F_{21} = \frac{1}{4\pi\varepsilon_0} \frac{q_1 q_2 \cdot e_z}{z^2} \quad \text{（库仑定律经典静电力）}$$

**7-22** 考虑沿着两条相距 $0.1$ m 的平行直线运动的两个电子。问：(1) 如果这两个电子以 $10^6$ m/s 的相同速率并排地同向运动，对于一个实验室观察者来说，它们之间的电力和磁力（非相对论）有多大？(2) 对于一位和电子一起运动的观察者来说，它们之间的电力和磁力又有多大？(3) 若电子的运动速率等于 $2.4 \times 10^8$ m/s（相对论的），重新回答上述问题。

**解**　根据习题 7-21 的结论(设运动速度方向为 $x$ 轴正方向，两个电子的连线在 $z$ 轴上):

$$B = \frac{\mu_0}{4\pi} \frac{\gamma(q_1 v) \times r_q}{[\gamma^2 (x-vt)^2 + y^2 + z^2]^{3/2}}$$

$$E = \frac{1}{4\pi\varepsilon_0} \frac{\gamma q_1 \cdot r_q}{[\gamma^2 (x-vt)^2 + y^2 + z^2]^{3/2}}$$

(1) 在实验室参照系,由于两个电子都在运动,且速度为低速,$\gamma \approx 1$,上式变为经典点电荷静电场表示式和毕奥-萨伐尔定律表示式。注意 $r_q = (x-vt)e_x + ye_y + ze_z$,即

$$B = \frac{\mu_0}{4\pi} \frac{\gamma(q_1 v) \times r_q}{r_q^{3/2}} = \frac{\mu_0}{4\pi} \frac{q_1 v \times e_{r_q}}{r_q^2}$$

$$E = \frac{1}{4\pi\varepsilon_0} \frac{\gamma q_1 \cdot r_q}{r_q^{3/2}} = \frac{1}{4\pi\varepsilon_0} \frac{q_1 \cdot e_{r_q}}{r_q^2}$$

两个电子的连线在 $z$ 轴上,相互作用电力为

$$F_e = \frac{1}{4\pi\varepsilon_0} \frac{e_1 e_2 \cdot e_z}{z^2} = \frac{1}{4\pi\varepsilon_0} \frac{e^2}{z^2} e_z = 9 \times 10^9 \times \frac{(1.6 \times 10^{-19})^2}{0.1^2} e_z$$

$$= 2.3 \times 10^{-26} e_z (N)$$

两个电子的相互作用磁力为

$$F_m = (q_2 v_{q_2}) \times B = q_2 (v e_x) \times \frac{\mu_0}{4\pi} \frac{q_1 (v e_x) \times e_z}{r_{q_1}^2}$$

$$= -q_2 (v e_x) \times \frac{\mu_0}{4\pi} \frac{q_1 v e_y}{z^2} = -\frac{\mu_0}{4\pi} \frac{e^2 v^2 e_z}{z^2}$$

$$= -10^{-7} \times \frac{(1.6 \times 10^{-19})^2 \cdot (10^6)^2}{(0.1)^2} e_z = 2.56 \times 10^{-31} e_z (N)$$

(2) 以一个电子为参照系,由于两个电子都在运动,速度相同,没有相对速度。电子参照系下,两个电子相互静止,只有静电力相互作用。

$$B = \frac{\mu_0}{4\pi} \frac{\gamma(q_1 v) \times r_q}{r_q^{3/2}} = \frac{\mu_0}{4\pi} \frac{q_1 v \times e_{r_q}}{r_q^2} = 0$$

$$E = \frac{1}{4\pi\varepsilon_0} \frac{\gamma q_1 \cdot r_q}{r_q^{3/2}} = \frac{1}{4\pi\varepsilon_0} \frac{q_1 \cdot e_{r_q}}{r_q^2}$$

$$F_e = \frac{1}{4\pi\varepsilon_0} \frac{e_1 e_2 \cdot e_z}{z^2} = \frac{1}{4\pi\varepsilon_0} \frac{e^2}{z^2} e_z = 9 \times 10^9 \times \frac{(1.6 \times 10^{-19})^2}{0.1^2} e_z$$

$$= 2.3 \times 10^{-26} e_z (\text{N})$$

（3）若电子运动速度很高，即 $v = 2.4 \times 10^8$ m/s，则必须考虑相对论效应。

在实验室参照系，由于两个电子都在运动，则两个电子的相互作用磁力为

$$F_m = (q_2 v_{q_2}) \times B = q_2 (v e_x) \times \frac{\mu_0}{4\pi} \frac{\gamma(q_1 v e_x) \times (z e_z)}{[\gamma^2 (x - vt)^2 + y^2 + z^2]^{3/2}}$$

设 $t = 0$ 时，$q_1$ 在原点，$q_2$ 位于 $x = 0, y = 0, z = z$，所以 $r_q = z e_z$，注意 $\gamma = 5/3$，则

$$F_m = -\frac{\mu_0}{4\pi} \frac{e^2 v^2}{z^2} \frac{1}{\sqrt{1 - (v/c)^2}} e_z$$

$$= -10^{-7} \times \frac{5}{3} \cdot \frac{(1.6 \times 10^{-19})^2 (2.4 \times 10^8)^2}{0.1^2} e_z$$

$$= 2.46 \times 10^{-26} e_z (\text{N})$$

两个电子的相互作用电场力为

$$F_e = q_2 E = q_2 \frac{1}{4\pi\varepsilon_0} \frac{\gamma q_1 \cdot r_q}{[\gamma^2 (x - vt)^2 + y^2 + z^2]^{3/2}} = \frac{1}{4\pi\varepsilon_0} \frac{\gamma e^2 \cdot e_z}{z^2}$$

$$= \frac{5}{3} \times (9 \times 10^9) \frac{(1.6 \times 10^{-19})^2}{(0.1)^2} e_z = 3.84 \times 10^{-26} e_z (\text{N})$$

以一个电子为参照系，由于两个电子都在运动，速度相同，相对静止，只有静电相互作用。

$$F_e = q_2 E = q_2 \frac{1}{4\pi\varepsilon_0} \frac{\gamma q_1 \cdot r_q}{[\gamma^2 (x - vt)^2 + y^2 + z^2]^{3/2}}$$

$$= \frac{1}{4\pi\varepsilon_0} \frac{\gamma e^2 \cdot e_z}{z^2} = 3.84 \times 10^{-26} e_z (\text{N})$$

**7-23** 若电子以速度 $v = (2.0 \times 10^6 \text{ m/s}) e_x + (3.0 \times 10^6 \text{ m/s}) e_y$ 通过磁场 $B = (0.030 \text{T}) e_x + (0.150 \text{T}) e_y$。（1）求作用在电子上的力；（2）对以同样速度运动的质子重复你的运算。

**解** （1）运动电子受磁力为：

$$\boldsymbol{F}_{\mathrm{m}} = q\upsilon \times \boldsymbol{B}$$

$$= (-1.6 \times 10^{-19})\big[(2.0 \times 10^6 \ \mathrm{m/s})\boldsymbol{e}_x + (3.0 \times 10^6 \ \mathrm{m/s})\boldsymbol{e}_y\big]$$

$$\times \big[(0.030\mathrm{T})\boldsymbol{e}_x + (0.150\mathrm{T})\boldsymbol{e}_y\big]$$

$$\boldsymbol{F}_{\mathrm{m}} = (-1.6 \times 10^{-19})\begin{bmatrix} \boldsymbol{e}_x & \boldsymbol{e}_y & \boldsymbol{e}_z \\ 2.0 \times 10^6 & 3.0 \times 10^6 & 0 \\ 0.030 & 0.150 & 0 \end{bmatrix}$$

$$= 6.24 \times 10^{-14}\boldsymbol{e}_z(\mathrm{N})$$

（2）对于质子，由于电荷为正，所受磁力大小与电子的相同，方向相反。

$$\boldsymbol{F}_{\mathrm{m}} = -6.24 \times 10^{-14}\boldsymbol{e}_z(\mathrm{N})$$

**7-24** 一束质子射线和一束电子射线同时通过电容器两极板之间，如图所示，问偏离的方向及程度有何不同？

**解** 电子和质子所带电荷符号相反，电子质量远小于质子质量。电子受到电力向上偏转，质子受到电力向下偏转；电子由于质量的原因，偏转角度比质子的大。

习题 7-24 图

**7-25** 如图所示，两带电粒子同时入射均匀磁场，速度方向皆与磁场垂直。（1）如果两粒子质量相同，速率分别是 $\upsilon$ 和 $2\upsilon$；（2）如果两粒子速率相同，质量分别是 $m$ 和 $2m$；那么，哪一个粒子先回到原出发点？

**解** 由力学原理可知，磁场力为带电粒子提供圆周运动的向心力，则

$$q\upsilon B = qR\omega B = mR\omega^2$$

得到 $\omega = \dfrac{qB}{m}$，即 $\nu = \left(\dfrac{\omega}{2\pi}\right) = \dfrac{qB}{2\pi m}$，圆周运动

周期 $T = \dfrac{2\pi m}{qB}$。

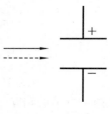

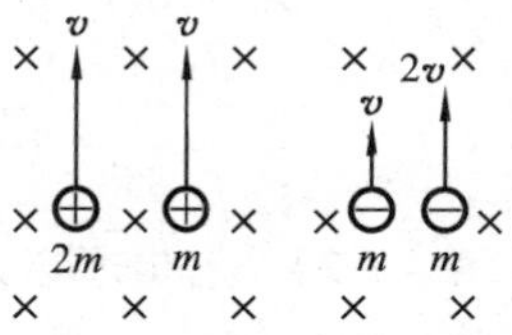

习题 7-25 图

（1）如果两粒子质量相同,则运动周期相同,同时回到出发点。

（2）如果两粒子速率相同,质量分别是 $m$ 和 $2m$, $T_m = \frac{1}{2}T_{2m}$, 质量为 $m$ 的带电粒子先回到出发点。

**7-26** 图（a）是一个磁流体发电机的示意图。将气体加热到很高温度使之电离而成为等离子体,并让它通过平行板电极 1、2 之间,在这里有一垂直于纸面向里的磁场 $\boldsymbol{B}$。试说明这两极之间会产生一个大小为 $vBd$ 的电压（$v$ 为气体流速,$d$ 为电极间距）。问哪个电极是正极?

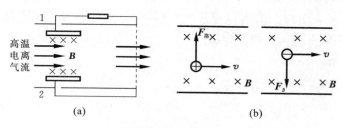

习题 7-26 图

**解** 等离子气体是正负电荷分离的一种中性物质,在磁场中正负带电粒子分别向相反方向偏转（见图（b））。当正负电荷到达极板时在极板上积累,极板间形成电场,上下极板间就有了电压。即带电粒子还受到电场力的作用。当电力和磁力平衡时,极板上电荷稳定。

$$qvB = q\frac{V}{d}, \quad V = vBd$$

极板 1 是正极。

**7-27** 一电子以 $v = 3.0 \times 10^7$ m/s 的速率射入匀强磁场内,它的速度方向与 $\boldsymbol{B}$ 垂直,$B = 10$T。已知电子电荷 $-e = 1.6 \times 10^{-19}$ C,质量 $m = 9.1 \times 10^{-31}$ kg,求这些电子所受到的洛伦兹力,并与它在地面上所受到的重力加以比较。

**解**　电子所受到的洛伦兹力

$$|\boldsymbol{F}_m| = |q\boldsymbol{v} \times \boldsymbol{B}|$$

$$= 1.6 \times 10^{-19} \times 3.0 \times 10^7 \times \sin 90° \times 10 \text{ N} = 4.8 \times 10^{-11} \text{ N}$$

在地面上所受到的重力：

$$|\boldsymbol{F}_重| = |mg| = 9.1 \times 10^{-31} \times 9.8 \text{ N} = 8.92 \times 10^{-30} \text{ N}$$

两者大小之比

$$\frac{|\boldsymbol{F}_m|}{|\boldsymbol{F}_重|} = \frac{4.8 \times 10^{-11}}{8.92 \times 10^{-30}} = 5.38 \times 10^{18}$$

两者相差 18 个数量级，说明万有引力是极其微弱的力。

**7-28**　已知磁场 $\boldsymbol{B}$ 的大小为 0.4T，方向在 $Oxy$ 平面内，且与 $y$ 轴成 $\pi/3$ 角。试求以速度 $v = (10^7 \text{ m/s})e_z$ 运动，电量为 $q = 10$ pC的电荷所受到的磁场力。

**解**

$$\boldsymbol{F}_m = q\boldsymbol{v} \times \boldsymbol{B}$$

$$= 10 \times 10^{-12} \cdot (10^7 \boldsymbol{e}_z) \times \left[ \left( 0.4\sin\frac{\pi}{3} \right) \boldsymbol{e}_x + \left( 0.4\cos\frac{\pi}{3} \right) \boldsymbol{e}_y \right]$$

$$= (-2 \times 10^{-5}) \boldsymbol{e}_x + (2\sqrt{3} \times 10^{-5}) \boldsymbol{e}_y \text{ (N)}$$

磁场力大小：

$$|\boldsymbol{F}_m| = \sqrt{(-2 \times 10^{-5})^2 + (2\sqrt{3} \times 10^{-5})^2} \text{ N} = 4.0 \times 10^{-5} \text{ N}$$

**7-29**　一电子在 $B = 20$ G 的磁场里沿半径为 $R = 20$ cm 的螺旋线运动，螺距 $h = 5.0$ cm，如图所示，已知电子的荷质比 $e/m = 1.76 \times 10^{11}$ C/kg，求这电子的速度值。

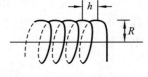

习题 7-29 图

**解**　磁场的单位换算关系为 1 T = 10000 G，20 G = 0.002 T。

设电子运动速度在垂直磁场方向分量大小为 $v_\perp$，则螺旋线的半径为

$$R = \frac{mv_\perp}{qB}$$

设电子运动速度在平行于磁场方向分量大小为 $v_{/\!/}$,圆周运动周期 $T = \dfrac{2\pi m}{qB}$,则螺旋线的螺距为 $h = v_{/\!/} T$,得到

$$v_\perp = \frac{qBR}{m} = \left(\frac{e}{m}\right)BR , \quad v_{/\!/} = \frac{h}{T} = \left(\frac{e}{m}\right)\frac{Bh}{2\pi}$$

则电子运动速度的大小为

$$v = \sqrt{v_\perp^2 + v_{/\!/}^2} = B\left(\frac{e}{m}\right)\sqrt{R^2 + \frac{h^2}{4\pi^2}}$$

$$= 1.76 \times 10^{11} \times 0.002 \sqrt{0.2^2 + \frac{0.05^2}{4\pi^2}} \text{ m/s} = 7.05 \times 10^7 \text{ m/s}$$

**7-30** 空间某一区域有均匀电场 $E$ 和均匀磁场 $B$,$E$ 和 $B$ 的方向相同,一电子在场中运动,分别求下列情况下电子的加速度 $a$ 和电子的轨迹。开始时,(1) $v$ 与 $E$ 方向相同;(2) $v$ 与 $E$ 的方向相反;(3) $v$ 与 $E$ 的方向垂直;(4) $v$ 与 $E$ 的方向有一夹角 $\theta$。

**解** $E$ 和 $B$ 的方向相同,设 $E$ 和 $B$ 均沿 $x$ 轴正向,$E = Ee_x$,$B = Be_x$。

(1) $v$ 与 $E$ 的方向相同,$v = ve_x$,则

磁场力: $\quad F_m = qv \times B = -evB(e_x \times e_x) = 0$

电场力: $\quad F_e = qE = -eEe_x = -(eE)e_x$

由 $F = ma$ 可知,加速度为 $a = -(eE/m)e_x$,与电子初速度 $v = ve_x$ 方向相反,电子做匀减速直线运动。

(2) $v$ 与 $E$ 的方向相反,$v = -ve_x$,则

磁场力: $\quad F_m = qv \times B = -evB(-e_x \times e_x) = 0$

电场力: $\quad F_e = qE = -eEe_x = -(eE)e_x$

由 $F = ma$ 可知,加速度为 $a = -(eE/m)e_x$,与电子初速度 $v = -ve_x$ 方向相同,电子做匀加速直线运动。

(3) $v$ 与 $E$ 的方向垂直,设电子初速度沿 $y$ 轴正向,$v = ve_y$,$v \perp E$,则

磁场力: $\quad F_m = qv \times B = -evB(e_y \times e_x) = (evB)e_k$

电场力：　　　　$\boldsymbol{F}_e = q\boldsymbol{E} = -e E \boldsymbol{e}_x = -(eE)\boldsymbol{e}_x$

由 $\boldsymbol{F} = m\boldsymbol{a}$ 可知,电子受到磁场力作用,相应的加速度为 $\boldsymbol{a}_m = (evB/m)\boldsymbol{e}_k$,使得电子的运动轨迹在 $Oyz$ 平面上投影是一个圆;电子受到电场力作用,相应的加速度为 $\boldsymbol{a}_e = -(eE/m)\boldsymbol{e}_x$,所以电子沿 $x$ 轴反方向做螺距逐渐变大的螺旋线运动。

（4）$v$ 与 $\boldsymbol{E}$ 的方向有一夹角,设夹角为 $\theta$,则速度在电场方向的分量为 $v_{\parallel} = (v\cos\theta)\boldsymbol{e}_x$,速度在电场垂直方向的分量为 $v_{\perp} = (v\sin\theta)\boldsymbol{e}_{\perp}$。$v_{\perp}$ 在 $Oyz$ 平面内,设 $v_{\perp}$ 与 $y$ 轴的夹角为 $\varphi$,得到

$$v_{\perp} = (v\sin\theta)\boldsymbol{e}_{\perp} = (v\sin\theta)(\cos\varphi \cdot \boldsymbol{e}_y + \sin\varphi \cdot \boldsymbol{e}_z)$$
$$= (v\sin\theta)\cos\varphi \cdot \boldsymbol{e}_y + (v\sin\theta)\sin\varphi \cdot \boldsymbol{e}_z$$

对于 $v_{\parallel}$ 分量：

磁场力　　　$\boldsymbol{F}_m = qv_{\parallel} \times \boldsymbol{B} = -evB\cos\theta\cos\varphi(\boldsymbol{e}_x \times \boldsymbol{e}_x) = \boldsymbol{0}$

电场力　　　$\boldsymbol{F}_e = q\boldsymbol{E} = -eE\boldsymbol{e}_x = -(eE)\boldsymbol{e}_x$

对于 $v_{\perp}$ 分量：

磁场力

$$\boldsymbol{F}_m = qv_{\perp} \times \boldsymbol{B}$$
$$= -e[(v\sin\theta\cos\varphi) \cdot \boldsymbol{e}_y + (v\sin\theta\sin\varphi) \cdot \boldsymbol{e}_z] \times B\boldsymbol{e}_x$$
$$= -(eBv\sin\theta\sin\varphi) \cdot \boldsymbol{e}_y + (eBv\sin\theta\cos\varphi) \cdot \boldsymbol{e}_z$$

$\boldsymbol{F}_m$ 方向与 $v_{\perp}$ 垂直,大小为 $|\boldsymbol{F}_m| = eBv\sin\theta$,向心加速度为 $a = \dfrac{eBv\sin\theta}{m}$,电子的运动轨迹在 $Oyz$ 平面上投影是一个圆。

电场力　　　　　　$\boldsymbol{F}_e = q\boldsymbol{E} = -eE\boldsymbol{e}_x$

加速度为　　　　　$\boldsymbol{a} = -\dfrac{eE}{m}\boldsymbol{e}_x$

电子沿 $x$ 轴反方向做螺距逐渐变大的螺旋线运动。

**7-31**　在空间有相互垂直的均匀电场 $\boldsymbol{E}$ 和均匀磁场 $\boldsymbol{B}$,$\boldsymbol{B}$ 沿着 $x$ 方向,$\boldsymbol{E}$ 沿着 $z$ 方向,一电子开始时以速度 $v$ 向 $y$ 轴方向前进,问电子运动的轨迹如何?

**解**　$\boldsymbol{E}$ 和 $\boldsymbol{B}$ 的方向相互垂直,依题意有 $\boldsymbol{E} = E\boldsymbol{e}_z$,$\boldsymbol{B} = B\boldsymbol{e}_x$。

一电子开始（$t=0$）时以速度 $v$ 向 $y$ 轴方向前进，$v(0)=v_0\boldsymbol{e}_y$，之后 $v(t)=v\boldsymbol{e}_\tau$，方向是轨迹切线方向。电子受力

$$\boldsymbol{F}=q\boldsymbol{E}+(q\boldsymbol{v}\times\boldsymbol{B})=-e\boldsymbol{E}\boldsymbol{e}_z-ev\boldsymbol{B}(\boldsymbol{e}_\tau\times\boldsymbol{e}_x)$$

（电子始终在 $x$ 方向上不受力）

电子在 $Oyz$ 平面内运动。设 $\boldsymbol{e}_\tau$ 与 $y$ 轴的夹角为 $\varphi$，得到

$$\boldsymbol{e}_\tau=\cos\varphi\cdot\boldsymbol{e}_y+\sin\varphi\cdot\boldsymbol{e}_z$$

$$\boldsymbol{F}=-e\boldsymbol{E}\boldsymbol{e}_z-ev\boldsymbol{B}([\cos\varphi\cdot\boldsymbol{e}_y+\sin\varphi\cdot\boldsymbol{e}_z]\times\boldsymbol{e}_x)$$

$$=-e\boldsymbol{B}v\sin\varphi\cdot\boldsymbol{e}_y+(e\boldsymbol{B}v\cos\varphi-e\boldsymbol{E})\boldsymbol{e}_z$$

由 $\boldsymbol{F}=m\boldsymbol{a}$ 有（$v_y=v\cos\varphi,v_z=v\sin\varphi$）

$$\boldsymbol{F}=m\frac{\mathrm{d}v}{\mathrm{d}t}=m\frac{\mathrm{d}(v\boldsymbol{e}_\tau)}{\mathrm{d}t}=m\left(\frac{\mathrm{d}(v\cos\varphi)}{\mathrm{d}t}\cdot\boldsymbol{e}_y+\frac{\mathrm{d}(v\sin\varphi)}{\mathrm{d}t}\cdot\boldsymbol{e}_z\right)$$

$$=m\left(\frac{\mathrm{d}v_y}{\mathrm{d}t}\cdot\boldsymbol{e}_y+\frac{\mathrm{d}v_z}{\mathrm{d}t}\cdot\boldsymbol{e}_z\right)$$

得到两个方向的代数方程：

$$eBv_y-eE=m\frac{\mathrm{d}v_z}{\mathrm{d}t},\quad -eBv_z=m\frac{\mathrm{d}v_y}{\mathrm{d}t}$$

由两个方程联立解出 $v_z$、$v_y$：

$$v_z=\pm\left(v_0-\frac{E}{B}\right)\sin\left(\frac{eB}{m}t\right),\quad v_y=\pm\left(v_0-\frac{E}{B}\right)\cos\left(\frac{eB}{m}t\right)+\frac{E}{B}$$

分别积分得到轨迹时间参数方程，$v_0>\dfrac{E}{B}$ 时取正值：

$$z=\int_0^z\mathrm{d}z=\pm\left(v_0-\frac{E}{B}\right)\int_0^t\sin\left(\frac{eB}{m}t\right)\mathrm{d}t$$

$$=\pm\left(v_0-\frac{E}{B}\right)\frac{m}{eB}\left(1-\cos\left(\frac{eB}{m}t\right)\right)$$

$$y=\int_0^z\mathrm{d}z=\pm\int_0^t\left[\left(v_0-\frac{E}{B}\right)\cos\left(\frac{eB}{m}t\right)+\frac{E}{B}\right]\mathrm{d}t$$

$$=\pm\left(v_0-\frac{E}{B}\right)\frac{m}{eB}\sin\left(\frac{eB}{m}t\right)+\frac{E}{B}t$$

图（a）是电子运动的轨迹，电子在 $Oyz$ 平面做次摆线（次摆线缘由车轮滚动时其上不同位置质点的运动轨迹。见图（b））运动

轨迹,轨迹的形态由电子入射速率、电磁场强度控制。

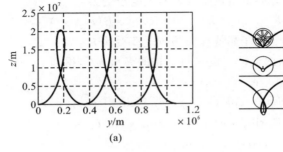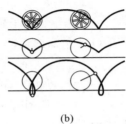

(a) 　　　　　　　　　(b)

习题 **7-31** 图

**7-32** 飞行时间谱仪。歌德斯密特设计过测量重离子质量的准确方法。这个方法是测量重离子在已知磁场中的旋转周期,一个单独的带电碘离子,在 $4.5 \times 10^{-2}$ Wb/m$^2$ 的磁场中旋转 7 圈所需要的时间约为 $1.29 \times 10^{-3}$ s。试问这个碘离子的质量有多少千克(近似值)?

**解** 一个单独的带电碘离子所带电量 $q = 1.6 \times 10^{-19}$ C,由 $T = \dfrac{2\pi m}{qB}$,有

$$m = \frac{TqB}{2\pi} = \frac{\dfrac{1.29 \times 10^{-3}}{7} \times 1.6 \times 10^{-19} \times 4.5 \times 10^{-2}}{2 \times 3.14} \text{ kg}$$

$$= 2.11 \times 10^{-25} \text{ kg}$$

**7-33** 如图所示,一个铜片厚度为 $d = 1.0$ mm,放在 $B = 1.5$ T 的磁场中,磁场与铜片表面垂直,已知铜片中自由电子密度为 $8.4 \times 10^{22}$ 个/cm$^3$,每个电子的电荷为 $-e = 1.6 \times 10^{-19}$ C,当铜片中有 $I = 200$ A 的电流时,(1) 求铜片两侧的电势差 $V_{aa'}$;(2) 铜片宽度 $b$ 对 $V_{aa'}$ 有无影响?为什么?

**解** (1) 　　$V_{aa'} = \dfrac{IB}{qnd}$

$$= \frac{200 \times 1.5}{-1.6 \times 10^{-19} \times (8.4 \times 10^{22} \times (10^2)^3) \times 1.0 \times 10^{-3}} \text{V}$$

$$= -22.3 \times 10^{-6} \text{V} = -22.3 \text{ } \mu\text{V}$$

（2）铜片宽度 $b$ 对 $V_{aa'}$ 无影响，因为

$$V_{aa'} = E_\text{H} b = vBb$$

然而，在电流 $I$ 确定时，$v = \dfrac{I}{nqbd}$，代入 $V_{aa'}$ 式，得到 $V_{aa'} = \dfrac{IB}{qnd}$，与 $b$ 无关。

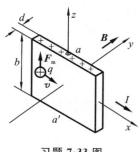

习题 7-33 图

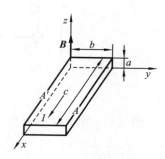

习题 7-34 图

**7-34** 一块半导体样品的体积为 $a \times b \times c$，如图所示，沿 $x$ 轴方向有电流，在 $z$ 轴方向加有均匀磁场 $\boldsymbol{B}$。这时的试验数据为 $a = 0.10$ cm，$b = 0.35$ cm，$c = 1.00$ cm，$I = 1.0$ mA，$B = 0.3$T，片两侧的电势差 $V_{AA'} = 6.55$ mV。（1）问这块半导体是正电荷导电（P 型半导体）还是负电荷导电（N 型半导体）？（2）求载流子浓度（即单位体积内带电粒子数）。

**解** （1）按右手定则，电流方向如图所示，如果是正电荷导电，正电荷就应该积累在 $A'$ 边，$V_{A'A} > 0$。而题给出 $V_{AA'} = -V_{A'A} > 0$，说明是负电荷积累在 $A'$ 边。所以实际运动的载流子是负电荷，即这块半导体是 N 型半导体。

（2）根据 $V_{AA'} = \dfrac{IB}{nqa}$ 得到

$$n = \frac{IB}{V_{AA'}qa} = \frac{1 \times 10^{-3} \times 0.3}{6.55 \times 10^{-3} \times 1.6 \times 10^{-19} \times 0.1 \times 10^{-2}} \ \mathrm{m}^{-3}$$
$$= 2.86 \times 10^{20} \ \mathrm{m}^{-3}$$

**7-35** 一直导线载有电流 50 A,离导线 5.0 cm 处有一个电子以速率 $1.0 \times 10^7$ m/s 运动。求下列情况下作用在电子上的洛伦兹力:(1) 设电子的速度 $v$ 平行于导线;(2) 设 $v$ 垂直于导线并指向导线;(3) 设 $v$ 垂直于导线和电子所构成的平面。

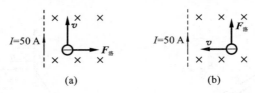

(a)　　　　　　　　(b)

习题 7-35 图

**解**　(1) 电子受力方向见图(a)。利用长直电流磁感应强度 $B = \dfrac{\mu_0 I}{2\pi r}$,可得

$$| \boldsymbol{F}_{洛} | = | -e\boldsymbol{v} \times \boldsymbol{B} | = ev B = \frac{ev\mu_0 I}{2\pi r}$$

$$= 1.6 \times 10^{-19} \times 1.0 \times 10^7 \times \frac{4\pi \times 10^{-7} \times 50}{2\pi \times 5.0 \times 10^{-2}} \ \mathrm{N}$$

$$= 3.2 \times 10^{-16} \ \mathrm{N}$$

(2) 电子受力方向见图(b),受力大小为

$$| \boldsymbol{F}_{洛} | = | -e\boldsymbol{v} \times \boldsymbol{B} | = ev B = \frac{ev\mu_0 I}{2\pi r}$$

$$= 1.6 \times 10^{-19} \times 1.0 \times 10^7 \times \frac{4\pi \times 10^{-7} \times 50}{2\pi \times 5.0 \times 10^{-2}} \ \mathrm{N}$$

$$= 3.2 \times 10^{-16} \ \mathrm{N}$$

(3) 由于 $v \parallel \boldsymbol{B}$,所以

$$| \boldsymbol{F}_{洛} | = | -e\boldsymbol{v} \times \boldsymbol{B} | = 0$$

**7-36** 如图所示,在无限长的载流直导线 $AB$ 的一侧,放着一

条有限长的可以自由运动的载流直导线 $CD$，$CD$ 与 $AB$ 相垂直，问 $CD$ 怎样运动？

**解**　如图所示，导线所受合力向上，因为 $C$ 端所受力大于 $D$ 端所受力，对 $CD$ 杆有力矩，所以导线 $CD$ 既有平动又有转动。

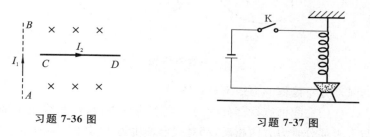

习题 7-36 图　　　　　　　　　　习题 7-37 图

**7-37**　把一根柔软的螺旋形弹簧挂起来，使它的下端和盛在杯里的水银刚好接触，形成串联电路，再把它们接到直流电源上，通以电流，如图所示。问弹簧将发生什么现象？怎样解释？

**解**　当电路接通时，因螺旋形弹簧各匝之间的力是相互吸引的，所以弹簧将略微缩短，并使之与水银接触中断，从而电流断开，此时弹簧在重力作用下又伸长，与水银面又接触，使电路接通，以上过程反复进行，从而弹簧一伸一缩的振动。

**7-38**　如图（a）所示，有一载有电流为 $I_2$ 的线框，由张角为 $2(\pi-\alpha)$ 的圆弧和连圆弧两端的弦构成，弧的半径为 $R$，现有另一根载电流为 $I_1$ 的长直导线穿过圆弧的中心，且垂直于线框的平面，试求作用于线框上的力矩。

**解**　长直载流导线激发的磁场为

$$\boldsymbol{B} = \frac{\mu_0 I_1}{2\pi r} \boldsymbol{e}_\theta$$

载流线框在其作用下受磁力作用，由 $\mathrm{d}\boldsymbol{F} = I_2 \mathrm{d}\boldsymbol{l} \times \boldsymbol{B}$ 可知，线框圆弧部分受力

$$\mathrm{d}\boldsymbol{F} = I_2 \mathrm{d}\boldsymbol{l} \times \boldsymbol{B} = (-I_2 \mathrm{d}l)\boldsymbol{e}_\theta \times \frac{\mu_0 I_1}{2\pi r}\boldsymbol{e}_\theta = 0$$

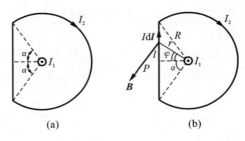

习题 7-38 图

圆弧部分对线框的力矩贡献为零。

作用在线框直线部分的力垂直于线框平面,其直线上半部分与下半部分受力方向相反,都对线框产生力矩,如图(b)所示。

$$| \, \mathrm{d}\boldsymbol{F} \, | = \mathrm{d}F = I_2 \mathrm{d}l \left( \frac{\mu_0 I_1}{2\pi r} \right) \sin(\pi - \varphi)$$

其直线上半部分力矩为 $\mathrm{d}\boldsymbol{M} = \boldsymbol{l} \times \mathrm{d}\boldsymbol{F}, \boldsymbol{l} \perp \mathrm{d}\boldsymbol{F}$。

$$| \, \mathrm{d}\boldsymbol{M} \, | = \mathrm{d}M = l \cdot I_2 \mathrm{d}l \left( \frac{\mu_0 I_1}{2\pi r} \right) \sin(\pi - \varphi) = \frac{\mu_0 I_1 I_2}{2\pi} \frac{\sin\varphi}{r} \cdot l \mathrm{d}l$$

其中 $r^2 = l^2 + R^2 \cos^2\alpha, \sin\varphi = \dfrac{l}{r}$,代入上式得到

$$\mathrm{d}M = \frac{\mu_0 I_1 I_2}{2\pi} \cdot \frac{l^2 \mathrm{d}l}{(l^2 + R^2 \cos^2\alpha)}$$

得到直线上半部分总力矩

$$\begin{aligned}
M &= \int \mathrm{d}M = \frac{\mu_0 I_1 I_2}{2\pi} \cdot \int_0^{R\sin\alpha} \frac{l^2 \mathrm{d}l}{(l^2 + R^2 \cos^2\alpha)} \\
&= \frac{\mu_0 I_1 I_2}{2\pi} \left[ l - R\cos\alpha \cdot \arctan\left( \frac{l}{R\cos\alpha} \right) \right]_0^{R\sin\alpha} \\
&= \frac{\mu_0 I_1 I_2 R}{2\pi} (\sin\alpha - \alpha\cos\alpha)
\end{aligned}$$

根据对称性,得到直线下半部分总力矩为

$$M = \frac{\mu_0 I_1 I_2 R}{2\pi} (\sin\alpha - \alpha\cos\alpha) \quad (\text{方向与上半段的一致})$$

直线部分总力矩为　　$M_{总} = 2M = \dfrac{\mu_0 I_1 I_2 R}{\pi}(\sin\alpha - \alpha\cos\alpha)$

附:本题用积分公式

$$\int \frac{x^2\,\mathrm{d}x}{a + bx^2} = \frac{x}{b} - \frac{a}{b}\int \frac{\mathrm{d}x}{a + bx^2}, \quad \int \frac{\mathrm{d}x}{a + bx^2} = \frac{1}{\sqrt{ab}} - \arctan\left(\frac{\sqrt{ab}}{a}x\right)$$

**7-39**　一段导线弯成图中形状,它的质量为 $m$,上面水平段长为 $l$,处在均匀磁场中,磁感应强度为 $\boldsymbol{B}$,$\boldsymbol{B}$ 与导线垂直,导线下面两端分别插在两个浅水银槽里,两水银槽与一个带开关 K 的外电源连接。当 K 一接通,导线便从水银槽里跳起来。设跳起来的高度为 $h$,求通过导线的电量 $q$。当 $m=10$ g,$l=20$ cm,$h=30$ cm,$B=0.1$T时,$q$ 的量值为多少?

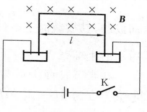

**解**　设导线中瞬时电流为 $I$,导线受到安培力,$\boldsymbol{F} = I\boldsymbol{l} \times \boldsymbol{B}$,大小为 $F = IlB$,方向向上。根据力学原理,磁场安培力将给予载流杆冲量,使得载流杆的动量变化(忽略重力的冲量):

习题 7-39 图

$$I = \int_0^t IlB \cdot \mathrm{d}t = lB\int_0^t I \cdot \mathrm{d}t = lBq = mv - 0$$

杆抛出后只有重力作用在杆上,杆的机械能守恒,即 $\dfrac{1}{2}mv^2 = mgh$,得到 $v = \sqrt{2gh}$,代入动量冲量关系式中,有 $lBq = m\sqrt{2gh}$,从而可求出通过导线的电量

$$q = \frac{m\sqrt{2gh}}{lB} = \frac{10 \times 10^{-3} \times \sqrt{2 \times 9.8 \times 30 \times 10^{-2}}}{0.10 \times 20 \times 10^{-2}}\text{ C} = 1.2\text{ C}$$

**7-40**　一半径为 $R$ 的无限长半圆柱面导体,其上电流 $I$ 均匀分布,轴线处有一无限长直导线,其上电流也为 $I$,如图(a)所示。试求轴线处导线单位长度所受的力。

**解**　将半圆柱面导体看作是无数长直载流导线沿着半圆排列

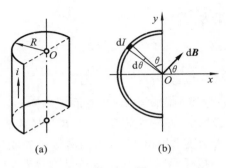

习题 7-40 图

而成的，其横截面上单位圆弧长上的电流为 $i = \dfrac{I}{\pi R}$，建立如图（b）所示的坐标系。

在半圆柱面上取与轴线平行的一窄长条，宽度为 $\mathrm{d}l$，其上的电流强度为 $\mathrm{d}I = i\mathrm{d}l = iR\mathrm{d}\theta$，其在轴线上激发的磁感应强度为

$$\mathrm{d}B = \frac{\mu_0 i \mathrm{d}I}{2\pi R} = \frac{\mu_0 i \mathrm{d}\theta}{2\pi}$$

方向如图（b）所示。由于对称性，$\mathrm{d}\boldsymbol{B}$ 在 $x$ 方向分量的叠加为零，故有

$$B = B_y = \int \mathrm{d}B_y = \int \mathrm{d}B\sin\theta = \int_0^\pi \frac{\mu_0 i \sin\theta}{2\pi}\mathrm{d}\theta = \frac{\mu_0 i}{\pi} = \frac{\mu_0 I}{\pi^2 R}$$

$\boldsymbol{B}$ 的方向是 $y$ 轴正向。则单位长直导线在磁场中受力

$$\boldsymbol{F} = I\boldsymbol{L} \times \boldsymbol{B} = I\boldsymbol{e}_z \times \frac{\mu_0 I}{\pi^2 R}\boldsymbol{e}_y = -\frac{\mu_0 I^2}{\pi^2 R}\boldsymbol{e}_x$$

**7-41** 图中表示一根扭成任意形状的导线，在这根导线的 $a$ 与 $b$ 两点之间载有电流 $I$，这根导线放在一个与均匀磁场（磁感应强度为 $\boldsymbol{B}$）垂直的平面上。求证：作用在这根导线上的力和作用在一根载有电流 $I$（$I$ 的方向从 $a$ 到 $b$）的直导线上的力相同。

**解** 均匀磁场中有限长任意形状的载流导线的受力

$$\boldsymbol{F} = \left(\int_l I \mathrm{d}\boldsymbol{l}\right) \times \boldsymbol{B} = I\left(\int_l \mathrm{d}\boldsymbol{l}\right) \times \boldsymbol{B}$$

$$= I(\overrightarrow{ab}) \times \boldsymbol{B}$$

$\overrightarrow{ab}$是连接任意曲线段两端点 $a$、$b$ 的直线段,是一个矢量,方向同电流从 $a$ 流向 $b$ 的方向一致,令 $\overrightarrow{ab}=\boldsymbol{L}$,则

$$\boldsymbol{F} = (I\boldsymbol{L}) \times \boldsymbol{B}$$

所以在均匀磁场中,一段有限长任意形状的载流导线所受到的磁力与连接该导线两端点 $a$、$b$ 的通有同样电流的直导线 $\boldsymbol{L}$ 所受到的磁力相等。

习题 7-41 图

**7-42**　一圆环,半径为 $4.0\ \mathrm{cm}$,放在磁场内,各处磁场的方向对环而言是对称发散的,如图(a)所示。圆环所在处的磁感应强度的量值为 $0.10\mathrm{T}$,磁场的方向与环面法向成 $60°$ 角。当环中通有电流 $I=15.8\ \mathrm{A}$ 时,求圆环所受合力的大小和方向。

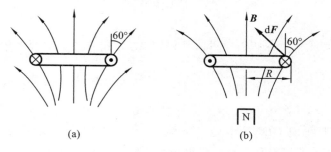

(a)　　　　　　　　　　　(b)

习题 7-42 图

**解**　如图(b)所示,取右端电流元,所受磁力为

$$|\mathrm{d}\boldsymbol{F}| = |I\mathrm{d}\boldsymbol{l} \times \boldsymbol{B}| = IB\sin 90° \mathrm{d}l = IB\mathrm{d}l$$

方向垂直于 $I\mathrm{d}\boldsymbol{l}$ 与 $\boldsymbol{B}$ 所成平面。由对称性可知,平行于环面的合力为零,垂直于环面的分量 $\mathrm{d}F_\perp$ 的和为

$$F_\perp = \int \mathrm{d}F_\perp = \int IB\cos\theta \mathrm{d}l = IB\cos\theta \cdot 2\pi R$$

$$F_\perp = 15.8 \times 0.10 \times \cos 30° \times 2 \times \pi \times (4.0 \times 10^{-2})\ \mathrm{N} = 0.34\ \mathrm{N}$$

圆环面所受合力 $F = F_\perp = 0.34$ N,方向垂直环面向上。

**7-43**　载有电流 $I_1$ 的长直导线,旁边有一平面圆形线圈,线圈半径为 $R$,中心到直导线的距离为 $d$,线圈载有电流 $I_2$,线圈和直导线在同一个平面内。试求 $I_1$ 作用于线圈回路上的力。

**解**　如图所示,在圆上取一电流元 $I_2 d\boldsymbol{l}$,$I_1$ 在此处产生的 $\boldsymbol{B}$ 为

$$B = \frac{\mu_0 I_1}{2\pi r}$$

而 $r = d + R\cos\varphi$,故 $I_2 d\boldsymbol{l}$ 所受 $I_1$ 的磁场力为

$$|d\boldsymbol{F}| = |I_2 d\boldsymbol{l} \times \boldsymbol{B}| = I_2 B dl$$

方向沿圆的半径向外。

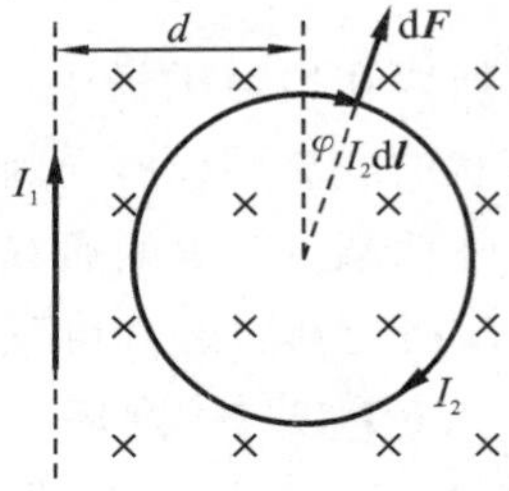

将 $d\boldsymbol{F}$ 分解为 $d\boldsymbol{F}_\perp$(垂直于 $x$ 轴)和 $d\boldsymbol{F}_{/\!/}$(平行于 $x$ 轴),由对称性可知

$$F_\perp = \int dF_\perp = 0$$

习题 7-43 图

故 $F = \int dF_{/\!/} = \int dF \cdot \cos\varphi = \int I_2 \cdot \dfrac{\mu_0 I_1}{2\pi(d + R\cos\varphi)} \cdot \cos\varphi dl$

$$= \int_0^{2\pi} \frac{\mu_0 I_1 I_2}{2\pi(d + R\cos\varphi)} \cdot \cos\varphi dl = \mu_0 I_1 I_2 \left(1 - \frac{d}{\sqrt{d^2 - R^2}}\right)$$

**7-44**　如图(a)所示。在长直导线 $AB$ 中通有电流 $I_1 = 20$ A,在矩形线圈 $CDEF$ 中通有电流 $I_2 = 10$ A,$AB$ 与线圈共面,且 $CD$、$EF$ 都与 $AB$ 平行。已知 $a = 9.0$ cm,$b = 20.0$ cm,$d = 1.0$ cm。求:(1)导线 $AB$ 的磁场对矩形线圈每边的作用力;(2)矩形线圈所受合力及合力矩;(3)如果 $I_2$ 方向与图示相反,结果如何?

**解**　建立如图(b)所示坐标系,其中长直载流线在矩形线框平面产生的磁感应强度为

$$\boldsymbol{B} = -\frac{\mu_0 I_1}{2\pi r}\boldsymbol{e}_x$$

$DC$、$FE$ 导线上各点感受到的磁场是常矢量,根据均匀磁场中载流直导线受力公式 $\boldsymbol{F} = I\boldsymbol{L} \times \boldsymbol{B}$ 计算。

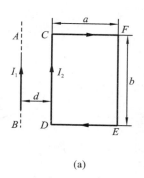
(a)

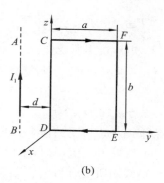
(b)

习题 7-44 图

（1）磁场对导线 $DC$ 的作用力

$$\boldsymbol{F}_{DC} = I_2 \boldsymbol{L}_{DC} \times \boldsymbol{B} = I_2 L_{DC} \boldsymbol{e}_z \times \frac{-\mu_0 I_1}{2\pi d} \boldsymbol{e}_x = -\frac{\mu_0 I_1 I_2 b}{2\pi d} \boldsymbol{e}_y$$

$$= -\frac{4\pi \times 10^{-7} \times 20 \times 10 \times (20 \times 10^{-2})}{2\pi \times (1.0 \times 10^{-2})} \boldsymbol{e}_y = -8.0 \times 10^{-4} \boldsymbol{e}_y (\mathrm{N})$$

磁场对导线 $FE$ 的作用力

$$\boldsymbol{F}_{FE} = I_2 \boldsymbol{L}_{FE} \times \boldsymbol{B} = -I_2 L_{FE} \boldsymbol{e}_z \times \frac{-\mu_0 I_1}{2\pi(d+a)} \boldsymbol{e}_x = \frac{\mu_0 I_1 I_2 b}{2\pi(d+a)} \boldsymbol{e}_y$$

$$= \frac{4\pi \times 10^{-7} \times 20 \times 10 \times (20 \times 10^{-2})}{2\pi \times (1.0+9.0) \times 10^{-2}} \boldsymbol{e}_y = 8.0 \times 10^{-5} \boldsymbol{e}_y (\mathrm{N})$$

$CF$、$ED$ 导线上各点感受到的磁场不是常矢量。磁场对导线 $CF$ 的作用力（$CF$ 载流导线上的线段元为 $\mathrm{d}r$）

$$\boldsymbol{F}_{CF} = \int_d^{d+a} (I_2 \mathrm{d}r) \boldsymbol{e}_y \times \boldsymbol{B} = \int_d^{d+a} I_2 \mathrm{d}r \boldsymbol{e}_y \times \frac{-\mu_0 I_1}{2\pi r} \boldsymbol{e}_x$$

$$= \frac{\mu_0 I_1 I_2}{2\pi} \boldsymbol{e}_z \cdot \int_d^{d+a} \frac{\mathrm{d}r}{r} = \frac{\mu_0 I_1 I_2}{2\pi} \ln\left(\frac{d+a}{d}\right) \boldsymbol{e}_z$$

$$= \frac{4\pi \times 10^{-7} \times 20 \times 10}{2\pi} \ln\left[\frac{(1.0+9.0) \times 10^{-2}}{1.0 \times 10^{-2}}\right] \boldsymbol{e}_z$$

$$= 9.2 \times 10^{-5} \boldsymbol{e}_z (\mathrm{N})$$

根据对称性，磁场对导线 $ED$ 的作用力

$$\boldsymbol{F}_{ED} = -\frac{\mu_0 I_1 I_2}{2\pi}\ln\left(\frac{d+a}{d}\right)\boldsymbol{e}_z = -9.2 \times 10^{-5}\boldsymbol{e}_z(\text{N})$$

（2）矩形线圈所受合力

$$\boldsymbol{F} = \boldsymbol{F}_{DC} + \boldsymbol{F}_{CF} + \boldsymbol{F}_{FE} + \boldsymbol{F}_{ED}$$

$$= -8.0 \times 10^{-4}\boldsymbol{e}_y + 8.0 \times 10^{-5}\boldsymbol{e}_y + 9.2 \times 10^{-5}\boldsymbol{e}_z - 9.2 \times 10^{-5}\boldsymbol{e}_z$$

$$= -7.2 \times 10^{-4}\boldsymbol{e}_y(\text{N})$$

矩形线框四个边所受的四个力共面，线框的合力矩为零。

（3）如果 $I_2$ 电流反向，矩形线框四个边所受的四个力全部反向。矩形线圈所受合力

$$\boldsymbol{F} = \boldsymbol{F}_{DC} + \boldsymbol{F}_{CF} + \boldsymbol{F}_{FE} + \boldsymbol{F}_{ED}$$

$$= 8.0 \times 10^{-4}\boldsymbol{e}_y - 8.0 \times 10^{-5}\boldsymbol{e}_y - 9.2 \times 10^{-5}\boldsymbol{e}_z + 9.2 \times 10^{-5}\boldsymbol{e}_z$$

$$= 7.2 \times 10^{-4}\boldsymbol{e}_y(\text{N})$$

矩形线框四个边所受的四个力仍然共面，线框的合力矩为零。

**7-45**　如图所示，一半径 $R = 0.1$ cm 的半圆形闭合线圈，载有直流为 $I = 10$ A，放在均匀外磁场中，磁场方向与线圈平面平行，磁感应强度的大小为 $B = 0.50$ T。（1）求线圈所受力矩的大小和方向；（2）在该力矩的作用下线圈转 $90°$（即转到线圈平面与 $\boldsymbol{B}$ 垂直），求力矩所做的功。

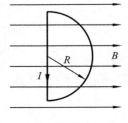

习题 7-45 图

**解**　（1）半圆形闭合线圈处在匀强磁场中，利用匀强磁场中闭合线圈的力矩公式 $\boldsymbol{M} = \boldsymbol{p}_m \times \boldsymbol{B}$，有

$$|\boldsymbol{M}| = M = |\boldsymbol{p}_m \times \boldsymbol{B}| = ISB\sin\theta = \frac{1}{2}I\pi R^2 B\sin(90°)$$

$$= 0.5 \times 10 \times \pi \times (0.1 \times 10^{-2})^2 \times 0.5 \text{ N} \cdot \text{m}$$

$$= 7.85 \times 10^{-6} \text{ N} \cdot \text{m}$$

力矩使得半圆形闭合线圈绕图中竖直直径逆时针转动。

（2）力矩对半圆形闭合线圈的功：

$$A = \int M \cdot \mathrm{d}\theta = \int \frac{1}{2} I\pi R^2 B\sin\theta \cdot \mathrm{d}\theta = \frac{1}{2} I\pi R^2 B \int_0^{\pi/2} \sin\theta \cdot \mathrm{d}\theta$$

$$= \frac{1}{2} I\pi R^2 B = 0.5 \times 10 \times \pi \times (0.1 \times 10^{-2})^2 \times 0.5 \text{ J}$$

$$= 7.85 \times 10^{-6} \text{ J}$$

**7-46**　横截面积 $S = 2.0 \text{ mm}^2$ 的铜线弯成图(a)中所示的形状,其中 $OA$ 和 $DO'$ 固定在水平方向不动,$ABCD$ 段是边长为 $a$ 的正方形的三边,可以绕 $OO'$ 轴转动,整个导线放在均匀磁场 $B$ 中,$B$ 的方向竖直向上。已知铜的密度 $\rho = 8.9 \text{ g/cm}^3$,当这铜线中的 $I = 10 \text{ A}$ 时,在平衡情况下,$AB$ 段和 $CD$ 段与竖直方向的夹角 $\alpha = 15°$,求磁感应强度 $B$。

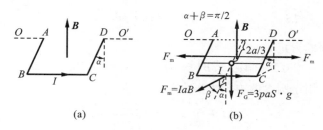

(a)　　　　　　　(b)

**习题 7-46 图**

**解**　考虑均匀铜线和对称性,三边铜线系统的质心位于 $ABCD$ 平面中,且在该平面 $BC$ 边的中垂线上,离 $OO'$ 轴的距离为 $2a/3$ 处,质量 $m = 3\rho(aS)$。

系统受到磁力和重力的作用,方位如图(b)所示。系统的重力力矩大小为

$$M_G = |\boldsymbol{M}_G| = |\boldsymbol{r} \times \boldsymbol{F}_G| = \frac{2}{3}a \cdot (3\rho aS)g \cdot \sin\alpha$$

而 $ABCD$ 三边载流线中仅 $BC$ 边产生磁力矩,故磁力矩大小为

$$M_m = |\boldsymbol{M}_m| = |\boldsymbol{r} \times \boldsymbol{F}_m| = a \cdot (IaB) \cdot \sin\beta = a^2 IB\cos\alpha$$

平衡后 $M_m = M_G$,得到

$$2\rho Sg \cdot \sin\alpha = IB\cos\alpha$$

$$B = \frac{2\rho Sg}{I} \cdot \tan\alpha = \frac{2 \times 8.9 \times 10^3 \times 2.0 \times 10^{-6} \times 9.8 \times \tan15°}{10}\text{T}$$

$$= 9.3 \times 10^{-3}\,\text{T}$$

**7-47**　如图所示,一平面塑料圆盘,半径为 $R$,表面带有面密度为 $\sigma$ 的剩余电荷。假定圆盘绕其轴线 $AA'$ 以角速度 $\omega$（rad/s）转动,磁场 $\boldsymbol{B}$ 的方向垂直于转轴 $AA'$。试证磁场作用于圆盘的力矩大小为 $M = \frac{1}{4}\pi\sigma\omega R^4 B$。

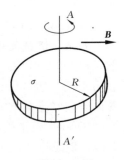

**解**　在圆盘上取半径为 $r$、宽度为 $\mathrm{d}r$ 的小圆环,小圆环的磁偶极子为

$$\mathrm{d}p_\mathrm{m} = IS = \frac{\sigma \cdot 2\pi r\mathrm{d}r}{T} \cdot \pi r^2 = \pi\omega\sigma r^3 \mathrm{d}r$$

**习题 7-47 图**

所受到的力矩为

$$\mathrm{d}M = |\mathrm{d}\boldsymbol{p}_\mathrm{m} \times \boldsymbol{B}| = \mathrm{d}p_\mathrm{m}B \cdot \sin\theta = B\pi\omega\sigma r^3 \mathrm{d}r$$

磁场作用于圆盘的力矩大小为

$$M = \int \mathrm{d}M = \int_0^R \pi\omega\sigma B r^3 \mathrm{d}r = \frac{1}{4}\pi\omega\sigma B R^4$$

**7-48**　如图(a)所示,一个半径为 $R$ 的木制圆柱体放在斜面上,圆柱长 $l$ 为 0.10 m,质量 $m$ 为 0.25 kg。圆柱上绕有 10 匝导线,而这个圆柱体的轴位于导线回路的平面内。斜面倾角为 $\theta$,处于均匀磁场中,磁感应强度 $\boldsymbol{B}$ 为 0.50T,方向竖直向上。如果绕组的平面与斜面平行,问通过回路的电流 $I$ 至少要多大,圆柱体才不致沿斜面向下滚动?

**解**　载流线圈在均匀磁场中所受磁力矩 $\boldsymbol{M}_\mathrm{m} = I\boldsymbol{S} \times \boldsymbol{B}$,载流线圈在重力场中所受重力力矩 $\boldsymbol{M}_\mathrm{G} = \boldsymbol{R} \times m\boldsymbol{g}$,磁力矩和重力矩与各矢量方位如图(b)所示,两力矩方向相反,力矩平衡数值条件 $M_\mathrm{m} = M_\mathrm{G}$,即

$$|\boldsymbol{p}_\mathrm{m} \times \boldsymbol{B}| = |\boldsymbol{R} \times m\boldsymbol{g}|$$

$$nIS \cdot B\sin\theta = Rmg\sin(\pi - \theta) = Rmg\sin\theta$$

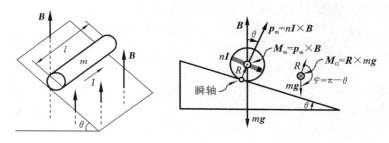

习题 7-48 图

由于线框面积为 $S = 2Rl$,从而

$$I = \frac{Rmg}{nSB} = \frac{Rmg}{n(2Rl)B} = \frac{mg}{2nlB} = \frac{0.25 \times 9.8}{2 \times 10 \times 0.10 \times 0.5} \text{ A}$$

$$= 2.45 \text{ A}$$

**7-49**　地球的磁场可以近似看成是一偶极磁场,其离地球中心距离为 $r$ 处的横向分量和纵向分量分别为

$$B_n = \frac{\mu_0 \mu_r}{4\pi r^3} \cos\varphi_m, \quad B_v = \frac{\mu_0 \mu_r}{2\pi r^3} \sin\varphi_m$$

式中,$\varphi_m$ 称为磁纬度(这种纬度是从地球赤道向北极或者南极来测量的)。假定地球的磁偶极矩 $p_m = 8.00 \times 10^{22}$ A·m²。(1)证明在纬度 $\varphi$ 处地球磁场的大小为 $B = \frac{\mu_0 \mu_r}{4\pi r^3} \sqrt{1 + 3\sin^2\varphi_m}$。(2)证明磁场的倾角 $\theta_i$ 与磁纬度 $\varphi_m$ 的关系为 $\tan\theta_i = 2\tan\varphi_m$。

**解**　地球磁场强度倾斜于地表,因此将其正交分解为横向分量和纵向分量。

(1)在纬度 $\varphi$ 处地球磁场的大小为

$$B = \sqrt{B_n^2 + B_v^2} = \frac{\mu_0 \mu_r}{4\pi r^3} \sqrt{\cos^2\varphi_m + 4\sin^2\varphi_m} = \frac{\mu_0 \mu_r}{4\pi r^3} \sqrt{1 + 3\sin^2\varphi_m}$$

(2)磁场矢量与地表的倾角 $\theta_i$ 与磁纬度 $\varphi_m$ 的关系为

$$\tan\theta_i = \frac{B_v}{B_n} = \frac{2\sin\varphi_m}{\cos\varphi_m} = 2\tan\varphi_m$$

**7-50**　如图所示,一个半径为 $R$ 的介质球均匀磁化,磁化强度

为 $M$。试求：(1) 磁化电流(分子电流)密度；(2) 磁矩。

**解**　(1) 球面上任一点的束缚电流密度
为

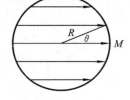

$$\boldsymbol{i}_{\mathrm{m}} = \boldsymbol{M}_{\mathrm{m}} \times \boldsymbol{e}_{\mathrm{n}}$$

束缚电流密度的方向垂直磁化方向环绕介
质球，其大小为

$$i_{\mathrm{m}} = |\boldsymbol{i}_{\mathrm{m}}| = M_{\mathrm{m}} \sin\varphi$$

相对于不同的点，束缚电流密度非均匀

习题 7-50 图

分布。某一束缚电流环电流强度为 $I' = i_{\mathrm{m}} R \mathrm{d}\varphi$，包围的面积 $S_{\mathrm{m}} = \pi R'^2 = \pi R^2 \sin^2\varphi$，其磁矩为

$$\mathrm{d}p_{\mathrm{m}} = I'S_{\mathrm{m}} = \pi R'^2 \cdot i_{\mathrm{m}} R \mathrm{d}\varphi = \pi R^3 \sin^2\varphi \cdot i_{\mathrm{m}} R \mathrm{d}\varphi$$

$$p_{\mathrm{m}} = \int_0^\pi \pi R^2 \sin^2\varphi \cdot M \sin\varphi R \mathrm{d}\varphi = \int_0^\pi \pi R^3 M \sin^3\varphi \cdot \mathrm{d}\varphi = \frac{4}{3}\pi R^3 M_{\mathrm{m}}$$

**7-51**　螺绕环中心周长 $l = 10$ cm，环上线圈匝数 $N = 200$，线圈中通有电流 $I = 100$ mA。(1) 求管内的磁感应强度 $B_0$ 和磁场强度 $H_0$；(2) 若管内充满相对磁导率 $\mu_{\mathrm{r}} = 4200$ 的磁介质，则管内的 $B$ 和 $H$ 是多少？(3) 磁介质内由导线中电流产生的 $B_0$ 和由磁化电流产生的 $B'$ 各是多少？

**解**　(1) $B_0 = \mu_0 nI = \dfrac{\mu_0 NI}{l} = \dfrac{(4\pi \times 10^{-7} \times 200 \times 0.1)}{0.1}$ T

$\qquad\qquad = 2.5 \times 10^{-4}$ T

$\qquad H_0 = nI = \dfrac{NI}{l} = \dfrac{200 \times 0.1}{0.1}$ A/m $= 200$ A/m

(2) $\qquad B = \mu_{\mathrm{r}} B_0 = 4200 \times 2.5 \times 10^{-4}$ T $= 1.1$ T

$\qquad\qquad\qquad H = H_0 = 200$ A/m

(3) $\qquad\qquad B_0 = 2.5 \times 10^{-4}$ T

$\qquad B' = B - B_0 = (1.1 - 2.5 \times 10^{-4})$ T $\approx 1.1$ T

此时，磁介质内磁感应强度取决于由磁化电流产生的 $B'$，即取决于铁磁材料本身的特性。

**7-52**　螺绕环的导线内通有电流 20 A。假定环内磁感应强

度的大小是 $1.0 \text{ Wb/m}^2$。已知环中心周长 40 cm,绕线圈 400 匝。计算环的(1)磁场强度;(2)磁化强度;(3)磁化率;(4)磁化面电流和相对磁导率。

**解** (1)根据安培环路定理,可求得螺绕环内的磁场强度为

$$H = nI = \frac{NI}{2\pi R} = \frac{400 \times 20}{0.4} \text{ A/m} = 2 \times 10^4 \text{ A/m}$$

(2)根据 $H = \dfrac{B}{\mu_0} - M$,则有 $M = \dfrac{B}{\mu_0} - H$,环内各点磁感应强度 $B$ 与磁场强度 $H$ 方向相同,因此有

$$M = \frac{B}{\mu_0} - H = \left( \frac{1.0 \times 10^7}{4\pi} - 2 \times 10^4 \right) \text{ A/m} = 7.76 \times 10^5 \text{ A/m}$$

(3)环内磁介质的磁化率为

$$\chi_m = \frac{M}{H} = \frac{7.76 \times 10^5}{2 \times 10^4} = 38.8$$

(4)磁化面电流密度为

$$i' = |\boldsymbol{M} \times \boldsymbol{e}_n| = M = 7.76 \times 10^5 \text{ A/m}$$

介质环表面的总磁化面电流为

$$I' = 2\pi R i' = 0.4 \times 7.76 \times 10^5 \text{ A} = 3.10 \times 10^5 \text{ A}$$

螺绕环内介质的相对磁导率为

$$\mu_r = 1 + \chi_m = 1 + 38.8 = 39.8$$

**7-53** 一无限长直圆柱形导线外包一层相对磁导率为 $\mu_r$ 的圆筒形磁介质。设导线半径为 $R_1$,磁介质外半径为 $R_2$,导线内有电流 $I$ 通过。(1)求介质内、外的磁场强度和磁感应强度的分布,并画出 $H$-$r$ 曲线和 $B$-$r$ 曲线。(2)求介质内、外表面的磁化面电流密度。

**解** (1)根据 $H$ 的安培环路定理,有

$$\oint_l \boldsymbol{H} \cdot \mathrm{d}\boldsymbol{l} = \sum_i I_i$$

以圆柱导线的轴线为圆心,半径为 $r$ 做与长直导线同心的安培环路,如图(a)所示,则 $2\pi r \cdot H = I$ $(r > R_1)$,得到长直导线之外

的磁场强度值 $H = \dfrac{I}{2\pi r}$。由于 $\boldsymbol{B} = \mu_0 \mu_r \boldsymbol{H}$，得到长直导线之外的磁感应强度值分别为

$$B = \begin{cases} \dfrac{\mu_0 \mu_r I}{2\pi r}, & R_2 > r > R_1 \\[3mm] \dfrac{\mu_0 I}{2\pi r}, & r > R_2 \quad (\mu_r = 1) \end{cases}$$

当安培环路的半径 $r < R_1$ 时，传导电流 $I$ 只有一部分被安培环路包围，即

$$2\pi r \cdot H = \left( \dfrac{I}{\pi R_1^2} \right) \pi r^2, \quad r < R_1$$

得到长直导线内部的磁场强度值：

$$H = \dfrac{I}{2\pi R_1^2} r, \quad r < R_1$$

得到长直导线内部 $(\mu_r = 1)$ 的磁感应强度值：

$$B = \dfrac{\mu_0 I}{2\pi R_1^2} r, \quad r < R_1$$

$H - r$、$B - r$ 曲线分布如图（b）所示。

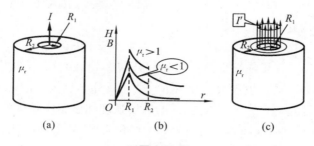

**习题 7-53 图**

（2）利用磁化强度矢量 $\boldsymbol{M}_m$ 求解磁化电流密度。

$$M_m = (\mu_r - 1) H = (\mu_r - 1) \dfrac{I}{2\pi r}$$

$\boldsymbol{M}_m$ 方向与 $\boldsymbol{H}$ 的相同，是安培环路的切线方向，注意磁介质表面的方向是外法线方向，由右手定则可以判定磁化电流方向。

$$i = M_m \sin 90° = M_m$$

令 $r = R_1$ 和 $r = R_2$，分别得到磁介质内、外表面的磁化强度和磁化电流密度：

$$i_{R_1} = \frac{(\mu_r - 1)I}{2\pi R_1}, \quad i_{R_2} = \frac{(\mu_r - 1)I}{2\pi R_2}$$

磁化电流如图(c)所示。

**7-54**　有一无限大平面下方充满相对磁导率为 $\mu_r$ 的磁介质，上方为真空，设一无限长直线电流位于磁介质表面，电流为 $I$，求空间磁感应强度的分布。

证明：在两种磁介质交界面两边上，磁感应强度 **B** 的法线分量（即垂直于交界面的分量）相等。

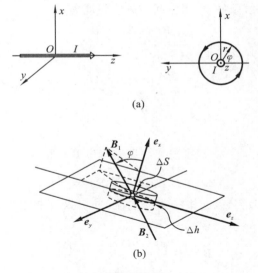

(a)

(b)

**习题 7-54 图**

**解**　(1) 建立如图(a)所示的坐标系，且取两种磁介质的交界面为 $Oyz$ 平面。在 $x = 0$ 处无限大平面的下方充满介质（$x < 0$）；$x > 0$ 区域为真空。设电流 $I$ 沿 $z$ 轴正方向流动。

考虑到磁场线的闭合性，建立以 $z$ 轴为中心的柱坐标系。设介质和真空的磁场强度分别为 $H_1$ 和 $H_2$，因电流 $I$ 沿 $z$ 轴方向流动，由对称性，磁场强度只与矢径 $r$ 有关，且方向沿 $\varphi$ 方向，除 $r=0$ 外，其他方位上电流密度处处为零。即 $j = 0$。空间磁场分布满足方程：

$$\oint_L \boldsymbol{H} \cdot \mathrm{d}\boldsymbol{l} = I, \quad \oint_L \boldsymbol{B} \cdot \mathrm{d}\boldsymbol{S} = 0$$

边界条件为

$$\begin{cases} r \to \infty, H \to 0, B \to 0 \\ x = 0 \begin{cases} \boldsymbol{e}_x \times (\boldsymbol{H}_2 - \boldsymbol{H}_1) = \boldsymbol{j} \\ \boldsymbol{e}_x \cdot (\boldsymbol{B}_2 - \boldsymbol{B}_1) = 0 \end{cases} \end{cases}$$

根据以上定解条件，可得空间磁感应强度矢量

$$\boldsymbol{B}_1 = \boldsymbol{B}_2 = \boldsymbol{B}$$

对应于磁场强度矢量：

$$\boldsymbol{H}_1 = \frac{\boldsymbol{B}}{\mu_0} \quad (x > 0)(\mu_r = 1)$$

$$\boldsymbol{H}_2 = \frac{\boldsymbol{B}}{\mu_r \mu_0} \quad (x < 0)$$

设磁场分布为对称，根据安培环路定理 $\oint_L \boldsymbol{B} \cdot \mathrm{d}\boldsymbol{l} = \mu_0 I$，得到

$$2\pi r \cdot B = \mu_0(I + I') = \mu' I$$

其中，$I'$ 为安培环路包围的束缚电流，并引入 $\mu'$ 折合等效磁导率。得到

$$\boldsymbol{B} = \frac{\mu_0(I + I')}{2\pi r} \boldsymbol{e}_\varphi = \frac{\mu' I}{2\pi r} \boldsymbol{e}_\varphi$$

在介质内 $\left( H_2 = \dfrac{B}{\mu_r \mu_0} \right)$

$$\boldsymbol{H}_2 = \frac{(I + I')}{2\pi r \mu_r} \boldsymbol{e}_\varphi = \frac{\mu' I}{2\pi r \mu_0 \mu_r} \boldsymbol{e}_\varphi$$

求解安培环路中包围的束缚电流 $I'$，可以解出折合等效磁导

率 $\mu'$。根据 $\boldsymbol{H}_2 = \dfrac{\boldsymbol{B}}{\mu_0} - \boldsymbol{M}_\mathrm{m}$，即

$$\frac{\mu'I}{2\pi r\mu_0\mu_\mathrm{r}} = \frac{\mu'I}{2\pi r\mu_0} - M_\mathrm{m}$$

得到磁化强度矢量　　$\boldsymbol{M}_\mathrm{m} = \dfrac{(\mu_\mathrm{r} - 1)\mu'I}{2\pi r\mu_0\mu_\mathrm{r}}\boldsymbol{e}_\varphi$

如图(a)所示，半径为 $r$ 的圆环内束缚电流 $I'$（真空中磁化率 $M_\mathrm{m} = 0$，上半环内没有束缚电流，上半环积分为零，仅下半环积分为非零）：

$$I' = \oint_L \boldsymbol{M}_\mathrm{m} \cdot \mathrm{d}\boldsymbol{l} = \int_{\text{上半环}} \boldsymbol{M}_\mathrm{m} \cdot \mathrm{d}\boldsymbol{l} + \int_{\text{下半环}} \boldsymbol{M}_\mathrm{m} \cdot \mathrm{d}\boldsymbol{l}$$

$$= 0 + \frac{(\mu_\mathrm{r} - 1)\mu'I}{2\pi r\mu_0\mu_\mathrm{r}}\frac{2\pi r}{2} = \frac{(\mu_\mathrm{r} - 1)\mu'I}{2\mu_0\mu_\mathrm{r}}$$

$$H_2 = \frac{\left(I + \dfrac{(\mu_\mathrm{r} - 1)\mu'I}{2\mu_0\mu_\mathrm{r}}\right)}{2\pi r\mu_\mathrm{r}}\boldsymbol{e}_\varphi = \frac{\mu'I}{2\pi r\mu_0\mu_\mathrm{r}}\boldsymbol{e}_\varphi$$

解得　　　　　　　　　　$\mu' = \dfrac{2\mu_\mathrm{r}\mu_0}{\mu_\mathrm{r} + 1}$

代回 $\boldsymbol{B}$ 的表达式中，得到

$$\boldsymbol{B}_1 = \boldsymbol{B}_2 = \boldsymbol{B} = \frac{I}{2\pi r}\frac{2\mu_\mathrm{r}\mu_0}{\mu_\mathrm{r} + 1}\boldsymbol{e}_\varphi = \frac{\mu_\mathrm{r}\mu_0}{\mu_\mathrm{r} + 1} \cdot \frac{I}{\pi r}\boldsymbol{e}_\varphi$$

即

$$\boldsymbol{H}_1 = \frac{\boldsymbol{B}}{\mu_0} = \frac{\mu_\mathrm{r}}{\mu_\mathrm{r} + 1} \cdot \frac{I}{\pi r}\boldsymbol{e}_\varphi \quad (x > 0)$$

$$\boldsymbol{H}_2 = \frac{\boldsymbol{B}}{\mu_0\mu_\mathrm{r}} = \frac{1}{\mu_\mathrm{r} + 1} \cdot \frac{I}{\pi r}\boldsymbol{e}_\varphi \quad (x < 0)$$

由图(a)所示半径为 $r$ 的圆环内束缚电流 $I'$ 也可表示（下半圆环包围）为

$$I' = \left(\frac{\mu_\mathrm{r} - 1}{\mu_\mathrm{r} + 1}\right)I \quad （与电流 I 同向）$$

（2）在两种磁介质交界面两边上，取一闭合扁平圆柱面，其高

为 $\Delta h$,横截面为 $\Delta S$,如图(b)所示,由于 $\oint_S \boldsymbol{B} \cdot \mathrm{d}\boldsymbol{S} = 0$,当 $\Delta h \to 0$ 时,即为磁感应强度在边界的性质。

$$\oint_S \boldsymbol{B} \cdot \mathrm{d}\boldsymbol{S} = \int_{圆柱面上底} \boldsymbol{B}_1 \cdot \mathrm{d}\boldsymbol{S} + \int_{圆柱面下底} \boldsymbol{B}_2 \cdot \mathrm{d}\boldsymbol{S} + \int_{圆柱面侧面} \boldsymbol{B}' \cdot \mathrm{d}\boldsymbol{S}$$
$$= 0$$

注意到,圆柱面上、下底的外法线单位矢量分别为 $\boldsymbol{e}_x$ 和 $-\boldsymbol{e}_x$,即得到

$$\int_{\Delta S} B \cdot \cos\varphi \cdot \mathrm{d}S + \int_{\Delta S} B \cdot \cos(\pi - \varphi) \cdot \mathrm{d}S + \int_{2\pi r \cdot \Delta h} \boldsymbol{B}' \cdot \mathrm{d}\boldsymbol{S} = 0$$

当 $\Delta h \to 0$ 时,侧面积分为零,得到

$$B_1 \cdot \cos\varphi \cdot \Delta S - B_2 \cdot \cos\varphi \cdot \Delta S + 0 = 0$$

由图(a)可知,$\boldsymbol{B}_1 \cdot \cos\varphi = (B_1)_\perp$,$\boldsymbol{B}_2 \cdot \cos\varphi = (B_2)_\perp$,得到磁感应强度垂直于交界面的分量关系:$(B_1)_\perp = (B_2)_\perp$,即磁感应强度 $\boldsymbol{B}$ 的法线分量(垂直于交界面的分量)相等,符合磁感应强度矢量的边界条件 $\boldsymbol{e}_x \cdot (\boldsymbol{B}_2 - \boldsymbol{B}_1) = 0$。即证。

**7-55** 证明固有磁偶磁矩为 $p_m$ 的气体分子在均匀磁场 $\boldsymbol{B}$ 中的单位体积的总磁化的关系式为 $\boldsymbol{M} = \dfrac{n p_m^2}{3k} \cdot \dfrac{\boldsymbol{B}}{T}$。

**解** 设气体分子在空间分布均匀,单位体积中的分子数为 $n$(分子密度),且分子磁矩 $p_m$ 的取向是杂乱无章的。各分子磁矩在磁场的力矩作用下,在一定程度上沿着外磁场方向排列,气体分子被外磁场所磁化。

设气体分子磁矩方向在外磁场作用下,各个分子磁矩与外磁场方向的最终夹角变为 $\theta_i (i = 1, 2, \cdots)$,且 $\theta_i$ 在 $0 \sim \pi$ 之间是连续变化分布,因而各个分子与磁场同向的有效磁矩 $p_m' = p_m \cdot \cos\theta_i$ 各不同,总磁化率 $M$ 为各个分子有效磁矩的和。

各个分子具有的磁场能量 $E_i$ 为

$$E_i = -\boldsymbol{p}_m \cdot \boldsymbol{B} = -p_m \cdot \cos\theta_i \cdot B \quad (i = 1, 2, \cdots)$$

由于分子总是趋于最小能量状态,能量小的分子数目多;能量

大的分子数目少,定量关系为分子数按能量服从玻尔兹曼能量分布,即 $dn \propto A e^{\frac{-E_i}{kT}}$,$k$ 为玻尔兹曼常数,$T$ 为气体温度。

由于 $\theta_i$(圆锥体的高与其全体母线的夹角)关于外磁场 $\boldsymbol{B}$ 的方向呈立体分布,对应其立体角为

$$\Omega = 2\pi(1 - \cos\theta_i)$$

分子磁矩方向与磁场方向的夹角处于 $\theta_i \sim \theta_i + d\theta_i$ 变化范围内,对应立体角 $\Omega$ 的变化为

$$d\Omega = 2\pi \sin\theta_i \cdot d\theta_i$$

凡是分子磁矩方向与磁场方向的夹角处于 $\theta_i \sim \theta_i + d\theta_i$ 区间的分子数目 $dn$ 为

$$dn = n \cdot f(\theta_i) d\theta_i = A e^{\frac{E_i}{kT}} \cdot d\Omega = 2\pi A e^{\frac{-p_m \cdot B\cos\theta_i}{kT}} \cdot \sin\theta_i d\theta_i$$

其中 $A$ 是待定常数。利用单位体积内分子分布函数归一的特征,定解常数 $A$。

$$n = \int_0^\pi 2\pi A e^{\frac{-p_m \cdot B\cos\theta_i}{kT}} \cdot \sin\theta_i d\theta_i = \frac{4\pi A kT}{p_m B} \sinh\left(\frac{kT}{p_m B}\right)$$

解出

$$A = \frac{p_m B}{4\pi kT} \frac{n}{\sinh\left(\dfrac{kT}{p_m B}\right)}$$

对分子的有效磁矩求和以解出总有效磁矩 $M$,即

$$M = \int p'_m dn = \int p_m \cos\theta \cdot dn$$

代入相关结果,得到

$$M = \int_0^\pi p_m \cos\theta_i \cdot 2\pi A e^{\frac{-p_m \cdot B\cos\theta_i}{kT}} \cdot \sin\theta_i d\theta_i = \frac{n p_m^3 B^2}{k^2 T^2}\left[\coth\left(\frac{kT}{p_m B}\right) - \frac{p_m B}{kT}\right]$$

将 $\coth\left(\dfrac{kT}{p_m B}\right)$ 展开为级数,即 $\coth\left(\dfrac{kT}{p_m B}\right) = \dfrac{p_m B}{kT} + \dfrac{1}{3} \cdot \dfrac{kT}{p_m B}$ $+\cdots$,取前两项代入上式,有

$$\boldsymbol{M} = \frac{n p_m^2}{3k} \frac{\boldsymbol{B}}{T}$$

**7-56** 有一根磁铁棒,其矫顽力为 $4 \times 10^3$ A/m,欲把它插入

长为 12 cm 绕有 60 匝线圈的螺线管中使它去磁。此螺线管应通以多大电流?

**解**　传导电流产生的磁场强度在数值上至少应等于矫顽力 $H_c$,即

$$H = \frac{NI}{l} = H_c$$

故　　　　　$I = \frac{H_c l}{N} = \frac{4 \times 10^3 \times 0.12}{60} \text{ A} = 8 \text{ A}$

# 第8章 电磁感应

## 一、内容提要

### 1. 法拉第电磁感应定律

$$\mathscr{E}_i = -\frac{\mathrm{d}\Phi}{\mathrm{d}t}$$

### 2. 感应电动势

动生电动势 $\quad \mathscr{E}_i = \displaystyle\int_L (v \times \boldsymbol{B}) \cdot \mathrm{d}\boldsymbol{l}$

感生电动势 $\quad \mathscr{E}_i = \displaystyle\oint_L \boldsymbol{E}_i \cdot \mathrm{d}\boldsymbol{l}$

自感电动势 $\quad \mathscr{E}_L = -L \dfrac{\mathrm{d}i}{\mathrm{d}t}$

互感电动势 $\mathscr{E}_{12} = -M \dfrac{\mathrm{d}i_1}{\mathrm{d}t}, \quad \mathscr{E}_{21} = -M \dfrac{\mathrm{d}i_2}{\mathrm{d}t}$

### 3. LR 电路

电流增长规律 $\quad i = \dfrac{\mathscr{E}}{R}(1 - \mathrm{e}^{-\frac{R}{L}t})$

电流衰减规律 $\quad i = \dfrac{\mathscr{E}}{R}\mathrm{e}^{-\frac{R}{L}t}$

### 4. 磁场能量

自感磁能 $\quad W = \dfrac{1}{2}LI^2$

磁场能量密度 $\quad w = \dfrac{1}{2}\boldsymbol{B} \cdot \boldsymbol{H}$

磁场能量　　　$W = \int_V w\,\mathrm{d}V = \int_V \dfrac{1}{2}\boldsymbol{B} \cdot \boldsymbol{H}\,\mathrm{d}V$

**5. 位移电流**

位移电流密度　　　　　$\boldsymbol{j}_D = \dfrac{\partial \boldsymbol{D}}{\partial t}$

位移电流　　$I_D = \int_S \boldsymbol{j}_D \cdot \mathrm{d}\boldsymbol{S} = \int_S \dfrac{\partial \boldsymbol{D}}{\partial t} \cdot \mathrm{d}\boldsymbol{S}$

全电流定理　$\oint_L \boldsymbol{H} \cdot \mathrm{d}\boldsymbol{l} = I + I_D = \int_S \left( \boldsymbol{j} + \dfrac{\partial \boldsymbol{D}}{\partial t} \right) \cdot \mathrm{d}\boldsymbol{S}$

**6. 麦克斯韦方程组的积分形式**

$$\oint_S \boldsymbol{D} \cdot \mathrm{d}\boldsymbol{S} = \sum_i q_i = \int_V \rho\,\mathrm{d}V$$

$$\oint_S \boldsymbol{B} \cdot \mathrm{d}\boldsymbol{S} = 0$$

$$\oint_L \boldsymbol{E} \cdot \mathrm{d}\boldsymbol{l} = -\int_S \dfrac{\partial \boldsymbol{B}}{\partial t} \cdot \mathrm{d}\boldsymbol{S}$$

$$\oint_L \boldsymbol{H} \cdot \mathrm{d}\boldsymbol{l} = I + I_D = \int_S \left( \boldsymbol{j} + \dfrac{\partial \boldsymbol{D}}{\partial t} \right) \cdot \mathrm{d}\boldsymbol{S}$$

# 二、重 点 难 点

**1.** 法拉第电磁感应定律及其应用。

**2.** 感应电场的理解。

**3.** 动生电动势、感生电动势、自感、互感的计算及典型问题中磁场能量的计算。

**4.** 位移电流的理解及计算，麦克斯韦方程组的物理意义。

# 三、思考题及解答

**8-1**　将尺寸完全相同的铜环和铝环适当放置，使通过两环内的磁通量的变化率相等。问这两个环中的感应电流及感应电场是否相等?

**答** 磁通量的变化率相同,所以感生电动势相同,而尺寸完全相同,所以感应电场一定相同。铜环的电阻要小些,所以铜环中感应电流大些。

**8-2** 对于单匝线圈取自感系数的定义式为 $L = \dfrac{\Phi}{i}$。当线圈的几何形状、大小及周围磁介质分布不变,且无铁磁性物质时,若线圈中的电流强度变小,则线圈的自感系数 $L$ 是否就变大?

**答** 线圈的自感系数 $L$ 不变。因为 $L$ 是由线圈自身的属性决定的,它是反映线圈阻碍电流改变的能力(即电磁惯性)的物理量,与线圈中有无磁通、电流无关。

**8-3** 三个线圈中心在一条直线上,相隔的距离很近,如何设置可使它们两两之间的互感系数为零?

**答** 使三线圈中心重合,并使它们两两互相垂直。这样在任一个线圈中通入电流都不会使另外两个线圈中有磁通量,因此两线圈间互感为零。

# 四、习题及解答

**8-1** 如图所示,一长直导线载有 5 A 的直流电,附近有一个与它共面的矩形线圈,其中 $l = 20$ cm, $a = 10$ cm, $b = 20$ cm,线圈共有 $N = 1000$ 匝,以 $v = 3$ m/s 的速度水平离开直导线。试求:(1) 在图示位置线圈里的感应电动势的大小和方向;(2) 若线圈不动,而长直导线通有交变电流 $I = 5\sin 100\pi t$(A),线圈中的感应电动势为多少?

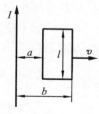

**习题 8-1 图**

**解** (1) 设回路的绕行方向为顺时针方向,则回路在任意 $t$ 时刻的磁通量为

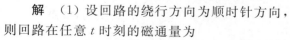

$$\Phi = \int \boldsymbol{B} \cdot \mathrm{d}\boldsymbol{S} = \int_{a+vt}^{b+vt} \frac{\mu_0 I}{2\pi r} l \, \mathrm{d}r = \frac{\mu_0 I l}{2\pi} \ln \frac{b+vt}{a+vt}$$

回路中的感应电动势为

$$\mathscr{E}_i = -N \frac{\mathrm{d}\Phi}{\mathrm{d}t} = \frac{N\mu_0 I l v (b-a)}{2\pi(a+vt)(b+vt)}$$

当 $t = 0$ 时，$\qquad\qquad\qquad \mathscr{E}_i = 3 \text{ mV}$

顺时针方向。

（2）线圈不动，回路在任意 $t$ 时刻的磁通量为

$$\Phi = \int_a^b \frac{\mu_0 I}{2\pi r} l \, \mathrm{d}r = \frac{\mu_0 I l}{2\pi} \ln \frac{b}{a} = \frac{\mu_0 l}{2\pi}(5\sin 100\pi t) \ln \frac{b}{a}$$

回路中的感应电动势为

$$\mathscr{E}_i = -N \frac{\mathrm{d}\Phi}{\mathrm{d}t} = -\frac{N\mu_0 l}{2\pi}(5 \times 100\pi \cos 100\pi t) \ln \frac{b}{a}$$

$$= -1000 \times \frac{4\pi \times 10^{-7} \times 0.2}{2\pi} \times 5 \times 100\pi \left(\ln \frac{20}{10}\right) \cos 100\pi t$$

$$= -0.0436 \cos 100\pi t \text{ (V)}$$

若 $\mathscr{E}_i > 0$，感应电动势方向与回路绕向相同，否则，方向相反。

**8-2** 如图所示，有一弯成 $\theta$ 角的金属架 $COD$，一导体棒 $MN$（$MN$ 垂直于 $OD$）以恒定速度 $v$ 在金属架上滑动，设 $v$ 垂直 $MN$ 向右，且 $t=0$，$x=0$。已知磁场的方向垂直图面向外，分别求下列情况下的感应电动势 $\mathscr{E}_i$：（1）磁场均匀分布，且 $\boldsymbol{B}$ 不随时间变化；（2）磁场是非均匀的时变磁场 $B = kx\cos\omega t$。

**解** （1）设回路的绕行方向为逆时针方向，当 $x = vt$ 时，回路的磁通量为

$$\Phi = BS = \frac{Bv^2 t^2}{2} \tan\theta$$

$$\mathscr{E}_i = -\frac{\mathrm{d}\Phi}{\mathrm{d}t} = -Bv^2 t \tan\theta$$

方向从 $M$ 指向 $N$。

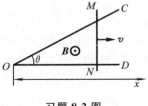

习题 8-2 图

（2）磁场不均匀，回路在任意 $t$ 时刻的磁通量为

$$\Phi = \int \boldsymbol{B} \cdot \mathrm{d}\boldsymbol{S} = \int_0^{ut} kx\cos\omega t \cdot x\tan\theta \mathrm{d}x = k\cos\omega t \cdot \tan\theta \cdot \frac{v^3 t^3}{3}$$

$$\mathscr{E}_i = -\frac{\mathrm{d}\Phi}{\mathrm{d}t} = k\omega\sin\omega t\tan\theta \cdot \frac{v^3 t^3}{3} - k\cos\omega t\tan\theta \cdot v^3 t^2$$

若 $\mathscr{E}_i > 0$，感应电动势方向与回路绕向相同，否则，方向相反。

**8-3** 如图所示，均匀磁场与导体回路法线 $n$ 的夹角为 $\theta = \dfrac{\pi}{3}$，磁感应强度 $B$ 随时间线性增加，即 $B = kt$ $(k>0)$，$ab$ 边长为 $l$ 且以速度 $v$ 向右滑动。求任意时刻回路的感应电动势的大小和方向。（设 $t=0$ 时，$x=0$。）

**解** 任意 $t$ 时刻，回路的面积为 $S = lx$，回路的磁通量为

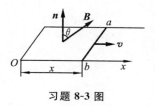

$$\Phi(t) = \boldsymbol{B} \cdot \boldsymbol{S} = BS\cos\frac{\pi}{3}$$

$$= ktvtl\cos\frac{\pi}{3} = \frac{1}{2}klvt^2$$

习题 8-3 图

则回路中的感应电动势为

$$\mathscr{E}_i = -\frac{\mathrm{d}\Phi}{\mathrm{d}t} = -klvt$$

顺时针方向。

**8-4** 如图（a）所示的是一面积为 $5\,\mathrm{cm} \times 10\,\mathrm{cm}$ 的线框，在与一均匀磁场 $B = 0.1\mathrm{T}$ 相垂直的平面中运动，速度 $v = 2\,\mathrm{cm/s}$，已知线框的电阻 $R = 1\,\Omega$。若取线框前沿与磁场接触时刻为 $t=0$。作图时视顺时针指向的感应电动势为正值。试求：（1）通过线框的磁通量 $\Phi(t)$ 的函数及曲线；（2）线框中的感应电动势 $\mathscr{E}_i(t)$ 的函数及曲线；（3）线框中的感应电流 $I_i(t)$ 的函数及曲线。

**解** 在时间间隔 $0 \sim 5\,\mathrm{s}$ 内，线框中的磁通量为

$$\Phi(t) = BS = Bvtl = 10^{-4}t \ (\mathrm{Wb})$$

则线框中的感应电动势和感应电流分别为

$$\mathscr{E}_i(t) = -\frac{\mathrm{d}\Phi}{\mathrm{d}t} = -Blv = -10^{-4}\,\mathrm{V}$$

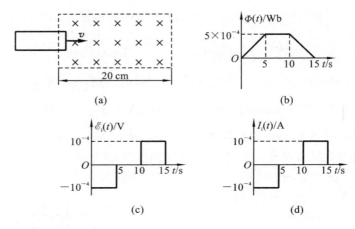

习题 8-4 图

$$I_i(t) = \frac{\mathscr{E}_i}{R} = -10^{-4}\ \text{A}$$

在 5～10 s 内，线框中的磁通量为

$$\Phi(t) = \Phi_0 = BS_0 = 5 \times 10^{-4}\ \text{Wb}$$

则线框中的感应电动势和感应电流分别为

$$\mathscr{E}_i(t) = 0, \quad I_i(t) = 0$$

在 10～15 s 内，线框中的磁通量为

$$\Phi(t) = \Phi_0 - Blvt = 5 \times 10^{-4} - 10^{-4}t\ (\text{Wb})$$

则线框中的感应电动势和感应电流分别为

$$\mathscr{E}_i(t) = -\frac{\mathrm{d}\Phi}{\mathrm{d}t} = 10^{-4}\ \text{V}, \quad I_i(t) = 10^{-4}\ \text{A}$$

$\Phi(t)$、$\mathscr{E}_i(t)$、$I_i(t)$ 曲线如图(b)、(c)、(d)所示。

**8-5** 如图(a)所示，在长直导线附近，有一边长为 $a$ 的正方形线圈，绕其中心线 $OO'$ 以角速度 $\omega$ 旋转，转轴 $OO'$ 与长直导线间的距离为 $d$。若导线中通有电流 $I$，求线圈中的感应电动势。

**解** 设初始时刻线圈与导线共面，任意时刻 $t$，线圈相对初始位置转动了 $\theta$ 角，如图(b)所示，这时穿过回路的磁通量为

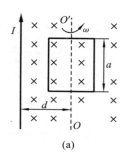

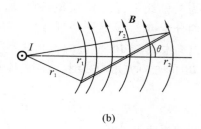

(a)                                    (b)

习题 8-5 图

$$\Phi = \int \boldsymbol{B} \cdot \mathrm{d}\boldsymbol{S} = \int_{r_1}^{r_2} \frac{\mu_0 I}{2\pi r} a \, \mathrm{d}r = \frac{\mu_0 Ia}{2\pi} \ln \frac{r_2}{r_1}$$

式中

$$r_1 = \sqrt{d^2 + \left(\frac{a}{2}\right)^2 - 2d\left(\frac{a}{2}\right)\cos\theta}$$

$$r_2 = \sqrt{d^2 + \left(\frac{a}{2}\right)^2 + 2d\left(\frac{a}{2}\right)\cos\theta}$$

$$\theta = \omega t$$

所以回路在 $t$ 时刻的磁通量

$$\Phi(t) = \frac{\mu_0 Ia}{2\pi} \ln \sqrt{\frac{d^2 + \left(\frac{a}{2}\right)^2 + 2d\left(\frac{a}{2}\right)\cos\theta}{d^2 + \left(\frac{a}{2}\right)^2 - 2d\left(\frac{a}{2}\right)\cos\theta}}$$

因此线圈中的感应电动势为

$$\mathscr{E}_i(t) = -\frac{\mathrm{d}\Phi(t)}{\mathrm{d}t}$$

$$= -\frac{\mu_0 I\omega a^2 d}{4\pi}\sin(\omega t)\left[\frac{1}{d^2 + \left(\frac{a}{2}\right)^2 + ad\cos\omega t} + \frac{1}{d^2 + \left(\frac{a}{2}\right)^2 - 2d\left(\frac{a}{2}\right)\cos\omega t}\right]$$

**8-6**  平均半径为 12 cm 的 $4\times10^3$ 匝线圈,在强度为 0.5 G 的地磁场中每秒旋转 30 周,线圈中可产生的最大感应电动势为多大? 如何旋转和旋转到何时,才有这样大的电动势?

**解**  设线圈绕与其某直径重合的轴线 $MM'$ 转动(如图所示),

地磁场 $\boldsymbol{B}$ 的方向与此夹角为 $\theta$。将 $\boldsymbol{B}$ 分解为与轴线平行的分量 $\boldsymbol{B}_1$ 和与轴线垂直的分量 $\boldsymbol{B}_2$。线圈转动时,线圈平面法线方向总是与 $\boldsymbol{B}_1$ 垂直的。当法线方向与 $\boldsymbol{B}_2$ 的方向夹角为 $\varphi$ 时,线圈的全磁通为

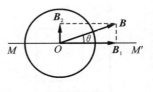

习题 8-6 图

$$\Psi = N\Phi = N\boldsymbol{B} \cdot \boldsymbol{S} = N(\boldsymbol{B}_1 + \boldsymbol{B}_2) \cdot \boldsymbol{S} = N\boldsymbol{B}_2 \cdot \boldsymbol{S} = NBS\sin\theta\cos\varphi$$

线圈的感应电动势

$$\mathscr{E}_i = -\frac{\mathrm{d}\Psi}{\mathrm{d}t} = NBS\sin\theta\sin\varphi\,\frac{\mathrm{d}\varphi}{\mathrm{d}t} = NBS\omega\sin\theta\sin\varphi$$

当 $\theta = \dfrac{\pi}{2}$ 且 $\varphi = \dfrac{\pi}{2}$ 时,即当线圈绕垂直于地磁场的直径旋转,且法线方向与地磁场方向垂直时,感应电动势有最大值,其值为

$$\mathscr{E}_m = NBS\omega = \pi r^2 NB \cdot 2\pi n = 2\pi^2 r^2 NBn$$

$$= 2 \times 3.14^2 \times 0.12^2 \times 4 \times 10^3 \times 0.5 \times 10^{-4} \times 30 \text{ V} = 1.7 \text{ V}$$

**8-7** 如图所示,有两根相距为 $l$ 的平行导线,其一端用电阻 $R$ 连接,导线上有一质量为 $m$ 的金属棒无摩擦地滑过,有一均匀磁场 $\boldsymbol{B}$ 与图面垂直。假设在 $t=0$ 瞬间金属棒以 $v_0$ 的速度向左滑动,请回答下列问题:(1)金属棒的运动速度与时间的函数关系;(2)金属棒的移动距离与时间的函数关系;(3)能量守恒定律是否成立? 请证明。

**解** (1)设棒移动 $x$ 距离时,速度为 $v$,电流为 $i$,电磁力使棒获得加速度,则有

$$m\frac{\mathrm{d}v}{\mathrm{d}t} = -iBl$$

式中,

$$i = \frac{Blv}{R}$$

习题 8-7 图

故

$$m\frac{\mathrm{d}v}{\mathrm{d}t} = -\frac{B^2 l^2}{R}v$$

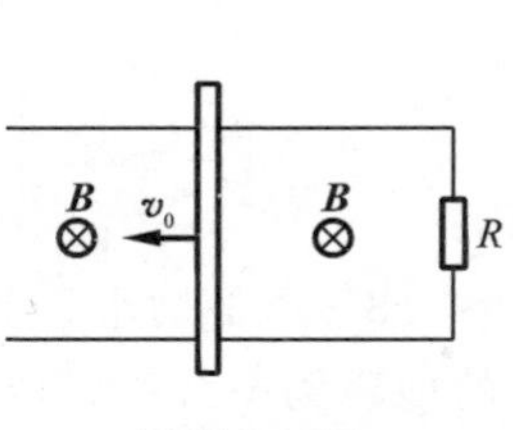

积分得
$$\ln v = -\frac{B^2 l^2}{mR} t + C$$

当 $t = 0$ 时，$v = v_0$，代入上式得 $C = \ln v_0$，故

$$v = v_0 e^{-\frac{B^2 l^2}{mR} t}$$

（2）当 $t = 0$ 时，$x = 0$。$v = \dfrac{\mathrm{d}x}{\mathrm{d}t}$，于是

$$x = \frac{v_0 mR}{B^2 l^2} (1 - e^{-\frac{B^2 l^2}{mR} t})$$

（3）电流产生的热量为 $\displaystyle\int_0^\infty R i^2 \mathrm{d}t = Q$，将 $i = \dfrac{Blv}{R} = \dfrac{Blv_0}{R} e^{-\frac{B^2 l^2}{mR} t}$

代入上式积分，得

$$Q = \int_0^\infty R i^2 \mathrm{d}t = \frac{1}{2} m v_0^2$$

故能量守恒。

**8-8** 长为 $L$ 的导线以角速度 $\omega$ 绕其一固定端 $O$，在竖直长直电流 $I$ 所在的平面内旋转，$O$ 点至长直电流的距离为 $a$，且 $a > L$，如图（a）所示。求导线 $L$ 在与水平方向成 $\theta$ 角时的动生电动势的大小和方向。

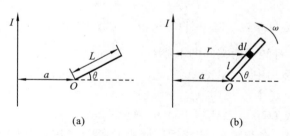

(a)          (b)

习题 8-8 图

**解** 如图（b）所示，$r = a + l\cos\theta$，$v = l\omega$，故导线上的电动势为

$$\mathscr{E} = \int_L Bv\,\mathrm{d}l = \frac{\mu_0 I}{2\pi} \omega \int_0^L \frac{l\,\mathrm{d}l}{a + l\cos\theta} = \frac{\mu_0 I\omega}{2\pi\cos^2\theta} \left( L\cos\theta - a\ln\frac{a + L\cos\theta}{a} \right)$$

方向沿导线指向 $O$ 点。

**8-9** 如图所示,边长为 1 m 的立方体,处在沿 $y$ 轴指出的 0.2T 的均匀磁场中。导线 $A$、$C$ 和 $D$ 都以 50 cm/s 的速度沿图示的方向移动。(1) 每根导线内的等效非静电场 $E_k$ 的大小是多少? (2) 每根导线内的动生电动势是多少? (3) 每根导线两端间的电势差是多少?

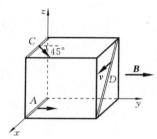

习题 8-9 图

**解** (1) 由定义 $E_k = v \times B$,可得各导线内的非静电场:

导线 $A$ 中, 　$E_{kA} = 0$

导线 $C$ 中, 　$E_{kC} = (v\cos45°j - v\sin45°k) \times Bj = vB\sin45°i$
　　　　　　　$= 0.0707i$ (V/m)

导线 $D$ 中, 　$E_{kD} = vi \times Bj = vBk = 0.1k$ (V/m)

(2) 各导线内的感应电动势:

导线 $A$ 中, 　$\mathscr{E}_{iA} = \int E_{kA} \cdot dl = 0$

导线 $C$ 中, 　$\mathscr{E}_{iC} = \int E_{kC} \cdot dl = vBl\sin 45° = 0.0707$ V

导线 $D$ 中, 　$\mathscr{E}_{iD} = \int E_{kD} \cdot dl = \sqrt{2}vBl\cos 45° = 0.141$ V

(3) 各导线两端间的电势差:

导线 $A$ 中, 　$\Delta V_A = 0$

导线 $C$ 中, 　$\Delta V_C = \mathscr{E}_{iC} = 0.0707$ V

导线 $D$ 中, 　$\Delta V_D = \mathscr{E}_{iD} = 0.141$ V

**8-10** 在我国 50 周年国庆盛典上,我军 FBC-1"飞豹"新型超音速歼击轰炸机在天安门上空沿水平方向自东向西呼啸而过。该机翼长 12.705 m。设北京地磁场的竖直方向分量为 $0.42 \times 10^{-4}$ T,该机以最大 $M$ 数 1.70($M$ 数即"马赫数",表示飞机航速是声速的倍数)飞行,求该机两翼尖之间的电势差? 哪端电势高?

**解** 飞机飞行时切割地磁场的磁力线,由动生电动势的定义

可得该机两翼尖间的电势差为
$$\Delta V = \mathscr{E}_i = vBl = 1.7 \times 330 \times 0.42 \times 10^{-4} \times 12.705 \text{ V} \approx 0.3 \text{ V}$$
由飞行方向可知机翼南端电势高。

**8-11**　为了探测海洋中水的运动,海洋学家有时依靠水流通过地磁场所产生的动生电动势来计算。假设在某处地磁场的竖直分量为 $0.7 \times 10^{-4}$ T,两电极垂直插入被测的相距 200 m 的水流中,如果与两极相连的灵敏伏特计指示 $7.0 \times 10^{-3}$ V 的电势差,求水流的速度?

**解**　设水流速度为 $v$,在 $L = 200$ m 的水流中产生的动生电动势为
$$\mathscr{E}_i = vBL$$
则水流速度为
$$v = \frac{\mathscr{E}_i}{BL} = \frac{7.0 \times 10^{-3}}{0.7 \times 10^{-4} \times 200} \text{ m/s} = 0.5 \text{ m/s}$$

**8-12**　如图所示的是测量螺线管中磁场的一种装置。把一个很小的探测线圈放在待测处并使线圈面与磁场垂直,此线圈与测量电量的冲击电流计 G 串联。当用反向开关 K 使螺线管的电流反向时,探测线圈中就产生感应电动势,从而产生电量 $\Delta q$ 的迁移;由 G 测出 $\Delta q$,就可以计算出测量线圈所在处的 $B$。已知探测线圈有 2000 匝,它的直径为 2.5 cm,它和 G 串联回路的电阻为 1000 Ω,在 K 反向时测得 $\Delta q = 2.5 \times 10^{-7}$ C,求被测处的磁感应强度的量值。

**解**　根据探测线圈迁移的电量与线圈的磁通量的关系,有
$$\Delta q = \frac{N}{R}(\Phi_1 - \Phi_2)$$
将 $\Phi_1 = B\frac{\pi d^2}{4}$, $\Phi_2 = -B\frac{\pi d^2}{4}$ 代入上式,则有

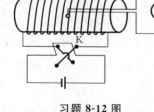

习题 **8-12** 图

$$\Delta q = \frac{N}{R} 2B \frac{\pi d^2}{4}$$

所以被测处的磁感应强度的值为

$$B = \frac{2R\Delta q}{N\pi d^2} = \frac{2 \times 1000 \times 2.5 \times 10^{-7}}{2000 \times 3.14 \times (2.5 \times 10^{-2})^2}\,\text{T} = 1.27 \times 10^{-4}\,\text{T}$$

**8-13**　长为 50 cm,直径为 8 cm 的螺线管,有 500 匝,用绝缘导线密绕 20 匝的线圈套在螺线管外中部,同时将此线圈两端点接至冲击电流计。线圈、电流计和连接线的总电阻为 25 Ω。(1)当螺线管中的电流突然从 3 A 减到 1 A 时,求经电流计转移的电量。(2)画出此装置的简图,并清楚地标明螺线管和线圈的绕向以及螺线管中的电流方向。当螺线管中的电流减少时,线圈内的电流方向如何?

**解**　(1)当螺线管中的电流从 3 A 减到 1 A 时,经电流计转移的电量为

$$\Delta q = \frac{N_2}{R}(\Phi_1 - \Phi_2) = \frac{N_2}{R} \mu_0 \frac{N_1}{l}(i_1 - i_2)S$$

$$= \frac{\mu_0 N_1 N_2}{Rl} \pi \frac{d^2}{4}(i_1 - i_2) = 1.01 \times 10^{-5}\,\text{C}$$

(2)此装置的简图如图所示。

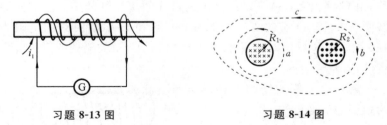

习题 8-13 图　　　　　　　　　习题 8-14 图

**8-14**　如图所示,两个均匀磁场区域的半径分别为 $R_1 = 21.2$ cm 和 $R_2 = 32.3$ cm,磁感应强度分别为 $B_1 = 48.6$ mT 和 $B_2 = 77.2$ mT,方向如图所示。两个磁场正以 8.5 mT/s 的变化率减小,试分别计算感应电场对三个回路的环流 $\oint E_i \cdot \mathrm{d}l$ 各是多少?

**解** 由感生电动势的定义,有

$$\oint \boldsymbol{E}_i \cdot \mathrm{d}\boldsymbol{l} = -\frac{\mathrm{d}\Phi}{\mathrm{d}t}$$

对回路 $a$,有

$$\frac{\mathrm{d}\Phi}{\mathrm{d}t} = \frac{\mathrm{d}}{\mathrm{d}t}(\boldsymbol{B} \cdot \boldsymbol{S}_a) = -\frac{\mathrm{d}B_1}{\mathrm{d}t}\pi R_1^2$$

$$= 8.5 \times 10^{-3} \times 3.14 \times 21.2^2 \times 10^{-4} \text{ V} = 1.20 \times 10^{-3} \text{ V}$$

则

$$\oint \boldsymbol{E}_i \cdot \mathrm{d}\boldsymbol{l} = -\frac{\mathrm{d}\Phi}{\mathrm{d}t} = -1.20 \times 10^{-3} \text{ V}$$

对回路 $b$,有

$$\frac{\mathrm{d}\Phi}{\mathrm{d}t} = \frac{\mathrm{d}}{\mathrm{d}t}(\boldsymbol{B} \cdot \boldsymbol{S}_b) = -\frac{\mathrm{d}B_2}{\mathrm{d}t}\pi R_2^2$$

$$= 8.5 \times 10^{-3} \times 3.14 \times 32.3^2 \times 10^{-4} \text{ V} = 2.79 \times 10^{-3} \text{ V}$$

则

$$\oint \boldsymbol{E}_i \cdot \mathrm{d}\boldsymbol{l} = -\frac{\mathrm{d}\Phi}{\mathrm{d}t} = -2.79 \times 10^{-3} \text{ V}$$

对回路 $c$,有

$$\frac{\mathrm{d}\Phi}{\mathrm{d}t} = \frac{\mathrm{d}}{\mathrm{d}t}(\boldsymbol{B} \cdot \boldsymbol{S}_c) = -\frac{\mathrm{d}B_1}{\mathrm{d}t}\pi R_1^2 + \frac{\mathrm{d}B_2}{\mathrm{d}t}\pi R_2^2$$

$$= (1.20 \times 10^{-3} - 2.79 \times 10^{-3}) \text{ V} = -1.59 \times 10^{-3} \text{ V}$$

则

$$\oint \boldsymbol{E}_i \cdot \mathrm{d}\boldsymbol{l} = -\frac{\mathrm{d}\Phi}{\mathrm{d}t} = 1.59 \times 10^{-3} \text{ V}$$

**8-15** 在一个圆形截面半径为 $R$ 的长直螺线管中,磁场正以 $\frac{\mathrm{d}B}{\mathrm{d}t}$ 的变化率增大,(1)螺线管内有一个与管轴垂直、圆心在轴线上、半径为 $r_1$ 的圆,穿过此圆的磁通量的变化率是多少?(2)求螺线管内离轴 $r_1$ 处的感应电场 $E_i$,并画图标出电场的方向。(3)螺线管外离轴 $r_2$ 处的感应电场有多大?(4)在 $r=0$ 到 $r=2R$ 的范围内,画出 $E_i$ 的量值随离轴的距离 $r$ 而变化的函数曲线。(5)半径为 $R/2$ 的圆形回路中感生电动势有多大?(6)半径为 $R$ 的呢?(7)半径为 $2R$ 的呢?

**解** (1)穿过半径为 $r_1$ 的圆面上磁通量的变化率为

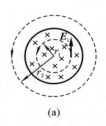

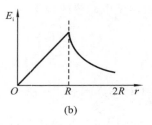

(a)                              (b)

习题 **8-15** 图

$$\frac{\mathrm{d}\Phi}{\mathrm{d}t} = \pi r_1^2 \frac{\mathrm{d}B}{\mathrm{d}t}$$

（2）由感应电场与磁通量的关系 $\oint \boldsymbol{E}_i \cdot \mathrm{d}\boldsymbol{l} = -\dfrac{\mathrm{d}\Phi}{\mathrm{d}t}$ 及场分布的

对称性，可得 $E_i \cdot 2\pi r_1 = \dfrac{\mathrm{d}\Phi}{\mathrm{d}t}$，则螺线管内离轴 $r_1$ 的感应电场为

$$E_i = \frac{1}{2\pi r_1} \frac{\mathrm{d}\Phi}{\mathrm{d}t} = \frac{r_1}{2} \frac{\mathrm{d}B}{\mathrm{d}t}$$

方向为逆时针，如图（a）所示。

（3）同理可得螺线管外离轴 $r_2 > R$ 处的感应电场

$$E_i = \frac{1}{2\pi r_2} \pi R^2 \frac{\mathrm{d}B}{\mathrm{d}t} = \frac{R^2}{2r_2} \frac{\mathrm{d}B}{\mathrm{d}t}$$

方向为逆时针。

（4）$E_i$ 与 $r$ 的函数曲线如图（b）所示。

（5）$r = \dfrac{R}{2}$ 的回路中的感应电动势为

$$\mathscr{E}_i = \frac{\mathrm{d}\Phi}{\mathrm{d}t} = \pi \left(\frac{R}{2}\right)^2 \frac{\mathrm{d}B}{\mathrm{d}t} = \frac{\pi R^2}{4} \frac{\mathrm{d}B}{\mathrm{d}t}$$

（6）$r = R$ 的回路中的感应电动势为

$$\mathscr{E}_i = \frac{\mathrm{d}\Phi}{\mathrm{d}t} = \pi R^2 \frac{\mathrm{d}B}{\mathrm{d}t}$$

（7）$r = 2R$ 的回路中的感应电动势为

$$\mathscr{E}_i = \frac{\mathrm{d}\Phi}{\mathrm{d}t} = \pi R^2 \frac{\mathrm{d}B}{\mathrm{d}t}$$

**8-16** 在半径为 $R$ 的圆形区域内,有垂直向里的均匀磁场正以速率 $\dfrac{\mathrm{d}B}{\mathrm{d}t}$ 减少,有一金属棒 $abc$ 放在图(a)所示的位置,已知 $ab=bc=R$。求:(1) $a$、$b$、$c$ 三点处感应电场的大小和方向(在图上标出);(2)棒上感应电动势 $\mathscr{E}_{abc}$ 为多大?(3) $a$、$c$ 哪点电势高?

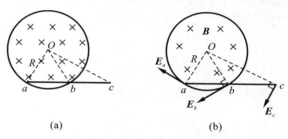

(a)          (b)

习题 8-16 图

**解** (1)由感应电场与磁通量的关系 $\oint \boldsymbol{E}_i \cdot \mathrm{d}\boldsymbol{l} = -\dfrac{\mathrm{d}\Phi}{\mathrm{d}t}$ 及场分布的对称性,可得

$$E_i \cdot 2\pi r = -\frac{\mathrm{d}\Phi}{\mathrm{d}t} = -\pi R^2 \frac{\mathrm{d}B}{\mathrm{d}t} \quad \left(\text{其中}\frac{\mathrm{d}B}{\mathrm{d}t} < 0\right)$$

则当 $r = R$ 时 $\qquad E_a = E_b = -\dfrac{R}{2}\dfrac{\mathrm{d}B}{\mathrm{d}t}$

当 $r = Oc$ 时 $\qquad E_c = -\dfrac{R^2}{2\sqrt{3}R}\dfrac{\mathrm{d}B}{\mathrm{d}t} = -\dfrac{R}{2\sqrt{3}}\dfrac{\mathrm{d}B}{\mathrm{d}t}$

各点处电场方向如图(b)所示。

(2) $\qquad \mathscr{E}_{abc} = \mathscr{E}_{ab} + \mathscr{E}_{bc} = \dfrac{\sqrt{3}}{4}R^2 \dfrac{\mathrm{d}B}{\mathrm{d}t} + \dfrac{\pi R^2}{12}\dfrac{\mathrm{d}B}{\mathrm{d}t}$

(3) $a$ 点电势高。

**8-17** 图示的大圆内各点磁感应强度 $B$ 为 $0.5\text{T}$,方向垂直于纸面向里,且每秒减少 $0.1\text{T}$。大圆内有一半径为 $10\text{ cm}$ 的同心圆环。求:(1)圆环上任意一点感应电场的大小和方向;(2)整个圆环上的感应电动势的大小;(3)若圆环的电阻为 $2\ \Omega$,圆环中的感

应电流;(4)圆上任意两点 $a$、$b$ 间的电势差;
(5)若圆环被切断,两端分开很小一段距离,两
端的电势差。

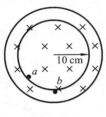

习题 **8-17** 图

**解** (1)由对称性可知,大圆内感应电场
的电力线是同心圆,且为顺时针方向。与习题
8-16 相同,可求得圆环上任意一点的感应电场
为

$$E_r = \frac{r}{2}\frac{\mathrm{d}B}{\mathrm{d}t} = 5 \times 10^{-3} \text{ V/m}$$

(2)整个圆环上的感应电动势为
$$\mathscr{E}_\mathrm{i} = 2\pi r E_\mathrm{i} = \pi \times 10^{-3} \text{ V}$$

(3)圆环中的感应电流为
$$I_\mathrm{i} = \frac{\mathscr{E}_\mathrm{i}}{R} = \frac{\pi}{2} \times 10^{-3} \text{ A}$$

(4)由于圆环中任意点无电荷堆积,所以环上任意两点之间
的静电场为零,故电势差也为零。

(5)当圆环被切断时,在感应电动势作用下两端有电荷堆积,
从而使两端之间出现电势差。又两端分开很小一段距离,所以两
端电势差约等于电动势,即
$$\Delta V = \mathscr{E}_\mathrm{i} = \pi \times 10^{-3} \text{ V}$$

**8-18** 如图所示,边长为 20 cm 的正方形
导体回路,置于圆内的均匀磁场中,$B$ 为 0.5T,
方向垂直于导体回路,且以 0.1 T/s 的变化率
减小。图中 $ac$ 的中点 $b$ 为圆心,$ac$ 沿直径。
求:(1)$c$、$d$、$e$、$f$ 各点感应电场的方向和大小
(用矢量在图上标明);(2)$ac$、$ce$ 和 $eg$ 段的电
动势;(3)回路内的感应电动势有多大?

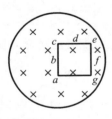

习题 **8-18** 图

(4)如果回路的电阻为 2 Ω,回路中的电流有多大?(5)$a$ 和 $c$ 两
点间的电势差为多大?哪一点电势高?(6)$c$、$e$ 两点间的电势差

$V_{ce}$ 为多少?

**解**　(1) 由上题可知,与中心 $b$ 相距 $r$ 处的感应电场为

$$E_i = -\frac{r}{2}\frac{dB}{dt}$$

则图中各点的感应电场分别为

$$E_{ic} = -\frac{bc}{2}\frac{dB}{dt} = \frac{10 \times 10^{-2}}{2} \times 0.1 \text{ V/m} = 5 \times 10^{-3} \text{ V/m}$$

$$E_{id} = -\frac{bd}{2}\frac{dB}{dt} = \frac{10 \times 10^{-2}}{2\sin 45°} \times 0.1 \text{ V/m} = 7.07 \times 10^{-3} \text{ V/m}$$

$$E_{ie} = -\frac{be}{2}\frac{dB}{dt} = \frac{10 \times 10^{-2}\sqrt{5}}{2} \times 0.1 \text{ V/m} = 11.18 \times 10^{-3} \text{ V/m}$$

$$E_{if} = -\frac{bf}{2}\frac{dB}{dt} = \frac{20 \times 10^{-2}}{2} \times 0.1 \text{ V/m} = 10 \times 10^{-3} \text{ V/m}$$

各点的 $\boldsymbol{E}_i$ 是沿以 $b$ 点为中心的同心圆周的切线方向(顺时针方向)。

(2) 正方形导体回路上 $ac$、$ce$ 和 $eg$ 段的电动势分别为

$$\mathscr{E}_{ac} = \int_a^c \boldsymbol{E}_i \cdot d\boldsymbol{l} = \int_a^c E_i\cos 90°dl = 0$$

$$\mathscr{E}_{ce} = \int_c^e \boldsymbol{E}_i \cdot d\boldsymbol{l} = \int_c^e \frac{r}{2}\frac{dB}{dt}\cos\theta dl = \frac{1}{2}bc \cdot ce\frac{dB}{dt} = 10^{-3} \text{ V}$$

$$\mathscr{E}_{eg} = \frac{dB}{dt}S_{\triangle beg} = \frac{1}{2}bf \cdot eg\frac{dB}{dt} = 2 \times 10^{-3} \text{ V}$$

(3) 正方形导体回路上感应电动势为

$$\mathscr{E}_i = l^2\frac{dB}{dt} = 4 \times 10^{-3} \text{ V}$$

(4) 回路中的电流为

$$I_i = \frac{\mathscr{E}_i}{R} = 2 \times 10^{-3} \text{ A}$$

(5) $a$、$c$ 两点间的电势差为

$$V_{ac} = I_iR_{ac} = 2 \times 10^{-3} \times \frac{1}{4} \times 2 \text{ V} = 10^{-3} \text{ V}$$

$V_{ac} > 0$,$a$ 点电势高。

（6）$c$、$e$ 两点间的电势差为

$$V_{ce} = \mathcal{E}_{ice} - I_i R_{ce} = \left(10^{-3} - 2 \times 10^{-3} \times \frac{1}{4} \times 2\right) \text{ V} = 0$$

**8-19** 图示是一半径为 $R$ 的圆柱形磁场 $\boldsymbol{B}$，其以恒定变化率 $\dfrac{dB}{dt}$ 增加。一正方形导体回路 $ACDO$ 放在磁场中。求：（1）$A$、$C$ 两点的感应电场；（2）正方形每边中的感应电动势；（3）若导体回路电阻是 $R$，回路中的电流强度为多少？（4）$A$、$C$ 两点的电势差。

**解** （1）由感应电场与磁通量的关系 $\oint E_i \cdot dl = -\dfrac{d\Phi}{dt}$ 可知，感应电场的电力线是以圆柱轴线 $O$ 为中心的同心圆周线，方向为逆时针。则 $A$、$C$ 两点的感应电场分别为

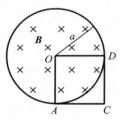

习题 8-19 图

$$E_A = \frac{a}{2} \frac{dB}{dt}$$

$E_A$ 的方向向右。

$$E_C = \frac{\sqrt{2}a}{4} \frac{dB}{dt}$$

$E_C$ 垂直 $OC$，向右上方 $45°$。

（2）因为 $\boldsymbol{E}_i \perp \overrightarrow{OA}$ 和 $\overrightarrow{OC}$ 边，故 $\mathcal{E}_{iOA} = \mathcal{E}_{iOC} = 0$，又 $\mathcal{E}_{iAC}$ 与 $\triangle AOC$ 回路的电动势相等，故

$$\mathcal{E}_{iAC} = \frac{\pi a^2}{8} \frac{dB}{dt}$$

同理，$CD$ 边的感应电动势为 $\qquad \mathcal{E}_{iCD} = \dfrac{\pi a^2}{8} \dfrac{dB}{dt}$

（3）回路中的电流强度为

$$I_i = \frac{\mathcal{E}_i}{R} = \frac{\mathcal{E}_{iAC} + \mathcal{E}_{iCD}}{R} = \frac{\pi a^2}{4R} \frac{dB}{dt}$$

（4）$A$、$C$ 两点的电势差为

$$V_{AC} = \frac{I_i R}{4} - \mathscr{E}_{iAC} = \frac{\pi a^2}{4R} \frac{dB}{dt} \cdot \frac{R}{4} - \frac{\pi a^2}{8} \frac{dB}{dt} = -\frac{\pi a^2}{16} \frac{dB}{dt}$$

**8-20** 一长直圆柱面,半径为 $R$,单位长度上的电荷为 $+\lambda$。当此圆柱面绕轴线以角速度 $\omega$ 匀速转动时,求:(1)空间的磁感应强度;(2)若此圆柱面以角加速度 $\alpha$ 匀加速转动,金属杆 $DF$ 与圆柱面绝缘相切(见图),已知 $DO=OF=R$,则金属杆上的感应电动势为多少?(3)今用电阻 $r$ 和安培计(其内阻可略去)接在 $DF$ 两端,则安培计中的读数为多少?

**解** (1)圆柱面绕其轴线匀速转动时,等效于通以稳定电流密绕的长直螺线管,则管内磁场为

$$B = \mu_0 nI = \mu_0 \lambda \frac{\omega}{2\pi}$$

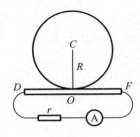

习题 **8-20** 图

管外磁场为零,即 $B=0$。

(2)设圆柱面由静止开始以角加速度 $\alpha$ 匀加速转动,则角速度 $\omega=\alpha t$,管内磁场为

$$B = \frac{\mu_0}{2\pi} \lambda \alpha t$$

由几何关系可知,通过 $\triangle CDF$ 面积的磁通量为

$$\Phi = \frac{\pi R^2}{4} B$$

因此金属杆 $DF$ 中的感应电动势为

$$\mathscr{E}_{iDF} = \left| -\frac{d\Phi}{dt} \right| = \frac{\pi R^2}{4} \frac{dB}{dt} = \frac{1}{8} \mu_0 \lambda \alpha R^2$$

(3)当用电阻 $r$ 和安培计按图所示位置接在 $DF$ 两端时,在支路 $DrAF$ 中也产生感应电动势,其大小和方向与 $\mathscr{E}_{iDF}$ 完全相同,因此测量回路中的总电动势为零,安培计读数为零。

**8-21** 在电子感应加速器中,要保持电子在半径一定的轨道环内运行,轨道环内的磁场 $B$ 应该等于环围绕的面积中 $B$ 的平均值 $\overline{B}$ 的一半,试证明之。

**解**　电子在半径为 $R$ 的轨道环内运动时,其切向和法向的运动方程分别为

$$m\frac{\mathrm{d}v}{\mathrm{d}t} = -eE_i \qquad ①$$

$$m\frac{v^2}{R} = evB \qquad ②$$

由式②可得

$$\frac{\mathrm{d}v}{\mathrm{d}t} = \frac{eR}{m}\frac{\mathrm{d}B}{\mathrm{d}t}$$

将上式代入式①得

$$E_i = -R\frac{\mathrm{d}B}{\mathrm{d}t} \qquad ③$$

在轨道环上有

$$\oint \boldsymbol{E}_i \cdot \mathrm{d}\boldsymbol{l} = 2\pi R E_i$$

$\overline{B}$ 表示环面上的平均磁感应强度,则 $\Phi = \overline{B}S = \pi R^2 \overline{B}$,根据 $\oint \boldsymbol{E}_i \cdot \mathrm{d}\boldsymbol{l} = -\dfrac{\mathrm{d}\Phi}{\mathrm{d}t}$ 可得

$$E_i = -\frac{R}{2}\frac{\mathrm{d}\overline{B}}{\mathrm{d}t} \qquad ④$$

比较式④与式③,即有

$$\frac{\mathrm{d}B}{\mathrm{d}t} = \frac{1}{2}\frac{\mathrm{d}\overline{B}}{\mathrm{d}t}, \quad 故 \quad B = \frac{1}{2}\overline{B}$$

**8-22**　在 100 MeV 的电子感应加速器中,电子轨道半径为 84.0 cm,磁场 $B$ 在 0 到 0.80T 之间变化,其变化周期为 16.8 ms。问平均来说:(1)电子环绕一圈获得的能量是多少? (2)要达到 100 MeV,电子要环绕多少圈? (3)电子在 4.2 ms 内的平均速率为多少? 与光速作比较。

**解**　磁场随时间的平均变化率为

$$\frac{\Delta B}{\Delta t} = \frac{0.80 \times 4}{16.8 \times 10^{-3}} \text{ T/s} = \frac{4}{21} \times 10^3 \text{ T/s}$$

(1)电子环绕一圈获得的能量为

$$\Delta E = \boldsymbol{F} \cdot \Delta \boldsymbol{S} = eE_i \cdot 2\pi R = e\pi R^2 \frac{\Delta B}{\Delta t}$$

$$= 3.14 \times 0.84^2 \times \frac{4}{21} \times 10^3 \text{ eV} = 422 \text{ eV}$$

（2）电子环绕圈数约为

$$n = \frac{E_{总}}{\Delta E} = \frac{100 \times 10^6}{422} \text{ 圈} = 237000 \text{ 圈}$$

（3）在 4.2 ms 时电子获得的能量 $\Delta E = 100$ MeV，根据相对论的质能关系，有

$$\Delta E = mc^2 - m_0 c^2 = (m - m_0)c^2 = \left[\frac{1}{\sqrt{1 - (v/c)^2}} - 1\right] m_0 c^2$$

解方程可得此时电子的速度为 $v = 2.99996 \times 10^8$ m/s。若电子的初速度为 0，电子在 4.2 ms 内的平均速率为

$$\overline{v} = \frac{1}{2} v = 1.49998 \times 10^8 \text{ m/s}$$

与光速是同一个数量级。

**8-23**　要从真空仪器内部的金属部件上清除气体，可以利用感应加热的方法，如图所示，设线圈长为 $l = 20$ cm，匝数 $N = 30$ 匝，线圈中的高频电流为 $I = I_0 \sin 2\pi f t$，其中 $I_0 = 25$ A，频率 $f = 1.0 \times 10^5$ Hz。被加热的是电子管阳极，它是一个半径 $r = 4.0$ mm 而管壁极薄的中空圆筒，高度 $h \ll l$，其电阻 $R = 5.0 \times 10^{-3}$ Ω。求：（1）阳极中的感应电流最大值；（2）阳极内每秒产生的热量；（3）当频率 $f$ 增加一倍时，热量增加几倍？

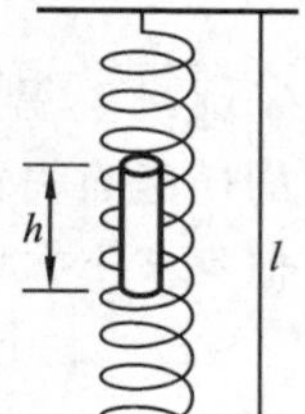

习题 8-23 图

**解**　由题意可知，穿过金属圆筒截面的磁通量为

$$\Phi = BS = \frac{\mu_0 N I}{l} \pi r^2$$

阳极中的感应电流为

$$I_i = \frac{\mathscr{E}_i}{R} = -\frac{1}{R} \frac{\mathrm{d}\Phi}{\mathrm{d}t} = -\frac{\mu_0 N \pi r^2}{lR} \frac{\mathrm{d}l}{\mathrm{d}t} = -\frac{2\pi^2 r^2 \mu_0 N I_0 f}{lR} \cos 2\pi f t$$

（1）阳极中的感应电流最大值为

$$I_{imax} = \frac{2\pi^2 r^2 \mu_0 N I_0 f}{lR}$$

$$= \frac{2 \times 3.14^2 \times (4.0 \times 10^{-3})^2 \times 4 \times 3.14 \times 10^{-7} \times 30 \times 25 \times 10^5}{20 \times 10^{-2} \times 5.0 \times 10^3} \text{ A}$$

$$= 29.7 \text{ A}$$

（2）　$P = (I_{i有效值})^2 R = \left(\dfrac{29.7}{\sqrt{2}}\right)^2 \times 5.0 \times 10^{-3} \text{ W} = 2.2 \text{ W}$

阳极内每秒产生的热量为　$Q = P \cdot t = 2.2 \text{ J}$

（3）由于 $P$ 与 $(I_{i有效值})^2$ 成正比，即 $P$ 与 $f^2$ 成正比，所以频率增加一倍，$Q$ 增至 4 倍。

**8-24**　一电磁"涡流"制动器由一电导率为 $\sigma$ 和厚度为 $d$ 的圆盘组成，此盘绕通过其中心的轴旋转，且有一覆盖面积为 $a^2$ 的磁场 $B$ 垂直于圆盘，如图所示。若面积 $a^2$ 在离轴 $r$ 处，当圆盘角速度为 $\omega$ 时，试求使圆盘慢下来的转矩的近似表示式。

**解**　在圆盘上沿径向长度为 $a$ 的线段切割磁力线时，产生的感应电动势为

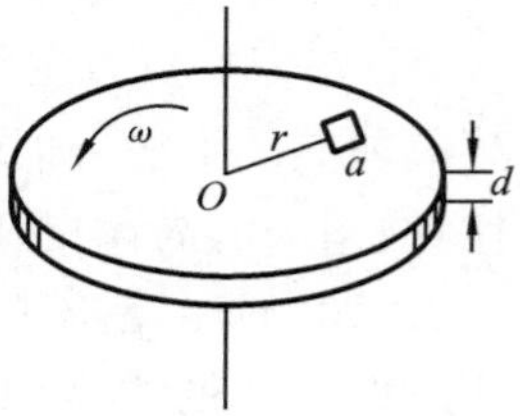

$$\mathscr{E}_i = Bav = Bar\omega$$

而小方块沿半径方向的电阻为

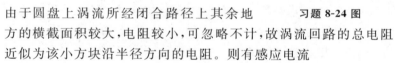

$$R = \rho \frac{a}{ad} = \frac{1}{\sigma d}$$

由于圆盘上涡流所经闭合路径上其余地

习题 8-24 图

方的横截面积较大，电阻较小，可忽略不计，故涡流回路的总电阻近似为该小方块沿半径方向的电阻。则有感应电流

$$I_i = \frac{\mathscr{E}_i}{R} = \frac{Bar\omega}{\frac{1}{\sigma d}} = Bar\omega\sigma d$$

这一小块体积在磁场中受到在垂直半径上的力 $F = I_i aB$，此力对转轴的力矩的大小为

$$M = rF = rI_i aB = B^2 a^2 r^2 \omega\sigma d$$

**8-25**　在一个截面很小，半径为 $R$ 的环形绕组中，磁通正以恒

定的变化率$\dfrac{\mathrm{d}\Phi}{\mathrm{d}t}$增大。(1)在环形绕组的轴上离环形绕组中心 $x$ 处的一点上,感应电场 $E_i$ 的大小和方向如何?(2)计算 $\displaystyle\int_{-\infty}^{+\infty} E_i \mathrm{d}x$,以求出沿此环形绕组轴从 $x = -\infty$ 伸展到 $x = +\infty$ 的一条导线内的感生电动势。

**解** (1)可用类比法。一长直载流导线外的磁场为

$$B = \frac{\mu_0 I}{2\pi r}$$

一长直螺线管中变化磁场产生的感应电场为

$$E_i = \frac{1}{2\pi r} \frac{\mathrm{d}\Phi}{\mathrm{d}t}$$

前者的 $\mu_0 I$ 与后者 $\dfrac{\mathrm{d}\Phi}{\mathrm{d}t}$ 对应。

半径为 $R$ 的圆电流轴线上的磁场为

$$B = \frac{\mu_0 I R^2}{2(R^2 + x^2)^{3/2}}$$

则与此相对应的环形绕组轴线上的感应电场为

$$E_i = \frac{R^2}{2(R^2 + x^2)^{3/2}} \frac{\mathrm{d}\Phi}{\mathrm{d}t}$$

(2)环形绕组轴线上的感生电动势为

$$\mathscr{E}_i = \int_{-\infty}^{+\infty} \boldsymbol{E}_i \cdot \mathrm{d}\boldsymbol{l} = \int_{-\infty}^{+\infty} \frac{R^2}{2(R^2 + x^2)^{3/2}} \frac{\mathrm{d}\Phi}{\mathrm{d}t} \cdot \mathrm{d}x = \frac{\mathrm{d}\Phi}{\mathrm{d}t}$$

**8-26** 在圆柱形均匀磁场中,有一在全部体积中均匀带电的小球,球心位于圆柱的轴线上,当磁场的大小随时间以变化率 $\dfrac{\mathrm{d}B}{\mathrm{d}t}$ 增加时,求小球所受到的力矩。(设球半径为 $a$,且小于圆柱的半径,总电量为 $Q$。)

**解** 根据磁场 $\boldsymbol{B}$ 的变化,产生的感应电场电力线为同心圆周线,如图所示,在带电小球中,沿电力线取圆环形体积元,即

$$\mathrm{d}V = 2\pi r^2 \sin\theta \mathrm{d}\theta \mathrm{d}r$$

其带的电量为　　$dq = \rho dV$,　　$\rho = \dfrac{Q}{\dfrac{4}{3}\pi R^3}$

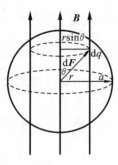

$dq$ 受到的感应电场力沿圆周切向,大小为

$$dF = E_i \rho dV = \frac{r\sin\theta}{2}\frac{dB}{dt}\rho dV$$

所受力矩为　　$dM = dF \cdot r\sin\theta$

　　带电小球受到的总力矩为

$$M = \int dM = \frac{3Q}{4a^3}\frac{dB}{dt}\int_0^\pi \sin^3\theta d\theta \int_0^a r^4 dr = \frac{a^2}{5}Q\frac{dB}{dt}$$

习题 8-26 图

$M$ 方向与 $B$ 相反。

　　**8-27**　一木质圆环,横截面呈正方形,木环内半径为 10 cm,外半径为 12 cm。木环上密绕一层直径为 0.1 cm 的绝缘导线线圈,这种导线每欧姆长为 50 m。求:(1)线圈的自感系数(要考虑横截面上磁场的非均匀性);(2)线圈的电感性时间常数。

　　**解**　(1)当线圈中电流为 $I$ 时,其中的磁通匝链数为

$$\Psi = N\Phi = N(b-a)\int_a^b \frac{\mu_0 NI}{2\pi r}dr = \frac{\mu_0 N^2 I}{2\pi}(b-a)\ln\frac{b}{a}$$

式中,$N = \dfrac{2\pi a}{d}$,则

$$\begin{aligned}
L &= \frac{\Psi}{I} = \frac{\mu_0 N^2}{2\pi}(b-a)\ln\frac{b}{a} \\
&= \left[\frac{4\pi\times10^{-7}\,(200\pi)^2}{2\pi}(12-10)\times10^{-2}\ln\frac{12}{10}\right]\text{H} \\
&= 288\times10^{-6}\text{H}
\end{aligned}$$

　　(2)线圈的电阻为　　$R = \dfrac{l}{50} = \dfrac{4(b-a)N}{50} = 1\ \Omega$

线圈的电感性时间常数为　　$\tau = \dfrac{L}{R} = 288\times10^{-6}\ \text{s}$

　　**8-28**　两个平面线圈,圆心重合地放在一起,但轴线正交。两者的自感系数分别为 $L_1$ 和 $L_2$,以 $L$ 表示两者相连接时的等效自

感,试证明:(1) 两线圈串联时 $L = L_1 + L_2$;(2) 两线圈并联时 $\dfrac{1}{L}$

$= \dfrac{1}{L_1} + \dfrac{1}{L_2}$。

**解** 因两个线圈圆心重合,轴线正交,故一个线圈的磁感应线不会穿过另一个线圈,这两个线圈不存在互感。

(1) 当两线圈串联时,电流相同,即

$$i_1 = i_2 = i$$

串联自感电动势等于两线圈自感电动势之和,即

$$-L\frac{\mathrm{d}i}{\mathrm{d}t} = -L_1\frac{\mathrm{d}i}{\mathrm{d}t} - L_2\frac{\mathrm{d}i}{\mathrm{d}t}$$

所以 $$L = L_1 + L_2$$

(2) 当两线圈并联时,总电流为两线圈电流之和,即

$$i = i_1 + i_2 \qquad\qquad ①$$

并联自感电动势与两线圈的自感电动势相等,即

$$L\frac{\mathrm{d}i}{\mathrm{d}t} = L_1\frac{\mathrm{d}i_1}{\mathrm{d}t} = L_2\frac{\mathrm{d}i_2}{\mathrm{d}t}$$

因此 $$Li = L_1 i_1 = L_2 i_2 \qquad\qquad ②$$

由①、②式,可得 $$\frac{1}{L} = \frac{1}{L_1} + \frac{1}{L_2}$$

**8-29** 一个自感为 0.5 mH,电阻为 0.01 Ω 的线圈,(1) 求线圈的电感性时间常数;(2) 将此线圈与内阻可以忽略、电动势为 12 V 的电源通过开关连接,开关接通多长时间电流达到终值的 90%? 此时电流的变化率多大?

**解** (1) 线圈的电感性时间常数为

$$\tau = \frac{L}{R} = \frac{0.5 \times 10^{-3}}{0.01} \text{ s} = 0.05 \text{ s}$$

(2) 回路在任意 $t$ 时刻的电流为 $I = \dfrac{\mathscr{E}}{R}(1 - \mathrm{e}^{-\frac{R}{L}t})$。当电流 $I$

$= 0.9\dfrac{\mathscr{E}}{R}$ 时,有

$$0.9 = 1 - e^{-\frac{R}{L}t}$$

则　　　　　　　$t = (-0.05 \times \ln 0.1) \text{ s} \approx 0.115 \text{ s}$

此时电流的变化率为

$$\frac{dI}{dt} = \frac{\mathscr{E}}{L} e^{-\frac{R}{L}t} = \frac{12}{0.5 \times 10^{-3}} e^{-\frac{0.01}{0.5 \times 10^{-3}} \times 0.115} \text{ A/s} \approx 2.4 \times 10^3 \text{ A/s}$$

**8-30**　电阻为 $R$，电感为 $L$ 的电感器与无感电阻 $R_0$ 串联后接到恒定电势差 $V_0$ 上，如图所示。求：(1) $K_2$ 断开、$K_1$ 闭合后任一时刻电感器上电压的表达式；(2) 电流稳定后再将 $K_2$ 闭合，经过 $L/R$ 秒时通过 $K_2$ 的电流的大小和方向。

**解**　(1) 电感器上的电压为

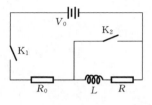

习题 8-30 图

$$V = V_0 - IR_0 = \frac{V_0}{R_0 + R}(R + R_0 e^{-\frac{R+R_0}{L}t})$$

(2) $K_2$ 闭合后，一方面是 $V_0$ 产生的电流 $I_1 = \dfrac{V_0}{R}$，另一方面是 $L$ 放电电流 $I_2$ $= \dfrac{V_0}{R_0 + R} e^{-1}$，两者方向相反，有

$$I = I_1 - I_2 = \frac{V_0}{R} - \frac{V_0}{R_0 + R} e^{-1}$$

由于 $I_1 > I_2$，所以 $I$ 的方向与 $I_1$ 相同。

**8-31**　如图（a）所示，截面为矩形的螺绕环总匝数为 $N$。(1) 求此螺绕环的自感系数；(2) 沿环的轴线 $OO'$ 放一根直导线，求直导线与螺绕环的互感系数 $M_{12}$ 和 $M_{21}$（两者是否相同）。

**解**　(1) 当螺绕环中电流为 $I$ 时，可求得螺绕环内的磁通量为

$$\Phi = \frac{\mu_0 NIh}{2\pi} \ln \frac{R_2}{R_1}$$

由此可得螺绕环的自感系数

$$L = \frac{N\Phi}{I} = \frac{\mu_0 N^2 h}{2\pi} \ln \frac{R_2}{R_1}$$

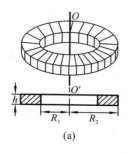
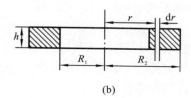

**习题 8-31 图**

（2）设直导线中有电流 $I_1$，此电流在螺绕环的矩形截面上产生磁通量。在矩形截面上距直导线为 $r$ 处取宽为 $dr$ 的条形面积元（见图(b)），此面积上磁通量为

$$d\Phi_{12} = B dS = \frac{\mu_0 I_1}{2\pi r} h \, dr$$

该矩形面积上的磁通量则为

$$\Phi_{12} = \int d\Phi_{12} = \int_{R_1}^{R_2} \frac{\mu_0 I_1}{2\pi r} h \, dr = \frac{\mu_0 I_1 h}{2\pi} \ln \frac{R_2}{R_1}$$

直导线对螺绕环的互感系数为

$$M_{12} = \frac{N\Phi_{12}}{I_1} = \frac{\mu_0 Nh}{2\pi} \ln \frac{R_2}{R_1}$$

设螺绕环中有电流 $I_2$，它在环的矩形截面上形成的磁通量为

$$\Phi = \frac{\mu_0 N I_2 h}{2\pi} \ln \frac{R_2}{R_1}$$

设想长直导线和位于无限远的曲导线构成一个回路，则电流 $I_2$ 在这个回路面积上形成的磁通量为

$$\Phi_{21} = \Phi = \frac{\mu_0 N I_2 h}{2\pi} \ln \frac{R_2}{R_1}$$

螺绕环对这个回路的互感系数为

$$M_{21} = \frac{\Phi_{21}}{I_2} = \frac{\mu_0 Nh}{2\pi} \ln \frac{R_2}{R_1}$$

事实上，电流 $I_2$ 的变化对这一回路的无限远的曲导线部分是

没有影响的,因此 $M_{21}$ 就是螺绕环对直导线的互感系数,可见 $M_{12} = M_{21}$。

**8-32** 如图所示,一个半径为 $r$ 的非常小的圆环,在初始时刻与半径为 $r'(r' \gg r)$ 的很大的圆环共面而且同心,今在大环中通以恒定的电流 $I'$,而小环则以匀角速度 $\omega$ 绕着一条直径转动。设小环的电阻为 $R$。试求:(1)小环中的感应电流;(2)使小环做匀角速度转动时需作用在其上的力矩;(3)大环中的感应电动势。

**解** (1)由于 $r$ 很小,故可认为小环处在均匀磁场中,则小环上的感应电动势和感应电流分别为

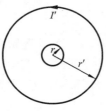

习题 8-32 图

$$\mathscr{E}_i = -\frac{\mathrm{d}\Phi}{\mathrm{d}t} = -\frac{\mathrm{d}}{\mathrm{d}t}(BS\cos\omega t) = \frac{\mu_0 I'}{2r'}\pi r^2 \omega\sin\omega t$$

$$I_i = \frac{\mathscr{E}_i}{R} = \frac{\mu_0 \pi r^2 \omega I'}{2r'R}\sin\omega t$$

(2)因小环匀速转动,故其受的合力矩为零,即

$$\boldsymbol{M}_{动} = -\boldsymbol{M}_{磁}$$

而 $|\boldsymbol{M}_{磁}| = |\boldsymbol{p}_{\mathrm{m}} \times \boldsymbol{B}| = I_i SB\sin\omega t$, $\quad |\boldsymbol{M}_{动}| = \frac{\omega}{4R}\left(\frac{\mu_0 \pi r^2 I'}{r'}\sin\omega t\right)^2$

(3)穿过小环的磁通量为

$$\Phi = BS\cos\theta = \frac{\mu_0 I'}{2r'}\pi r^2 \cos\omega t$$

则互感系数为

$$M = \frac{\Phi}{I'} = \frac{\mu_0 \pi r^2}{2r'}\cos\omega t$$

大环中互感电动势为

$$\mathscr{E}_{iM} = -M\frac{\mathrm{d}I}{\mathrm{d}t} - I\frac{\mathrm{d}M}{\mathrm{d}t} = -\frac{\mu_0^2 \pi^2 r^4 \omega^2 I'}{4r'^2 R}\cos 2\omega t$$

**8-33** 一无限长导线通以电流 $I = I_0 \sin\omega t$,紧靠直导线有一矩形线框,线框与直导线处在同一平面,如图所示。试求:(1)直导线与线框的互感系数;(2)线框的互感电动势。

**解** （1）取导线右侧磁通量为正，左侧磁通量为负，则通过矩形线框的磁通量为

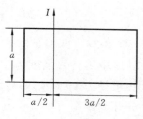

习题 8-33 图

$$\Phi = \int_{\frac{a}{2}}^{\frac{3}{2}a} \frac{\mu_0 I}{2\pi r} a\, \mathrm{d}r = \frac{\mu_0 I}{2\pi} a\ln 3$$

直导线与线框的互感系数为

$$M = \frac{\Phi}{I} = \frac{\mu_0 a}{2\pi}\ln 3$$

（2）线框中的互感电动势为

$$\mathscr{E}_{iM} = -\frac{\mathrm{d}\Phi}{\mathrm{d}t} = -M\frac{\mathrm{d}I}{\mathrm{d}t} = -\frac{\mu_0 a}{2\pi}(\ln 3)I_0\omega\cos\omega t$$

**8-34** 有两个相互耦合的线圈，其自感系数分别为 $L_1$ 和 $L_2$，互感系数为 $M$，求并联后的等效自感。

**解** 设两线圈中电流分别为 $I_1$、$I_2$，当电流变化时两线圈中的感应电动势分别为

$$\mathscr{E}_{i1} = -L_1\frac{\mathrm{d}I_1}{\mathrm{d}t} - M\frac{\mathrm{d}I_2}{\mathrm{d}t}, \quad \mathscr{E}_{i2} = -L_2\frac{\mathrm{d}I_2}{\mathrm{d}t} - M\frac{\mathrm{d}I_1}{\mathrm{d}t}$$

两线圈并联，故有

$$\mathscr{E}_{i1} = \mathscr{E}_{i2} = \mathscr{E}_i, \quad I_1 + I_2 = I$$

将上面两式联立，分别消去 $I_1$、$I_2$，得

$$L_1 L_2 \frac{\mathrm{d}I_1}{\mathrm{d}t} - M^2 \frac{\mathrm{d}I_1}{\mathrm{d}t} = -(L_2 - M)\mathscr{E}_i \qquad ①$$

$$L_1 L_2 \frac{\mathrm{d}I_2}{\mathrm{d}t} - M^2 \frac{\mathrm{d}I_2}{\mathrm{d}t} = -(L_1 - M)\mathscr{E}_i \qquad ②$$

①、②两式相加，得

$$-(L_1 L_2 - M^2)\frac{\mathrm{d}I}{\mathrm{d}t} = (L_1 + L_2 - 2M)\mathscr{E}_i$$

即

$$\mathscr{E}_i = -\frac{L_1 L_2 - M^2}{L_1 + L_2 - 2M}\frac{\mathrm{d}I}{\mathrm{d}t}$$

根据定义，得两线圈并联后的等效自感为

$$L = -\frac{\mathscr{E}_{\mathrm{i}}}{\mathrm{d}I/\mathrm{d}t} = \frac{L_1 L_2 - M^2}{L_1 + L_2 - 2M}$$

**8-35**　两根足够长的平行导线中心间的距离 $d$ 为 20 cm,在导线中维持一强度为 20 A 而方向相反的恒定电流。求:(1)若导线半径为 10 mm,两导线间每单位长度的自感系数;(2)若将导线分开到距离 $d' = 40$ cm,磁场对导线单位长度所做的功为多少?(3)位移时,单位长度的磁能改变了多少?是增加还是减少?说明能量的来源。(忽略导线内部的磁通量。)

　　**解**　(1)因 $d \gg a$,故通过两导线间单位长度区域的磁通量为

$$\Phi = \int \boldsymbol{B} \cdot \mathrm{d}\boldsymbol{S} = \int_a^{d-a} \left[ \frac{\mu_0 I}{2\pi r} + \frac{\mu_0 I}{2\pi(d-r)} \right] \mathrm{d}r = \frac{\mu_0 I}{\pi} \ln \frac{d-a}{a}$$

$$\approx \frac{\mu_0 I}{\pi} \ln \frac{d}{a}$$

单位长度自感系数为

$$L = \frac{\Phi}{I} = \frac{\mu_0}{\pi} \ln \frac{d}{a} = 1.2 \times 10^{-6} \, \mathrm{H}$$

　　(2)当两导线之间的距离从 $d$ 分开到 $d'$ 时,磁场力对单位长度导线做的功为

$$A = \int_d^{d'} F \mathrm{d}r = \int_d^{d'} IlB \mathrm{d}r = \int_d^{d'} \frac{\mu_0 I^2}{2\pi r} \mathrm{d}r = \frac{\mu_0 I^2}{2\pi} \ln \frac{d'}{d}$$

$$= \frac{4\pi \times 10^{-7} \times 20^2}{2\pi} \ln \frac{40}{20} = 5.55 \times 10^{-5} \, \mathrm{J} \quad (\text{做正功})$$

　　(3)　　$\Delta W = \dfrac{1}{2} L' I^2 - \dfrac{1}{2} L I^2 = \dfrac{\mu_0 I^2}{2\pi} \ln \dfrac{d'}{d} = 5.55 \times 10^{-5} \, \mathrm{J}$

　　磁能增加,同时磁场力做正功,这两部分能量来自电源。这是因为导线在分开的过程中,自感系数从 $L$ 增加到 $L'$,因此使导线回路中出现自感电动势,为维持导线中的恒定电流,则电源必须克服自感电动势做功。从而把电能变成了磁场能和移动导线时所消耗的能量。

　　**8-36**　可利用超导线圈中的持续大电流的磁场储存能量。若

要储存 1 kW・h 的能量,利用 1.0T 的磁场,需要多大体积的磁场? 若利用线圈中的 500 A 的电流储存上述能量,则该线圈的自感系数应多大?

**解** 在磁感应强度为 $B$ 的体积 $V$ 中,磁场能量 $W_m = \dfrac{B^2}{2\mu_0} V$,由此可得

$$V = \frac{2\mu_0}{B^2} W_m = \frac{2 \times 1.26 \times 10^{-6} \times 1 \times 10^3 \times 3.6 \times 10^3}{1.0^2} \text{ m}^3$$
$$= 9.0 \text{ m}^3$$

自感系数为 $L$ 的线圈中当电流为 $I$ 时,它所储存的磁能为 $W_m = \dfrac{1}{2} LI^2$,由此可得

$$L = \frac{2W_m}{I^2} = \frac{2 \times 1 \times 10^3 \times 3.6 \times 10^3}{500^2} \text{ H} = 29 \text{ H}$$

**8-37** 一电感器的电感为 $L$,电阻为 $R$,载有电流 $I$。试证明:时间常数等于储存在磁场中的能量与电阻耗散率的比值的两倍。

**解** 电感为 $L$ 的电感器,通有电流为 $I$ 时,其储存的磁场能为

$$W_m = \frac{1}{2} LI^2$$

此时电阻的耗散率为 $P_R = I^2 R$,则

$$\frac{W_m}{P_R} = \frac{\dfrac{1}{2} LI^2}{I^2 R} = \frac{1}{2} \frac{L}{R} = \frac{1}{2} \tau$$

即时间常数为

$$\tau = 2 \frac{W_m}{P_R}$$

**8-38** 如图所示的电路中,$\mathscr{E} = 10$ V,$L = 300$ mH,$R = 0.1 \ \Omega$。问当开关闭合 1 s 后,下述各量将取何值? (1)电源输出的瞬时功率;(2)电阻每秒产生的热量;(3)线圈每秒所储存的能量;(4)此时线圈所储存的能量。

**解** (1)由于回路中的电流为 $i = \dfrac{\mathscr{E}}{R}\left(1 - e^{-\frac{R}{L}t}\right)$,故电源的输

出功率为

$$P = \mathscr{E}i = \frac{\mathscr{E}^2}{R}(1 - \mathrm{e}^{-\frac{R}{L}t})$$

$$= \frac{10^2}{0.1}(1 - \mathrm{e}^{-\frac{0.1}{0.3}})\ \mathrm{W} = 283\ \mathrm{W}$$

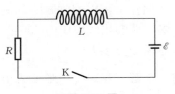

（2）电阻上每秒产生的热量为

$$i^2 R = \frac{\mathscr{E}^2}{R}(1 - \mathrm{e}^{-\frac{R}{L}t})^2 = \frac{10^2}{0.1}(1 - \mathrm{e}^{-\frac{0.1}{0.3}})^2\ \mathrm{J/s} = 80\ \mathrm{J/s}$$

习题 8-38 图

（3）根据电感器储存的能量 $W_\mathrm{m} = \dfrac{1}{2}Li^2$，则线圈每秒所储存

的能量为

$$\frac{\mathrm{d}W_\mathrm{m}}{\mathrm{d}t} = Li\frac{\mathrm{d}i}{\mathrm{d}t} = \frac{\mathscr{E}^2}{R}\mathrm{e}^{-\frac{R}{L}t}(1 - \mathrm{e}^{-\frac{R}{L}t}) = \frac{10^2}{0.1}\mathrm{e}^{-\frac{0.1}{0.3}}(1 - \mathrm{e}^{-\frac{0.1}{0.3}})\ \mathrm{J/s}$$

$$= 203\ \mathrm{J/s}$$

（4）当开关合上 1 s 时，线圈所储存的能量为

$$W_\mathrm{m} = \frac{1}{2}Li^2 = \frac{1}{2}L\frac{\mathscr{E}^2}{R^2}(1 - \mathrm{e}^{-\frac{R}{L}t})^2$$

$$= \frac{1}{2} \times 0.3 \times \left(\frac{10}{0.1}\right)^2 (1 - \mathrm{e}^{-\frac{0.1}{0.3}})^2\ \mathrm{J} = 120\ \mathrm{J}$$

**8-39**　有一段 10 号铜线，直径为 2.54 mm，每单位长度的电阻为 $3.28 \times 10^{-3}$ Ω/m，在此导线上载有 10 A 的电流，试计算：（1）导线表面处的磁场能量密度；（2）该处的电场能量密度。

**解**　（1）导体表面处的磁场为 $B = \dfrac{\mu_0 I}{2\pi R}$，则该处的磁场能量密度（磁能密度）为

$$w_\mathrm{m} = \frac{B^2}{2\mu_0} = \frac{1}{2\mu_0}\left(\frac{\mu_0 I}{2\pi R}\right)^2 = \frac{\mu_0 I^2}{8\pi^2 R^2} = \frac{4\pi \times 10^{-7} \times 10^2}{8\pi^2 \times (1.27 \times 10^{-3})^2}\ \mathrm{J/m^3}$$

$$= 0.99\ \mathrm{J/m^3}$$

（2）导体上的电场强度为

$$E = \frac{V}{l} = \frac{IR}{l} = \frac{10 \times 3.28 \times 10^{-3}}{1}\ \mathrm{V/m} = 3.28 \times 10^{-2}\ \mathrm{V/m}$$

则该处的电场能量密度(电能密度)为

$$w_e = \frac{1}{2}\varepsilon_0 E^2 = \frac{1}{2} \times 8.85 \times 10^{-12} \times (3.28 \times 10^{-2})^2 \text{ J/m}^3$$

$$= 4.8 \times 10^{-15} \text{ J/m}^3$$

**8-40** 一同轴线由很长的两个同轴圆筒构成,内筒半径为 1.0 mm,外筒半径为 7.0 mm,有 100 A 的电流由外筒流去,由内筒流回,两筒的厚度可以忽略。两筒之间的介质无磁性($\mu_r = 1$),求:(1)介质中磁能密度 $w_m$ 的分布;(2)单位长度(1 m)同轴线所储磁能 $W_m$。

**解** (1)两筒之间的磁场分布为 $B = \dfrac{\mu_0 I}{2\pi r}$,则磁能密度分布为

$$w_m = \frac{B^2}{2\mu_0} = 1.59 \times 10^{-4} \frac{1}{r^2} \text{ (J/m}^3)$$

(2)单位长度同轴线所储存的磁能为

$$W_m = \int w_m dV = \int_{r_1}^{r_2} \frac{\mu_0 I^2}{8\pi^2 r^2} 2\pi r dr = \frac{\mu_0 I^2}{4\pi}\ln\frac{r_2}{r_1}$$

$$= \left(\frac{4\pi \times 10^{-7} \times 100^2}{4\pi}\ln 7\right)\text{J} = 1.95 \times 10^{-3} \text{ J}$$

**8-41** 一根长直导线载有电流 $I$,均匀分布在它的横截面上,证明此导线内部单位长度的磁场能量为 $\dfrac{\mu_0 I^2}{16\pi}$。并证明此导线单位长度与内部磁通有联系的那部分自感为 $\dfrac{\mu_0}{8\pi}$。

**解** 由于电流均匀分布在导线的横截面上,故导线内的磁场为 $B = \dfrac{\mu_0 I}{2\pi R^2}r$,式中,$r < R$,$R$ 为导线半径。

磁能密度为

$$w_m = \frac{B^2}{2\mu_0} = \frac{1}{2\mu_0}\left(\frac{\mu_0 I}{2\pi R^2}r\right)^2 = \frac{\mu_0 I^2 r^2}{8\pi^2 R^4}$$

导线内单位长度上储存的磁场能为

$$W_m = \int w_m \, dV = \int_0^R \frac{\mu_0 I^2 r^2}{8\pi^2 R^4} 2\pi r \, dr = \frac{\mu_0 I^2}{16\pi}$$

由此可得单位长度导线内的自感为

$$L = \frac{2W_m}{I^2} = \frac{\mu_0}{8\pi}$$

**8-42** 一边长为 1.22 m 的方形平行板电容器,充电瞬间电流为 $I = 1.84$ A,求此时:(1) 通过板间的位移电流;(2) 沿虚线回路的 $\oint_L \boldsymbol{H} \cdot \mathrm{d}\boldsymbol{l}$(见图)。

**解** (1) 根据定义,板间的位移电流为

$$I_D = \frac{\mathrm{d}\Phi_D}{\mathrm{d}t} = \frac{\mathrm{d}q}{\mathrm{d}t} = I = 1.84 \text{ A}$$

(2) 忽略边缘效应,可认为极板间的位移电流均匀分布,故位移电流密度为

$$j_D = \frac{I_D}{S} = \frac{1.84}{1.22^2} \text{ A/m}^2 = 1.24 \text{ A/m}^2$$

根据全电流定理,磁场强度 $\boldsymbol{H}$ 沿虚线回路的积分为

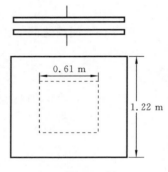

习题 **8-42** 图

$$\oint_L \boldsymbol{H} \cdot \mathrm{d}\boldsymbol{l} = j_D \cdot S_1 = 1.24 \times 0.61^2 \text{ A} = 0.46 \text{ A}$$

**8-43** 判断下列说法是否正确:

(1) 位移电流只在平板电容器中存在;

(2) 若在纸面上半径为 $R$ 的圆形区域内,存在向纸面内的变化的均匀电场 $\boldsymbol{E}$,且 $\dfrac{\mathrm{d}E}{\mathrm{d}t} < 0$,则该区域的位移电流密度 $j_D = \varepsilon_0 \dfrac{\mathrm{d}E}{\mathrm{d}t}$,方向指向纸外;

(3) 位移电流的物理本质是变化的电场,但也能激发磁场。

**解** (1) 不正确。由位移电流的定义可知,在有电场变化的地方就有位移电流。

（2）正确。

（3）正确。

**8-44** 一平行板电容器,略去边缘效应,(1)充电完毕后与电源断开,然后拉开两极板,问此过程中两极板间有无位移电流? 简述理由。(2)充电完毕后仍然与电源连接,然后拉开两极板,问此过程中两极板间有无位移电流? 简述理由。

**解** 由位移电流密度大小 $j_D = \dfrac{\mathrm{d}D}{\mathrm{d}t} = \varepsilon \dfrac{\mathrm{d}E}{\mathrm{d}t}$,可以看出,只有 $E$ 变化时,才有位移电流。

对情形(1),两极板间 $E$ 保持不变,故没有位移电流;对情形(2),两极板间电压 $U$ 不变,设两极板间距为 $d$,则 $U = Ed$,当两极板拉开时 $d$ 增大,而 $U$ 不变,故 $E$ 变小,所以有位移电流。

**8-45** 一空气平行板电容器,极板是半径为 $r$ 的圆导体片,在充电时,板间电场强度的变化率为 $\dfrac{\mathrm{d}E}{\mathrm{d}t}$,略去边缘效应,则两极板间的位移电流为多少?

**解** 忽略边缘效应,根据电场分布的对称性,可认为极板间的位移电流均匀分布,其位移电流密度为

$$j_D = \frac{\mathrm{d}D}{\mathrm{d}t} = \varepsilon \frac{\mathrm{d}E}{\mathrm{d}t}$$

故两极板间的位移电流为

$$I_D = j_D S = \pi r^2 \varepsilon \frac{\mathrm{d}E}{\mathrm{d}t}$$

**8-46** 一平板电容器的电容 $C = 1$ pF,加上频率为 $\nu = 50$ Hz,峰值为 $U_m = 1.74 \times 10^5$ V 的电压,试计算极板间位移电流的最大值。

**解** 由位移电流的定义,可得电容 $C$ 的两极板间的位移电流强度为

$$I_D = \frac{\mathrm{d}\Phi_D}{\mathrm{d}t} = \frac{\mathrm{d}q}{\mathrm{d}t} = C \frac{\mathrm{d}U}{\mathrm{d}t} = C U_m \omega \cos\omega t \quad (\text{其中 } \omega = 2\pi\nu)$$

所以位移电流的最大值为

$$I_{Dmax} = CU_m\omega = 2\pi\nu CU_m = 2 \times 3.14 \times 50 \times 10^{-12} \times 1.74 \times 10^5 \text{ A}$$
$$= 5.46 \times 10^{-5} \text{ A}$$

**8-47** 有一平行板电容器,电容为 $C$,两极板都是半径为 $R$ 的圆板,将它连接到一个交流电源上,使两极板电压为 $V = V_0\sin\omega t$。在略去边缘效应的条件下,求:(1)两极板间的位移电流强度和位移电流密度;(2)两极板间任意一点的磁场强度。

**解** (1)由位移电流的定义,可得电容 $C$ 的两极板间的位移电流强度为

$$I_D = \frac{d\Phi_D}{dt} = \frac{dq}{dt} = C\frac{dV}{dt} = CV_0\omega\cos\omega t$$

故位移电流密度为　　$j_D = \frac{I_D}{\pi R^2} = \frac{CV_0\omega}{\pi R^2}\cos\omega t$

(2)将 $\oint_L \boldsymbol{H} \cdot d\boldsymbol{l} = \sum_i (I_i + I_{Di})$ 用于极板间半径为 $r(r < R)$、与极板同心的圆形环路,则有

$$H \cdot 2\pi r = j_D\pi r^2$$

故两极板间任意一点的磁场强度为

$$H = \frac{j_D r}{2} = \frac{CV_0\omega r}{2\pi R^2}\cos\omega t$$

**8-48** 分别写出反映下列现象的麦克斯韦方程:

(1)电场线仅起始或终止于电荷或无限远处;

(2)在静电条件下,导体内不可能有任何电荷;

(3)一个变化的电场,必定有一个磁场伴随它;

(4)一个变化的磁场,必定有一个电场伴随它;

(5)凡有电荷的地方就有电场;

(6)不存在磁单极子;

(7)凡有电流的地方就有磁场;

(8)磁场线是无头无尾的;

(9)静电场是保守场。

**解** (1)、(2)、(5)的描述对应方程

$$\oint_S \boldsymbol{D} \cdot \mathrm{d}\boldsymbol{S} = \int_V \rho \mathrm{d}V$$

（4）、（9）的描述对应方程

$$\oint_L \boldsymbol{E} \cdot \mathrm{d}\boldsymbol{l} = -\int_S \frac{\partial \boldsymbol{B}}{\partial t} \cdot \mathrm{d}\boldsymbol{S}$$

（6）、（8）的描述对应方程

$$\oint_S \boldsymbol{B} \cdot \mathrm{d}\boldsymbol{S} = 0$$

（3）、（7）的描述对应方程

$$\oint_L \boldsymbol{H} \cdot \mathrm{d}\boldsymbol{l} = \int_S \left( \boldsymbol{j} + \frac{\partial \boldsymbol{D}}{\partial t} \right) \cdot \mathrm{d}\boldsymbol{S}$$

# 第9章 气体动理论

## 一、内容提要

**1. 平衡态、准静态过程**

理想气体状态方程：$pV = \dfrac{m}{M}RT$，$\quad p = nkT$

**2. 热力学第零定律**

**3. 理想气体的压强和温度**

$$p = \frac{2}{3}n\bar{\varepsilon}_{k,t}, \quad \bar{\varepsilon}_{k,t} = \frac{3kT}{2}$$

**4. 能均分定理与理想气体的内能**

（1）能均分定理

（2）$\nu$ 摩尔理想气体的内能 $\quad E = \dfrac{\nu}{2}(t + r + 2s)RT$

**5. 麦克斯韦速率分布函数**

$$f(v) = \frac{\mathrm{d}N_v}{N\mathrm{d}v} = A4\pi v^2 \mathrm{e}^{-\alpha^2 v^2}, \quad A = \left(\frac{m_f}{2\pi kT}\right)^{3/2}, \quad \alpha^2 = \frac{m_f}{2kT}$$

$f(v)$ 的物理意义为气体分子取值在 $v$ 附近单位速率间隔内的概率。

（1）分子的平均速率：$\bar{v} = \sqrt{\dfrac{8kT}{\pi m_f}} = \sqrt{\dfrac{8RT}{\pi M}} \approx 1.60\sqrt{\dfrac{RT}{M}}$

（2）分子的方均根速率：$\sqrt{\overline{v^2}} = \sqrt{\dfrac{3kT}{m_f}} = \sqrt{\dfrac{3RT}{M}} \approx 1.73\sqrt{\dfrac{RT}{M}}$

（3）分子的最概然速率：$v_p = \sqrt{\dfrac{2kT}{m_f}} = \sqrt{\dfrac{2RT}{M}} \approx 1.41\sqrt{\dfrac{RT}{M}}$

**6. 重力场中粒子按高度的玻耳兹曼分布**

空间坐标为 $x$、$y$、$z$ 的点附近单位空间体积内的分子数

$$n = n_0 \mathrm{e}^{m_f gz/(kT)} = n_0 \mathrm{e}^{Mgz/(RT)}$$

气压公式：$p = n_0 kT \mathrm{e}^{-m_f gz/(kT)} = p_0 \mathrm{e}^{-m_f gz/(kT)}$

**7. 范德瓦尔斯方程**

$$\left( p + \frac{m^2}{M^2} \frac{a}{V^2} \right) \left( V - \frac{m}{M} b \right) = \frac{m}{M} RT$$

**8. 分子的平均碰撞次数与平均自由程**

（1）平均碰撞次数：$\overline{Z} = \sqrt{2} n \pi d^2 \overline{v}$

（2）平均自由程：$\overline{\lambda} = \dfrac{\overline{v}}{\overline{Z}} = \dfrac{1}{\sqrt{2} n \pi d^2} = \dfrac{kT}{\sqrt{2} \pi d^2 p}$

**9. 偏离平衡态**

（1）内摩擦（黏滞现象）：黏滞力

$$\mathrm{d}f = -\eta \left( \frac{\mathrm{d}u}{\mathrm{d}y} \right) \mathrm{d}S, \qquad \eta = \frac{1}{3} n m_f \overline{v} \overline{\lambda}$$

（2）热传导：$\mathrm{d}t$ 时间内通过面元 $\mathrm{d}S$ 传递的热量

$$\mathrm{d}Q = -\kappa \frac{\mathrm{d}T}{\mathrm{d}y} \mathrm{d}S \mathrm{d}t, \qquad \kappa = \frac{1}{3} n m_f \overline{v} \overline{\lambda} \frac{C_{V,m}}{M}$$

（3）扩散：$\mathrm{d}t$ 时间内通过面元 $\mathrm{d}S$ 扩散的质量

$$\mathrm{d}m = -D \frac{\mathrm{d}\rho}{\mathrm{d}y} \mathrm{d}S \mathrm{d}t, \qquad D = \frac{1}{3} \overline{v} \overline{\lambda}$$

# 二、重 点 难 点

麦克斯韦速率分布函数及其物理意义。

# 三、思考题及解答

**9-1**　若理想气体的体积为 $V$，压强为 $p$，温度为 $T$，一个分子的质量为 $m_f$，$k$ 为玻耳兹曼常量，$R$ 为普适气体常量，则该理想气

体的分子数为多少?

**答**　因 $N = N_0 \dfrac{m}{M}$,由 $pV = \dfrac{m}{M}RT$,有 $N = N_0 \dfrac{pV}{RT}$,又由 $\dfrac{N_0}{R} = k$,故 $N = \dfrac{pV}{kT}$。

**9-2**　阿伏伽德罗定律指出:在温度和压强相同的条件下,相同体积中含有的分子数是相等的,与气体的种类无关。你能用气体动理论给予说明吗?

**答**　温度相同时,气体分子热运动的剧烈程度相同,气体分子的平均平动动能 $\overline{\varepsilon}_{k,t} = \dfrac{3}{2}kT$ 相同。压强相同时,分子给予容器壁的平均碰撞力和平均碰撞次数是相等的,由压强公式 $p = \dfrac{2}{3}n\overline{\varepsilon}_{k,t}$ 可知,当温度和压强相同时,分子数密度也是相等的,因而相同体积中含有的气体分子数是相等的,与气体的种类无关。

**9-3**　一瓶氦气和一瓶氮气,密度相同,分子平均平动动能相同,而且它们都处于平衡状态,则它们的温度、压强有什么关系?

**答**　由 $\overline{\varepsilon}_{k,t} = \dfrac{3}{2}kT$ 可知,二者分子平均平动动能相同就有二者温度相同,但由于 $m_{f,氮} > m_{f,氦}$,由 $p = \dfrac{2}{3}n\overline{\varepsilon}_{k,t} = \dfrac{2}{3}\dfrac{\rho}{m_f}\overline{\varepsilon}_{k,t}$ 可知,氦气的压强大于氮气的压强。

**9-4**　温度、压强相同的氦气和氧气,它们分子的平均平动动能 $\overline{\varepsilon}_{k,t}$ 和平均动能 $\overline{\varepsilon}_k$ 有什么关系?

**答**　由 $\overline{\varepsilon}_{k,t} = \dfrac{3}{2}kT$ 知分子的平均平动动能 $\overline{\varepsilon}_{k,t}$ 相等,而分子的平均动能 $\overline{\varepsilon}_k = \dfrac{i}{2}kT$,氦气和氧气分子的自由度不相同,所以分子的平均动能 $\overline{\varepsilon}_k$ 不相等。

**9-5**　在标准状态下体积比为 $1:2$ 的氧气和氦气(均视为刚性分子理想气体)相混合,混合气体中氧气和氦气的内能之比为多少?

**答**　由 $E=\dfrac{1}{2}(t+r+2s)pV$，$\dfrac{E_{O_2}}{E_{He}}=\dfrac{5V_1}{3V_2}=\dfrac{5}{6}$

**9-6**　假定氧气的热力学温度提高一倍,氧分子全部离解为氧原子,则这些氧原子的平均速率是氧分子平均速率的多少倍?

**答**　由 $\overline{v}=\sqrt{\dfrac{8kT}{\pi m_f}}$，得 $\dfrac{\overline{v}_O}{\overline{v}_{O_2}}=\dfrac{\sqrt{\dfrac{2T}{m_O}}}{\sqrt{\dfrac{T}{m_{O_2}}}}=\sqrt{\dfrac{2m_{O_2}}{m_O}}=\sqrt{\dfrac{2\times2m_O}{m_O}}=2$

**9-7**　设某种气体的分子速率分布函数为 $f(v)$，则速率在 $v_1\sim v_2$ 区间内的分子的平均速率的表达式是什么?

**答**　$\displaystyle\int_{v_1}^{v_2}vf(v)\mathrm{d}v\Big/\int_{v_1}^{v_2}f(v)\mathrm{d}v$ 。

**9-8**　若某气体分子的自由度是 $i$，能否说每个分子的能量都等于 $\dfrac{i}{2}kT$?

**答**　不能。由能均分定律可知,气体分子的自由度是 $i$ 的气体,处于平衡态时,其分子的平均能量是 $\dfrac{i}{2}kT$。这是一个统计平均值,并不是每个分子的能量都是 $\dfrac{i}{2}kT$,有的分子能量可能大于 $\dfrac{i}{2}kT$,有的可能小于 $\dfrac{i}{2}kT$,还有的可能等于 $\dfrac{i}{2}kT$,其统计平均值为 $\dfrac{i}{2}kT$,因此并非每个分子的能量都等于 $\dfrac{i}{2}kT$。

**9-9**　气体分子的平均速率、方均根速率和最概然速率的物理意义有什么区别?它们与温度有什么关系?与摩尔质量有什么关系?最概然速率是否就是速率分布中最大速率的值?

**答**　气体分子的平均速率 $\overline{v}$ 是所有分子速率的算术平均值;最概然速率是速率分布函数 $f(v)$ 的极大值点对应的速率。它表示的物理意义是,如果把气体分子速率分成许多相等间隔,则气体在一定温度下,分布在最概然速率 $v_p$ 附近的概率最大;方均根速率 $\sqrt{\overline{v^2}}$ 是所有分子速率平方的平均值再开方后所得的值。在计算分子的平均平动动能时要用到方均根速率 $\sqrt{\overline{v^2}}$。在讨论分子的碰撞时要用到平均速率 $\overline{v}$,在讨论气体分子的速率分布时要用到最概然速率 $v_p$。由

$$\overline{v}=\sqrt{\frac{8kT}{\pi m_f}}\approx 1.60\sqrt{\frac{RT}{M}},\quad v_p=\sqrt{\frac{2kT}{m_f}}\approx 1.41\sqrt{\frac{RT}{M}}$$

$$\sqrt{\overline{v^2}}=\sqrt{\frac{3kT}{m_f}}\approx 1.73\sqrt{\frac{RT}{M}}$$

可得,它们都与热力学温度的开方 $\sqrt{T}$ 成正比,与摩尔质量的开方 $\sqrt{M}$ 成反比。对于处于平衡态的某种气体,有 $\sqrt{\overline{v^2}}>\overline{v}>v_p$,显然,最概然速率 $v_p$ 不是速率分布中最大速率的值,它是速率分布函数 $f(v)$ 的极大值点对应的速率,从速率分布图上可知还有很多气体分子的速率比它大。

**9-10** (1) 一定量的理想气体,在温度不变的条件下,当体积增大时,分子的平均碰撞频率 $\overline{Z}$ 和平均自由程 $\overline{\lambda}$ 的变化情况如何?

(2) 一定量的理想气体,在体积不变的条件下,当温度升高时,分子的平均碰撞频率 $\overline{Z}$ 和平均自由程 $\overline{\lambda}$ 的变化情况如何?

**答** (1) $\overline{Z}$ 减小,$\overline{\lambda}$ 增大。(2) $\overline{Z}$ 增大,$\overline{\lambda}$ 不变。

# 四、习题及解答

**9-1** 求在标准状态($p=1.013\times 10^5$ Pa,$T=273.15$ K)下,1 m³ 气体所含的分子数。

**解** 由 $p=nkT$ 得单位体积的气体分子数 $n_0=\dfrac{p}{kT}$,有

$$n_0=\frac{p}{kT}=\frac{1.013\times 10^5}{1.38\times 10^{-23}\times 273.15}/\mathrm{m}^3=2.68\times 10^{25}/\mathrm{m}^3$$

**9-2** 一容器中装有质量为 0.140 kg、压强为 $2.0265\times 10^6$

Pa、温度为 127.0 ℃的氮气。因容器漏气,经一段时间后,压强降低为原来的 $\frac{5}{14}$、温度降到 27.0 ℃。问:(1)容器的体积是多大?(2)漏掉氮气的质量为多少。

**解** (1)由理想气体状态方程 $pV=\frac{m}{M}RT$ 可求出此容器的体积为

$$V=\frac{mRT}{Mp}=\frac{0.140\times8.31\times(273+127)}{28\times10^{-3}\times2.0265\times10^{6}}\ \text{m}^3=8.20\times10^{-3}\ \text{m}^3$$

(2)设漏气后容器中剩下的氧气质量为 $m'$,由状态方程有

$$m'=\frac{p'VM}{RT'}$$

$$=\frac{5}{14}\frac{pVM}{RT'}=\frac{5\times2.0265\times10^{6}\times8.2\times10^{-3}\times28\times10^{-3}}{14\times8.31\times(273+27)}\ \text{kg}$$

$$=6.66\times10^{-2}\ \text{kg}$$

因此漏掉的氧气质量为

$$\Delta m=m-m'=(0.14-6.66\times10^{-2})\ \text{kg}=7.34\times10^{-2}\ \text{kg}$$

**9-3** 一柴油机汽缸容积为 $10^{-3}\ \text{m}^3$。压缩前其中空气的温度是 320 K,压强是 $8.4\times10^{4}\ \text{Pa}$。活塞快速运动,将空气的体积压缩到原来的 $\frac{1}{17}$,压强增大到 $4.2\times10^{6}\ \text{Pa}$,求这时空气的温度。

**解** 由 $\frac{p_1V_1}{T_1}=\frac{p_2V_2}{T_2}$,已知 $V_1=10^{-3}\ \text{m}^3$,$T_1=320\ \text{K}$,$p_1=8.4\times10^4\ \text{Pa}$,$\frac{V_1}{V_2}=17$,$p_2=4.2\times10^6\ \text{Pa}$,则得

$$T_2=T_1\frac{p_2V_2}{p_1V_1}=\frac{320\times4.2\times10^{6}\times10^{-3}}{8.4\times10^{4}\times10^{-3}\times17}\ \text{K}=941\ \text{K}$$

这个温度已超过了柴油的燃点。若在此时,把柴油喷入汽缸,柴油即燃烧。有些柴油机就是靠把空气急速压缩时,温度升高而点火的。

**9-4** (1)太阳内部距中心约 20%半径处氢核和氦核的质量

百分比分别约为 $70\%$ 和 $30\%$。该处温度为 $9.0\times10^6$ K,总质量密度为 $\rho_H+\rho_{He}=3.6\times10^4$ kg/m$^3$。求此处的压强是多少?(视氢核和氦核都构成理想气体而分别产生自身的压强。)

(2) 由于聚变反应,氢核聚变为氦核,在太阳中心氢核和氦核的质量百分比变为 $35\%$ 和 $65\%$。此处的温度为 $1.5\times10^7$ K,总质量密度为 $1.5\times10^5$ kg/m$^3$。求此处的压强是多少?设氢核密度为 $\rho_H$,氦核密度为 $\rho_{He}$。

**解** (1) 由题意有

$$\frac{\rho_H}{\rho_H+\rho_{He}}=70\%,\qquad \frac{\rho_{He}}{\rho_H+\rho_{He}}=30\%,\qquad \rho_H+\rho_{He}=3.6\times10^4\ \text{kg/m}^3$$

而

$$n_H=\frac{\rho_H}{1.67\times10^{-27}},\qquad n_{He}=\frac{\rho_{He}}{4\times1.67\times10^{-27}}$$

得

$$\begin{aligned}
p&=(n_H+n_{He})kT\\
&=\left(\frac{2.52\times10^4}{1.67\times10^{-27}}+\frac{1.08\times10^4}{4\times1.67\times10^{-27}}\right)\times1.38\times10^{-23}\times9.0\times10^6\ \text{Pa}\\
&=2.1\times10^{15}\ \text{Pa}
\end{aligned}$$

(2) 因 $\dfrac{\rho_H}{\rho_H+\rho_{He}}=35\%$,$\dfrac{\rho_{He}}{\rho_H+\rho_{He}}=65\%$,且 $\rho_H+\rho_{He}=1.5\times10^5$ kg/m$^3$,故

$$\begin{aligned}
p&=(n_H+n_{He})kT\\
&=\left(\frac{1.5\times10^5\times0.35}{1.67\times10^{-27}}+\frac{1.5\times10^5\times0.65}{4\times1.67\times10^{-27}}\right)\times1.38\times10^{-23}\times1.5\times10^7\ \text{Pa}\\
&=9.5\times10^{15}\ \text{Pa}
\end{aligned}$$

**9-5** 日冕的温度为 $2\times10^6$ K,求其中电子的方均根速率。星际空间的温度为 2.7 K,其中气体主要是氢原子,求那里氢原子的方均根速率。1994 年曾用激光冷却的方法使一群钠原子几乎停止运动,相应的温度是 $2.4\times10^{-11}$ K,求这些钠原子的方均根速率。

**解**　由 $\sqrt{\overline{v^2}}=\sqrt{\dfrac{3kT}{m_{\mathrm{f}}}}$ 可计算

电子　$\sqrt{\overline{v^2}}=\sqrt{\dfrac{3\times1.38\times10^{-23}\times2\times10^6}{9.11\times10^{-31}}}$ m/s $=0.95\times10^7$ m/s

氢原子　$\sqrt{\overline{v^2}}=\sqrt{\dfrac{3\times1.38\times10^{-23}\times2.7}{1.67\times10^{-27}}}$ m/s $=2.6\times10^2$ m/s

钠原子 $\sqrt{\overline{v^2}}=\sqrt{\dfrac{3\times1.38\times10^{-23}\times2.4\times10^{-11}}{23\times1.67\times10^{-27}}}$ m/s $=1.6\times10^{-4}$ m/s

**9-6**　某种气体的方均根速率为 450 m/s，所处的压强为 $7\times10^4$ Pa。求气体的质量密度 $\rho$。

**解**　由于 $p=\dfrac{2}{3}n\,\overline{\varepsilon}_{\mathrm{k,t}}=\dfrac{2}{3}n\left(\dfrac{1}{2}m_{\mathrm{f}}\,\overline{v^2}\right)=\dfrac{n}{3}m_{\mathrm{f}}\,\overline{v^2}$，其中 $nm_{\mathrm{f}}=$ $\dfrac{N}{V}m_{\mathrm{f}}=\dfrac{m}{V}=\rho$，所以

$$\rho=\dfrac{3p}{\overline{v^2}}=\dfrac{3p}{(\sqrt{\overline{v^2}})^2}=\dfrac{3\times7\times10^4}{450^2}=1.04\ \mathrm{kg/m^3}$$

**9-7**　当温度为 273 K 时，求氧分子的平均平动动能。

**解**　$\overline{\varepsilon}_{\mathrm{k,t}}=\dfrac{3}{2}kT=\dfrac{3}{2}\times1.38\times10^{-23}\times273$ J $=5.65\times10^{-21}$ J

**9-8**　一篮球充气后，其中有氮气 8.5 g。温度为 17 ℃，在空气中以 65 km/h 的高速飞行。求：(1) 一个氮分子（设为刚性分子）的热运动平均平动动能、平均转动动能和平均总动能；(2) 球内氮气的内能；(3) 球内氮气的轨道动能。

**解**　(1) $\overline{\varepsilon}_{\mathrm{k,t}}=\dfrac{3}{2}kT=\dfrac{3}{2}\times1.38\times10^{-23}\times(273+17)$ J
　　　　$=6.00\times10^{-21}$ J

$\overline{\varepsilon}_{\mathrm{k,r}}=\dfrac{2}{2}kT=1.38\times10^{-23}\times(273+17)$ J $=4.00\times10^{-21}$ J

$\overline{\varepsilon}_{\mathrm{k}}=\dfrac{5}{2}kT=10.00\times10^{-21}$ J

(2) $E = \dfrac{m}{M} \times \dfrac{5}{2} RT = \dfrac{8.5 \times 10^{-3} \times 5 \times 8.31 \times 290}{28 \times 10^{-3} \times 2}$ J $= 1.83 \times 10^3$ J

(3) $E_k = \dfrac{1}{2} m v^2 = \dfrac{1}{2} \times 8.5 \times 10^{-3} \times \left(\dfrac{65 \times 10^3}{3600}\right)^2$ J $= 1.39$ J

**9-9** 储有氮气的容器以 $v = 100$ m/s 的速度运动。若该容器突然停止运动,全部定向运动的动能都转化为气体分子的热运动的动能。问容器中氮气的温度将会上升多少?(设为刚性分子。)

**解** 由 $N \times \dfrac{1}{2} m_f v^2 = \dfrac{5}{2} \dfrac{m}{M} R \Delta T$ 以及 $m = m_f N$ 得

$$\Delta T = \dfrac{M v^2}{5R} = \dfrac{28 \times 10^{-3} \times 100^2}{5 \times 8.31}\ \text{K} = 6.74\ \text{K}$$

**9-10** 一个能量为 $10^{12}$ eV 的宇宙射线粒子射入氖管中,氖管中含有氖气 0.01 mol,如果宇宙射线粒子的能量全部被氖气分子所吸收而变为热运动能量,氖气温度能升高几度?

**解** 由 $E = \dfrac{i}{2} \nu R T$ 得 $\Delta E = \dfrac{i}{2} \nu R \Delta T$

代入 $i = 3, \nu = 0.01$ mol, $\Delta E = 10^{12} \times 1.6 \times 10^{-19}$ J,可得

$$\Delta T = \dfrac{2 \Delta E}{3 \nu R} = \dfrac{2 \times 1.6 \times 10^{-7}}{3 \times 0.01 \times 8.31}\ \text{K} = 1.28 \times 10^{-6}\ \text{K}$$

**9-11** 一容器被中间的隔板分成相等的两半,一半装有氦气,温度为 250 K;另一半装有氧气,温度为 310 K。现已知二者压强相等,求去掉隔板两种气体混合后的温度。

**解** 设氦气 $\nu_1$ 摩尔,氧气 $\nu_2$ 摩尔,混合前温度分别为 $T_1$、$T_2$,混合后温度为 $T$。因混合前两者压强、体积相等,所以有 $\nu_1 T_1 = \nu_2 T_2$,内能 $E_1 = \dfrac{3}{2} \nu_1 R T_1$,$E_2 = \dfrac{5}{2} \nu_2 R T_2$。混合前后总内能不变,有

$$E = \dfrac{3}{2} \nu_1 R T_1 + \dfrac{5}{2} \nu_2 R T_2 = \left(\dfrac{3}{2} \nu_1 + \dfrac{5}{2} \nu_2\right) R T$$

$$T = \dfrac{\dfrac{3}{2} \nu_1 T_1 + \dfrac{5}{2} \nu_2 T_2}{\dfrac{3}{2} \nu_1 + \dfrac{5}{2} \nu_2} = \dfrac{3 \nu_2 T_2 + 5 \nu_2 T_2}{3 \nu_2 \dfrac{T_2}{T_1} + 5 \nu_2} = \dfrac{(3 + 5) T_2}{3 \dfrac{T_2}{T_1} + 5}$$

$$= \frac{8 \times 310}{3 \times \frac{310}{250} + 5} \text{ K} = 284 \text{ K}$$

**9-12** 简要说明下列各式的物理意义:

(1) $\frac{1}{2}kT$;  (2) $\frac{3}{2}kT$;  (3) $\frac{i}{2}kT$;

(4) $\frac{i}{2}RT$;  (5) $\frac{m}{M}\frac{3}{2}RT$;  (6) $\frac{m}{M}\frac{i}{2}RT$。

其中, $m$ 表示气体的质量, $M$ 表示该气体的摩尔质量。

**解** (1) 分子一个自由度上的平均动能或平均振动势能。

(2) 分子的平均平动动能或单原子分子的平均能量。

(3) 分子的平均总动能。

(4) 一摩尔刚性分子理想气体的内能。

(5) $\nu$ 摩尔单原子分子理想气体的内能。

(6) $\nu$ 摩尔刚性分子理想气体的内能($\nu = \frac{m}{M}$ 为气体摩尔数)。

**9-13** 容器内有 11.00 kg 二氧化碳和 2.00 kg 氢气(均视为刚性分子气体)。已知混合气体的内能为 $8.10 \times 10^6$ J。求:(1) 混合气体的温度;(2) 两种气体分子各自的平均动能。

**解** (1)混合气体的内能为 $E = \frac{m_1}{M_1}\frac{i_1}{2}RT + \frac{m_2}{M_2}\frac{i_2}{2}RT$,其中 $M_1 = 44.0 \times 10^{-3}$ kg/mol, $M_2 = 2.0 \times 10^{-3}$ kg/mol, $i_1 = 6, i_2 = 5$,则

$$T = \frac{2E}{\left(\frac{m_1}{M_1} \times 6 + \frac{m_2}{M_2} \times 5\right)R} = \frac{2 \times 8.10 \times 10^6}{\left(\frac{11}{44} \times 6 + \frac{2}{2} \times 5\right) \times 10^3 \times 8.31} \text{ K} \approx 300 \text{ K}$$

(2) $\overline{\varepsilon}_{k,1} = \frac{6}{2}kT = 3kT = 3 \times 1.38 \times 10^{-23} \times 300 \text{ J}$

$$= 1.24 \times 10^{-20} \text{ J}$$

$\overline{\varepsilon}_{k,2} = \frac{5}{2}kT = \frac{5}{2} \times 1.38 \times 10^{-23} \times 300 \text{ J} = 1.04 \times 10^{-20} \text{ J}$

**9-14** 试说明下列各式的物理意义:

(1) $f(v) = \frac{\mathrm{d}N}{N \mathrm{d}v_x \mathrm{d}v_y \mathrm{d}v_z}$;  (2) $f(v) = \frac{\mathrm{d}N}{N \mathrm{d}v}$;

(3) $f(v)\mathrm{d}v$;　　　　　　(4) $f(200\ \mathrm{m/s})$;

(5) $Nf(v)\mathrm{d}v$;　　　　　(6) $\int_{v_1}^{v_2}f(v)\mathrm{d}v$;

(7) $\int_{v_1}^{v_2}Nf(v)\mathrm{d}v$;　　　(8) $\dfrac{\displaystyle\int_{v_1}^{v_2}vf(v)\mathrm{d}v}{\displaystyle\int_{v_1}^{v_2}f(v)\mathrm{d}v}$。

**解**　(1) 分子速度在 $v_x,v_y,v_z$ 附近单位速度范围内的分子数占总分子数的比率。

(2) 分子速率在 $v$ 附近单位速率范围内的分子数占总分子数的比率。

(3) 分子速率在 $v$ 附近 $v\rightarrow v+\mathrm{d}v$ 范围内的分子数占总分子数的比率。

(4) 分子速率在 $200\ \mathrm{m/s}$ 附近、单位速率范围(如 $200\ \mathrm{m/s}\sim 201\mathrm{m/s}$)内的分子数占总分子数的比率。

(5) 分子速率在 $v$ 附近 $v\rightarrow v+\mathrm{d}v$ 范围内的分子数。

(6) 分子速率在 $v_1\rightarrow v_2$ 范围内的分子数占总分子数的比率。

(7) 分子速率在 $v_1\rightarrow v_2$ 范围内的分子数。

(8) 速率在 $v_1\rightarrow v_2$ 范围内的分子的平均速率。

**9-15**　由 $N$ 个粒子构成的系统,其速率分布函数为

$$f(v)=\begin{cases}av/v_0 & (0\leqslant v\leqslant v_0)\\ a & (v_0\leqslant v\leqslant 2v_0)\\ 0 & (v>2v_0)\end{cases}$$

(1) 求常数 $a$;(2) 分别求速率大于 $v_0$ 和小于 $v_0$ 的粒子数;(3) 求粒子的平均速率。

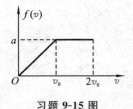

习题 **9-15** 图

**解**　(1) 由归一化条件有

$$\int_0^\infty f(v)\mathrm{d}v=\int_0^{v_0}\frac{av}{v_0}\mathrm{d}v+\int_{v_0}^{2v_0}a\mathrm{d}v$$

$$=\frac{a}{v_0}\cdot\frac{v_0^2}{2}+a(2v_0-v_0)=1$$

得到
$$a = \frac{2}{3v_0}$$

(2) $v > v_0$ 时,

$$\Delta N_{v>v_0} = \int_{v_0}^{\infty} dN = \int_{v_0}^{\infty} Nf(v)dv = \int_{v_0}^{2v_0} N \cdot a dv = \frac{2N}{3}$$

$v < v_0$ 时,

$$\Delta N_{v<v_0} = \int_0^{v_0} dN = \int_0^{v_0} N \cdot \frac{av}{v_0}dv = \frac{N}{3}, \text{或} \Delta N_{v<v_0} = N - \frac{2N}{3} = \frac{N}{3}$$

(3) $\bar{v} = \int_0^{\infty} vf(v)dv = \int_0^{v_0} v \cdot \frac{av}{v_0}dv + \int_{v_0}^{2v_0} va\, dv = \frac{11v_0}{9}$

**9-16** 假设由 $N$ 个粒子构成的系统,其速率分布函数为

$$f(v) = \begin{cases} C\sin\left(\dfrac{v}{v_0}\pi\right) & (0 \leqslant v \leqslant v_0, v_0 \text{ 为常数}) \\ 0 & (v \geqslant v_0) \end{cases}$$

(1) 求归一化常数 $C$;(2) 求处在 $f(v) > \dfrac{C}{2}$ 的粒子数。

**解** (1)由归一化条件 $\int_0^{v_0} C\sin\left(\dfrac{v}{v_0}\pi\right)dv = C\dfrac{v_0}{\pi}\cos\dfrac{v\pi}{v_0}\Big|_{v_0}^{0} =$

$C\dfrac{v_0}{\pi} \times 2 = 1$ 得到 $C = \dfrac{\pi}{2v_0}$。

(2) $f(v) > \dfrac{C}{2}$ 的区域为 $\dfrac{\pi}{6} < \dfrac{v}{v_0}\pi < \dfrac{5\pi}{6}$,该区域的粒子数为

$$\Delta N = N\int_{v_0/6}^{5v_0/6} f(v)dv = NC\dfrac{v_0}{\pi}\cos\dfrac{v\pi}{v_0}\Big|_{5v_0/6}^{v_0/6} = NC\dfrac{v_0}{\pi} \times \sqrt{3} = \dfrac{\sqrt{3}N}{2}$$

**9-17** 假设某连续型随机变量 $x$ 的分布
函数为

$$f(x) = \begin{cases} A(1-x^2) & (|x| \leqslant 1) \\ 0 & (|x| > 1) \end{cases}$$

(1) 画出大致的 $f(x)$-$x$ 曲线;(2) 计算
归一化常数 $A$;(3) 求 $\bar{x}, \overline{x^2}$。

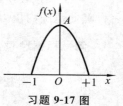

习题 **9-17** 图

**解** (1)曲线如图所示。

（2）由归一化条件求常数 $A$

$$\int_{-\infty}^{\infty} f(x)\mathrm{d}x = \int_{-1}^{1} A(1-x^2)\mathrm{d}x = A\left(x - \frac{1}{3}x^3\right)\Big|_{-1}^{1} = \frac{4A}{3} = 1$$

得到
$$A = \frac{3}{4}$$

（3）$\overline{x} = \int_{-\infty}^{\infty} xf(x)\mathrm{d}x = \int_{-1}^{1} xA(1-x^2)\mathrm{d}x = 0$

$\overline{x^2} = \int_{-\infty}^{\infty} x^2 f(x)\mathrm{d}x = \int_{-1}^{1} x^2 A(1-x^2)\mathrm{d}x = \frac{1}{5}$

**9-18** 在容积为 $3.0 \times 10^{-2}$ m³ 的容器中，贮有 $2.0 \times 10^{-2}$ kg 的气体，其压强为 $50.7 \times 10^3$ Pa。试求该气体分子的最概然速率、平均速率以及方均根速率。

**解** 由状态方程 $pV = \dfrac{m}{M}RT$ 得

$$\frac{M}{RT} = \frac{m}{pV} = \frac{2.0 \times 10^{-2}}{50.7 \times 10^3 \times 3.0 \times 10^{-2}} \text{ kg/(Pa·m}^3)$$
$$= 13.15 \times 10^{-6} \text{ kg/(Pa·m}^3)$$

$$v_\mathrm{p} = \sqrt{\frac{2RT}{M}} = \sqrt{\frac{2}{13.15 \times 10^{-6}}} \text{ m/s} = 389 \text{ m/s}$$

$$\overline{v} = \sqrt{\frac{8RT}{\pi M}} = \sqrt{\frac{8}{3.14}}\frac{v_\mathrm{p}}{\sqrt{2}} = 439 \text{ m/s}$$

$$\sqrt{\overline{v^2}} = \sqrt{\frac{3RT}{M}} = \sqrt{\frac{3}{2}}v_\mathrm{p} = 477 \text{ m/s}$$

**9-19** 求重力场中气体分子密度比地面减少一半处的高度（设在此范围内重力场均匀，且温度一致）。

**解** 根据题意，有 $\dfrac{n_0}{2} = n_0 \mathrm{e}^{-m_\mathrm{f}gh/(kT)}$，则

$$\ln 2 = \frac{m_\mathrm{f}gh}{kT}, \quad h = \frac{kT}{m_\mathrm{f}g}\ln 2 = \frac{RT}{Mg}\ln 2$$

**9-20** 在容积为 1 L 的高压容器内盛有 1 mol 的氧气，温度为 300 K。已知氧的范德瓦尔斯修正量 $a = 1.38 \times 10^5$ L²·Pa/mol²，

$b=0.032$ L/mol$^2$。(1)若按范德瓦尔斯理论,仅考虑分子斥力的修正,氧气的压强应为多少?(2)按范德瓦尔斯方程,氧气的压强应为多大?并与理想气体作比较。

**解**　(1)考虑到分子斥力对体积的修正,氧气压强

$$p'=\frac{RT}{(V_m-b)}=\frac{8.31\times10^3\times300}{(1-0.032)}\text{ Pa}=2.57\times10^6\text{ Pa}$$

(2)直接由范德瓦尔斯方程得到

$$p=\frac{RT}{(V_m-b)}-\frac{a}{V_m^2}=\left(25.7-\frac{1.38}{1^2}\right)\times10^5\text{ Pa}=2.43\times10^6\text{ Pa}$$

因为　　　　$p_{理想}=\frac{RT}{V_m}=\frac{8.31\times10^3\times300}{1}\text{ Pa}=2.49\times10^6\text{ Pa}$

故有　　　　　　　　　　　　$p<p_{理想}<p'$

**9-21**　氮分子的有效直径为 $3.8\times10^{-10}$ m。求它在标准状态下的平均自由程和连续两次碰撞之间的平均时间间隔。

**解**　摩尔质量 $M=28\times10^{-3}$ kg/mol

$$\bar{v}=\sqrt{\frac{8RT}{\pi M}}=\sqrt{\frac{8\times8.31\times273}{3.14\times0.028}}\text{ m/s}=454\text{ m/s}$$

$$\bar{\lambda}=\frac{kT}{\sqrt{2}\pi d^2 p}=\frac{1.38\times10^{-23}\times273}{1.4\times3.14\times3.8^2\times10^{-20}\times1.013\times10^5}\text{ m}=5.8\times10^{-8}\text{ m}$$

连续两次碰撞之间的平均时间间隔

$$\Delta t=\frac{\bar{\lambda}}{\bar{v}}=\frac{5.8\times10^{-8}}{454}\text{ s}=1.3\times10^{-10}\text{ s}$$

**9-22**　真空管的线度为 $10^{-2}$ m,其中真空度(即管中极其稀薄的气体的压强)为 $1.33\times10^{-3}$ Pa,设空气分子的有效直径为 $3\times10^{-10}$ m,求 27 ℃时单位体积内的空气分子数、平均自由程和平均碰撞频率。

**解**　由 $p=nkT$,可得

$$n=\frac{p}{kT}=\frac{1.33\times10^{-3}}{1.38\times10^{-23}\times300}\text{个/m}^3=3.2\times10^{17}\text{个/m}^3$$

$$\bar{\lambda}=\frac{1}{\sqrt{2}\pi d^2 n}=\frac{1}{1.4\times3.14\times9\times10^{-20}\times3.2\times10^{17}}\text{ m}=7.8\text{ m}$$

因 7.8 m＞$10^{-2}$ m，分子与分子碰撞之前先与器壁碰撞，所以取 $\bar{\lambda}=10^{-2}$ m。

$$\bar{v}=\sqrt{\frac{8RT}{\pi M}}=\sqrt{\frac{8\times8.31\times300}{3.14\times29\times10^{-3}}}\ \text{m/s}=4.7\times10^2\ \text{m/s}$$

$$\bar{Z}=\frac{\bar{v}}{\bar{\lambda}}=\frac{4.7\times10^2}{10^{-2}}\ \text{次/s}=4.7\times10^4\ \text{次/s}$$

**9-23**　1 mm 厚度的一层空气可以保持 20 K 的温差，如果改用玻璃仍要维持相同的温差，而且使单位时间、单位面积内通过的热量相同，玻璃的厚度应为多少？设二者的温度梯度都是均匀的。（已知对空气 $\kappa_1=2.38\times10^{-2}$ W/(m·K)，对玻璃 $\kappa_2=0.72$ W/(m·K)）

**解**　设空气传递的热量为 $Q_1$，通过玻璃传递的热量为 $Q_2$，则

$$Q_1=-\kappa_1\frac{\mathrm{d}T_1}{\mathrm{d}y_1}\mathrm{d}S_1\mathrm{d}t_1,\quad Q_2=-\kappa_2\frac{\mathrm{d}T_2}{\mathrm{d}y_2}\mathrm{d}S_2\mathrm{d}t_2$$

按题意有 $\dfrac{Q_1}{\mathrm{d}S_1\mathrm{d}t_1}=\dfrac{Q_2}{\mathrm{d}S_2\mathrm{d}t_2}$，又由于温度梯度均匀，故

$$\frac{\mathrm{d}T_1}{\mathrm{d}y_1}=\frac{\Delta T_1}{\Delta y_1},\frac{\mathrm{d}T_2}{\mathrm{d}y_2}=\frac{\Delta T_2}{\Delta y_2}\text{且 }\Delta T_1=\Delta T_2\text{，所以有 }\frac{\kappa_1}{\kappa_2}=\frac{\Delta y_1}{\Delta y_2}$$

$$\Delta y_2=\frac{\kappa_2}{\kappa_1}\Delta y_1=\frac{0.72}{2.38\times10^{-2}}\times1\ \text{mm}=30.3\ \text{mm}$$

# 第 10 章　热力学基础

## 一、内容提要

**1. 热力学第一定律**
$$Q = A + \Delta E$$

**2. 热容量与定压热容量和定容热容量**

$C = \dfrac{\mathrm{d}Q}{\mathrm{d}T}$，其物理意义为系统温度升高 1 K 所吸收的热量。

定压热容量和定容热容量
$$C_p = \left(\frac{\mathrm{d}Q}{\mathrm{d}T}\right)_p, \quad C_V = \left(\frac{\mathrm{d}Q}{\mathrm{d}T}\right)_V$$

理想气体的定容摩尔热容量
$$C_{V,\mathrm{m}} = \frac{1}{2}(t + r + 2s)R = \frac{1}{2}(i + s)R$$

迈尔公式　　　　　$C_{p,\mathrm{m}} = C_{V,\mathrm{m}} + R$

**3. 准静态过程功和热量**

功的表达式　　　$A = \displaystyle\int \mathrm{d}A = \int_{V_1}^{V_2} p\,\mathrm{d}V$

热量的表达式　$Q = \displaystyle\int_{T_1}^{T_2} C\,\mathrm{d}T = \nu \int_{T_1}^{T_2} C_{\mathrm{m}}\,\mathrm{d}T$

**4. 理想气体的几个等值过程和绝热过程**

（1）等容过程：过程方程　$V = $ 恒量，或 $T/p = $ 恒量

吸收热量　　　　　$Q = \nu C_{V,\mathrm{m}} \Delta T$

内能增量　　　　　$\Delta E = Q = \nu C_{V,\mathrm{m}} \Delta T$

对外做功　　　　　　　　$A = 0$

（2）等温过程：过程方程　$T =$ 恒量，或 $pV =$ 恒量

吸收热量　　$Q = \nu RT \ln \dfrac{V_2}{V_1} = \nu RT \ln \dfrac{p_1}{p_2}$

内能增量　　　　　　　$\Delta E = 0$

对外做功　　　　　　　$A = Q$

（3）等压过程：过程方程　$p =$ 恒量，或 $\dfrac{T}{V} =$ 恒量

吸收热量　　　　　$Q = \nu C_{p,\mathrm{m}} \Delta T$

内能增量　　　　　$\Delta E = \nu C_{V,\mathrm{m}} \Delta T$

对外做功　　　　　$A = p \Delta V = \nu R \Delta T$

（4）绝热过程：过程方程　$pV^{\gamma} =$ 恒量，$TV^{\gamma-1} =$ 恒量，$p^{\gamma-1}T^{-\gamma}$
= 恒量

吸收热量　　　　　　$Q = 0$

内能增量　　　　　$\Delta E = \nu C_{V,\mathrm{m}} \Delta T$

对外做功　$A = \dfrac{p_2 V_2 - p_1 V_1}{1 - \gamma}$　或　$-\nu C_{V,\mathrm{m}} \Delta T$

**5. 循环过程与卡诺循环**

热机效率　　　$\eta = \dfrac{A}{Q_1} = \dfrac{Q_1 - Q_2}{Q_1} = 1 - \dfrac{Q_2}{Q_1}$

致冷系数　　　$w = \dfrac{Q_2}{A} = \dfrac{Q_2}{Q_1 - Q_2}$

卡诺热机效率　　　$\eta = 1 - \dfrac{T_2}{T_1}$

卡诺致冷机致冷系数　$w = \dfrac{T_2}{T_1 - T_2}$

**6. 热力学第二定律开尔文表述和克劳修斯表述**

**7. 卡诺定理**

$$\eta_{\text{不可逆机}} < \eta_{\text{可逆机}} = 1 - \dfrac{T_2}{T_1}$$

**8. 熵与熵增加原理**

克劳修斯熵定义：$S_2 - S_1 = \int_1^2 \dfrac{\mathrm{d}Q}{T}$（积分沿任意可逆过程）

熵增加原理

**9. 热力学第二定律的统计意义**

玻耳兹曼熵公式　$S = k\ln\Omega$（$\Omega$ 为热力学概率）

玻耳兹曼熵增公式　　$\Delta S = k\ln\dfrac{\Omega_2}{\Omega_1}$

# 二、重点难点

1. 循环过程。热机效率：$\eta = \dfrac{A}{Q_1} = \dfrac{Q_1 - Q_2}{Q_1} = 1 - \dfrac{Q_2}{Q_1}$

2. 热力学第二定律。

3. 熵变的计算。

# 三、思考题及解答

**10-1**　一定量的理想气体处于热动平衡状态时，此热力学系统的不随时间变化的三个宏观量是什么？而随时间不断变化的微观量是什么？

**答**　体积、温度、压强；分子的运动速度（或分子的动量，分子的动能）

**10-2**　如图（a）所示，某理想气体等温压缩到给定体积时外界对气体做功 $A_1$，又经绝热膨胀返回原来体积时气体对外界做功 $A_2$，则整个过程中气体从外界吸收的热量 $Q =$？内能增加量 $\Delta E =$？

**解**　构造如图（b）所示逆循环 1-2-3-1 过程，设备分过程系统从外吸热分别为 $Q_1$，$Q_2$，$Q_3$。则

$$Q_1 = A_{1\text{气体对外}} = -A_1，\text{实际为放热}$$

$$Q_2 = 0, \quad Q_3 = E_1 - E_3 = E_2 - E_3 = A_2$$

1—2—3 过程气体从外界吸收的热量

$$Q = Q_1 = -A_1, 实际为放热$$

1—2—3 过程气体内能增量

$$\Delta E = E_3 - E_1 = -(E_2 - E_3) = -A_2, 内能减小$$

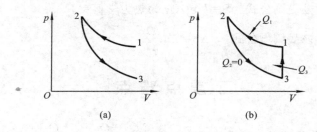

(a)　　　　　　　　　(b)

思考题 10-2 图

**10-3** 为什么气体热容的数值可以有无穷多个？什么情况下，气体的摩尔热容是零？什么情况下，气体的摩尔热容是无穷大？什么情况下是正值？什么情况下是负值？

**答** 气体的热容定义为在没有化学反应和相变的条件下，气体的温度每升高 1 K 所吸收的热量，微分表达式为 $C = \dfrac{\mathrm{d}Q}{\mathrm{d}T}$，$\mathrm{d}Q$ 是微过程交换的热量。然而气体从一个平衡态变化到另一个平衡态，可能经历的过程理论上可以有无穷多个，正如 $p\text{-}V$ 图上从一个状态点变化到另一个状态点可以连接无穷多条曲线，每一条曲线都是一个中间过程，每条曲线上气体的温度升高 1 K 所吸收的热量都不同，因此热容的数值可以有无穷多个。

当 $\mathrm{d}Q = 0$ 时，气体的摩尔热容 $C_m = \dfrac{1}{\nu} \dfrac{\mathrm{d}Q}{\mathrm{d}T} = 0$，为绝热过程。

当 $\mathrm{d}T = 0$ 时，气体的摩尔热容 $C_m = \infty$，为等温过程。

当 $\mathrm{d}Q > 0, \mathrm{d}T > 0$ 时，气体的摩尔热容 $C_m > 0$，等压过程 $C_{p,m} > 0$；等容过程 $C_{V,m} > 0$。

当 $\mathrm{d}Q > 0, \mathrm{d}T < 0$ 或 $\mathrm{d}Q < 0, \mathrm{d}T > 0$ 时，气体的摩尔热容 $C_m <$

0,气体经历多方指数 $1<n<\gamma$ 的多方过程时将出现负热容,此时会出现外界对系统做功,系统既升温又放热的现象。

**10-4** 一理想气体经图示各过程,试讨论其摩尔热容的正负:(1)过程 1—2;(2)过程 1′—2(沿绝热线);(3)过程 1″—2。

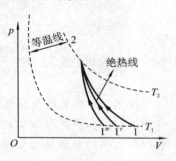

思考题 10-4 图

**答** 三个过程初末态的温度一样,$T_2>T_1,\Delta T>0,\Delta E_{1-2}=\Delta E_{1'-2}=\Delta E_{1''-2}>0$

比较过程曲线下面积有

$$|A_{1-2}|>|A_{1'-2}|>|A_{1''-2}|$$

由于

$$\Delta V<0\rightarrow A_{1-2}<A_{1'-2}<A_{1''-2}<0$$

$$Q_{1'-2}=0\rightarrow Q_{1'-2}=\Delta E+A_{1'-2}=0$$

$$Q_{1-2}=\Delta E+A_{1-2}<\Delta E+A_{1'-2}=0,\quad Q_{1''-2}=\Delta E+A_{1''-2}>\Delta E+A_{1'-2}=0$$

即

$$Q_{1-2}<0,\quad Q_{1''-2}>0$$

所以过程 1—2 放热,过程 1″—2 吸热。由此分析可知,过程 1—2 中摩尔热容为负;过程 1′—2 摩尔热容为零;过程 1″—2 中摩尔热容为正。

**10-5** 压强、体积、温度都相同的氧气和氦气经等压膨胀过程,若体积变化相同,吸收热量之比为多少? 若吸收热量相同,对外做功之比为多少?

**答** $7:5,5:7$。

初始状态由 $pV=\nu RT\rightarrow\nu_1=\nu_2,p\Delta V=\nu R\Delta T,\Delta T=\dfrac{p\Delta V}{\nu R}$,故

$$Q=\nu C_{p,m}\Delta T=C_{p,m}\frac{p\Delta V}{R},\quad \Delta E=\nu C_{V,m}\Delta T=\frac{C_{V,m}}{C_{p,m}}Q$$

$$A=Q-\Delta E=Q\left(1-\frac{C_{V,m}}{C_{p,m}}\right)$$

若体积变化相同,则 $\dfrac{Q_1}{Q_2}=\dfrac{C_{p,\mathrm{m1}}\dfrac{p\Delta V}{R}}{C_{p,\mathrm{m2}}\dfrac{p\Delta V}{R}}=\dfrac{C_{p,\mathrm{m1}}}{C_{p,\mathrm{m2}}}=\dfrac{7}{5}$

若吸收热量相同,则 $\dfrac{A_1}{A_2}=\dfrac{1-\dfrac{C_{V,\mathrm{m1}}}{C_{p,\mathrm{m1}}}}{1-\dfrac{C_{V,\mathrm{m2}}}{C_{p,\mathrm{m2}}}}=\dfrac{1-\dfrac{5}{7}}{1-\dfrac{3}{5}}=\dfrac{5}{7}$

**10-6**　有两个热机分别用不同热源作卡诺循环,在 $p\text{-}V$ 图上,它们的循环曲线所包围的面积相等,但形状不同,如图所示,它们吸热与放热的差值是否相同? 对外所做的净功是否相同? 效率是否相同?

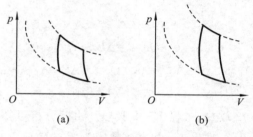

**思考题 10-6 图**

**答**　对于一个循环过程,系统的内能不变,也即 $\Delta E=0$,由能量守恒可知吸热与放热的差值等于系统对外做的净功,在 $p\text{-}V$ 图上表示为循环曲线所包围的面积。由于图中两个循环曲线所围的面积相等,所以它们对外的净功相同。卡诺循环热机的效率 $\eta=1-\dfrac{T_2}{T_1}$,效率的高低取决于高低温热源的温度比值,从图中看出两个循环的热源温度的比值不相同,因此它们的效率各异。

**10-7**　请判断下列三种说法正确与否:(1)系统经历一正循环后,系统的状态没有改变;(2)系统经历一正循环后,系统与外界都没有改变;(3)系统经历一正循环后,接着再经历一逆循环,系统与外界的状态均没有改变。

答　（1）对。循环过程在 $p$-$V$ 图上是一条封闭曲线，系统从初态经历一个循环过程后又回到了原来的状态，也即系统的状态没有改变。

（2）错。系统没有改变，但外界却发生了变化。这是因为正循环系统既从外界吸热，又向外界放热，同时还对外做功，这些都足以使外界发生变化。

（3）对于可逆循环是这样。由可逆循环的定义，系统经历一个正循环，再经历一个逆循环后，系统与外界都恢复了原来的状态。然而，对于不可逆循环，系统经历一个正循环，再经历一个逆循环后，虽然系统状态没有改变，但外界并没有也无法恢复原状。

**10-8**　从热力学角度来看，熵函数具有什么性质？在两平衡态之间可以经历各种过程（也包括不可逆过程），怎样计算两平衡态的熵变呢？举例说明。

答　熵是系统状态的单值函数，一个系统的初末态确定了以后，不论经历怎样的中间过程，系统的熵变都是相等的，都等于从初态到末态的任意一个可逆过程中积分 $\int_1^2 \dfrac{\mathrm{d}Q}{T}$ 的值。因此，根据这一特性，在计算两平衡态之间经历任意过程的熵变时，可以先设计一个两平衡态之间的可逆过程，则原过程的熵变就等于这一可逆过程中积分 $\int_1^2 \dfrac{\mathrm{d}Q}{T}$ 的值。

例如，求理想气体向真空自由膨胀过程中的熵变，由于初末态在同一条等温线上，可设计一个等温膨胀准静态过程从 1 态到 2 态。求该过程的熵变就是实际过程的熵变。

# 四、习题及解答

**10-1**　如图所示，某一定量的气体，由状态 $a$ 沿路径 Ⅰ 变化到

状态 $b$,吸热 800 J,对外界做功 500 J,问气体的内能改变了多少?若气体从状态 $b$ 沿路径 Ⅱ 回到状态 $a$,外界对气体做了 300 J 的功,问气体放出多少热量?

**解**　由热力学第一定律 $Q=\Delta E+A$ 可知,对于过程Ⅰ,

$$\Delta E_{ab}=E_b-E_a=Q_{\rm I}-A_{\rm I}=(800-500)\,{\rm J}=300\,{\rm J}$$

对于Ⅱ过程,

$$Q_{\rm II}=\Delta E_{ba}+A_{\rm II}=-\Delta E_{ab}+A_{\rm II}=[-300+(-300)]\,{\rm J}=-600\,{\rm J}$$

即气体从 $b$ 沿过程Ⅱ回到 $a$ 时向外界放热 600 J。

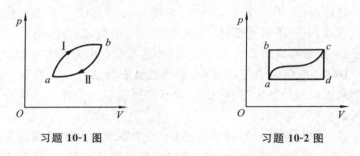

习题 10-1 图　　　　　　　　　　　　　习题 10-2 图

**10-2**　一系统由状态 $a$ 经 $b$ 到达 $c$,从外界吸收热量 200 J,对外做功 80 J。(1) 问 $a$,$c$ 两状态的内能之差是多少? 哪点大?(2) 若系统从外界吸收热量 144 J,从状态 $a$ 改经 $d$ 到达 $c$,问系统对外界做功多少?(3) 若系统从状态 $c$ 经曲线回到 $a$ 的过程中,外界对系统做功 52 J,在此过程中系统是吸热还是放热? 热量为多少?

**解**　(1) 对于 $abc$ 过程有

$$\Delta E_{ac}=E_c-E_a=Q_{abc}-A_{abc}=(200-80)\,{\rm J}=120\,{\rm J}$$

$$E_c>E_a$$

(2) 对于 $adc$ 过程仍有 $\Delta E_{ac}=E_c-E_a=120\,{\rm J}$

$$A_{adc}=Q_{adc}-\Delta E_{ac}=(144-120)\,{\rm J}=24\,{\rm J}$$

(3) 对于 $ca$ 过程有

$$Q_{ca}=\Delta E_{ca}+A_{ca}=-\Delta E_{ac}+A_{ca}=[-120+(-52)]\,{\rm J}=-172\,{\rm J}$$

**10-3** 2 mol 氮气,在温度为 300 K、压强为 $1.0 \times 10^5$ Pa 时,等温压缩到 $2.0 \times 10^5$ Pa。求气体放出的热量。

**解** 由于是等温过程,故 $\Delta E = 0$,由热力学第一定律有 $Q = A$。

由状态方程 $pV = \nu RT$,两边微分有 $p\mathrm{d}V = -V\mathrm{d}p$,代入功的表达式,有

$$A = \int p\mathrm{d}V = -\int V\mathrm{d}p = -\frac{m}{M}RT\int_{p_1}^{p_2}\frac{\mathrm{d}p}{p}$$

$$= \left(-2 \times 8.31 \times 300 \times \ln\frac{2.0 \times 10^5}{1.0 \times 10^5}\right)\text{J} = -3.15 \times 10^3 \text{ J}$$

所以 $\qquad Q = -3.15 \times 10^3$ J （负号表示放热）

**10-4** 一定量的理想气体,其压强按 $p = \dfrac{c}{V^2}$ 的规律变化,$c$ 为常数。求气体从体积 $V_1$ 增加到 $V_2$ 的过程中对外所做的功,该气体的温度是上升还是下降?

**解** 由功的表达式有

$$A = \int_{V_1}^{V_2} p\mathrm{d}V = c\int_{V_1}^{V_2}\frac{\mathrm{d}V}{V^2} = c\left(\frac{1}{V_1} - \frac{1}{V_2}\right)$$

因为 $pV = \dfrac{c}{V} = \dfrac{m}{M}RT$,而 $V_2 > V_1$,所以 $T_2 < T_1$,温度降低。

**10-5** 压强为 $1.0 \times 10^5$ Pa,体积为 0.0082 $\text{m}^3$ 的氮气(当作刚性分子),从初始温度 300 K 加热到 400 K,加热时如果(1) 体积不变,(2) 压强不变,问各需热量多少? 哪一个过程所需热量大? 为什么?

**解** (1)由 $p_1V_1 = \dfrac{m}{M}RT_1$,有

$$\frac{m}{M} = \frac{p_1V_1}{RT_1} = \frac{1.0 \times 10^5 \times 0.0082}{8.31 \times 300} = 0.33$$

所以有

$$Q_V = \frac{m}{M}C_{V,\mathrm{m}}(T_2 - T_1) = \left[0.33 \times \frac{5}{2} \times 8.31 \times (400 - 300)\right]\text{J} = 686 \text{ J}$$

(2) $\qquad Q_p = \dfrac{m}{M} C_{p,\mathrm{m}} (T_2 - T_1)$

$\qquad = \left[ 0.33 \times \dfrac{7}{2} \times 8.31 \times (400 - 300) \right] \mathrm{J} = 960 \ \mathrm{J}$

$Q_p > Q_V$,这是因为两过程内能变化一样,但等压过程还要对外做功,所以需要吸收更多的热量。

**10-6** 质量为 1 kg 的氧气,其温度由 300 K 上升到 350 K。若温度升高是在下列三种不同情况下发生的:(1) 体积不变;(2)压强不变;(3)绝热过程。问其内能改变各为多少?(将氧气分子视为刚性分子。)

**解** $\quad \Delta E = \dfrac{m}{M} C_{V,\mathrm{m}} \Delta T = \dfrac{m}{M} \times \dfrac{5R}{2} \Delta T$

$\qquad = \dfrac{1}{32 \times 10^{-3}} \times \dfrac{5 \times 8.31 \times (350 - 300)}{2} \ \mathrm{J} = 3.25 \times 10^4 \ \mathrm{J}$

由于理想气体的内能是温度的单值函数,所以三种情况的内能改变相同。

**10-7** 使一定质量的理想气体的状态按图中曲线沿箭头所示的方向发生变化,$BC$ 段为等温过程。(1)已知气体在状态 $A$ 时的温度 $T_A = 300$ K,求气体在 $B,C$ 和 $D$ 状态时的温度;(2)从 $A$ 到 $D$ 气体对外做的功总共是多少?

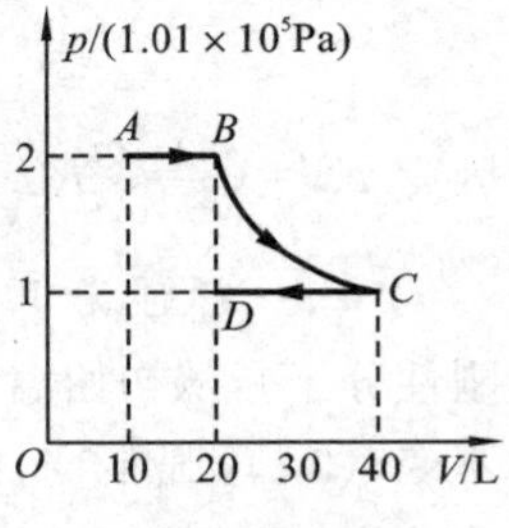

习题 10-7 图

**解** （1）$AB$ 为等压过程

$T_B = \dfrac{V_B}{V_A} T_A = \dfrac{20 \times 10^{-3}}{10 \times 10^{-3}} \times 300 \ \mathrm{K} = 600 \ \mathrm{K}$

$BC$ 为等温过程 $\qquad T_C = T_B = 600 \ \mathrm{K}$

$CD$ 为等压过程 $\qquad T_D = \dfrac{V_D}{V_C} T_C = \dfrac{20 \times 10^{-3}}{40 \times 10^{-3}} \times 600 \ \mathrm{K} = 300 \ \mathrm{K}$

（2）$A = A_{AB} + A_{BC} - A_{CD}$

$\qquad = p_A (V_B - V_A) + p_B V_B \ln \dfrac{V_C}{V_B} - p_C (V_C - V_D)$

$$= \left[ 2 \times (20-10) + 2 \times 20\ln\frac{40}{20} - 1 \times (40-20) \right]$$

$$\times \frac{1.01 \times 10^5}{10^3} \text{ J} = 2.8 \times 10^3 \text{ J}$$

**10-8**　64 g 氧气的温度由 0 ℃升至 50 ℃,(1) 保持体积不变;(2) 保持压强不变。在这两个过程中氧气各吸收了多少热量?各增加了多少内能? 对外各做了多少功?

**解**　由题知 $T_1 = 273$ K, $T_2 = (273+50)$ K $= 323$ K。

(1) 等容过程

$$Q = \int_{T_1}^{T_2} \nu C_{V,\text{m}} \mathrm{d}T = \frac{m}{M} C_{V,\text{m}} (T_2 - T_1)$$

$$= \frac{64 \times 10^{-3}}{32 \times 10^{-3}} \times \frac{5R}{2} \times (323 - 273) \text{ J} = 2.08 \times 10^3 \text{ J}$$

$$\Delta E = Q = 2.08 \times 10^3 \text{ J}, \quad A = 0$$

(2) 等压过程

$$Q = \int_{T_1}^{T_2} \nu C_{p,\text{m}} \mathrm{d}T = \frac{m}{M} C_{p,\text{m}} (T_2 - T_1)$$

$$= \frac{64 \times 10^{-3}}{32 \times 10^{-3}} \times \frac{7 \times 8.31}{2} \times 50 \text{ J} = 2.91 \times 10^3 \text{ J}$$

$$\Delta E = \frac{m}{M} C_{V,\text{m}} (T_2 - T_1) = 2.08 \times 10^3 \text{ J}$$

$$A = Q - \Delta E = (2.91 \times 10^3 - 2.08 \times 10^3) \text{ J} = 0.83 \times 10^3 \text{ J}$$

**10-9**　一定量氢气在保持压强为 $4.00 \times 10^5$ Pa 不变的情况下,温度由 0 ℃升至 50.0 ℃时,吸收了 $6.0 \times 10^4$ J 的热量。(1) 求氢气的量是多少摩尔? (2) 求氢气内能变化多少? (3) 求氢气对外做了多少功? (4) 如果这氢气的体积保持不变而温度发生同样变化,它该吸收多少热量?

**解**　(1) 由 $Q = \nu C_{p,\text{m}} \Delta T$, $C_{p,\text{m}} = \frac{7R}{2}$, 可得

$$\nu = \frac{Q}{C_{p,\text{m}} \Delta T} = \frac{6.0 \times 10^4}{\frac{7}{2} \times 8.31 \times 50.0} \text{ mol} = 41.3 \text{ mol}$$

(2) $\Delta E = \nu C_{V,m} \Delta T = 41.3 \times \dfrac{5}{2} \times 8.31 \times 50.0$ J $= 4.29 \times 10^4$ J

(3) $A = Q - \Delta E = (6.0 \times 10^4 - 4.29 \times 10^4)$ J $= 1.71 \times 10^4$ J

(4) 由 $A = 0$，有　$Q = \Delta E = 4.29 \times 10^4$ J

**10-10**　一气缸内储有 10 mol 的单原子理想气体，在压缩过程中，外力做功 209 J，气体温度升高 1 K。试计算气体内能增量和所吸收的热量，在此过程中气体的摩尔热容是多少？

**解**　内能增量 $\Delta E = \nu C_{V,m} \Delta T = \left( 10 \times \dfrac{3}{2} \times 8.31 \times 1 \right)$ J $= 124.7$ J

吸热 $Q = \Delta E + A = (124.7 - 209)$ J $= -84.3$ J　（负号表示放热）

摩尔热容 $C_m = \dfrac{Q}{\nu \Delta T} = \dfrac{-84.3}{10 \times 1}$ J/(mol·K) $= -8.43$ J/(mol·K)

**10-11**　如图所示，空气标准狄赛尔循环（柴油内燃机的工作循环）由两个绝热过程 $ab$ 和 $cd$、一个等压过程 $bc$ 及一个等容过程 $da$ 组成，试证明此热机的效率为

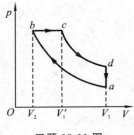

习题 **10-11** 图

$$\eta = 1 - \dfrac{\left( \dfrac{V_1'}{V_2} \right)^{\gamma} - 1}{\gamma \left( \dfrac{V_1}{V_2} \right)^{\gamma-1} \left( \dfrac{V_1'}{V_2} - 1 \right)}$$

**解**　$bc$ 为等压膨胀过程，吸热 $Q_p = \nu C_{p,m}(T_c - T_b)$。$da$ 为等容降压过程，放热 $Q_V = \nu C_{V,m}(T_d - T_a)$。$ab$ 和 $cd$ 均为绝热过程。所以有

$$\dfrac{Q_2}{Q_1} = \dfrac{Q_V}{Q_p} = \dfrac{C_{V,m}(T_d - T_a)}{C_{p,m}(T_c - T_b)}$$

对于 $ab$ 和 $cd$ 两个绝热过程，有

$$\dfrac{T_b}{T_a} = \left( \dfrac{V_1}{V_2} \right)^{\gamma-1}, \quad \dfrac{T_c}{T_d} = \left( \dfrac{V_1}{V_1'} \right)^{\gamma-1}$$

对于 $bc$ 等压过程，有　　$\dfrac{T_c}{T_b} = \dfrac{V_1'}{V_2}$

由此得到　　　　$\dfrac{T_d}{T_a}=\dfrac{T_c}{T_b}\left(\dfrac{V_1'}{V_2}\right)^{\gamma-1}=\left(\dfrac{V_1'}{V_2}\right)^{\gamma}$

效率为

$$\eta=1-\frac{Q_2}{Q_1}=1-\frac{1}{\gamma}\frac{\dfrac{T_d}{T_a}-1}{\dfrac{T_c}{T_a}-\dfrac{T_b}{T_a}}=1-\frac{1}{\gamma}\frac{\dfrac{T_d}{T_a}-1}{\dfrac{T_b}{T_a}\left(\dfrac{T_c}{T_b}-1\right)}$$

$$=1-\frac{\left(\dfrac{V_1'}{V_2}\right)^{\gamma}-1}{\gamma\left(\dfrac{V_1}{V_2}\right)^{\gamma-1}\left(\dfrac{V_1'}{V_2}-1\right)}$$

**10-12**　如图所示的为一循环过程的 $T\text{-}V$ 曲线。该循环的工质为 $\nu$ 摩尔的理想气体,其 $C_{V,m}$ 和 $\gamma$ 均已知且为常量。已知 $a$ 点的温度为 $T_1$,体积为 $V_1$,$b$ 点的体积为 $V_2$,$ca$ 为绝热过程。求:(1) $c$ 点的温度;(2) 循环的效率。

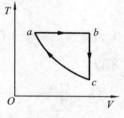

习题 **10-12** 图

**解**　(1) $bc$ 为等容过程,$V_c=V_2$。$ca$ 为绝热过程,由绝热过程方程

$$T_1V_1^{\gamma-1}=T_cV_c^{\gamma-1}\rightarrow T_c=T_1\left(\frac{V_1}{V_2}\right)^{\gamma-1}$$

(2) 在 $abca$ 循环过程中,$ab$ 为等温膨胀过程,吸热 $Q_1=\nu RT_1\ln\dfrac{V_2}{V_1}$,$bc$ 为等容降温过程,放热 $Q_2=-\Delta E_{bc}=-\nu C_{V,m}(T_c-T_1)$。$ca$ 为绝热过程。循环的效率为

$$\eta=\frac{A}{Q_1}=1-\frac{Q_2}{Q_1}=1-\frac{\nu C_{V,m}T_1\left[1-\left(\dfrac{V_1}{V_2}\right)^{\gamma-1}\right]}{\nu RT_1\ln\dfrac{V_2}{V_1}}$$

$$=1-\frac{C_{V,m}}{R}\cdot\frac{\left[1-\left(\dfrac{V_1}{V_2}\right)^{\gamma-1}\right]}{\ln\dfrac{V_2}{V_1}}$$

**10-13** 有 25 mol 的某种气体,做如图所示的循环过程($ca$ 为等温过程)。$p_1 = 4.15 \times 10^5$ Pa,$V_1 = 2.0 \times 10^{-2}$ m³,$V_2 = 3.0 \times 10^{-2}$ m³。求:(1) 各过程中的热量、内能改变以及所做的功;(2) 循环的效率。(设该气体为单原子气体)

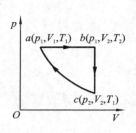

习题 10-13 图

**解** (1)$ab$ 过程为等压膨胀过程,由状态方程有

$$T_1 = \frac{p_1 V_1}{R \frac{m}{M}} = \frac{4.15 \times 10^5 \times 2.0 \times 10^{-2}}{8.31 \times 25} \text{ K} = 40 \text{ K}$$

又由等压过程有　$T_2 = \frac{T_1 V_2}{V_1} = \frac{40 \times 3.0 \times 10^{-2}}{2.0 \times 10^{-2}}$ K = 60 K

所以

$$Q_p = \frac{m}{M} C_{p,m} \Delta T = 25 \times \frac{5}{2} \times 8.31 \times (60-40) \text{ J} = 1.04 \times 10^4 \text{ J}$$

$$\Delta E = \frac{m}{M} C_{V,m} \Delta T = 25 \times \frac{3}{2} \times 8.31 \times (60-40) \text{ J} = 6.23 \times 10^3 \text{ J}$$

$$A = p_1(V_2 - V_1) = 4.15 \times 10^5 \times (3.0 \times 10^{-2} - 2.0 \times 10^{-2}) \text{ J}$$
$$= 4.15 \times 10^3 \text{ J}$$

$bc$ 为等容过程,有 $A = 0$

$$Q_V = \Delta E = \frac{m}{M} C_{V,m} \Delta T = 25 \times \frac{3}{2} \times 8.31 \times (40-60) \text{ J} = -6.23 \times 10^3 \text{ J}$$

$ca$ 为等温过程,有 $\Delta E = 0$

$$Q_T = A = \frac{m}{M} R T_1 \ln \frac{V_1}{V_2} = 25 \times 8.31 \times 40 \times \ln \frac{2}{3} \text{ J} = -3.37 \times 10^3 \text{ J}$$

(2) $\eta = \dfrac{Q_{吸} - Q_{放}}{Q_{吸}} = \dfrac{Q_p - |Q_V + Q_T|}{Q_p}$

$$= \frac{1.04 \times 10^4 - (6.23 \times 10^3 + 3.37 \times 10^3)}{1.04 \times 10^4} = 7.7\%$$

**10-14** 某可逆卡诺热机,当高温热源的温度为 127 ℃、低温

热源的温度为 27 ℃时,其每次循环对外做净功 8000 J。今维持低温热源的温度不变,提高高温热源的温度,使其每次循环对外做净功 10 000 J。若两个卡诺循环都工作在相同的两条绝热线之间,试求:(1) 第二个循环的热机效率;(2) 第二个循环的高温热源的温度。

**解**　(1) 如图所示。第一循环的效率为

$$\eta = \frac{A}{Q_1} = \frac{Q_1 - Q_2}{Q_1} = \frac{T_1 - T_2}{T_1}$$

得出

$$Q_1 = A\,\frac{T_1}{T_1 - T_2}$$

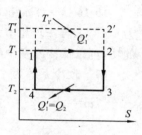

习题 10-14 图

而 $\dfrac{Q_2}{Q_1} = \dfrac{T_2}{T_1}$,所以放热

$$Q_2 = \frac{T_2 Q_1}{T_1} = \frac{T_2}{T_1} \times A\,\frac{T_1}{T_1 - T_2} = A\,\frac{T_2}{T_1 - T_2}$$

$$= \frac{300}{400 - 300} \times 8000 \text{ J} = 24000 \text{ J}$$

第二循环放热 $Q_2' = Q_2$,吸热为

$$Q_1' = A' + Q_2' = (10000 + 24000) \text{ J} = 34000 \text{ J}$$

所以

$$\eta' = \frac{A'}{Q_1'} = \frac{10000}{34000} = 29.4\%$$

(2)

$$T_1' = \frac{T_2}{1 - \eta'} = \frac{300}{1 - 29.4\%} = 425 \text{ K}$$

**10-15**　1 mol 理想气体在 400 K 与 300 K 之间完成一卡诺循环,在 400 K 的等温线上,起始体积为 0.0010 m³,最后体积为 0.0050 m³,试计算气体在此循环过程中所做的功,以及从高温热源吸收的热量和传给低温热源的热量。

**解**　从高温热源吸热为

$$Q_1 = RT_1 \ln \frac{V_2}{V_1} = \left(8.31 \times 400 \times \ln \frac{0.005}{0.001}\right) \text{ J} = 5.35 \times 10^3 \text{ J}$$

向低温热源放热为

$$Q_2 = RT_2 \ln \frac{V_2}{V_1} = \left(8.31 \times 300 \times \ln \frac{0.005}{0.001}\right) \text{J} = 4.01 \times 10^3 \text{ J}$$

一个循环对外所做的功

$$A = Q_1 - Q_2 = (5.35 \times 10^3 - 4.01 \times 10^3) \text{ J} = 1.34 \times 10^3 \text{ J}$$

**10-16**　一台冰箱工作时,其冷冻室内的温度为 $-10$ ℃,室温为 15 ℃。若按理想卡诺致冷循环计算,则此致冷机每消耗 $10^3$ J 的功,可以从冷冻室中吸出多少热量?

**解**　致冷系数为

$$w = \frac{T_2}{T_1 - T_2} = \frac{273 - 10}{(273 + 15) - (273 - 10)} = \frac{263}{25} = 10.5$$

又由 $w = \dfrac{Q_2}{A}$ 可得

$$Q_2 = wA = 10.5 \times 10^3 \text{ J} = 1.05 \times 10^4 \text{ J}$$

**10-17**　一热机每秒从高温热源($T_1 = 600$ K)吸取热量 $Q_1 = 3.34 \times 10^4$ J,做功后向低温热源($T_2 = 300$ K)放出热量 $Q_2 = 2.09 \times 10^4$ J。(1) 问它的效率是多少? 它是不是可逆机?(2) 如果尽可能地提高了热机的效率,问每秒从高温热源吸热 $3.34 \times 10^4$ J,则每秒最多能做多少功?(提示:热机的最高效率是对应两热源的卡诺机的效率。)

**解**　(1) $\eta = \dfrac{Q_1 - Q_2}{Q_1} = 1 - \dfrac{Q_2}{Q_1} = 1 - \dfrac{2.09 \times 10^4}{3.34 \times 10^4} = 37\%$

如果是卡诺机,则有　$\eta_c = 1 - \dfrac{T_2}{T_1} = 1 - \dfrac{300}{600} = 50\%$

可见,不是可逆机。

(2) 热机的最高效率是对应两热源的卡诺机的效率,所以当 $\eta = 50\%$ 时,有 $\dfrac{Q_2'}{Q_1'} = \dfrac{T_2}{T_1}$,可得

$$A = Q_1' - Q_2' = \left(1 - \frac{T_2}{T_1}\right)Q_1' = \eta_c Q_1' = 50\% \times 3.34 \times 10^4 \text{ J} = 1.67 \times 10^4 \text{ J}$$

**10-18** 1 mol 理想气体($\gamma=1.4$)的状态变化如图所示,其中 1—3 为等温线,1—4 为绝热线。试分别由下列三种过程计算气体的熵变 $\Delta S=S_3-S_1$。

(1)1—2—3;(2)1—3;(3)1—4—3。

**解** (1) $\Delta S=S_3-S_1$

$$=(S_3-S_2)-(S_2-S_1)$$

$$=\int_{T_2}^{T_3}\frac{C_{V,\mathrm{m}}\mathrm{d}T}{T}+\int_{T_1}^{T_2}\frac{C_{p,\mathrm{m}}\mathrm{d}T}{T}$$

$$=C_{V,\mathrm{m}}\ln\frac{T_3}{T_2}+C_{p,\mathrm{m}}\ln\frac{T_2}{T_1}$$

又因为 $T_3=T_1$,$V_2T_1=V_1T_2$,所以有

$$\Delta S=-C_{V,\mathrm{m}}\ln\frac{T_2}{T_1}+C_{p,\mathrm{m}}\ln\frac{T_2}{T_1}=R\ln\frac{T_2}{T_1}=R\ln\frac{V_2}{V_1}=8.31\times\ln\frac{60}{20}$$

$$=9.13\ \mathrm{J/K}$$

(2) $\Delta S=S_3-S_1=\dfrac{1}{T_1}\int\mathrm{d}Q=\dfrac{1}{T_1}\int_{V_1}^{V_3}p\mathrm{d}V=\dfrac{1}{T_1}\int_{V_1}^{V_3}RT_1\dfrac{\mathrm{d}V}{V}$

$$=R\ln\frac{V_3}{V_1}=R\ln\frac{V_2}{V_1}=9.13\ \mathrm{J/K}$$

(3) 1—4 过程为可逆绝热过程,熵不变,所以

$$\Delta S=S_3-S_1=(S_3-S_4)-(S_4-S_1)=S_3-S_4$$

$$=\int_{T_4}^{T_3}\frac{C_{p,\mathrm{m}}\mathrm{d}T}{T}=C_{p,\mathrm{m}}\ln\frac{T_3}{T_4}=C_{p,\mathrm{m}}\ln\frac{T_1}{T_4}$$

1—3 为等温过程,有 $p_1V_1=p_3V_2$;1—4 为绝热过程,有

$$\frac{T_1}{T_4}=\left(\frac{p_4}{p_1}\right)^{\frac{1-\gamma}{\gamma}}=\left(\frac{p_3}{p_1}\right)^{\frac{1-\gamma}{\gamma}}\rightarrow\frac{T_1}{T_4}=\left(\frac{V_1}{V_2}\right)^{\frac{1-\gamma}{\gamma}}$$

$$\Delta S=C_{p,\mathrm{m}}\ln\frac{T_1}{T_4}=C_{p,\mathrm{m}}\left(\frac{1-\gamma}{\gamma}\right)\ln\frac{V_1}{V_2}=R\ln\frac{V_2}{V_1}=9.13\ \mathrm{J/K}$$

注意,$\gamma=\dfrac{C_{p,\mathrm{m}}}{C_{V,\mathrm{m}}}$,以及 $C_{p,\mathrm{m}}-C_{V,\mathrm{m}}=R$。以上计算表明熵是态函数,与过程无关。

**10-19** 如图所示,系统经历了一个 $abcda$ 的循环。(1)请将这一循环在 $p$-$V$ 图上表示出来。(2)此循环叫什么循环?

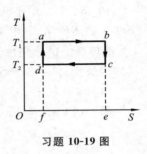

(3)若 $T$-$S$ 图中 $\dfrac{T_2}{T_1}=\dfrac{2}{3}$,则该热机循环的效率为多少?(4)若循环变为逆循环,则该致冷机的致冷系数为多少?

习题 10-19 图

**解** (1)略。

(2)此循环为卡诺循环。

(3)$T$-$S$ 图中曲线下的面积为过程吸收热量的值。

闭合曲线的面积为一个循环过程中系统对外所做的功的值。所以

$$\eta=\frac{A}{Q_{\text{吸}}}=\frac{\text{面积 } abcda}{\text{面积 } abef}=\frac{\Delta S\times(T_1-T_2)}{\Delta S\times T_1}=\frac{T_1-T_2}{T_1}=1-\frac{T_2}{T_1}$$

$$=1-\frac{2}{3}=\frac{1}{3}$$

(4)$$w=\frac{Q_{\text{吸}}}{A}=\frac{\text{面积 } cdfe}{\text{面积 } abcd}=\frac{\Delta S\times T_2}{\Delta S\times(T_1-T_2)}=\frac{1}{T_1/T_2-1}=$$

$$\frac{1}{3/2-1}=2$$

**10-20** 理想气体卡诺热机循环的两条绝热线之间的熵差为 $1.00\times10^3$ J/K,两条等温线之间的温差为 100 K。求在这个循环过程中每循环一次有多少热量转化为功。

**解** 解法一:将此循环在 $T$-$S$ 图中画出,如图(a)所示,功为矩形闭合曲线所包围的面积,所以有

$$A=\Delta T\cdot\Delta S=100\times1.00\times10^3\text{ J}=1.00\times10^5\text{ J}$$

解法二:如图(b)所示。

$$\Delta S_{12}=-\Delta S_{34}=1.00\times10^3\text{ J/K},T_1\Delta S_{12}=Q_1,-T_2\Delta S_{34}$$

$$=T_2\Delta S_{12}=Q_2$$

$$A=Q_1-Q_2=\Delta S_{12}(T_1-T_2)=1.00\times10^3\times100\text{ J}=1.00\times10^5\text{ J}$$

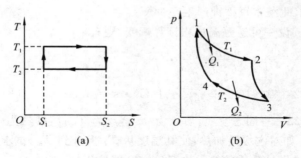

习题 10-20 图

**10-21** 在绝热容器中,有两部分同种液体在等压下混合,这两部分质量相等,都为 $m$,但初温度不同,分别为 $T_1$ 和 $T_2$,且 $T_2 > T_1$。两者混合后达到新的平衡态。求这一混合引起的系统的总熵变,并证明熵是增加了。已知定压比热容 $c_p(\mathrm{J}/(\mathrm{kg \cdot K}))$ 为常数。

**解** 因为两部分液体质量相等,又为同种液体,所以混合后温度为 $T = \dfrac{T_1 + T_2}{2}$。各设一可逆等压过程计算两部分液体的熵变,则有

$$\Delta S_1 = \int_{T_1}^{T} \frac{mc_p \mathrm{d}T}{T} = mc_p \ln\frac{T}{T_1}, \quad \Delta S_2 = mc_p \ln\frac{T}{T_2}$$

系统总熵变为

$$\Delta S = \Delta S_1 + \Delta S_2 = mc_p \ln\frac{T}{T_1} + mc_p \ln\frac{T}{T_2} = mc_p \ln\frac{T^2}{T_1 T_2}$$

$$= mc_p \ln\frac{(T_1 + T_2)^2}{4T_1 T_2}$$

由 $(T_1 - T_2)^2 > 0 \rightarrow T_1^2 + T_2^2 > 2T_1 T_2$,所以 $T_1^2 + T_2^2 + 2T_1 T_2 = (T_1 + T_2)^2 > 4T_1 T_2$,从而 $\ln\dfrac{(T_1 + T_2)^2}{4T_1 T_2} > 0 \rightarrow \Delta S > 0$,系统熵增加。

**10-22** 一瀑布的落差为 65 m,流量约为 23 m³/s,设气温为

20 ℃,求此瀑布每秒钟产生多少熵?

**解**　设一可逆等温过程计算熵变,则有

$$\frac{\Delta S}{\Delta t} = \frac{\Delta Q}{\Delta t \cdot T} = \frac{mgh}{\Delta t \cdot T} = \frac{m}{\Delta t} \cdot \frac{gh}{T}$$

$$= 23 \times 1 \times 10^3 \times \frac{9.8 \times 65}{293} \ J/(K \cdot s) = 5.0 \times 10^4 \ J/(K \cdot s)$$

**10-23**　一固态物质,质量为 $m$,熔点为 $T_m$,熔解热为 $L$,比热容为 $c$。如对它缓慢加热,使其温度从 $T_0$ 上升到 $T_m$,试求熵的变化。假设供给物质的热量恰好使它全部熔化。

**解**　设温度上升过程熵变为 $\Delta S_1$,熔化过程熵变为 $\Delta S_2$,则有

$$\Delta S_1 = \int_{T_0}^{T_m} \frac{dQ}{T} = \int_{T_0}^{T_m} \frac{mc\,dT}{T} = mc\ln\frac{T_m}{T_0}, \ \Delta S_2 = \frac{mL}{T_m}$$

$$\Delta S = mc\ln\frac{T_m}{T_0} + \frac{mL}{T_m}$$

**10-24**　1 kg 水银,初始温度为 $T_1 = -100$ ℃。如果加足够的热量使其温度升到 $T_3 = 100$ ℃,问水银的熵变有多大? 水银的熔点为 $T_2 = -39$ ℃,熔解热 $L = 1.17 \times 10^4$ J/(kg · ℃),而比热容 $c = 138$ J/(kg · ℃)。

**解**　从 $-100$ ℃到 $-39$ ℃的过程

$$\Delta S_1 = \int_{T_1}^{T_2} \frac{mc\,dT}{T} = mc\ln\frac{T_2}{T_1} = 1 \times 138 \times \ln\frac{234}{173} \ J/K = 42 \ J/K$$

维持 $-39$ ℃熔解的过程

$$\Delta S_2 = \frac{mL}{T_2} = \frac{1 \times 1.17 \times 10^4}{234} \ J/K = 50 \ J/K$$

从 $-39$ ℃到 100 ℃的过程

$$\Delta S_3 = \int_{T_2}^{T_3} \frac{mc\,dT}{T} = mc\ln\frac{T_3}{T_2} = 1 \times 138 \times \ln\frac{373}{234} \ J/K = 64 \ J/K$$

整个过程的熵变为　$\Delta S = \Delta S_1 + \Delta S_2 + \Delta S_3 = 156 \ J/K$

**10-25**　把 0.5 kg、0 ℃的冰放在质量非常大的 20 ℃的热源中,使冰全部融化成 20 ℃的水,计算:(1)冰刚刚全部化成水时的熵变;(2)冰从融化到与热源达到热平衡时的熵变。冰与热源达

到热平衡以后(3)热源的熵变以及(4)系统的总熵变。

**解** (1)假设冰和一个 0 ℃的恒温热源接触缓慢吸热等温融化成 0 ℃的水(刚刚全部融化)

$$\Delta S_{水1} = \frac{Q_1}{T_冰} = \frac{m\lambda}{T_冰} = \frac{0.5 \times 335 \times 10^3}{273} \text{ J/K} = 613.6 \text{ J/K}$$

(2)然后再假设 0 ℃的水依次与一系列温度逐渐升高彼此温差相差无限小量的热源接触,缓慢吸热最后达 20 ℃,则

$$\Delta S_{水2} = \int \frac{mc\,\mathrm{d}T}{T} = mc\ln\frac{293}{273} = 147.6 \text{ J/K}$$

冰从融化到与热源达到热平衡时的总熵变

$$\Delta S_水 = \Delta S_{水1} + \Delta S_{水2} = (614 + 147.6) \text{ J/K} = 761.2 \text{ J/K}$$

(3)假设恒温 20 ℃的大热源,缓慢放热,放出的热量正好是冰在融化和升温过程中吸收的热量,则

$$\Delta S_源 = \frac{-Q_1}{T_源} + \frac{-Q_2}{T_源}$$

$$= \left( \frac{-0.5 \times 3.35 \times 10^5}{293} + \frac{-0.5 \times 4.18 \times 10^3 \times 20}{293} \right) \text{ J/K}$$

$$= -714.2 \text{ J/K}$$

(4) $\Delta S_总 = \Delta S_水 + \Delta S_源 = (761.2 - 714.2) \text{ J/K} = 47 \text{ J/K} > 0$

# 第11章 振动与波动

## 一、内 容 提 要

### 1. 谐振动

谐振动方程　$\dfrac{d^2 x}{dt^2} + \omega^2 x = 0$

谐振动的表达式　$x = A\cos(\omega t + \varphi)$

振动的速度　$v = \dfrac{dx}{dt} = -\omega A\sin(\omega t + \varphi)$

振动的加速度　$a = \dfrac{d^2 x}{dt^2} = -\omega^2 A\cos(\omega t + \varphi) = -\omega^2 x$

### 2. 谐振动的特征物理量

（1）振幅 $A$：振动的最大位移量。

由初始条件决定：$A = \sqrt{x_0^2 + \left(\dfrac{v_0}{\omega}\right)^2}$

（2）圆频率 $\omega$、频率 $\nu$、周期 $T$：描述振动的快慢。

$$\omega = 2\pi\nu, \quad \nu = \frac{1}{T} = \frac{\omega}{2\pi}, \quad T = \frac{2\pi}{\omega}$$

（3）位相、初位相

位相 $\omega t + \varphi$：描述谐振物体在 $t$ 时刻的运动状态；

初位相 $\varphi$：描述谐振物体在初始时刻的运动状态。

由初始条件决定：$\varphi = \arctan\left(-\dfrac{v_0}{\omega x_0}\right)$

### 3. 谐振动的旋转矢量表示法

谐振动的振幅 $A$ 为矢量 $\mathbf{A}$ 的长度；

振动的角频率 $\omega$ 为矢量 $\mathbf{A}$ 绕 $O$ 点转动的角速度；

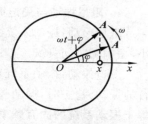

**图 11-1　旋转矢量示意图**

振动初相 $\varphi$ 为 $t=0$ 时刻，矢量 $\mathbf{A}$ 与 $x$ 轴的夹角；

振动的位相 $\omega t+\varphi$ 为任意 $t$ 时刻，矢量 $\mathbf{A}$ 与 $x$ 轴的夹角；

矢量 $\mathbf{A}$ 的端点在 $x$ 轴上的投影点的运动就是谐振动 $x=A\cos(\omega t+\varphi)$。

### 4. 谐振动的能量

振动系统的动能：$E_k=\dfrac{1}{2}m\omega^2A^2\sin^2(\omega t+\varphi)$

振动系统的势能：$E_p=\dfrac{1}{2}kA^2\cos^2(\omega t+\varphi)$

振动系统的总能量：$E=E_k+E_p=\dfrac{1}{2}kA^2$

### 5. 谐振动的合成

（1）同方向同频率的谐振动合成：合成振动仍为同频率的谐振动，即

$$x=A_1\cos(\omega t+\varphi_1)+A_2\cos(\omega t+\varphi_2)=A\cos(\omega t+\varphi)$$

振幅：$A=\sqrt{A_1^2+A_2^2+2A_1A_2\cos(\varphi_2-\varphi_1)}$

初位相：$\tan\varphi=\dfrac{A_1\sin\varphi_1+A_2\sin\varphi_2}{A_1\cos\varphi_1+A_2\cos\varphi_2}$

（2）同方向不同频率的谐振动合成：合振动不是谐振动，但当两个分振动的频率差与它们的频率相比很小时，合成后出现"拍"的现象，拍频等于两振动的频率差，即 $\nu=|\nu_2-\nu_1|$。

（3）相互垂直同频率的谐振动合成：合运动的轨迹通常为椭圆，具体形状取决于两分振动的位相差和振幅。

（4）相互垂直不同频率的谐振动合成：当两分振动的频率为简单整数比时，合运动轨迹为利萨如图。

**6. 阻尼振动与受迫振动**

阻尼振动：振动系统受到各种阻尼作用，系统的能量将不断减小，振幅随时间衰减。

受迫振动：振动系统在周期性外力（强迫力）的持续作用下进行的振动，稳态时，振动频率等于强迫力的频率；当强迫力的频率等于振动系统的固有频率时，会发生共振现象。

**7. 机械波**

产生条件：波源、弹性媒质。

波动的基本描述：波面（波阵面）、波线、波长、周期、频率、波速。

**8. 平面简谐波的波函数**

$$y(x,t) = A\cos\left[\omega\left(t - \frac{x}{u}\right) + \varphi\right] \text{（沿 } x \text{ 轴正方向传播）}$$

其中，$u$ 为波的速度。

**9. 波的能量 $E$ 及波强**

若在密度为 $\rho$ 的弹性介质中有波 $y(x,t) = A\cos\omega\left(t - \frac{x}{u}\right)$ 传播，则 $x$ 处体积为 $\Delta V$ 的质元在任意 $t$ 时刻的振动动能 $E_k$ 和弹性势能 $E_p$ 相等，为

$$E_k = E_p = \frac{1}{2}\rho\Delta V A^2 \omega^2 \sin^2\omega\left(t - \frac{x}{u}\right)$$

即此质元在 $t$ 时刻的总能量（波的能量）为

$$E = E_k + E_p = \rho\Delta V A^2 \omega^2 \sin^2\omega\left(t - \frac{x}{u}\right)$$

能量密度　$w = \dfrac{E}{\Delta V} = \rho A^2 \omega^2 \sin^2\omega\left(t - \frac{x}{u}\right)$

平均能流　$\overline{P} = \overline{w}uS = \dfrac{1}{2}\rho A^2 \omega^2 uS$

能流密度　$i = wu = \rho A^2 \omega^2 u \sin^2\omega\left(t - \frac{x}{u}\right)$

波强 $I$（平均能流密度）　$I = \dfrac{\overline{P}}{S} = \overline{w}u = \dfrac{1}{2}\rho A^2 \omega^2 u$

声强：声波的平均能流密度。

声强级：$L = 10\lg \dfrac{I}{I_0}$（dB），其中 $I_0 = 10^{-12}$ W/m²。

**10. 惠更斯原理**

某一时刻，同一波面上的各点都可以看做是产生子波的波源，其后任一时刻，这些子波源发出的波面的包络面就是新的波面。

**11. 波的叠加**

（1）波的相干条件：相遇的两列波频率相同，振动方向相同，在相遇区域的任一质元上产生的两个振动的位相差恒定。

（2）驻波。

两列相向而行的波 $y_1 = A\cos\left(\omega t - \dfrac{2\pi x}{\lambda}\right)$ 和 $y_2 = A\cos\left(\omega t + \dfrac{2\pi x}{\lambda}\right)$ 叠加后形成的驻波为 $y = 2A\cos\dfrac{2\pi x}{\lambda}\cos\omega t$（驻波方程）。

（3）半波损失（半波突变）。

波从波疏介质（对机械波，指 $\rho u$ 小的介质）入射到波密介质（指 $\rho u$ 大的介质）时，反射波有半波损失，即反射波在反射点引起的振动与入射波在反射点引起的振动有 $\pi$ 的位相差，相当于半个波长的波程差。

**12. 多普勒效应**

机械波多普勒效应：$\nu_R = \dfrac{u + v_R}{u - v_S}\nu_S$（波源和接收器相互接近）

$\nu_R = \dfrac{u - v_R}{u + v_S}\nu_S$（波源和接收器彼此离开）

电磁波多普勒效应：

$\nu_R = \sqrt{\dfrac{1 + v/c}{1 - v/c}}\nu_S$（光源和接收器相互接近）

$\nu_R = \sqrt{\dfrac{1 - v/c}{1 + v/c}}\nu_S$（光源和接收器相互远离）

### 13. 电磁波

（1）$LC$ 电路的电磁振荡

$$q = q_0 \cos(\omega t + \varphi),\, I = I_0 \cos\left(\omega t + \varphi + \frac{\pi}{2}\right)$$

（2）平面电磁波的性质

① $\boldsymbol{E}$ 和 $\boldsymbol{H}$ 互相垂直，都与传播方向垂直，电磁波是横波。$\boldsymbol{E} \times \boldsymbol{H}$ 的方向就是波速 $\boldsymbol{u}$ 的方向。

② $\boldsymbol{E}$ 和 $\boldsymbol{H}$ 同频率，同位相，且两者的幅值满足 $\sqrt{\varepsilon}E_0 = \sqrt{\mu}H_0$。

③ 电磁波的传播速度为 $u = \dfrac{1}{\sqrt{\varepsilon\mu}}$，在真空中 $c = \dfrac{1}{\sqrt{\varepsilon_0\mu_0}}$。

④ 电磁波的能量

$$\text{能量密度 } w = w_e + w_m = \frac{1}{2}(\varepsilon E^2 + \mu H^2)$$

能流密度矢量（坡印亭矢量）　$\boldsymbol{S} = \boldsymbol{E} \times \boldsymbol{H}$

# 二、重点难点

**1.** 谐振动的描述（解析法、曲线法）。

**2.** 旋转矢量法。

**3.** 由谐振动方程、振动曲线，结合旋转矢量法求解振动的三个特征物理量 $A$、$T$（或 $\omega$、$\nu$）、$\varphi$。

**4.** 位相的概念，特别是初位相 $\varphi$ 的确定。

**5.** 同方向、同频率的谐振动合成。

**6.** 平面简谐波的波函数。

**7.** 波的相干叠加，驻波。

**8.** 半波损失（位相突变）。

**9.** 平面电磁波的性质。

# 三、思考题及解答

**11-1**　下列运动中哪个是谐振动?

(1) 拍皮球时球的运动;

(2) 钟摆的运动;

(3) 一个小球在半径很大的光滑凹形球面内做小幅振动。

**答**　(2)、(3)

**11-2**　当一个弹簧振子的振幅增大到两倍时,下列物理量将受到什么影响:振动的周期、最大速度、最大加速度、振动的能量。

**答**　最大速度、最大加速度增大两倍,振动的能量增大四倍。

**11-3**　如果把一个单摆拉开一个小角度 $\theta_0$,然后放开让其自由摆动,若从放手开始计算时间,此 $\theta_0$ 是否为摆动初相? 单摆绕悬点转动的角速度是否即为谐振动的角频率?

**答**　此 $\theta_0$ 不可为摆动初相,单摆转动的角速度不是谐振动的角频率。

**11-4**　同一个谐振动能否同时写成正弦函数表达式和余弦函数表达式,其区别是什么?

**答**　可以,区别在两种表达式的位相差 $\pi/2$。

**11-5**　弹簧振子做谐振动时,弹性力在一个周期内做多少功?

**答**　做功为零,因为弹性力是保守力,做功只与始末位置有关。

**11-6**　任何一个实际的弹簧都是有质量的,如果考虑弹簧的质量,弹簧振子的振动周期将发生什么变化?

(A) 变大;(B) 变小;(C) 不变

**答**　A

**11-7**　在波的传播过程中,介质中每个质元的能量都随时间变化,这是否违反能量守恒定律?

**答**　不违反能量守恒定律。介质中的质元并不是孤立的,其能量随时间做周期性的变化,表明它既可以接收能量,又可以传出能量,起到了传递能量的作用。因此,在波的传播过程中,能量随波而传播。反之,如果质元的能量都保持不变,能量就不能通过一个个质元传播出去,波也就不能传播了。

**11-8** 在波的传播过程中,介质中质元的振动动能和形变势能总是相等的结论对非简谐波是否成立?

**答** 成立。根据傅里叶分析,非简谐波可以视为许多简谐波的叠加,若对每列简谐波,质元的振动动能和形变势能相等,则许多列简谐波合成后,质元的振动动能和形变势能也应相等。

**11-9** 在 $LC$ 电路的电磁振荡中,为什么当极板上的电量变为 $0$ 时电路中的电流最大?

**答** $LC$ 振荡电路中的总能量守恒,即电场能量 $W_e = \dfrac{q^2}{2C}$ 和磁场能量 $W_m = \dfrac{1}{2}LI^2$ 之和不变。当极板上的电量变为 $0$ 时,全部能量都转化为磁场能量,也就是说磁场能量此时达到最大值,从磁场能量的表达式 $W_m = \dfrac{1}{2}LI^2$ 可知,此时电路中的电流必然最大。

**11-10** 对平面电磁波 $\sqrt{\varepsilon}\boldsymbol{E} = \sqrt{\mu}\boldsymbol{H}$,或 $\sqrt{\varepsilon}E_x = \sqrt{\mu}H_x$,$\sqrt{\varepsilon}E_y = \sqrt{\mu}H_y$,$\sqrt{\varepsilon}E_z = \sqrt{\mu}H_z$。对吗?

**答** 不对。对平面电磁波,$\boldsymbol{E}$ 和 $\boldsymbol{H}$ 的频率相同,位相相同,且两者的幅值满足 $\sqrt{\varepsilon}E_0 = \sqrt{\mu}H_0$。但 $\sqrt{\varepsilon}\boldsymbol{E} = \sqrt{\mu}\boldsymbol{H}$,或 $\sqrt{\varepsilon}E_x = \sqrt{\mu}H_x$,$\sqrt{\varepsilon}E_y = \sqrt{\mu}H_y$,$\sqrt{\varepsilon}E_z = \sqrt{\mu}H_z$ 均不成立,比如,从方向看,$\boldsymbol{E}$ 和 $\boldsymbol{H}$ 是垂直的。

# 四、习题及解答

**11-1** 试证明:当一个水平截面上下相等且均匀的物体被置于密度比它大的液体中,并沿竖直方向自由振动时,做的是谐振动。问它的振动周期是多少?

**解**　设物体水平横截面积为 $S$,竖直高度为 $l$,密度为 $\rho$,则物重为 $lS\rho g$。取 $y$ 轴向上为正,液面处为原点。当重力与浮力平衡时,设物体在液面下浸没距离为 $d$,液体密度为 $\rho'$,则平衡时

$$F'_合 = dS\rho'g - lS\rho g = 0, d = \frac{l\rho}{\rho'}$$

当物体从平衡处向上运动 $y$ 时,所受合外力为

$$F_合 = (d-y)S\rho'g - lS\rho g = -yS\rho'g$$

此为回复力,物体作谐振动。由 $F_合 = ma = lS\rho \dfrac{\mathrm{d}^2 y}{\mathrm{d}t^2} = -yS\rho'g$,知

$\omega^2 = \dfrac{\rho'g}{l\rho}$,所以

$$T = \frac{2\pi}{\omega} = 2\pi \sqrt{\frac{l\rho}{\rho'g}}$$

**11-2**　在球形碗中有一能在碗的底部自由滑动的物体,如球形碗的半径为 1 m,试求出物体做微小振动的周期,与它等效的摆长是多少?

**解**　设碗半径为 $R$,当物体偏离竖直方向的角度为 $\theta$ 时,切向力为

$$F_t = mg\sin\theta$$

运动方程为　　　$mg\sin\theta = -ma_t = -mR\dfrac{\mathrm{d}^2\theta}{\mathrm{d}t^2}$

$\theta$ 很小时,有　　　$\dfrac{\mathrm{d}^2\theta}{\mathrm{d}t^2} + \dfrac{g}{R}\theta = 0, \omega^2 = \dfrac{g}{R}$

周期为　　$T = 2\pi/\omega = 2\pi\sqrt{\dfrac{R}{g}} = 2 \times 3.14 \times \sqrt{\dfrac{1}{9.8}}$ s $= 2.00$ s

与单摆方程 $\dfrac{\mathrm{d}^2\theta}{\mathrm{d}t^2} + \dfrac{g}{l}\theta = 0$ 比较,可知等效的摆长 $l = R = 1$ m。

**11-3**　使某一刚体可以绕通过它的某一水平轴在竖直平面内摆动,这样的刚体称为复摆。设从水平轴到质心的距离为 $d$,刚体的质量为 $m$,绕水平轴的转动惯量为 $J$。试证明:对于小的角位

移,复摆做谐振动,其周期 $T = 2\pi \sqrt{J/(mgd)}$。

**解**　对水平轴,取角量逆时针为正,则转动方程为

$$J \frac{d^2\theta}{dt^2} = -mgd\sin\theta$$

因为是小角位移,所以 $\sin\theta \approx \theta$,上式可写为

$$J \frac{d^2\theta}{dt^2} = -mgd\theta$$

可知复摆做谐振动。

由 $\omega^2 = \dfrac{mgd}{J}$ 可得周期　$T = \dfrac{2\pi}{\omega} = 2\pi \sqrt{\dfrac{J}{mgd}}$

**11-4**　在一个电量为 $Q$、半径为 $R$ 的均匀带电球中,沿某一直径挖一条隧道,另有一质量为 $m$、电量为 $-q$ 的微粒在这个隧道中运动。试证明该微粒的运动是谐振动,并求出振动周期(假设均匀带电球体的介电常数为 $\varepsilon_0$)。

**解**　设电荷体密度为 $\rho$,则由 $\dfrac{4}{3}\pi R^3 \rho = Q$,可得

$$\rho = \frac{3Q}{4\pi R^3}$$

应用高斯定理,可得带电球体内任一点的电场强度为

$$E = \frac{Qr}{4\pi\varepsilon_0 R^3}$$

$E$ 的方向沿 $r$ 方向。

带电微粒在带电体内的直径式通道内、距球心 $r$ 处所受电力为

$$F = -qE = -\frac{qQr}{4\pi\varepsilon_0 R^3}$$

根据牛顿第二定律,有

$$F = -\frac{qQr}{4\pi\varepsilon_0 R^3} = m\frac{d^2r}{dt^2}$$

即

$$\frac{d^2r}{dt^2} = -\frac{qQ}{4\pi\varepsilon_0 mR^3} r$$

可知微粒做谐振动。

振动周期为 $\qquad T = \dfrac{2\pi}{\omega} = 2\pi\sqrt{\dfrac{4\pi\varepsilon_0 mR^3}{qQ}}$

**11-5** 如将氢原子中的电子云视为均匀分布在半径为 $a_0 = 0.053\ \text{mm}$ 的球体内,质子则处于球体的中心。证明:质子稍微偏离中心后引起的微小振动是谐振动,并求其频率。将已知常数值代入求出频率的值并与氢光谱的最大频率 $3.8 \times 10^{15}$ Hz 相比较。

**解** 应用高斯定理可求得均匀带电球体内、距球心 $r$ 处的电场强度 $E = \dfrac{Q}{4\pi\varepsilon_0 R^3}r$,质子在该处所受之力为

$$F = -\frac{e^2}{4\pi\varepsilon_0 a_0^3}r$$

由牛顿第二定律,有 $\qquad \dfrac{\mathrm{d}^2 r}{\mathrm{d}t^2} = -\dfrac{e^2}{4\pi\varepsilon_0 a_0^3 m_e}r$

即做谐振动。其频率为

$$\nu = \frac{1}{T} = \frac{\omega}{2\pi} = \frac{e}{2\pi}\sqrt{\frac{1}{4\pi\varepsilon_0 a_0^3 m_e}} = 6.6 \times 10^{15}\ \text{Hz}$$

$\nu$ 与氢光谱的最大频率 $3.3 \times 10^{15}$ Hz 的数量级相同。

**11-6** 劲度系数分别为 $k_1$ 与 $k_2$ 的两根轻质弹簧,分别按如图所示的方式连接(振动体与水平面之间是光滑的)。试证明图中各个振动系统皆为谐振动,并求出它们的谐振频率。

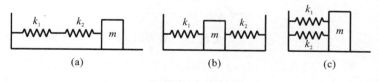

习题 11-6 图

**解** (a) 如图(a)所示,当 $m$ 由平衡位置有一小位移 $x$ 时,两弹簧分别拉长 $x_1$、$x_2$,而 $x = x_1 + x_2$,则物体受到的作用力为

$$F = -kx = -k_1 x_1 = -k_2 x_2$$

可解得 $\qquad k = \dfrac{k_1 k_2}{k_1 + k_2}$

即物体作谐振动。振动频率为

$$\nu = \frac{1}{2\pi}\sqrt{\frac{k}{m}} = \frac{1}{2\pi}\sqrt{\frac{k_1 k_2}{m(k_1 + k_2)}}$$

（b）如图（b）所示，当 $m$ 由平衡位置拉开一小位移 $x$ 时，两弹簧由于一个伸长 $x$、另一个压缩 $x$ 而产生的弹性力分别为 $k_1 x$ 和 $k_2 x$。此两力作用于 $m$ 上的方向相同，所以 $m$ 所受合力为

$$F = ma = -(k_1 + k_2)x$$

即 $m$ 作谐振动。谐振频率为

$$\nu = \frac{1}{2\pi}\sqrt{\frac{k}{m}} = \frac{1}{2\pi}\sqrt{\frac{k_1 + k_2}{m}}$$

（c）如图（c）所示，当 $m$ 由平衡位置拉开一小位移 $x$ 时，两弹簧各因伸长 $x$ 而产生的弹性拉力为 $k_1 x$、$k_2 x$，则 $m$ 所受合力为

$$F = ma = -(k_1 + k_2)x$$

可见 $m$ 作谐振动。谐振频率为

$$\nu = \frac{1}{2\pi}\sqrt{\frac{k_1 + k_2}{m}}$$

**11-7**　如图所示，在水平光滑桌面上用轻弹簧连接两个质量均为 $0.05$ kg 的小球，弹簧的劲度系数为 $1 \times 10^3$ N/m。如沿弹簧轴线依相反方向拉开两球后再释放，求此后两球振动的频率。

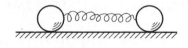

**习题 11-7 图**

**解**　释放两球后，作用在两球上的力大小相等、方向相反，系统质心静止。每一小球离开原平衡位置距离设为 $x$，此时弹簧伸长或压缩 $2x$，对任一小球的作用力为 $F = -k \cdot 2x$，由牛顿第二定律 $F = m\dfrac{\mathrm{d}^2 x}{\mathrm{d}t^2}$，有

$$\frac{\mathrm{d}^2 x}{\mathrm{d}t^2} + \frac{2k}{m}x = 0$$

即每一小球以原静止位置为平衡位置做谐振动。振动频率为

$$\nu = \frac{\omega}{2\pi} = \frac{1}{2\pi}\sqrt{\frac{2k}{m}} = \frac{1}{2\times 3.14}\sqrt{\frac{2\times 1\times 10^3}{0.05}}\ \text{Hz} = 31.8\ \text{Hz}$$

**11-8**　两根劲度系数分别为 $k_1$ 与 $k_2$ 的轻弹簧与质量为 $m$ 的物体组成如图所示的振动系统,当物体被拉离平衡位置而释放时,证明物体做的是谐振动,并求出谐振动的周期。(设两弹簧的质量忽略不计。)

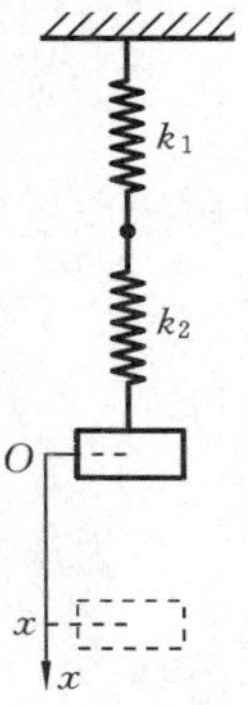

**解**　如图所示取坐标系,$O$ 为物体静止时位置。设物体在 $O$ 位置时,$k_1$ 伸长 $l_1$,$k_2$ 伸长 $l_2$,两轻弹簧串联的等效劲度系数为 $k$,其伸长 $l = l_1 + l_2$,则有

$$kl = k_1 l_1 = k_2 l_2 = mg$$

解得

$$k = \frac{k_1 k_2}{k_1 + k_2}$$

当物体在 $x$ 处时,其受力为

$$F = -k(x+l) + mg = -kx$$

由牛顿第二定律,有

$$F = m\frac{\mathrm{d}^2 x}{\mathrm{d}t^2} = -kx$$

显然,物体作谐振动。

谐振动周期为

习题 11-8 图

$$T = \frac{2\pi}{\omega} = 2\pi\sqrt{\frac{m}{k}} = 2\pi\sqrt{\frac{m(k_1 + k_2)}{k_1 k_2}}$$

**11-9**　一物体置于一水平木板上,如木板以 2 Hz 的频率做水平谐运动,物体和木板间的静摩擦系数为 0.5。试问:要物体不沿木板表面滑动,木板最大振幅应为多大?

**解**　物体不沿木板表面滑动,即木板带着物体同步做简谐运动,作用于物体的静摩擦力是使其做简谐运动的回复力,它显然是变化的。

不滑动,则最大静摩擦力等于最大回复力,即有

$$\mu mg = ma_{\mathrm{m}} = mA\omega^2$$

最大振幅为　$A = \dfrac{\mu g}{\omega^2} = \dfrac{0.5 \times 9.8}{(2 \times 3.14 \times 2)^2}$ m $= 0.031$ m

**11-10**　一质点的 $a_{\max} = 4.93 \times 10^{-1}$ m/s$^2$,　$\nu = 0.5$ Hz,初始位移为 $-25$ mm。当质点从初始位置出发沿 $x$ 轴负方向运动时,写出谐振动的位移表示式。

**解**　由 $a_{\max} = \omega^2 A$ 可得

$$A = \frac{a_{\max}}{\omega^2} = \frac{4.93 \times 10^{-1}}{(2 \times 3.14 \times 0.5)^2}\ \mathrm{m} = 5.00 \times 10^{-2}\ \mathrm{m}$$

取初始位置时刻 $t = 0$,则由题意

$$x = A\cos(\omega t + \varphi)\big|_{t=0} = A\cos\varphi = -2.5 \times 10^{-2}\ \mathrm{m}$$

解得　　　　$\cos\varphi = -\dfrac{2.5 \times 10^{-2}}{5.00 \times 10^{-2}} = -\dfrac{1}{2}$,　$\varphi = \pm\dfrac{2\pi}{3}$

因为质点背离平衡位置向负方向运动,所以取 $\varphi = \dfrac{2\pi}{3}$。位移表示式为

$$x = 5.00 \times 10^{-2}\cos\left(\pi t + \frac{2\pi}{3}\right)\mathrm{(m)}$$

另:该题的初位相 $\varphi$ 也可用旋转矢量法求得。

**11-11**　一个谐振动的 $x$-$t$ 曲线如图所示。(1)写出此振动的位移表示式;(2)求出 $t = 10.0$ s 时的 $x$、$v$、$a$ 的值,并说明此刻它们各自的方向。

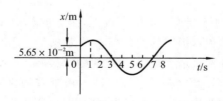

**习题 11-11 图**

**解**　(1) 由图可知,$\dfrac{T}{2}=(7.0-3.0)$ s$=4.0$ s,所以

$$\omega=\frac{2\pi}{T}=\frac{\pi}{4} \text{ rad/s}$$

当 $t=1$ s 时,有　$x=A\cos(\omega t+\varphi)|_{t=1}=A$

即得　　　　　　　　$\omega+\varphi=0$,　$\varphi=-\dfrac{\pi}{4}$

又当 $t=0$ 时,有 $x=A\cos(\omega t+\varphi)|_{t=0}=5.65\times10^{-2}$ m,可得

$$A=\frac{5.65\times10^{-2}}{\cos(-\pi/4)} \text{ m}=8.00\times10^{-2} \text{ m}$$

所以振动位移表示式为

$$x=8.00\times10^{-2}\cos\left(\frac{\pi}{4}t-\frac{\pi}{4}\right) \text{ (m)}$$

(2) 当 $t=10.0$ s 时,有

$$x=8.00\times10^{-2}\cos\left(\frac{\pi}{4}\times10.0-\frac{\pi}{4}\right) \text{ m}=5.66\times10^{-2} \text{ m}$$

$$v=-\omega A\sin\left(\frac{\pi}{4}\times10.0-\frac{\pi}{4}\right)=-\frac{\pi}{4}\times8.00$$

$$\times10^{-2}\sin\left(\frac{\pi}{4}\times10.0-\frac{\pi}{4}\right) \text{ m/s}=-4.44\times10^{-2} \text{ m/s}$$

$$a=-\omega^2 A\cos\left(\frac{\pi}{4}\times10.0-\frac{\pi}{4}\right)=-\left(\frac{\pi}{4}\right)^2\times8.00$$

$$\times10^{-2}\cos\left(\frac{\pi}{4}\times10.0-\frac{\pi}{4}\right) \text{ m/s}^2=-3.49\times10^{-2} \text{ m/s}^2$$

由于此时 $x>0,v<0,a<0$,故表明振动质点向着平衡位置运动,且加速度方向指向平衡位置。

**11-12**　一物体竖直悬挂在劲度系数为 $k$ 的弹簧上做谐振动。设振幅 $A=0.24$ m,周期 $T=4.0$ s,开始时在平衡位置下方 0.12 m 处向上运动。求:(1) 物体振动的位移方程表示式;(2) 物体由初始位置运动到平衡位置上方 0.12 m 处所需的最短时间;(3) 物体在平衡位置上方 0.12 m 处所受到的合外力的大小及方向。

（设物体的质量为 1.0 kg。）

　　**解**　选取平衡位置为原点,取 $x$ 轴向下为正。

　　（1）设 $x=A\cos(\omega t+\varphi)$,式中,$A=0.24$ m,$\omega=\dfrac{2\pi}{T}=\dfrac{\pi}{2}$ rad/s。

据题意 $x_0=0.12$ m,因而有

$$0.24\cos(0+\varphi)=0.12, \quad \cos\varphi=\frac{1}{2}, \quad \varphi=\pm\frac{\pi}{3}$$

又由 $v_0<0$ 可知,$\varphi=\dfrac{\pi}{3}$,所以

$$x=0.24\cos\left(\frac{\pi}{2}t+\frac{\pi}{3}\right)\ \text{(m)}$$

　　（2）物体时刻 $t$ 运动到平衡位置上方 0.12 m 处,即 $x=-0.12$ m,因而

$$0.24\cos\left(\frac{\pi}{2}t+\frac{\pi}{3}\right)=-0.12, \quad \cos\left(\frac{\pi}{2}t+\frac{\pi}{3}\right)=-\frac{1}{2}$$

可解得

$$\frac{\pi}{2}t+\frac{\pi}{3}=\pm\frac{2\pi}{3}$$

又由题知,$t$ 时刻

$$v=-\frac{\pi}{2}\times0.24\sin\left(\frac{\pi}{2}t+\frac{\pi}{3}\right)<0, \quad 即 \quad \sin\left(\frac{\pi}{2}t+\frac{\pi}{3}\right)>0$$

所以

$$\frac{\pi}{2}t+\frac{\pi}{3}=\frac{2\pi}{3}, \quad t=\frac{2}{3}\ \text{s}$$

　　（3）物体的加速度为 $a=-\omega^2 A\cos(\omega t+\varphi)$,在平衡位置上方 0.12 m 处时,

$$a=-\left(\frac{\pi}{2}\right)^2\times0.24\cos\left(\frac{\pi}{2}t+\frac{\pi}{3}\right)$$

$$=-\left(\frac{\pi}{2}\right)^2\times0.24\times\left(-\frac{1}{2}\right)\ \text{m/s}^2=0.03\pi^2\ \text{m/s}^2$$

合外力为 $F=ma=1.0\times0.03\times(3.14)^2$ N$=0.29$ N（方向向下）。

　　**11-13**　如图所示,有一轻质弹簧,其劲度系数 $k=500$ N/m,上端固定,下端悬挂一质量 $M=4.0$ kg 的物体 $A$。在物体 $A$ 的正

下方 $h=0.6$ m 处, 以初速度 $v_{01}=4.0$ m/s 向
上抛出一质量 $m=1.0$ kg 的油灰团 $B$, 击中
$A$ 并附着于 $A$ 上。试:(1) 证明 $A$ 与 $B$ 做谐
振动;(2) 写出它们共同做谐振动的位移表示
式;(3) 求弹簧所受的最大拉力是多少? (假
设 $g=10$ m/s$^2$, 弹簧未挂重物时, 其下端端点
位于 $O'$ 点。)

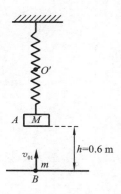

**解**　取 $A$ 与 $B$ 粘合后的平衡点 $O$ 为 $x$
轴的原点, $x$ 轴向下为正。

(1) $AB$ 在平衡位置时, 有
$$(m+M)g=k\overline{O'O}$$

习题 11-13 图

$AB$ 在运动过程中对应弹簧伸长量为 $\overline{O'x}$ 时, $AB$ 所受合力为
$$F=(m+M)g-k\overline{O'x}=-k(\overline{O'x}-\overline{O'O})=-kx$$

对 $AB$ 系统, 有
$$(m+M)\frac{\mathrm{d}^2x}{\mathrm{d}t^2}=-kx$$

可见它们以 $O$ 点为平衡点做谐振动。振动角频率为
$$\omega=\sqrt{\frac{k}{m+M}}=\sqrt{\frac{500}{1.0+4.0}}\ \text{rad/s}=10\ \text{rad/s}$$

(2) 设挂上 $A$ 后的平衡点为 $P$ 点, 则 $Mg=k\overline{O'P}$。因 $B$ 与 $A$
相碰在 $P$ 点处,
$$\overline{OP}=\overline{O'O}-\overline{O'P}=mg/k$$

如以相碰那一刻为计时起点, 初始位置为
$$x_0=-\overline{OP}=-\frac{mg}{k}=-\frac{1.0\times10}{500}\ \text{m}=-2\ \text{cm}$$

碰前 $B$ 的速度为
$$v_B=-\sqrt{v_{01}^2-2gh}=-\sqrt{4.0^2-2\times10\times0.6}\ \text{m/s}=-2\ \text{m/s}$$

由动量守恒定律可得碰后 $AB$ 的速度为
$$v_0=\frac{mv_B}{m+M}=\frac{1.0\times(-2)}{1.0+4.0}\ \text{m/s}=-0.4\ \text{m/s}$$

于是

$$A=\sqrt{x_0^2+\frac{v_0^2}{\omega^2}}=\sqrt{(-2\times10^{-2})^2+\frac{(-0.4)^2}{10^2}}\ \text{m}=4.47\times10^{-2}\ \text{m}$$

$$\tan\varphi=\frac{-v_0}{\omega x_0}=\frac{0.4}{10\times(-2\times10^{-2})}=-2$$

注意 $v_0<0$，有 $\varphi=2.04$ rad。位移表示式为

$$x=4.47\times10^{-2}\cos(10t+2.04)\ (\text{m})$$

（3）最大形变为 $\overline{O'O}+A=\dfrac{m+M}{k}g+A$，所以弹簧所受最大拉力

$$F_{\max}=k(\overline{O'O}+A)=500\times\left(\frac{1.0+4.0}{500}\times10+4.47\times10^{-2}\right)\ \text{N}$$

$$=72.4\ \text{N}$$

**11-14**    如图所示，有一劲度系数为 $k$ 的轻质弹簧竖直放置，一端固定在水平面上，另一端连接一质量为 $M$ 的光滑平板，平板上又放置一质量为 $m$ 的光滑小物块。今有一质量为 $m_0$ 的子弹以速度 $v_0$ 水平射入物块，并与物块一起脱离平板。（1）证明物块脱离平板后，平板将做谐振动；（2）根据平板所处的初始条件，写出平板的谐振位移表示式。

**解**    （1）取只有 $M$ 时，它静止时所在处为坐标原点 $O$，$x$ 轴向上为正。此时设弹簧被压缩 $l$，则

$$l=\frac{Mg}{k}$$

当 $m$ 脱离后，$M$ 在任意位置 $x$ 时，弹簧压缩 $l-x$，有

$$F_{合}=-Mg+k(l-x)=-kx$$

即

$$M\frac{\text{d}^2x}{\text{d}t^2}=-kx$$

平板做谐振动，角频率 $\omega=\sqrt{k/M}$。

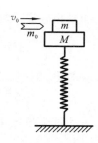

习题 **11-14** 图

（2）设 $m$ 在 $M$ 上静止时，弹簧压缩 $l'$，则

$$l' = \frac{M+m}{k}g$$

取 $m$ 脱离后，$M$ 开始振动的时刻 $t=0$，此时 $M$ 位于平衡位置 $O$ 点下方，

$$\Delta l = l' - l = \frac{M+m}{k}g - \frac{M}{k}g = \frac{mg}{k}$$

即 $x_0 = -\dfrac{mg}{k}$。又因为 $v_0 = 0$，所以

$$A = \sqrt{x_0^2 + \frac{v_0^2}{\omega^2}} = \frac{mg}{k}$$

谐振动表示式为 $x = A\cos(\omega t + \varphi)$。而 $t=0$ 时，$x = -A = A\cos\varphi$，得 $\varphi = \pi$，所以

$$x = \frac{mg}{k}\cos\left(\sqrt{\frac{k}{M}}t + \pi\right)$$

**11-15**　在开始观察弹簧振子时，它正振动到负位移一边的 $1/2$ 振幅处，此时它的速度为 $2\sqrt{3}$ m/s，并指向平衡位置，加速度的大小为 $2.00 \times 10$ m/s$^2$。(1) 写出这个振子的振动位移表示式，(2) 求出它每振动 5 s，首尾两时刻的位相差。

**解**　(1) 设振子振动位移表示式为 $x = A\cos(\omega t + \varphi)$。

由题知，当 $t=0$ 时，$x_0 = -\dfrac{A}{2}$，$v_0 = 2\sqrt{3}$ m/s 且指向平衡位置（坐标正向），即有

$$x_0 = -\frac{A}{2} = A\cos\varphi, \quad \cos\varphi = -\frac{1}{2}$$

和 $$v_0 = -\omega A\sin\varphi > 0, \quad \sin\varphi < 0$$

所以可知 $\varphi$ 在第三象限，$\varphi = \dfrac{4\pi}{3}\left(\text{或} -\dfrac{2\pi}{3}\right)$。又因 $t=0$ 时，加速度

$$a_0 = -\omega^2 A\cos\varphi = 2.00 \times 10 \text{ m/s}^2$$

与 $v_0$ 的表示式联解，可得

$$\omega = \frac{a_0}{v_0}\tan\varphi = \frac{2.00 \times 10}{2\sqrt{3}}\tan\frac{4\pi}{3} \text{ rad/s} = 10.0 \text{ rad/s}$$

又由 $\tan\varphi = -\dfrac{v_0}{\omega x_0}$ 可得

$$x_0 = \dfrac{-v_0}{\omega\tan\varphi} = -\dfrac{2\sqrt{3}}{10.0\times\tan\dfrac{4\pi}{3}} \text{ m} = -0.2 \text{ m}$$

据题意有　　　　$A = 2|x_0| = 2\times0.2 \text{ m} = 0.4 \text{ m}$

所以位移表示式为

$$x = 0.4\cos\left(10.0t + \dfrac{4\pi}{3}\right) \text{ (m)},\text{或}$$

$$x = 0.4\cos\left(10.0t - \dfrac{2\pi}{3}\right) \text{ (m)}$$

（2）每经过 5 s，首尾两时刻的位相差为

$$\Delta\varphi = (\omega t_2 + \varphi) - (\omega t_1 + \varphi) = \omega(t_2 - t_1) = 10.0\times5 \text{ rad} = 50.0 \text{ rad}$$

**11-16**　一质点在 $x$ 轴上做谐振动，振幅 $A = 4$ cm，周期 $T = 2$ s，其平衡位置取为坐标原点。若 $t = 0$ 时刻质点第一次通过 $x = -2$ cm 处，且向 $x$ 轴正方向运动，试求该质点第二次通过 $x = -2$ cm 处的时刻。

**解**　据题意 $A = 4$ cm，$\omega = \dfrac{2\pi}{T} = \pi$ rad/s，谐振动表示式为

$$x = 4\cos(\pi t + \varphi) \text{ (cm)}$$

当 $t = 0$ 时，有　　$x = 4\cos\varphi = -2$，　$\cos\varphi = -1/2$

所以　　　　　　　　　　$\varphi = \begin{cases} 4\pi/3 \\ 2\pi/3 \end{cases}$

又由 $v_0 > 0$，可得 $\varphi = \dfrac{4\pi}{3}$。即

$$x = 4\cos\left(\pi t + \dfrac{4\pi}{3}\right) \text{ (cm)}$$

质点第二次通过 $x = -2$ cm 处时，向 $x$ 轴负方向运动，有

$$x = 4\cos\left(\pi t + \dfrac{4\pi}{3}\right) = -2 \text{ cm}$$

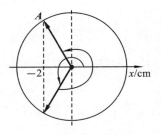

习题 **11-16** 图

$$\cos\left(\pi t+\frac{4\pi}{3}\right)=-\frac{1}{2}$$

且 $v<0$。由旋转矢量图可知

$$\pi t+\frac{4\pi}{3}=\frac{4\pi}{3}+2\times\frac{2\pi}{3}, \quad t=\frac{4}{3}\text{ s}$$

也可直接计算,由旋转矢量法求得两次过 $x=-2$ cm 处的位相差 $\Delta\varphi$(见图),然后由 $\Delta\varphi=\frac{4}{3}\pi=\omega t$,得 $t=\frac{4}{3}$s。

**11-17**　质量为 10 g 的小球做谐振动,其中 $A=0.24$ m,$\nu=0.25$ Hz。当 $t=0$ 时,初位移为 $1.2\times10^{-1}$ m 并向着平衡位置运动。求:(1) $t=0.5$ s 时,小球的位置;(2) $t=0.5$ s 时,小球所受的力的大小与方向;(3) 从起始位置到 $x=-12$ cm 处所需的最短时间;(4) 在 $x=-12$ cm 处小球的速度与加速度;(5) $t=4$ s 时的 $E_k$、$E_p$ 及系统的总能量。

**解**　(1) 小球做谐振动,设位移表示式为

$$x=A\cos(\omega t+\varphi)$$

由题知,$A=0.24$ m,$\omega=2\pi\nu=\frac{\pi}{2}$ rad/s。当 $t=0$ 时,$x_0=0.24\cos\varphi=0.12$ m,即 $\cos\varphi=\frac{1}{2}$,$\varphi=\pm\frac{\pi}{3}$。又由 $v_0=-\omega A\sin\varphi<0$,可确定 $\varphi=\frac{\pi}{3}$。$t=0.5$ s 时,有

$$x|_{t=0.5}=0.24\cos\left(\frac{\pi}{2}\times0.5+\frac{\pi}{3}\right)\text{ m}=-6.20\times10^{-2}\text{ m}$$

(2) 由 $f=ma=m(-\omega^2 x)$ 知,

$$m(-\omega^2 x)|_{t=0.5}=1.53\times10^{-3}\text{ N}$$

而 $x|_{t=0.5}<0$,所以 $f$ 指向平衡位置,即 $x$ 轴正方向。

(3) 设在初始位置时间 $t_0=0$,在 $x=-1.2\times10^{-1}$ m 处时刻为 $t$,则

$$-1.2\times10^{-1}=2.4\times10^{-1}\cos\left(\frac{\pi}{2}t+\frac{\pi}{3}\right), \quad \cos\left(\frac{\pi}{2}t+\frac{\pi}{3}\right)=-\frac{1}{2}$$

据题意有　　　　　　$\dfrac{\pi}{2}t+\dfrac{\pi}{3}=\dfrac{2\pi}{3}$,　　$t=\dfrac{2}{3}$ s

（4）在 $x=-1.2\times10^{-1}$ m 处

$$v=-\omega A\sin\left(\omega\times\dfrac{2}{3}+\dfrac{\pi}{3}\right)$$

$$=-\dfrac{\pi}{2}\times2.4\times10^{-1}\sin\left(\dfrac{\pi}{2}\times\dfrac{2}{3}+\dfrac{\pi}{3}\right)\text{ m/s}$$

$$=-3.26\times10^{-1}\text{ m/s}$$

$$a=-\omega^2x=-\left(\dfrac{\pi}{2}\right)^2\times(-1.2\times10^{-1})\text{ m/s}^2=2.96\times10^{-1}\text{ m/s}^2$$

（5）$t=4$ s 时

$$E_{\text{k}}=\dfrac{1}{2}mv^2=\dfrac{1}{2}m\left[-\omega A\sin\left(\dfrac{\pi}{2}\times4+\dfrac{\pi}{3}\right)\right]^2=5.33\times10^{-4}\text{ J}$$

$$E_{\text{p}}=\dfrac{1}{2}kx^2=\dfrac{1}{2}m\omega^2\left[A\cos\left(\dfrac{\pi}{2}\times4+\dfrac{\pi}{3}\right)\right]^2=1.77\times10^{-4}\text{ J}$$

$$E_{\text{总}}=E_{\text{k}}+E_{\text{p}}=7.10\times10^{-4}\text{ J}$$

**11-18**　（1）在谐振动中，当位移等于振幅一半时，总能量中的动能、势能各是多少？当动能与势能相等时，其振动位移是多少？（2）当谐振动的周期为 $T$、初位相为零时，振动进行到什么时刻，这个谐振动系统的动能与势能恰好相等？

**解**　（1）因为 $E_{\text{总}}=E_{\text{k}}+E_{\text{p}}=\dfrac{1}{2}kA^2$,　$E_{\text{p}}=\dfrac{1}{2}kx^2$

当 $x=\dfrac{1}{2}A$ 时，有

$$E_{\text{p}}=\dfrac{1}{2}k\left(\dfrac{1}{2}A\right)^2=\dfrac{1}{4}\left(\dfrac{1}{2}kA^2\right)=\dfrac{1}{4}E_{\text{总}},\quad E_{\text{k}}=E_{\text{总}}-E_{\text{p}}=\dfrac{3}{4}E_{\text{总}}$$

当 $E_{\text{k}}=E_{\text{p}}$ 时，解 $\dfrac{1}{2}kx^2=\dfrac{1}{2}kA^2-\dfrac{1}{2}kx^2$,可得

$$x=\pm\dfrac{\sqrt{2}}{2}A$$

（2）因为初位相为零（$\varphi=0$），所以位移 $x=A\cos\omega t$,速度

$$v = \frac{\mathrm{d}x}{\mathrm{d}t} = -\omega A \sin\omega t$$

据题意 $E_k = E_p$，即 $\quad \frac{1}{2}kA^2\cos^2\omega t = \frac{1}{2}m\omega^2 A^2\sin^2\omega t$

注意 $\omega^2 = \frac{k}{m}$，有 $\cos^2\omega t = \sin^2\omega t$，即得

$$\omega t = \frac{\pi}{4}(2k+1)$$

$$t = \frac{\pi}{4\omega}(2k+1) = \frac{T}{8}(2k+1) \quad (k=0,1,2,\cdots)$$

**11-19** 一水平放置的谐振子，如图(a)所示。当其从 $\frac{A}{2}$ 运动到 $\frac{-A}{2}$ 的位置处($A$ 是振幅)时，需要的最短时间为 1.0 s。现将振子竖直悬挂，如图(b)所示，由平衡位置向下拉 10 cm，然后放手，让其做谐振动。已知 $m=5.0$ kg，以向上方向为 $x$ 轴正方向，$t=0$ 时，$m$ 处于平衡位置下方且向 $x$ 轴负方向运动，其势能为总能量的 0.25 倍，试求：(1) 振动的周期、角频率、振幅；(2) $t=0$ 时，振子的位置、速度和加速度；(3) $t=0$ 时，振动系统的势能、动能和总能量；(4) 振动的位移表示式。

**解** (1) 振子在 $\frac{A}{2}$ 时，其位相角为 $\frac{\pi}{3}$；在 $-\frac{A}{2}$ 时，其位相角为 $\frac{2\pi}{3}$。所以，

$$\Delta\varphi = \omega\Delta t = \frac{2\pi}{T}\Delta t = \frac{2\pi}{3} - \frac{\pi}{3} = \frac{\pi}{3}$$

代入 $\Delta t = 1.0$ s，可得

$$T = 6.0 \text{ s}, \quad \omega = \frac{\pi}{3} \text{ rad/s}$$

据题意，振幅 $A = 10$ cm。

(2) 因为 $E_p = \frac{1}{2}kx^2$，$E = \frac{1}{2}kA^2$，

习题 **11-19** 图

所以当 $E_p = \dfrac{E}{4}$ 时, 由 $\dfrac{1}{2}kx^2 = \dfrac{1}{8}kA^2$ 可得 $x=5.0$ cm 和 $-5.0$ cm。

由题意, 取 $x=-5.0$ cm。

又由能量关系 $\dfrac{1}{2}kx^2 + \dfrac{1}{2}mv^2 = \dfrac{1}{2}kA^2$, 可得

$$v = \pm\omega\sqrt{A^2-x^2} = \pm\dfrac{\pi}{3}\sqrt{10^2-(-5)^2} \text{ cm/s} = \pm 9.1 \text{ cm/s}$$

由题意, 取 $v=9.1$ cm/s。而

$$a = -\omega^2 x = -\left(\dfrac{\pi}{3}\right)^2(-5) \text{ cm/s}^2 = 5.5 \text{ cm/s}^2$$

（3）不计重力势能，则

$$E_p = \dfrac{1}{2}kx^2 = \dfrac{1}{2}m\omega^2 x^2 = \dfrac{1}{2}\times 5.0\times\left(\dfrac{\pi}{3}\right)^2(-5\times10^{-2})^2 \text{ J}$$

$$= 6.8\times10^{-3} \text{ J}$$

$$E_k = \dfrac{1}{2}mv^2 = \dfrac{1}{2}\times 5.0\times(9.1\times10^{-2})^2 \text{ J} = 2.1\times10^{-2} \text{ J}$$

$$E = E_p + E_k = 27.8\times10^{-3} \text{ J}$$

（4）由题意知, $t=0$ 时,

$$x_0 = A\cos\varphi = 10\times10^{-2}\cos\varphi = -5\times10^{-2} \text{ cm}$$

即

$$\cos\varphi = -\dfrac{1}{2}$$

又因 $v_0 < 0$, 所以 $\varphi = \dfrac{2}{3}\pi$。振动位移表示式为

$$x = 10\cos\left(\dfrac{\pi}{3}t + \dfrac{2\pi}{3}\right) \text{ (cm)}$$

**11-20**　同方向振动的两个谐振动, 它们的运动规律为

$$x_1 = 5.00\times10^{-2}\cos\left(10t + \dfrac{3}{4}\pi\right) \text{ (m)}$$

$$x_2 = 6.00\times10^{-2}\sin(10t + \varphi) \text{ (m)}$$

问 $\varphi$ 为何值时, 合振幅 $A$ 为极大、$A$ 为极小?

**解**　由 $x_1 = 5.00\times10^{-2}\cos\left(10t + \dfrac{3}{4}\pi\right)$ (m), $x_2 = 6.00\times$

$10^{-2}\cos\left(10t+\varphi+\dfrac{3\pi}{2}\right)$（m）合成，有

$$A=\sqrt{A_1^2+A_2^2+2A_1A_2\cos\Delta\varphi}$$

式中，$\qquad \Delta\varphi=\varphi_2-\varphi_1=\varphi+\dfrac{3\pi}{2}-\dfrac{3}{4}\pi=\varphi+\dfrac{3}{4}\pi$

当 $\Delta\varphi=\varphi+\dfrac{3}{4}\pi=2k\pi$，即 $\varphi=2k\pi-\dfrac{3\pi}{4}(k=0,1,2,\cdots)$时有

$$A_{\max}=A_1+A_2=11.00\times10^{-2}\ \text{m}$$

当 $\Delta\varphi=(2k+1)\pi$，即 $\varphi=(2k+1)\pi-\dfrac{3}{4}\pi(k=0,1,2,\cdots)$时有

$$A_{\min}=|A_1-A_2|=1.00\times10^{-2}\ \text{m}$$

**11-21** 一质点同时参与两个在同一直线上的谐振动，其表示式各为

$$x_1=4\cos\left(2t+\dfrac{\pi}{6}\right),\quad x_2=3\cos\left(2t-\dfrac{5}{6}\pi\right)$$

求其合振动的振幅和初位相，并写出合振动的位移方程。

**解** 合振动振幅为 $A$，初位相为 $\varphi$，则

$$A=\left[A_1^2+A_2^2+2A_1A_2\cos(\varphi_2-\varphi_1)\right]^{1/2}$$

$$=\left[4^2+3^2+2\times4\times3\times\cos\left(-\dfrac{5}{6}\pi-\dfrac{\pi}{6}\right)\right]^{1/2}=1$$

$$\tan\varphi=\dfrac{A_1\sin\varphi_1+A_2\sin\varphi_2}{A_1\cos\varphi_1+A_2\cos\varphi_2}=\dfrac{4\sin\dfrac{\pi}{6}+3\sin\left(-\dfrac{5\pi}{6}\right)}{4\cos\dfrac{\pi}{6}+3\cos\left(-\dfrac{5\pi}{6}\right)}=\dfrac{\sqrt{3}}{3},\varphi=\dfrac{\pi}{6}$$

合振动位移表示式为 $\qquad x=\cos\left(2t+\dfrac{\pi}{6}\right)$

**11-22** 两个同方向、同频率的谐振动，其合振动的振幅为 20 cm，合振动的位相与第一个振动的位相之差为 30°，若第一个振动的振幅为 17.3 cm，求第二个振动的振幅及第一、第二两个振动的位相差各是多少？

**解** 由题意知，在旋转矢量图中，$A$ 与 $A_1$ 的夹角为 30°，所以

由余弦定理有

$$A_2 = (A_1^2 + A^2 - 2A_1 A \cos 30°)^{1/2}$$

$$= \left(17.3^2 + 20^2 - 2 \times 17.3 \times 20 \times \frac{\sqrt{3}}{2}\right)^{1/2} \text{cm} \approx 10 \text{ cm}$$

又由 $\qquad A^2 = A_1^2 + A_2^2 + 2A_1 A_2 \cos(\varphi_2 - \varphi_1)$

得 $\quad \cos(\varphi_2 - \varphi_1) = \dfrac{A^2 - (A_1^2 + A_2^2)}{2A_1 A_2} = \dfrac{400 - (17.3^2 + 10^2)}{2 \times 17.3 \times 10} \approx 0$

所以 $\qquad\qquad\qquad\qquad \Delta\varphi = \varphi_2 - \varphi_1 = \dfrac{\pi}{2}$

**11-23** 一质点质量为 0.1 kg，它同时参与互相垂直的两个振动，其振动表示式分别为

$$x = 0.06\cos\left(\frac{\pi}{3}t + \frac{\pi}{3}\right), \quad y = 0.03\cos\left(\frac{\pi}{3}t - \frac{\pi}{3}\right)$$

试写出质点运动的轨迹方程，画出图形，并指明是左旋还是右旋。

**解** 消去 $t$，有 $\dfrac{x^2}{A_1^2} + \dfrac{y^2}{A_2^2} - \dfrac{2xy}{A_1 A_2}\cos(\varphi_2 - \varphi_1) = \sin^2(\varphi_2 - \varphi_1)$

式中，$A_1 = 0.06, A_2 = 0.03, \varphi_1 = \dfrac{\pi}{3}, \varphi_2 = -\dfrac{\pi}{3}$。代入上式并整理

可得 $\qquad\qquad\qquad x^2 + 2xy + 4y^2 = 2.7 \times 10^{-3}$

此为椭圆方程。

据 $x = 0, \pm A_1; y = 0, \pm A_2$ 几个
特殊点，可做出如图所示草图。

当 $t = 0$ 时，有 $\begin{cases} x = 0.06\cos\dfrac{\pi}{3} \\ y = 0.03\cos\left(-\dfrac{\pi}{3}\right) \end{cases}$

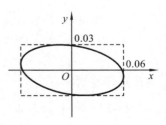

如 $t$ 稍有增加，$x$ 减小而 $y$ 增大，
由于在第一象限，所以是左旋。

**习题 11-23 图**

也可直接由两分振动旋转矢量作图法，画出合成运动轨迹图
并判定是左旋。

**11-24**　楼内空调用的鼓风机如果安装在楼板上,工作时它就会使楼房产生震动。为了减小这种震动,可以把鼓风机安装在有 4 个弹簧支撑的底座上。经验指出,驱动频率为振动系统固有频率的 5 倍时,可减震 90% 以上。如鼓风机和底座的总质量为 576 kg,鼓风机轴的转速为 1800 r/min(转/分钟),按 5 倍计算,所用的每个弹簧的劲度系数应多大?

**解**　固有角频率 $\omega = 2\pi\nu = \sqrt{k/m}$,则 $k = 4\pi^2\nu^2 m$。由题意知,当鼓风机转速满足 $n = 5\nu$ 时可减震 90% 以上。而 $k$ 是 4 个并列弹簧的等效劲度系数,设每个弹簧的劲度系数为 $k'$,则有

$$k = 4k' = 4\pi^2\left(\frac{n}{5}\right)^2 m$$

所以

$$k' = \pi^2\left(\frac{n}{5}\right)^2 m = 3.14^2 \times \left(\frac{1800}{60 \times 5}\right)^2 \times 576 \text{ N/m} = 2.05 \times 10^5 \text{ N/m}$$

**11-25**　一台大座钟的摆长为 0.994 m,摆锤质量为 1.2 kg。(1)当摆自由摆动时,在 15.0 min 内振幅减小一半,此摆的阻尼系数为多大?(2)要维持此摆的振幅为 8° 不变,需要以多大功率向摆输入机械能。

**解**　(1)此为弱阻尼情况,由 $A = A_0 e^{-\beta t}$,解得

$$\beta = \frac{1}{t}\ln\frac{A_0}{A} = \left(\frac{1}{15.0 \times 60}\ln\frac{1}{2}\right) \text{ s}^{-1} = 7.7 \times 10^{-4} \text{ s}^{-1}$$

(2)因为能量与振幅的平方成正比,所以弱阻尼时,

$$E = E_0 e^{-2\beta t}$$

能量的衰减率为

$$\frac{dE}{dt} = -2\beta E_0 e^{-2\beta t}$$

在摆的振幅为 8° 时开始计时,即此时 $t = 0$,则 8° 时的能量衰减率为

$$\left.\frac{dE}{dt}\right|_{t=0} = -2\beta mgl(1 - \cos 8°)e^{-2\beta t}\big|_{t=0}$$

$$=-2\times7.7\times10^{-4}\times1.2\times9.8\times0.994(1-\cos8°)\ \text{W}$$
$$=-1.75\times10^{-4}\ \text{W}$$

即要维持初始时刻的振幅 $8°$ 不变,需要以 $1.75\times10^{-4}$ W 的功率向摆输入机械能。

**11-26** 试在相空间中作出弹簧振子自由振动、阻尼振动的相图。

**解** 弹簧振子自由振动,其能量守恒,有

$$\frac{1}{2}mv^2+\frac{1}{2}kx^2=E$$

考虑 $p=mv$,则 　　　　　$p^2+mkx^2=2mE$

若 $E$ 确定,则上式为一椭圆,相图如图(a)所示。

阻尼振动时,位移振幅作指数衰减,相图如图(b)所示。

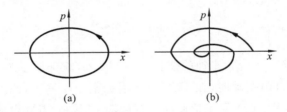

(a)　　　　　　　　　(b)

**习题 11-26 图**

**11-27** 一余弦波沿着一弦线行进,弦线上某点从最大位移到零位移的时间是 $0.17$ s,试问:(1)周期与频率各为多少?(2)如波长是 $1.4$ m,波速多大?

**解** (1)如图所示。因为 $\dfrac{T}{4}=0.17$ s,所以

$$T=0.17\times4\ \text{s}=0.68\ \text{s}$$

$$\nu=\frac{1}{T}=\frac{1}{0.68}\ \text{Hz}=1.47\ \text{Hz}$$

(2) $u=\dfrac{\lambda}{T}=\dfrac{1.4}{0.68}$ m/s$\approx2.06$ m/s

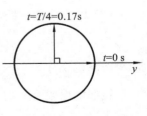

**习题 11-27 图**

**11-28**　一波的频率为 500 Hz,传播速度为 350 m/s。问:
(1) 位相差为 60° 的两点相距多远?(2) 在某一点处,前后相隔
$10^{-3}$ s 出现的两个位移之间的位相相差多大?

**解**　由波的表示式

$$y = A\cos\left[\omega\left(t \mp \frac{x}{u}\right) + \varphi_0\right] = A\cos\left[2\pi\nu\left(t \mp \frac{x}{u}\right) + \varphi_0\right]$$

可知,位相 $\varphi = 2\pi\nu t \mp 2\pi\nu \times \dfrac{x}{u} + \varphi_0$,所以

$$\Delta\varphi = 2\pi\nu \cdot \Delta t \mp \frac{2\pi\nu}{u} \cdot \Delta x$$

(1) 显然,同一时刻不同点的位相差满足 $|\Delta\varphi| = \dfrac{2\pi\nu}{u}|\Delta x|$,故

$$|\Delta x| = \frac{u}{2\pi\nu}|\Delta\varphi| = \frac{350}{2 \times 3.14 \times 500} \times \frac{3.14}{3} \text{ m} \approx 0.12 \text{ m}$$

(2) 同一地点不同时刻的位相差为

$$\Delta\varphi = 2\pi\nu \cdot \Delta t = 2\pi \times 500 \times 10^{-3} \text{ rad} = \pi \text{ rad}$$

**11-29**　一沿很长弦线行进的横波的方程由 $y = 6\cos(0.02\pi x + 4\pi t)$ 表示,其中 $x$、$y$ 的单位为 cm,$t$ 的单位为 s。试求:(1) 振幅;(2) 波长;(3) 频率;(4) 波的速率;(5) 波的传播方向;(6) 弦线上质点的最大横向速率。

**解**　将 $y = 6\cos(0.02\pi x + 4\pi t)$ 与波的表示式 $y = A\cos\left(2\pi\nu t + \dfrac{2\pi x}{\lambda}\right)$ 进行比较,可得

(1) $A = 6$ cm。

(2) 由 $\dfrac{2\pi}{\lambda} = 0.02\pi$ 得 $\lambda = \dfrac{2}{0.02}$ cm $= 100$ cm

(3) $\nu = 2$ Hz

(4) $u = \lambda\nu = 100 \times 2$ cm/s $= 200$ cm/s

(5) 波沿 $x$ 轴负方向传播。

(6) 由 $v = \dfrac{\mathrm{d}y}{\mathrm{d}t} = -6 \times 4\pi\sin(0.02\pi x + 4\pi t)$,可知,$v_{\max} = 6 \times$

$4\pi$ cm/s$\approx$75. 36 cm/s

**11-30** 一沿 $x$ 轴正向传播的波,波速为 2 m/s,原点的振动方程为 $y=0.6\cos\pi t$(m)。求:(1) 该波的波长;(2) 波的表示式;(3) 同一质点在 1 s 末与 2 s 末的位相差;(4) 如有 $A$、$B$ 两点,其 $x$ 轴上坐标分别为 1 m 和 1.5 m,在同一时刻,$A$、$B$ 两点的位相差是多少?

**解** (1) 由 $\omega=\pi$ 及 $\omega=\dfrac{2\pi}{T}$,可得

$$\lambda=uT=u\cdot\frac{2\pi}{\omega}=2\times\frac{2\pi}{\pi}\text{ m}=4\text{ m}$$

(2) 沿 $x$ 轴正向传播的波

$$y=A\cos\omega\left(t-\frac{x}{u}\right)=0.6\cos\pi\left(t-\frac{x}{2}\right)\text{ (m)}$$

(3) 因为坐标为 $x$ 的质点在 $t$ 时刻的位相为 $\varphi=\pi t-\dfrac{\pi}{2}x$,故

$$\Delta\varphi=\left(\pi t_2-\frac{\pi}{2}x\right)-\left(\pi t_1-\frac{\pi}{2}x\right)=\pi(t_2-t_1)=\pi(2-1)\text{ rad}=\pi\text{ rad}$$

(4) 在同一时刻 $t$

$$\Delta\varphi=\varphi_A-\varphi_B=\left(\pi t-\frac{\pi}{2}x_A\right)-\left(\pi t-\frac{\pi}{2}x_B\right)=\frac{\pi}{2}(x_B-x_A)$$

$$=\frac{\pi}{2}\times0.5\text{ rad}=\frac{\pi}{4}\text{ rad}$$

**11-31** 一波源位于 $x=-1$ m 处,它的振动方程为 $y=5\times10^{-4}\cos(6\,000\,t-1.2)$(m),设该波源产生的波无吸收地分别向 $x$ 轴正向和负向传播,波速为 300 m/s。试分别写出上述正向波和负向波的表示式。

**解** 原点位相比波源的落后,原点的振动方程为

$$y_0=5\times10^{-4}\cos\left[6000\left(t-\frac{1}{300}\right)-1.2\right]$$

$$=5\times10^{-4}\cos(6000t-21.2)\text{ (m)}$$

正向波为

$$y_{正} = 5 \times 10^{-4} \cos\left[6000\left(t - \frac{x}{300}\right) - 21.2\right]$$

$$= 5 \times 10^{-4} \cos(6000t - 20x - 21.2) \text{ (m)}$$

式中，$x > -1$ m。

对由源向负方向传播的波，距源距离为 $l$ 处的任一点 $x$（$x < -l$），有

$$y_{负} = 5 \times 10^{-4} \cos\left[6000\left(t - \frac{l}{300}\right) - 1.2\right] \text{ (m)}$$

即

$$y_{负} = 5 \times 10^{-4} \cos\left[6000\left(t - \frac{-x-1}{300}\right) - 1.2\right]$$

$$= 5 \times 10^{-4} \cos(6000t + 20x + 18.8) \text{ (m)}$$

**11-32**　已知一平面简谐波的波动表示式为

$$y = 4\cos\left(2\pi x + 6\pi t + \frac{\pi}{2}\right)$$

式中，$x$、$y$ 以 cm 为单位，$t$ 以 s 为单位。（1）求振幅、波长、周期、频率和波速；（2）画出 $t_1 = \dfrac{T}{4}$ 时刻及 $t_2 = \dfrac{3T}{4}$ 时刻的波形曲线。

**解**　（1）将题中所给波动表示式与标准波动表示式 $y = A\cos\left[\omega\left(t + \dfrac{x}{u}\right) + \varphi\right]$ 比较可得振幅 $A = 4$ cm。

由 $\omega \dfrac{x}{u} = \dfrac{2\pi}{\lambda}x = 2\pi x$ 得波长 $\lambda = 1$ cm。

因角频率 $\omega = 6\pi$，故周期　$T = \dfrac{2\pi}{\omega} = \dfrac{1}{3}$ s

频率　　　　　　　　$\nu = \dfrac{1}{T} = 3$ Hz

由 $\omega \dfrac{x}{u} = 2\pi x$ 可得波速 $u = \dfrac{\omega}{2\pi} = 3$ cm/s。

（2）波向 $x$ 轴负方向传播，只需先画出 $t = 0$ 时刻的波形曲线，然后向 $x$ 轴负方向平移 $\Delta x_1 = u \cdot \dfrac{T}{4} = 3 \times \dfrac{1}{3 \times 4}$ cm $= \dfrac{1}{4}$ cm $=$

$\dfrac{\lambda}{4}$ 和 $\Delta x_2 = u \cdot \dfrac{3T}{4} = \dfrac{3}{4}$ cm $= \dfrac{3}{4}\lambda$ 即可。如图所示。

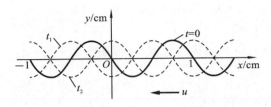

习题 11-32 图

**11-33** 图中所示为 $t=0$ 时刻的波形。求:(1) $O$ 点振动的位移表示式;(2) 此波在任一时刻的波动表示式;(3) $P$ 点的振动方程;(4) $t=0$ 时刻,$A$、$B$ 两点之质点的振动方向(要在图上标出来)。

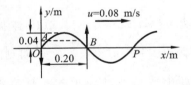

习题 11-33 图

**解** (1) 假设 $O$ 点的振动方程为 $y_0 = A\cos(\omega t + \varphi)$,由图知,当 $t=0$ 时,$y_0 = A\cos\varphi = 0$,所以

$$\varphi = \frac{\pi}{2} \quad 或 \quad \varphi = -\frac{\pi}{2}$$

且由图知,$t=0$ 时,$O$ 点的振动速度 $v_0 < 0$,故

$$v_0 = -A\omega\sin(\omega \cdot 0 + \varphi) < 0$$

所以 $\varphi = \dfrac{\pi}{2}$,即 $\qquad y_0 = A\cos\left(\omega t + \dfrac{\pi}{2}\right)$

又由图有 $A = 0.04$ m,$T = \dfrac{\lambda}{u} = \dfrac{0.40}{0.08}$ s $= 5.0$ s,$\omega = \dfrac{2\pi}{T} = 0.4\pi$ rad/s,所以 $O$ 点振动的位移表示式为

$$y_0 = 0.04\cos\left(0.4\pi t + \frac{\pi}{2}\right) \ (\mathrm{m})$$

（2）波的表示式为

$$y = 0.04\cos\left(0.4\pi t - \frac{2\pi x}{\lambda} + \frac{\pi}{2}\right) \ (\mathrm{m})$$

（3）在上式中代入 $x = 0.40$ m，可得 $P$ 点的振动方程为

$$y_P = 0.04\cos\left(0.4\pi t - \frac{3\pi}{2}\right) \ (\mathrm{m})$$

（4）因波沿 $x$ 轴正向传播，而波的传播就是波形曲线的平移，所以经过很小的 $\Delta t$，由平移曲线可知，在 $t = 0$ 时，$A$ 点质点将向下运动，$B$ 点质点振动方向向上。

**11-34**　一平面余弦波在 $t = \frac{3}{4}T$ 时刻的波形曲线如图所示。该波以 $u = 36$ m/s 的速度沿 $x$ 轴正方向传播。（1）求 $t = 0$ 时刻，$O$ 点与 $P$ 点的初位相；（2）写出 $t = 0$ 时刻，以 $O$ 点为坐标原点的波动表示式。

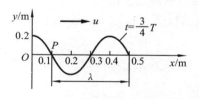

习题 11-34 图

**解**　由图知，$A = 0.2$ m，$\lambda = 0.4$ m，$T = \dfrac{\lambda}{u} = \dfrac{1}{90}$ s，故

$$\omega = \frac{2\pi}{T} = \frac{2\pi u}{\lambda} = 180\pi \ \mathrm{rad/s}$$

设波动表示式为

$$y = A\cos\left[\omega\left(t - \frac{x}{u}\right) + \varphi\right] = 0.2\cos\left[180\pi\left(t - \frac{x}{36}\right) + \varphi\right] \ (\mathrm{m})$$

由图知，$t = \dfrac{3}{4}T$ 时，$y_0 = 0.2$ m，故

$$0.2 = 0.2\cos\left[180\pi\left(\frac{1}{90}\times\frac{3}{4} - \frac{0}{36}\right) + \varphi\right]$$

所以　　　　　　　　　　　　$\varphi = \dfrac{\pi}{2}$

即,波的表示式为 $y = 0.2\cos\left[180\pi\left(t - \dfrac{x}{36}\right) + \dfrac{\pi}{2}\right]$ (m)

(1) $t = 0$ 时,　$\varphi_O = 180\pi\left(0 - \dfrac{0}{36}\right) + \dfrac{\pi}{2} = \dfrac{\pi}{2}$

$$\varphi_P = 180\pi\left(0 - \frac{0.1}{36}\right) + \frac{\pi}{2} = 0$$

(2) $y = 0.2\cos\left[180\pi\left(0 - \dfrac{x}{36}\right) + \dfrac{\pi}{2}\right] = 0.2\cos\left(\dfrac{\pi}{2} - 5\pi x\right)$ (m)

**11-35** 一平面波在媒质中以速度 $u = 20$ m/s 沿 $x$ 轴正方向传播,如图所示。已知在传播路径上某点 $A$ 的振动方程为 $y_A = 3\cos(4\pi t)$ (m),若以 $B$ 为坐标原点,写出该波的波动表示式。

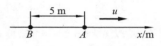

习题 11-35 图

**解**　由 $A$ 点的振动方程 $y_A = 3\cos 4\pi t$ 可知,以 $A$ 为原点的波动表示式为

$$y = 3\cos 4\pi\left(t - \frac{x}{20}\right) \text{ (m)}$$

代入 $x = -5$ m 得 $B$ 点的振动方程

$$y_B = 3\cos 4\pi\left(t + \frac{5}{20}\right) = 3\cos(4\pi t + \pi) \text{ (m)}$$

或　　　　　$y_B(t) = y_A(t + \Delta t) = y_A\left(t + \dfrac{\Delta x}{u}\right)$

$$= 3\cos 4\pi\left(t + \frac{5}{20}\right) = 3\cos(4\pi t + \pi) \text{ (m)}$$

所以以 $B$ 为原点的波动表示式为

$$y = 3\cos\left[4\pi\left(t - \frac{x}{u}\right) + \pi\right] = 3\cos\left(4\pi t - \frac{\pi}{5}x + \pi\right) \text{ (m)}$$

**11-36** 假设在一根弦线中传播的简谐波为

$$y = A\cos(kx - \omega t)$$

式中，$k = \dfrac{\omega}{u}$ 称为波数。（1）写出弦线中能量密度与能流密度表示式；（2）写出平均能量密度与平均能流密度（波强）的表示式。

**解** （1）能量密度

$$w = \rho A^2 \omega^2 \sin^2(kx - \omega t) = \rho u k \omega A^2 \sin^2(kx - \omega t)$$

能流密度 $\quad i = w \cdot u = \rho u^2 k \omega A^2 \sin^2(kx - \omega t)$

（2）在一个周期内对时间求平均，有

平均能量密度 $\qquad \overline{w} = \dfrac{1}{2}\rho A^2 \omega^2$

波强 $\qquad I = \overline{w}u = \dfrac{1}{2}\rho A^2 \omega^2 u$

式中，$\rho$ 为质量体密度。

**11-37** 在直径为 0.14 m 的圆柱形管内，有一波强为 $9.00 \times 10^{-3}$ J/(s·m²) 的空气余弦式平面波以波速 $u = 300$ m/s 沿柱轴方向传播，其频率为 300 Hz。求：（1）平均能量密度及能量密度的最大值；（2）相邻的两个同位相的波阵面间的体积中的能量。

**解** （1）由 $I = \overline{w}u$ 可得平均能量密度为

$$\overline{w} = \dfrac{I}{u} = \dfrac{9.00 \times 10^{-3}}{300} \text{ J/m}^3 = 3.00 \times 10^{-5} \text{ J/m}^3$$

又因 $\overline{w} = \dfrac{1}{2}\rho A^2 \omega^2$，所以最大能量密度值为

$$w_{\max} = \rho A^2 \omega^2 = 2\overline{w} = 6.00 \times 10^{-5} \text{ J/m}^3$$

（2）因为两相邻同位相的波阵面间的距离为一个波长 $\lambda$，所以其体积中的能量为

$$W = \overline{w}\Delta V = \overline{w}S\lambda = \overline{w}\pi R^2 \dfrac{u}{\nu}$$

$$= 3.00 \times 10^{-5} \times 3.14 \times \left(\dfrac{0.14}{2}\right)^2 \times \dfrac{300}{300} \text{ J} = 4.62 \times 10^{-7} \text{ J}$$

**11-38** 一波源的辐射功率为 $1.00 \times 10^4$ W，它向无吸收、均匀、各向同性介质中发射球面波。若波速 $u = 3.00 \times 10^8$ m/s，试

求离波源 400 km 处(1)波的强度;(2)平均能量密度。

**解** (1)波的强度为

$$I=\frac{\overline{P}}{S}=\frac{1.00\times10^4}{4\pi r^2}=\frac{1.00\times10^4}{4\pi\times(400\times10^3)^2}\ \text{W/m}^2\approx4.98\times10^{-9}\ \text{W/m}^2$$

(2)平均能量密度

$$\overline{w}=\frac{I}{u}\approx\frac{4.98\times10^{-9}}{3\times10^8}\ \text{J/m}^3=1.66\times10^{-17}\ \text{J/m}^3$$

**11-39** 一个声源向各方向均匀地发射总功率为 10 W 的声波,求距离声源多远处,声强级为 100 dB。

**解** 设距声源 $r$ 处的声强级为 100 dB,则 $100=10\ \text{lg}\ \dfrac{I(r)}{I_0}$,其中,$I_0=10^{-12}\ \text{W/m}^2$

故 $$I(r)=I_0\times10^{10}=10^{-2}\ \text{W/m}^2$$

又 $$I(r)=\frac{P}{4\pi r^2}=\frac{10}{4\pi r^2}$$

所以 $$\frac{10}{4\pi r^2}=10^{-2},\quad r\approx8.92\ \text{m}$$

**11-40** 设正常谈话的声强 $I=1.0\times10^{-6}\ \text{W/m}^2$,响雷的声强 $I'=0.1\ \text{W/m}^2$,它们的声强级各是多少?

**解** 声强级 $L=10\text{lg}\ \dfrac{I}{I_0}$,$I_0=10^{-12}\ \text{W/m}^2$。所以,正常谈话的声强级 $L=10\text{lg}\ \dfrac{I}{I_0}=\left(10\text{lg}\ \dfrac{1.0\times10^{-6}}{10^{-12}}\right)\text{dB}=60\ \text{dB}$

响雷的声强级 $L'=10\text{lg}\ \dfrac{I'}{I_0}=\left(10\text{lg}\ \dfrac{0.1}{10^{-12}}\right)\text{dB}=110\ \text{dB}$

**11-41** 在地壳中地震纵波的传播速率大于地震横波的传播速率。如纵波的传播速率为 5.5 km/s,横波传播速率为 3.5 km/s,在 A 处发生地震,B 处收到横波信号较收到纵波信号迟5 min,试求接收处与地震处的距离。

**解** 设接收处与地震处的距离为 $s$,则有

$$\frac{s}{u_横} - \frac{s}{u_纵} = 5 \times 60$$

解得 $s = \dfrac{5 \times 60 \times u_纵 \times u_横}{u_纵 - u_横} = \dfrac{5 \times 60 \times 5.5 \times 3.5}{5.5 - 3.5}$ km $= 2.89 \times 10^3$ km

**11-42**　如图(a)所示的为一向右传播的简谐波在 $t$ 时刻的波形图，$BC$ 为波密介质的反射面，波由 $P$ 点反射，则反射波在 $t$ 时刻的波形图为(　　)。

**解**　根据题意，反射点 $P$ 必为波节，振动速度为零。在图(b)中画出经过一个很短的时间间隔 $\Delta t$ 之后，即 $t + \Delta t$ 时刻的波形图，从图可知，在 $t$ 时刻，入射波在 $P$ 点引起的振动的运动方向向下，图(A)、图(C)所给出的反射波在 $P$ 点引起的振动的运动方向也向下，无法保证 $P$ 点的合运动速度为零，因此，图(A)、图(C)不符合要求。图(D)给出的 $P$ 点 $t$ 时刻的位移与入射波 $t$ 时刻引起的 $P$ 点的位移相加后不为零，因此也不符合要求，只有图(B)是正确的。

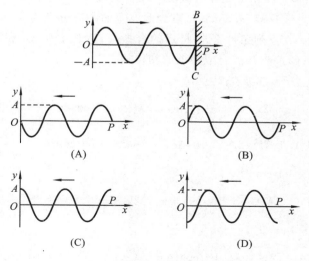

习题 **11-42** 图(a)

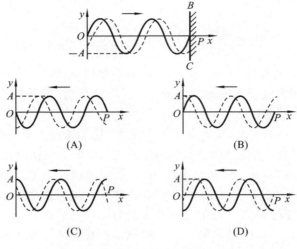

**习题 11-42 图(b)**

**11-43** 两相干波源的振动方程分别为 $y_1 = 10^{-4} \cos 10\pi t$（m）和 $y_2 = 10^{-4} \cos 10\pi t$（m），$P$ 点到两波源的距离分别为 4 cm 和 10 cm。(1)在下列条件下求 $P$ 点的合振幅：波长为 4 cm 和波长为 0.6 cm；(2)求 $P$ 点合成振动的初位相。

**解** (1)两波在 $P$ 点，

$$y_1 = 10^{-4} \cos 2\pi \left( \frac{t}{T} - \frac{x_1}{\lambda} \right) \text{（m）}, \quad y_2 = 10^{-4} \cos 2\pi \left( \frac{t}{T} - \frac{x_2}{\lambda} \right) \text{（m）}$$

由 $A = (A_1^2 + A_2^2 + 2A_1 A_2 \cos \Delta \varphi)^{1/2} = \sqrt{2} A_1 \left( 1 + \cos 2\pi \frac{x_2 - x_1}{\lambda} \right)^{1/2}$

可得当 $\lambda = 4$ cm 时，

$$A = \sqrt{2} \times 10^{-4} \left[ 1 + \cos \left( 2\pi \times \frac{6}{4} \right) \right]^{1/2} \text{ m} = 0$$

当 $\lambda = 0.6$ cm 时，

$$A = \sqrt{2} \times 10^{-4} \left[ 1 + \cos \left( 2\pi \times \frac{6}{0.6} \right) \right]^{1/2} \text{ m} = 2 \times 10^{-4} \text{ m}$$

(2)$P$ 点合振动的表示式为

$$y = y_1 + y_2 = 10^{-4}\cos 2\pi\left(\frac{t}{T} - \frac{x_1}{\lambda}\right) + 10^{-4}\cos 2\pi\left(\frac{t}{T} - \frac{x_2}{\lambda}\right)$$

$$= 2\times 10^{-4}\cos 2\pi\left(\frac{t}{T} - \frac{x_1 + x_2}{2\lambda}\right)\cos 2\pi\left(\frac{x_2 - x_1}{2\lambda}\right)$$

$$= 2\times 10^{-4}\cos 2\pi\frac{0.06}{2\lambda}\cdot\cos 2\pi\left(\frac{t}{T} - \frac{x_1 + x_2}{2\lambda}\right)$$

$$= 2\times 10^{-4}\cos\left(2\pi\cdot\frac{0.06}{2\lambda}\right)\cdot\cos\left[2\pi\left(\frac{t}{T} - \frac{0.14}{2\lambda}\right)\right] \text{ (m)}$$

若 $\lambda = 4$ cm，则

$$y = 2\times 10^{-4}\cos\left(2\pi\times\frac{0.06}{2\times 0.04}\right)\cdot\cos\left[2\pi\left(\frac{t}{T} - \frac{0.14}{2\times 0.04}\right)\right] \text{ (m)}$$

$$= 0 \text{ m}$$

即 $P$ 点不振动。

若 $\lambda = 6$ cm，则

$$y = 2\times 10^{-4}\cos\left(2\pi\times\frac{0.06}{2\times 0.06}\right)\cos\left[2\pi\left(\frac{t}{T} - \frac{0.14}{2\times 0.06}\right)\right]$$

$$= 2\times 10^{-4}\cos\left(2\pi\frac{t}{T} + \frac{2}{3}\pi\right) \text{ (m)}$$

故 $\varphi_P = \frac{2}{3}\pi$。

**11-44** $S_1$ 与 $S_2$ 是振幅相等的两个相干波源，它们相距 $\lambda/4$，如果波源 $S_1$ 的位相比波源 $S_2$ 的位相超前 $\pi/2$。求：(1) $S_1$、$S_2$ 连线上在 $S_1$ 外侧各点的合成波强度；(2) $S_1$、$S_2$ 连线上在 $S_2$ 外侧各点的合成波强度。

**解** 已知 $\overline{S_1 S_2} = \frac{\lambda}{4}$，$\varphi_{10} - \varphi_{20} = \frac{\pi}{2}$。

(1) 设 $P_1$ 为 $S_1$ 外侧之任意一点，令 $\overline{P_1 S_1} = r_1$，$\overline{P_1 S_2} = r_2$，则两相干波源 $S_1$、$S_2$ 发出的波在 $P_1$ 点引起振动的位相差为

$$\Delta\varphi = \left(\varphi_{20} - 2\pi\frac{r_2}{\lambda}\right) - \left(\varphi_{10} - 2\pi\frac{r_1}{\lambda}\right) = -\frac{\pi}{2} - 2\pi\frac{\lambda/4}{\lambda} = -\pi$$

则在 $P_1$ 点合振动振幅

$$A = |A_1 - A_2| = 0$$

所以 $S_1$ 外侧各点合成波强度均为 0。

（2）设 $P_2$ 为 $S_2$ 外侧之任意一点，令 $\overline{P_2 S_1} = r_1$，$\overline{P_2 S_2} = r_2$，则从 $S_1$、$S_2$ 发出的波在 $P_2$ 引起振动的位相差为

$$\Delta \varphi = \left( \varphi_{20} - 2\pi \frac{r_2}{\lambda} \right) - \left( \varphi_{10} - 2\pi \frac{r_1}{\lambda} \right) = -\frac{\pi}{2} - 2\pi \frac{-\lambda/4}{\lambda} = 0$$

所以在 $S_2$ 外侧任一点，有

$$A = A_1 + A_2 = 2A_0$$

又因为

$$I \propto A^2$$

所以

$$\frac{I}{I_0} = \frac{A^2}{A_0^2} = 4$$

即在 $S_2$ 外侧各点波的强度是单一波源发出的波的强度的 4 倍。

**11-45**　如图所示，地面上有一波源 $S$ 与一高频率波探测器 $D$ 之间的距离为 $d$，从 $S$ 直接发出的波与从 $S$ 发出经高度为 $H$ 的水平层反射后的波，在 $D$ 处加强，反射线和入射线与水平层所成的角度相同。当水平层升高 $h$ 距离时，在 $D$ 处第一次未测到信号。不考虑大气的吸收，试求这个波的波长 $\lambda$ 的表示式。

**解**　设波自 $S$ 发出、经高度为 $H$ 的水平层至 $D$，波程为 $d_1$。经高度为 $H+h$ 的水平层至 $D$，波程为 $d_2$。波自 $S$ 发出直达 $D$ 处波程为 $d$。

在 $D$ 处加强，即直达波与从高度为 $H$ 的水平层的反射波位相差为 $2\pi$ 的整数倍，于是

$$d_1 + \frac{\lambda}{2} - d = k\lambda \qquad ①$$

当水平层升高 $h$ 时，直达波与反射波在 $D$ 处干涉相消，即无信号，故有

$$d_2 + \frac{\lambda}{2} - d = (2k+1)\frac{\lambda}{2} \qquad ②$$

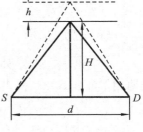

**习题 11-45 图**

联解①、②式可得　　　$d_2 - d_1 = \frac{\lambda}{2}$

由图知，$\dfrac{d_2}{2}=\sqrt{(H+h)^2+\left(\dfrac{d}{2}\right)^2}$，　$\dfrac{d_1}{2}=\sqrt{H^2+\left(\dfrac{d}{2}\right)^2}$

所以　$\lambda=2(d_2-d_1)=2\left[\sqrt{4(H+h)^2+d^2}-\sqrt{4H^2+d^2}\right]$

**11-46**　如图所示，在同一媒质中有两列振幅均为 $A$，角频率均为 $\omega$，波长均为 $\lambda$ 的相干平面余弦波，沿同一直线相向传播。第一列波由右向左传播，它在 $Q$ 点引起的振动为 $y_Q=$
$A\cos\omega t$；第二列波由左向右传播，它在

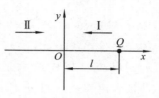

习题 11-46 图

$O$ 点（$x$ 坐标的原点）引起振动的位相比同一时刻第一列波在 $Q$ 点引起的振动的位相超前 $\pi$。$O$ 点与 $Q$ 点之间的距离为 $l=1$ m，(1) 求 $O$ 与 $Q$ 之间任一点 $P$ 的合振动的表示式；(2) 若波的频率 $\nu=400$ Hz，波速 $u=400$ m/s，求 $O$ 点与 $Q$ 点之间（包括 $O$、$Q$ 点在内）因干涉而静止的点的位置。

**解**　(1) 由题知第二列波在 $O$ 点引起的振动为

$$y_{O2}=A\cos(\omega t+\pi)$$

第二列波的波函数为

$$y_2=A\cos\left[\omega\left(t-\frac{x}{u}\right)+\pi\right]$$

又第一列波传到 $O$ 点，$O$ 点的振动方程为

$$y_{O1}=A\cos\left[\omega\left(t-\frac{l}{u}\right)\right]$$

它向 $x$ 轴负方向传播，所以第一列波的波函数为

$$y_1=A\cos\left[\omega\left(t+\frac{x}{u}\right)-\omega\frac{l}{u}\right]=A\cos\left[\omega\left(t+\frac{x}{u}\right)-2\pi\right]$$

$O$ 与 $Q$ 之间坐标为 $x_P$ 的任意点 $P$ 的合振动

$$y_P=A\cos\left[\omega\left(t+\frac{x_P}{u}\right)-2\pi\right]+A\cos\left[\omega\left(t+\frac{x_P}{u}\right)+\pi\right]$$

$$=y_{P1}+y_{P2}=2A\cos\left(\omega t-\frac{\pi}{2}\right)\cos\left(\frac{\omega x_P}{u}-\frac{3\pi}{2}\right)$$

（2）干涉静止要求 $\cos\left(\dfrac{\omega x_P}{u}-\dfrac{3\pi}{2}\right)=0$，即

$$\frac{\omega x_P}{u}-\frac{3\pi}{2}=\pm(2k+1)\frac{\pi}{2}$$

由 $u=400\ \text{m/s},\omega=2\pi\nu=800\ \text{Hz}$，可得符合条件而静止点的坐标为 $x_P=0\ \text{m},0.5\ \text{m},1\ \text{m}$。

**11-47** 图中所示是一种声波干涉仪。声波从入口处 $E$ 进入仪器，分 $B$、$C$ 两路在管中传播至喇叭口 $A$ 会合传出去。弯管 $C$ 可以伸缩，当它逐渐伸长时，从喇叭口发出的声音周期性地增强或减弱。设 $C$ 管每伸长 8 cm，声音减弱一次，求此声音的频率（设空气中的声速为 340 m/s）。

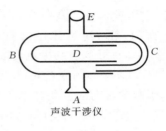

声波干涉仪

习题 11-47 图

**解**　相干波的合成从极小到相邻极小位相差变化为 $2\pi$，对应的波程差变化 $\lambda$。题中波程差变化 $\delta=8\times10^{-2}\times2\ \text{m}$，由 $\delta=\lambda=\dfrac{u}{\nu}$，可得

$$\nu=\frac{u}{\delta}=\frac{340}{8\times10^{-2}\times2}\ \text{Hz}=2125\ \text{Hz}$$

**11-48** 在 $x$ 轴的原点 $O$ 有一波源，其振动方程为 $y=A\cos\omega t$，波源发出的简谐波沿 $x$ 轴的正、负两个方向传播。如图所示，在 $x$ 轴负方向距离 $O$ 点 $\dfrac{3\lambda}{4}$ 的位置有一块由波密媒质做成的反射面 $MN$，试求：（1）由波源向反射面发出的行波波动表示式和沿 $x$ 轴正方向传播的行波表示式；（2）反射波的行波波动表示式；（3）在 $MN$-$yO$ 区域内，入射行波与反射行波叠加后的波动表示式，并讨论它们干涉的情况；（4）在 $x>$

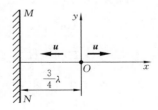

习题 11-48 图

O 区域内,波源发出的行波与反射行波叠加后的波动表示式,并讨论它们干涉的情况。

**解** (1)因为波源在原点 $O$,它的振动表示式为 $y_0 = A\cos\omega t$,所以负向行波表示式为

$$y_负 = A\cos\omega\left(t + \frac{x}{u}\right)$$

正向行波表示式为

$$y_正 = A\cos\omega\left(t - \frac{x}{u}\right)$$

(2)反向波反射前在反射面处引起的振动为

$$y_前 = A\cos\omega\left(t + \frac{-3\lambda/4}{u}\right) = A\cos\left(\omega t - \frac{3\pi}{2}\right)$$

反射后在反射面处引起的振动为

$$y_后 = A\cos\left(\omega t - \frac{3\pi}{2} + \pi\right)$$

可得反射波的行波波动表示式为

$$y_反 = A\cos\left(\omega t - \frac{3\pi}{2} + \pi - \omega\frac{\frac{3}{4}\lambda + x}{u}\right) = A\cos\omega\left(t - \frac{x}{u}\right)$$

(3)在 $MN\text{-}yO$ 区域内

$$y_合 = y_负 + y_反 = A\cos\omega\left(t + \frac{x}{u}\right) + A\cos\omega\left(t - \frac{x}{u}\right) = 2A\cos\omega t\cos\frac{2\pi x}{\lambda}$$

以上方程是驻波表示式,所以在该区域内形成驻波。

(4)在 $x > 0$ 区域,有

$$y_合 = y_正 + y_反 = A\cos\omega\left(t - \frac{x}{u}\right) + A\cos\omega\left(t - \frac{x}{u}\right) = 2A\cos\omega\left(t - \frac{x}{u}\right)$$

这是振幅加倍的正向传播的行波。

**11-49** 有两列波在一很长的弦线上传播,其表示式分别为

$$y_1 = 6.0\cos\frac{\pi}{2}(0.020x - 8.0t), \quad y_2 = 6.0\cos\frac{\pi}{2}(0.020x + 8.0t)$$

$x$、$y$ 的单位为 cm，$t$ 的单位为 s。（1）求各波的频率、波长、波速；（2）求波腹与波节的位置分别在什么位置。

**解**　（1）将两列波的表示式与 $y = A\cos 2\pi\left(\dfrac{x}{\lambda} - \nu t\right)$ 相比较，可得

$$\nu_1 = \nu_2 = \nu = 2.0 \text{ Hz}$$

$$\lambda_1 = \lambda_2 = \lambda = \frac{4}{0.020} \text{ cm} = 200 \text{ cm}$$

$$u_1 = u_2 = u = \nu\lambda = 2.0 \times 200 \text{ cm/s} = 400 \text{ cm/s}$$

（2）驻波方程为

$$y = y_1 + y_2 = 2A\cos\frac{2\pi x}{\lambda}\cos 2\pi\nu t = 2A\cos\frac{2\pi x}{200}\cos 4\pi t$$

$$= 2A\cos 0.01\pi x\cos 4\pi t\,(\text{cm})$$

波腹满足 $0.01\pi x = k\pi$ （$k = 0,1,2,\cdots$），可得波腹坐标 $x = 100k$，即

$$x = 0,100 \text{ cm},200 \text{ cm},\cdots$$

波节满足 $0.01\pi x = (2k+1)\dfrac{\pi}{2}$（$k = 0,1,2,\cdots$），可得节点坐标 $x = 50(2k+1)$，即

$$x = 50 \text{ cm},150 \text{ cm},250 \text{ cm},\cdots$$

**11-50**　一弦线按下述方程振动

$$y = 0.5\cos\frac{\pi x}{3}\cos 40\pi t$$

式中，$x$、$y$ 的单位为 m，$t$ 的单位为 s。问：（1）振幅与速度各为多大的两波叠加才能产生上述振动？（2）相邻两波节间的距离为多大？（3）在 $x = 0.03$ m 处，当 $t = \dfrac{9}{8}$ s 时，弦线上的质点速度为多大？

**解**　（1）该式为驻波波函数。驻波的标准表示式为

$$y = 2A\cos kx\cos\omega t$$

两者比较,可得

$$A = 2.5 \times 10^{-3} \text{ m}, \quad u = \frac{\omega}{k} = \frac{40\pi}{\pi/3} = 120 \text{ cm/s} = 1.2 \text{ m/s}$$

(2) 因 $\lambda = \dfrac{2\pi}{k} = \dfrac{2\pi}{\pi/3}$ cm $= 6$ cm,所以两波节间的距离为

$$\frac{\lambda}{2} = 3 \text{ cm} = 3 \times 10^{-2} \text{ m}$$

(3) $v = \dfrac{dy}{dt} = 0.5\cos\dfrac{\pi x}{3}(-40\pi \sin 40\pi t)$,代入题中所给值,有

$$v = 0.5\cos\left(\frac{\pi}{3} \times 0.03\right)\left[-40\pi\sin\left(40\pi \times \frac{9}{8}\right)\right] = 0 \text{(m/s)}$$

**11-51** 在坐标原点 $O$ 处有一波源,其振动方程为 $y = A\cos\omega t$。由波源发出的平面波沿 $x$ 轴的正方向传播,在距波源 $d$ 处有一反射平面将波反射(反射时无半波损失),如图所示。求:(1) 在波源 $O$ 与反射面之间的连线上任一点的反射波的表示式;(2) 在波源 $O$ 与反射面之间的连线上,入射波与反射波相干涉的极大值与极小值的位置。

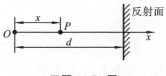

**习题 11-51 图**

**解** (1) 因波源在坐标原点,其振动方程为 $y = A\cos\omega t$,而反射无半波损失,所以在 $O$ 与反射面之间的连线上的 $x$ 点,反射波的表示式为

$$y_{\text{反}} = A\cos\omega\left(t - \frac{d}{u} - \frac{d-x}{u}\right) = A\cos\left[\omega t - \frac{2\pi}{\lambda}(2d-x)\right]$$

(2) 因入射波的表示式为

$$y_{\text{入}} = A\cos\omega\left(t - \frac{x}{u}\right) = A\cos\left(\omega t - \frac{2\pi x}{\lambda}\right)$$

所以 $x$ 在 0 到 $d$ 区间,入射波与反射波叠加后得

$$y = y_入 + y_反 = A\cos\left(\omega t - \frac{2\pi x}{\lambda}\right) + A\cos\left[\omega t - \frac{2\pi}{\lambda}(2d - x)\right]$$

$$= 2A\cos\left(\frac{2\pi d}{\lambda} - \frac{2\pi x}{\lambda}\right)\cos\left(\omega t - \frac{2\pi d}{\lambda}\right)$$

干涉极大条件为

$$\cos\left(\frac{2\pi d}{\lambda} - \frac{2\pi x}{\lambda}\right) = 1$$

有 　　　　　　　　　　$$\frac{2\pi}{\lambda}(d - x) = k\pi$$

得 　　　　　$$x = d - \frac{k\lambda}{2} \quad (k = 0, 1, 2, \cdots),\text{且 } x \leqslant d.$$

干涉极小条件为 　　$$\frac{2\pi}{\lambda}(d - x) = (2k + 1)\frac{\pi}{2}$$

得 　　　　$$x = d - (2k + 1)\frac{\lambda}{4} \quad (k = 0, 1, 2, \cdots),\text{且 } x \leqslant d.$$

**11-52** 如图所示,有一根长 2 m 的弦线,一端固定在墙上,另一端做谐振动的规律为

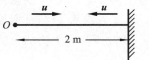

$$y = 0.5\cos\left(2\pi t + \frac{\pi}{2}\right) \text{ (m)}$$

习题 11-52 图

这个振动状态沿弦线传播,传到墙壁形成反射波。分别写出(1)入射波与反射波的波动表示式(假设波长 $\lambda = 0.5$ m);(2)驻波方程表示式;(3)波节与波腹的位置。

**解** (1)以 $O$ 点为坐标原点,向墙方向为 $x$ 轴正向。入射波的波动表示式为

$$y_入 = 0.5\cos\left(2\pi t - \frac{2\pi}{\lambda}x + \frac{\pi}{2}\right) = 0.5\cos\left(2\pi t - 4\pi x + \frac{\pi}{2}\right) \text{ (m)}$$

因为反射有半波损失,所以反射波在反射点引起的振动的振动方程为

$$y'_反 = 0.5\cos\left(2\pi t - 4\pi \times 2 + \frac{\pi}{2} + \pi\right) = 0.5\cos\left(2\pi t - \frac{13\pi}{2}\right) \text{ (m)}$$

则反射波的表示式为

$$y_反 = 0.5\cos\left[2\pi t - \frac{2\pi}{\lambda}(2-x) - \frac{13}{2}\pi\right] = 0.5\cos\left(2\pi t + 4\pi x - \frac{29}{2}\pi\right)\,(\text{m})$$

（2）由 $y = y_入 + y_反 = \cos\left(4\pi x - \frac{15}{2}\pi\right)\cos(2\pi t - 7\pi)\,(\text{m})$ 可

知，在叠加区形成驻波。

（3）波节位置：$\cos\left(4\pi x - \frac{15}{2}\pi\right) = 0$

则

$$4\pi x - \frac{15}{2}\pi = (2k+1)\frac{\pi}{2}$$

$$x = \frac{k+8}{4}\,(\text{m})\quad(k=0, \pm1, \pm2, \cdots)$$

注意，$0 \leqslant x \leqslant 2$ m，且相邻波节距离为 $\frac{\lambda}{2} = 0.25$ m，有 $x = 0, 0.25$

m，0.5 m，0.75 m，1 m，1.25 m，1.5 m，1.75 m，2 m。
波腹位置：

$$\cos\left(4\pi x - \frac{15}{2}\pi\right) = \pm1$$

则

$$4\pi x - \frac{15}{2}\pi = k\pi$$

$$x = \frac{2k+15}{8}\,(\text{m})\quad(k=0, \pm1, \pm2, \cdots)$$

注意区间，波腹坐标为
$x = 0.125$ m，0.375 m，0.625 m，0.875 m，1.125 m，1.375 m，
1.625 m，1.875 m

**11-53**　如图（a）所示，一平面简谐波沿 $x$ 轴正方向传播，$BC$
为波密媒质的反射面。波由 $P$ 点反射，$OP = \frac{3\lambda}{4}$，$DP = \frac{\lambda}{6}$。在 $t = $
0 时，$O$ 处质点的合振动经过平衡位置向负方向运动（设坐标原点
在波源 $O$ 处，入射波、反射波的振幅均为 $A$，频率为 $\nu$）。求：(1) 波
源处的初位相；(2) 入射波与反射波在 $D$ 点因干涉而产生的合振

动的表示式。

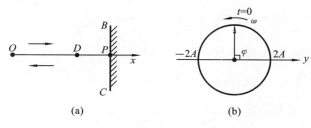

习题 11-53 图

**解** 设入射波为 $y_入 = A\cos\left(2\pi\nu t - \dfrac{2\pi x}{\lambda} + \varphi\right)$

则 $O$ 点处的振动方程为 $y_0 = A\cos(2\pi\nu t + \varphi)$

反射波在坐标 $x$ 处引起的振动 $y_反$ 可以视为是从 $O$ 点传到 $P$ 点再经反射传播过来的,需要的时间为 $\Delta t$,且考虑到在反射点 $P$ 处有半波损失,则

$$y_反 = A\cos[2\pi\nu(t - \Delta t) + \varphi + \pi], \text{其中} \left(\Delta t = \frac{2\,\overline{OP} - x}{u}\right)$$

于是反射波

$$y_反 = A\cos\left[2\pi\nu\left(t - \frac{2\,\overline{OP} - x}{u}\right) + \varphi + \pi\right] = A\cos\left(2\pi\nu t + \frac{2\pi x}{\lambda} + \varphi\right)$$

故,反射波在 $O$ 点引起的振动为

$$y_0' = A\cos(2\pi\nu t + \varphi)$$

$O$ 点的合振动可写为

$$y_{0合} = y_0 + y_0' = 2A\cos(2\pi\nu t + \varphi)$$

$t = 0$ 时,$O$ 点合振动的旋转矢量图如图(b)所示,故 $\varphi = \dfrac{\pi}{2}$。

于是,入射波、反射波分别为

$$y_入 = A\cos\left(2\pi\nu t - \frac{2\pi x}{\lambda} + \frac{\pi}{2}\right), y_反 = A\cos\left(2\pi\nu t + \frac{2\pi x}{\lambda} + \frac{\pi}{2}\right)$$

坐标 $x$ 处质点的合振动为

$$y_合 = y_入 + y_反 = A\cos\left(2\pi\nu t - \frac{2\pi x}{\lambda} + \frac{\pi}{2}\right) + A\cos\left(2\pi\nu t + \frac{2\pi x}{\lambda} + \frac{\pi}{2}\right)$$

$$= 2A\cos\frac{2\pi x}{\lambda} \cdot \cos\left(2\pi\nu t + \frac{\pi}{2}\right)$$

对于 $D$ 点，$x = \overline{OP} - \overline{DP} = \frac{3\lambda}{4} - \frac{\lambda}{6} = \frac{7}{12}\lambda$，故 $D$ 点的合振动为

$$y_{D合} = 2A\cos\left(\frac{2\pi}{\lambda} \cdot \frac{7}{12}\lambda\right)\cos\left(2\pi\nu t + \frac{\pi}{2}\right) = \sqrt{3}A\sin 2\pi\nu t$$

**11-54**　有一平面波 $y = 2\cos 600\pi\left(t - \frac{x}{330}\right)$（m），传播到 $A$、$B$ 两个小孔，如图所示。$\overline{AB} = 1$ m，$AD$ 垂直于 $AB$，当从 $A$ 与 $B$ 两处发出的子波到达 $D$ 点时，两子波刚好干涉减弱。试求 $D$ 点离 $A$ 点的距离 $\overline{AD}$ 是多少？

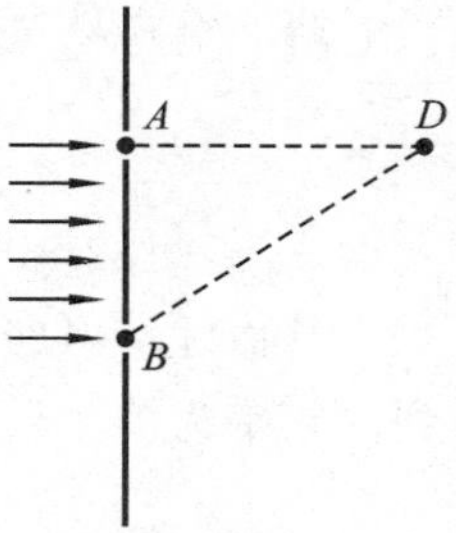

**解**　将 $y = 2\cos 600\pi\left(t - \frac{x}{330}\right)$ 与平面波

的一般表示式 $y = A\cos\omega\left(t - \frac{x}{u}\right)$ 比较，可得

$$\omega = 600\pi \text{ rad/s}, \quad u = 330 \text{ m/s}$$

**习题 11-54 图**

从而有

$$\lambda = \frac{u}{\nu} = u\frac{2\pi}{\omega} = \frac{330 \times 2 \times \pi}{600\pi} \text{ m} = 1.1 \text{ m}$$

因两子波在 $D$ 点干涉相消，故波程差满足

$$\delta = \overline{BD} - \overline{AD} = \frac{\lambda}{2}$$

即

$$\sqrt{\overline{AB}^2 + \overline{AD}^2} - \overline{AD} = \frac{\lambda}{2}$$

解得

$$\overline{AD} = \frac{4\,\overline{AB}^2 - \lambda^2}{4\lambda} = \frac{4 \times 1^2 - 1.1^2}{4 \times 1.1} \text{ m} = 0.634 \text{ m}$$

**11-55**　沿河航行的汽轮鸣笛，其频率 $\nu = 400$ Hz，站在岸边的人测得笛声频率 $\nu' = 395$ Hz。已知声速为 340 m/s，试求汽轮的速度。并判断汽轮是趋近观测者，还是远离观测者？

**解**　观测者未动，波源动，测得频率 $\nu_R < \nu_S$。当波源离开观测

者运动时,由于波长变长致使频率减小,所以汽轮是远离观测者的。由公式 $\nu_R = \dfrac{u}{u+v_S}\nu_S$,可得

$$v_S = \left(\dfrac{\nu_S}{\nu_R}-1\right)u = \left(\dfrac{\nu}{\nu'}-1\right)u = \left(\dfrac{400}{395}-1\right)\times 340 \text{ m/s} = 4.30 \text{ m/s}$$

**11-56** 人的主动脉内血液的流速一般是 $0.32$ m/s。今沿血流方向发射 $4.0$ MHz 的超声波,被红血球反射回的波与原发射波的频差为拍频。已知声波在人体内的传播速度为 $1.54\times10^3$ m/s,求所形成的拍频。

**解** 红血球接收到的频率相当于观察者离开波源而运动,有

$$\nu_R = \dfrac{u-v_R}{u}\nu_S \qquad ①$$

式中,$v_R = 0.32$ m/s,$\nu_S = 4.0$ MHz,$u = 1.54\times10^3$ m/s。

红血球反射回的波相当于波源远离观察者运动,观察者接收到的频率为

$$\nu_R' = \dfrac{u}{u+v_S'}\nu_S' \qquad ②$$

式中,$v_S'$ 为①式中的 $v_R$,$\nu_S'$ 为①式中的 $\nu_R$。所以

$$\nu_R' = \dfrac{u}{u+v_S'}\cdot\dfrac{u-v_R}{u}\nu_S = \dfrac{u-v_R}{u+v_R}\nu_S$$

拍频则为

$$\nu = |\nu_R'-\nu_S| = \dfrac{2v_R}{u+v_R}\nu_S = \dfrac{2\times0.32}{1.54\times10^3+0.32}\times4.0\times10^6 \text{ Hz}$$

$$= 1.7\times10^3 \text{ Hz}$$

**11-57** 警察在公路检查站使用雷达测速仪测来往汽车的速度。如所用雷达波的频率为 $5.0\times10^{10}$ Hz,发出的雷达波被一迎面开来的汽车反射回来,与入射波形成了频率为 $1.1\times10^4$ Hz 的拍频。问此汽车是否已超过了限定车速 $100$ km/h。

**解** 汽车既作为观测者,又作为发射源,所以有 $\nu_R = \dfrac{u+v}{u}\nu_S =$

$\nu_S'$，而 $\nu_R' = \dfrac{u}{u-v}\nu_S'$，所以

$$\nu_R' = \frac{u+v}{u-v}\nu_S$$

拍频　　　　　　　$\nu = \nu_R' - \nu_S = \dfrac{u+v}{u-v}\nu_S - \nu_S$

解得车速

$$v = \frac{u\nu}{2\nu_S + \nu} = \frac{3\times10^8 \times 1.1\times10^4}{2\times5.0\times10^{10} + 1.1\times10^4} \text{ m/s} = 33 \text{ m/s}$$

因为限定车速　　　$v_{max} = \dfrac{100\times10^3}{3600} \text{ m/s} = 28 \text{ m/s}$

所以此汽车已超过了限定车速。

**11-58**　振荡电路 $LC$ 中，当电场和磁场的能量相等时，(1) 用电容器上的电荷振幅表示这时电容器上的电荷大小；(2) 用电感器上的电流振幅表示这时电感器上的电流大小。

**解**　(1) 设电容器上的电荷为 $q$，电感器上的电流为 $I$，则由

$$q = Q_0\cos(\omega t + \varphi), I = -Q_0\omega\sin(\omega t + \varphi) = -I_0\sin(\omega t + \varphi)$$

可得　　　　　　$W_e = \dfrac{q^2}{2C} = \dfrac{1}{2C}Q_0^2\cos^2(\omega t + \varphi)$

$$W_m = \frac{1}{2}LI^2 = \frac{L}{2}I_0^2\sin^2(\omega t + \varphi)$$

据题意有 $W_e = W_m$，注意 $\omega = \dfrac{1}{\sqrt{LC}}$，则有 $\cos^2(\omega t + \varphi) = \sin^2(\omega t + \varphi)$。

又因 $W_{总} = W_e + W_m = \dfrac{Q_0^2}{2C}$，在 $W_e = W_m$ 时，得 $\cos^2(\omega t + \varphi) = \dfrac{1}{2}$，所以

$$q = Q_0\cos(\omega t + \varphi) = \frac{\sqrt{2}}{2}Q_0$$

(2) 类似地，有　　　　　$I = \dfrac{\sqrt{2}}{2}I_0$

**11-59**　一 $LC$ 振荡电路，$L = 400 \text{ } \mu H$，$C = 100 \text{ pF}$。如开始振

荡时,电容器两极板间的电势差为 1 V,且电路中的电流为零。试计算:(1) 振荡频率;(2) 电路中的最大电流;(3) 电容器中电场的最大能量及线圈中磁场的最大能量。

**解**　(1) 由 $\omega = 2\pi\nu = \dfrac{1}{\sqrt{LC}}$,可得

$$\nu = \frac{1}{2\pi}\frac{1}{\sqrt{LC}} = \frac{1}{2\times3.14}\times\frac{1}{\sqrt{400\times10^{-6}\times100\times10^{-12}}}\ \mathrm{Hz}$$

$$= 7.96\times10^5\ \mathrm{Hz}$$

(2) 据题意有 $q = Q_0\cos(\omega t + \varphi)$,当 $t = 0$ 时,有 $q = Q_0\cos\varphi$,而 $C = q/\Delta V$,所以

$$Q_0\cos\varphi = C\Delta V$$

又由 $I = -\omega Q_0\sin(\omega t + \varphi)$ 知,当 $t = 0$ 时,$I = 0$,得 $\sin\varphi = 0$,所以 $\varphi = 0$,则

$$I_{\max} = \omega Q_0 = \omega\cdot C\Delta V = \frac{1}{\sqrt{LC}}C\Delta V = \sqrt{\frac{C}{L}}\Delta V$$

$$= \sqrt{\frac{100\times10^{-12}}{400\times10^{-6}}}\times1\ \mathrm{A} = 5\times10^{-4}\ \mathrm{A}$$

(3) $W_{\mathrm{emax}} = W_{\mathrm{mmax}} = \dfrac{1}{2C}Q_0^2 = \dfrac{1}{2C}(C\Delta V)^2$

$$= \frac{C}{2}\Delta V^2 = \frac{100\times10^{-12}}{2}\times1^2\ \mathrm{J} = 5\times10^{-11}\ \mathrm{J}$$

**11-60**　在真空中,一沿 $x$ 轴方向传播的平面电磁波的电场由下式决定:

$$E_x = 0,\quad E_z = 0,\quad E_y = 0.6\cos\left[2\pi\times10^8\left(t - \frac{x}{c}\right)\right]\ (\mathrm{V/m})$$

试求:(1) 波长和频率;(2) 磁感应强度的波函数及振动方向。

**解**　(1) 将 $E_y = 0.6\cos\left[2\pi\times10^8\left(t - \dfrac{x}{c}\right)\right]$ 与平面电磁波的

一般表示式 $E_y = E_{y_0}\cos\left(\omega t - \dfrac{2\pi}{\lambda}x\right)$ 比较,可得

$$\lambda = \frac{2\pi c}{2\pi \times 10^8} = 3 \text{ m}, \quad \nu = 10^8 \text{ Hz}$$

（2）根据电磁波的横波性以及 $\boldsymbol{E} \times \boldsymbol{B}$ 的方向为波传播方向可知，$B_x = 0, B_y = 0$。又由 $B = E/c$ 可得

$$B_{z_0} = E_{y_0}/c = \frac{0.6}{3 \times 10^8} \text{ T} = 2 \times 10^{-9} \text{ T}$$

所以

$$B_z = 2 \times 10^{-9} \cos\left[2\pi \times 10^8 \left(t - \frac{x}{c}\right)\right] \text{ (T)}$$

振动方向为 $z$ 轴方向。

**11-61**　一平面电磁波的波长为 3 m，在自由空间沿 $x$ 方向传播，电场 $\boldsymbol{E}$ 沿 $y$ 方向，振幅为 300 V/m。试求：（1）电磁波的频率 $\nu$、角频率 $\omega$ 及波数 $k$；（2）磁场 $\boldsymbol{B}$ 的方向和振幅 $B_m$；（3）电磁波的能流密度及其对时间周期 $T$ 的平均值。

**解**　（1）频率 $\nu$ 为　　$\nu = \frac{c}{\lambda} = \frac{3 \times 10^8}{3} \text{ Hz} = 10^8 \text{ Hz}$

角频率为　　　　　　$\omega = 2\pi\nu = 2\pi \times 10^8 \text{ rad/s}$

波数为　　　　　　$k = \frac{2\pi}{\lambda} = \frac{2\pi}{3} \text{ rad/m}$

（2）$\boldsymbol{B}$ 的方向为沿 $z$ 轴方向。振幅为

$$B_m = E/c = \frac{300}{3 \times 10^8} \text{ T} = 10^{-6} \text{ T}$$

（3）由题意有　　$\boldsymbol{E} = 300\cos(\omega t - kx)\boldsymbol{j}$

$$\boldsymbol{H} = \frac{\boldsymbol{B}}{\mu_0} = \frac{B_m}{\mu_0}\cos(\omega t - kx)\boldsymbol{k}$$

能流密度为

$$\boldsymbol{S} = \boldsymbol{E} \times \boldsymbol{H} = \frac{300 \times 10^{-6}}{4\pi \times 10^{-7}}\cos^2(\omega t - kx)\boldsymbol{i} = 239\cos^2(\omega t - kx)\boldsymbol{i}$$

平均能流密度为

$$\overline{S} = \frac{1}{T}\int_0^T 239\cos^2(\omega t - kx)\,\mathrm{d}t = \frac{1}{2} \times 239 \text{ W/m}^2 = 120 \text{ W/m}^2$$

**11-62**　在地面上测得太阳光的能流约为 1.4 kW/m²，（1）求

$E$ 和 $B$ 的最大值;(2) 从地球到太阳的距离约为 $1.5 \times 10^{11}$ m,试求太阳的总辐射功率。

**解** （1）由 $\overline{S} = \dfrac{1}{2} E_0 H_0 = \dfrac{1}{2} E_0 \cdot \dfrac{E_0}{c\mu_0}$,可得

$$E_0 = \sqrt{2c\mu_0 \overline{S}} = \sqrt{2 \times 3 \times 10^8 \times 4\pi \times 10^{-7} \times 1.4 \times 10^3}\ \text{V/m}$$
$$= 1.03 \times 10^3\ \text{V/m}$$

而
$$B_0 = \dfrac{E_0}{c} = 3.43 \times 10^{-6}\ \text{T}$$

（2）$P = \overline{S} \cdot 4\pi r^2 = 1.4 \times 10^3 \times 4 \times 3.14 \times (1.5 \times 10^{11})^2\ \text{W}$
$$= 3.96 \times 10^{26}\ \text{W}$$

**11-63** 一氩离子激光器发射波长 514.5 nm 的激光。当它以 3.8 kW 的功率向月球发射光束时,光束的全发散角为 0.880 $\mu$rad。如月地距离按 $3.82 \times 10^5$ km 计,求:(1) 该光束在月球表面覆盖的圆面积的半径;(2) 该光束到达月球表面时的强度。

**解** （1）设光束的全发散角为 $\theta$,地月距离为 $D$,则覆盖半径

$$r = D \cdot \dfrac{\theta}{2} = \dfrac{1}{2} \times 3.82 \times 10^8 \times 0.880 \times 10^{-6}\ \text{m} = 168\ \text{m}$$

（2）强度

$$I = \dfrac{P}{\pi r^2} = \dfrac{3.8 \times 10^3}{3.14 \times 168^2}\ \text{W/m}^2 = 0.043\ \text{W/m}^2$$

**11-64** $LC$ 振荡电路中,$L = 3.0$ mH,$C = 2.7$ $\mu$F。当 $t = 0$ 时,电荷 $q = 0$,电流 $i = 2.0$ A。求:(1) 在上述初始条件下,对电容器充电,电容器上出现的最大电量是多少？(2) 从 $t = 0$ 开始充电,电容器上任一时刻的电能表示式(写成时间的函数式);(3) 电能随时间变化的变化率的表示式,以及电能变化率的最大值。

**解** 设 $q = Q_0 \cos(\omega t + \varphi)$,当 $t = 0$ 时,有 $q = Q_0 \cos\varphi = 0$,则 $\varphi = \pm \dfrac{\pi}{2}$。又由 $i = -\omega Q_0 \sin(\omega t + \varphi)$ 在 $t = 0$ 时,$-\omega Q_0 \sin\varphi = 2.0$,知 $\sin\varphi < 0$,即有 $\varphi = -\dfrac{\pi}{2}$。

（1）$Q_0 = \dfrac{2.0}{\omega} = 2.0 \times \sqrt{LC}$

$\qquad = 2.0 \times \sqrt{3.0 \times 10^{-3} \times 2.7 \times 10^{-6}}$ C $= 1.8 \times 10^{-4}$ C

（2）$W = \dfrac{1}{2}\dfrac{q^2}{C} = \dfrac{1}{2C}Q_0^2 \cos^2\left(\omega t - \dfrac{\pi}{2}\right) = \dfrac{1}{2C}Q_0^2 \sin^2\omega t$

（3）电能随时间的变化率为

$$\dfrac{\mathrm{d}W}{\mathrm{d}t} = \dfrac{1}{2C}Q_0^2 2\sin\omega t\cos\omega t \cdot \omega = \dfrac{Q_0^2\omega}{2C}\sin 2\omega t$$

其最大值为

$$\dfrac{Q_0^2\omega}{2C} = \dfrac{(1.8\times 10^{-4})^2 \times 1/\sqrt{3\times 10^{-3}\times 2.7\times 10^{-6}}}{2\times 2.7\times 10^{-6}} \text{ W} = 67 \text{ W}$$

# 第 12 章  几 何 光 学

---

## 一、内 容 提 要

**1. 几何光学的基本定律**

光的直线传播定律，光的反射定律，光的折射定律。

**2. 光在单球面上的折射**

（1）单球面折射公式   $\dfrac{n_1}{u}+\dfrac{n_2}{v}=\dfrac{n_2-n_1}{r}$

（2）焦距

第一焦距（物方焦距）   $f_1=\dfrac{n_1}{n_2-n_1}r$

第二焦距（像方焦距）   $f_2=\dfrac{n_2}{n_2-n_1}r$

（3）球面的焦度   $\Phi=\dfrac{n_1}{f_1}=\dfrac{n_2}{f_2}=\dfrac{n_2-n_1}{r}$

**3. 薄透镜**

（1）薄透镜成像公式   $\dfrac{n_1}{u}+\dfrac{n_2}{v}=\dfrac{n-n_1}{r_1}-\dfrac{n-n_2}{r_2}$

（2）焦距公式   $f_1=\left[\dfrac{1}{n_1}\left(\dfrac{n-n_1}{r_1}-\dfrac{n-n_2}{r_2}\right)\right]^{-1}$,

$f_2=\left[\dfrac{1}{n_2}\left(\dfrac{n-n_1}{r_1}-\dfrac{n-n_2}{r_2}\right)\right]^{-1}$

（3）薄透镜成像的高斯公式：$\dfrac{1}{u}+\dfrac{1}{v}=\dfrac{1}{f}$

## 4. 光学仪器

（1）放大镜

特点：$f \ll 25$ cm（明视距离）

角放大率：$\alpha = \dfrac{25}{f}$

（2）显微镜

特点：$f_1 < f_2 \ll s$（境筒的长度）

角放大率：$M = \dfrac{25s}{f_1 f_2}$

（3）望远镜

特点：$f_2 < f_1$

角放大率：$M = \dfrac{f_1}{f_2}$

开普勒望远镜：$f_1 > 0$，$f_2 > 0$，所成的像为倒像。

伽利略望远镜：$f_1 > 0$，$f_2 < 0$，所成的像为正像。

# 二、重 点 难 点

**1.** 单球面折射公式中的符号法则：

（1）物距 $u$ 和像距 $v$ 的正负：实正；虚负。

（2）曲率半径 $r$ 的正负：入射光线面对凸面，$r > 0$；入射光线面对凹面，$r < 0$。

**2.** 逐次成像法对共轴球面系统和薄透镜系统的应用。

**3.** 薄透镜成像作图法。

# 三、思考题及解答

**12-1** 将物体放在凸透镜的焦平面上，透镜后放一块与光轴垂直的平面反射镜，最后的像成在什么地方？其大小和虚实如何？上述装置中平面镜的位置对像有什么影响？你能否据此设计出一种测凸透镜焦距的简便方法？

　　**答**　如图所示,凸透镜 L 前焦平面 N 上轴外物点 $P$ 发出的发散同心光束,先经透镜 L 后转化为斜入射到平面镜 M 上的平行光;然后经 M 反射后转化为自右向左的倾斜平行光;再通过透镜 L 后会聚于焦平面 N 上的 $P'$ 点。由 M 上入射平行光和反射平行光的对称性可知 $P'$ 必与 $P$ 对于光轴对称。因此,凸透镜焦平面 N 上的物经上述系统后成与原物大小相同的倒立实像于原焦平面 N 上。前后移动平面镜对像的大小、正倒、虚实及位置均无影响。利用此装置即可测定凸透镜的焦距:沿光轴前后挪动透镜 L,当平面镜反射回来的光束在物面上成像最清晰时,物与透镜的距离就等于透镜的焦距 $f$。这种方法称为自聚集法。

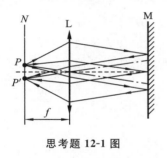

思考题 12-1 图　　　　　　　思考题 12-2 图

　　**12-2**　当黏合两薄透镜时,若相接触的表面曲率半径 $r_2$、$r_3$ 不吻合,如图所示,该复合透镜的焦距如何表示？

　　**答**　这里的黏合剂相当于一个透镜,复合透镜实际上为三个透镜的密接,其等效焦距公式为

$$\frac{1}{f}=\frac{1}{f_1}+\frac{1}{f_2}+\frac{1}{f_0}$$

式中 $f_1$、$f_2$ 分别为两玻璃透镜的焦距,$f_0$ 是黏合剂透镜的焦距:

$$f_0=\left[(n_0-1)\left(\frac{1}{r_2}-\frac{1}{r_3}\right)\right]^{-1}$$

式中 $n_0$ 为黏合剂的折射率。

# 四、习题及解答

**12-1**　单球面折射公式的适用条件是什么？在什么情况下起会聚作用？在什么情况下又起发散作用？

**答**　单球面折射公式只适用于近轴光线。若单球面的第一焦点和第二焦点的焦距均取正值,则起会聚作用;若单球面的两个焦点的焦距均取负值,则起发散作用。

**12-2**　某种液体($n_1 = 1.4$)和玻璃($n_2 = 1.5$)的分界面为球面。有一个物体置于球面轴线上液体的这一侧,离球面顶点 42 cm,并在球面前 30 cm 处成一虚像。求球面的曲率半径,并指出球面的曲率中心在哪种介质中。

**解**　已知 $u = 42$ cm,$v = -30$ cm。代入单球面折射公式 $\dfrac{n_1}{u} + \dfrac{n_2}{v} = \dfrac{n_2 - n_1}{r}$,得 $\dfrac{1.4}{42} + \dfrac{1.5}{-30} = \dfrac{1.5 - 1.4}{r}$,解得球面的曲率半径 $r = -6$ cm。$r$ 取负值,说明入射光线对着凹球面,即球面的曲率中心在液体中。

**12-3**　一只容器高 50 cm,其中装满了甘油,观测者垂直观测容器底好像升高了 16 cm,求甘油的折射率。

**解**　甘油的表面相当于曲率半径 $r = \infty$ 的单球面,已知 $n_1 = 1.00$,$u = 50$ cm,$v = -(50-16)$ cm $= -34$ cm。代入单球面折射公式 $\dfrac{n_1}{u} + \dfrac{n_2}{v} = \dfrac{n_2 - n_1}{r}$,得

$$\frac{n_1}{50} + \frac{1.00}{-34} = \frac{1.00 - n_1}{\infty}$$

所以甘油的折射率　　　$n_1 = \dfrac{50}{34} = 1.47$

**12-4**　一直径为 20 cm 的玻璃球($n = 1.50$),球内有一个小气泡,从最近的方向上看好像在球表面和球心的正中间,求小气泡的

实际位置。

**解** 依题意，$n_1=1.50$，$n_2=1.00$，$r=-\dfrac{1}{2}\times20$ cm$=-10$

cm，$v=\dfrac{1}{2}\times r=5$ cm。代入单球面折射公式 $\dfrac{n_1}{u}+\dfrac{n_2}{v}=\dfrac{n_2-n_1}{r}$，得

$$\frac{1.50}{u}+\frac{1.00}{-5}=\frac{1.00-1.50}{-10}$$

解得物距 $u=6$ cm，即小气泡实际离球表面的最近距离为 6 cm。

**12-5** 一根直径为 8.0 cm 的玻璃棒（$n=1.50$），长 20.0 cm，两端面都是半径为 4.0 cm 的凸球面，将该玻璃棒水平置于空气中（$n_0=1.00$）。若一束近轴平行光线沿棒轴方向从左向右入射，求像的位置。

**解** 对左方凸球面，$n_1=n_0=1.00$，$n_2=n=1.50$，$r=\dfrac{1}{2}\times8$

cm$=4$ cm。平行光线沿棒轴方向射入左方凸球面，将会聚于凸球面的第二焦点上，第二焦距为

$$f_2=\frac{n_2}{n_2-n_1}r=\frac{1.50}{1.50-1.00}\times4\ \text{cm}=12\ \text{cm}$$

对右方凸球面，$n_1'=n=1.50$，$n_2'=n_0=1.00$，$r'=-\dfrac{1}{2}\times8$ cm

$=-4$ cm，$u=20.0-f_2=8$ cm。代入单球面折射公式 $\dfrac{n_1'}{u}+\dfrac{n_2'}{v}=$

$\dfrac{n_2'-n_1'}{r'}$，得

$$\frac{1.50}{8}+\frac{1.00}{v}=\frac{1.00-1.50}{-4}$$

解得像距 $v=-16$ cm，即像的位置在棒内，离棒右端面 16 cm 处。

**12-6** 薄透镜的焦距是否与它两侧的介质有关？对于一个给定的透镜能否在一种介质中起会聚作用，而在另一种介质中起发散作用？

**答** 薄透镜的焦距与它两侧的介质有关。

若折射率为 $n$ 的薄透镜置于折射率为 $n_1$ 的介质中，其焦距为

$$f=\left[\frac{n-n_1}{n_1}\left(\frac{1}{r_1}-\frac{1}{r_2}\right)\right]^{-1}$$

对于给定的透镜，其 $\left(\dfrac{1}{r_1}-\dfrac{1}{r_2}\right)$ 恒定，则 $n>n_1$ 与 $n<n_1$ 两种情形将使得 $f$ 取不同的正负号，因此透镜既可起会聚作用，也可起发散作用。

**12-7**　一个折射率为 1.5 的薄双凸透镜，两面的曲率半径分别为 15 cm 和 30 cm，放在空气中，若物距为 30 cm，求像的位置和此时该透镜的放大率？

**解**　已知 $n=1.50, u=30\ \mathrm{cm}, r_1=15\ \mathrm{cm}, r_2=30\ \mathrm{cm}$。该透镜的焦距为

$$f=\left[(n-1)\left(\frac{1}{r_1}-\frac{1}{r_2}\right)\right]^{-1}$$

$$=\left[(1.50-1.00)\left(\frac{1}{15}-\frac{1}{-30}\right)\right]^{-1}\ \mathrm{cm}=20\ \mathrm{cm}$$

由薄透镜成像公式 $\dfrac{1}{u}+\dfrac{1}{v}=\dfrac{1}{f}$，得 $\dfrac{1}{30}+\dfrac{1}{v}=\dfrac{1}{20}$，解得像距 $v=60\ \mathrm{cm}$

（注：像距也可直接用公式 $\dfrac{1}{u}+\dfrac{1}{v}=(n-1)\left(\dfrac{1}{r_1}-\dfrac{1}{r_2}\right)$ 计算。）

该透镜的放大率为　$\gamma=\dfrac{v}{u}=\dfrac{60}{30}=2$

**12-8**　折射率为 1.5 的薄平凸透镜，在空气中的焦距为 20 cm，求该透镜凸面的曲率半径是多少？如果把该透镜置于某种折射率为 1.6 的透明油中，求其焦距？

**解**　已知 $n=1.5, f=20\ \mathrm{cm}, r_1=\infty$。由透镜在空气中的焦距公式

$$f=\left[(n-1)\left(\frac{1}{r_1}-\frac{1}{r_2}\right)\right]^{-1}$$

得　　　　　$$20=\left[(1.5-1.0)\left(\frac{1}{\infty}-\frac{1}{r_2}\right)\right]^{-1}$$

解得 $r_2 = -10$ cm,即该透镜凸面的曲率半径为 10 cm。

若透镜置于折射率 $n_1 = 1.6$ 的油中,则其焦距为

$$f = \left[ \frac{n-n_1}{n_1} \left( \frac{1}{r_1} - \frac{1}{r_2} \right) \right]^{-1} = \left[ \frac{(1.5-1.6)}{1.6} \times \left( \frac{1}{\infty} - \frac{1}{-10} \right) \right]^{-1} \text{cm}$$

$$= -160 \text{ cm}$$

**12-9**　在空气($n_1 = 1.00$)中焦距为 0.10 m 的双凸薄透镜(其折射率 $n = 1.50$,两凸面的曲率半径相同),若令其一面与水($n_2 = 1.33$)相接,则此系统的焦度改变了多少?

**解**　对空气中的透镜,$n_1 = n_2 = 1.00$,$f = 0.1$ m,设其凸面曲率半径的大小为 $r$,则由透镜在空气中的焦距公式

$$f = \left[ (n-1) \left( \frac{1}{r_1} - \frac{1}{r_2} \right) \right]^{-1} = \left[ (1.50-1) \left( \frac{1}{r} - \frac{1}{-r} \right) \right]^{-1} = 0.1 \text{ m}$$

解得 $r = 0.1$ m。其焦度为

$$\Phi = \frac{n_1}{f} = \frac{1.00}{0.1} = 10 \text{ m}^{-1} = 10 \text{ D}$$

设该透镜右面与水($n_2 = 1.33$)相接,其焦度为

$$\Phi' = \frac{n-n_1}{r_1} - \frac{n-n_2}{r_2} = \left( \frac{1.50-1.00}{0.1} - \frac{1.50-1.33}{-0.1} \right) \text{ m}^{-1} = 6.7 \text{ D}$$

此系统焦度的改变量为

$$\Phi' - \Phi = (6.7-10) \text{ D} = -3.3 \text{ D}$$

**12-10**　某人的眼镜是折射率为 1.52 的凹凸形的薄凹透镜,曲率半径分别为 0.08 m,0.13 m,求其在空气中的焦距和焦度,以及在水中的焦度。

**解**　已知 $n = 1.52$,$r_1 = -0.08$ m,$r_2 = -0.13$ m。该眼镜在空气中的焦距为

$$f = \left[ (n-1) \left( \frac{1}{r_1} - \frac{1}{r_2} \right) \right]^{-1}$$

$$= \left[ (1.52-1) \left( \frac{1}{-0.08} - \frac{1}{-0.13} \right) \right]^{-1} \text{ m} = -0.4 \text{ m}$$

其焦度为　　　　　　$\Phi = \dfrac{n_1}{f} = \dfrac{1.00}{-0.4} \text{ m}^{-1} = -2.5 \text{ D}$

当该眼镜在水中时，$n_1 = n_2 = 1.33$，其焦度为

$$\Phi' = \frac{n - n_1}{r_1} - \frac{n - n_2}{r_2} = \left( \frac{1.52 - 1.33}{-0.08} - \frac{1.52 - 1.33}{-0.13} \right) \text{ m}^{-1} = -0.91 \text{ D}$$

**12-11** 两个焦距分别为 $f_1 = 4.0$ cm，$f_2 = 6.0$ cm 的薄透镜在水平方向先后放置，某物体放在焦距为 4.0 cm 的透镜外侧 8.0 cm 处，求在下列两种情况下其像最后成在何处？(1) 两透镜相距 10 cm；(2) 两透镜相距 1.0 cm。

**解** (1) 由薄透镜成像公式 $\frac{1}{u} + \frac{1}{v} = \frac{1}{f}$，当物体经第一个透镜时，有 $\frac{1}{8.0} + \frac{1}{v_1} = \frac{1}{4.0}$，解得像距 $v_1 = 8.0$ cm。

当物体经第二个透镜时，由两透镜的位置关系可知，$u_2 = (10.0 - 8.0)$ cm $= 2.0$ cm，由成像公式，有 $\frac{1}{2.0} + \frac{1}{v} = \frac{1}{6.0}$，解得像距 $v = -3.0$ cm。

(2) 此时，$u_2 = (1.0 - 8.0)$ cm $= -7.0$ cm，由成像公式，有

$$\frac{1}{-7.0} + \frac{1}{v'} = \frac{1}{6.0}$$

解得像距 $v' = 3.2$ cm。

**12-12** 一个焦距为 10 cm 的凸透镜与一个焦距为 $-10$ cm 的凹透镜左右放置，相隔 5 cm，某物体最后成像在凸透镜左侧 15 cm 处。求：(1) 此物体放置在何处；(2) 像的大小和性质。

**解** (1) 设物体与凸透镜的距离为 $u_1$，物体经凸透镜成像的像距为 $v_1$，此像为凹透镜的物。则对凹透镜，物距 $u_2 = (5 - v_1)$ cm，像距 $v_2 = -(15 + 5)$ cm $= -20$ cm，$f_2 = -10$ cm，成像公式表为

$$\frac{1}{5 - v_1} + \frac{1}{-20} = \frac{1}{-10}$$

解得 $v_1 = 25$ cm。

物体经凸透镜的成像公式表为

$$\frac{1}{u_1} + \frac{1}{25} = \frac{1}{10}$$

解得 $u_1 = 16.7$ cm$>0$,说明物体处在凸透镜左侧 16.7 cm 处。

（2）整个系统的放大率为

$$\gamma = \gamma_1 \times \gamma_2 = \frac{v_1}{u_1} \times \frac{v_2}{u_2} = \frac{25}{16.7} \times \frac{(-20)}{(5-25)} = 1.5$$

又因 $v_2 = -20$ cm$<0$,故所成的像为放大的虚像。

**12-13**　把焦距为 10 cm 的凸透镜和焦距为 $-20$ cm 的凹透镜紧密贴合在一起,求贴合后的透镜组的焦度?

**解**　由于两透镜紧密贴合,则此透镜组的焦度为

$$\Phi = \Phi_1 + \Phi_2 = \frac{1}{f_1} + \frac{1}{f_2} = \left(\frac{1}{0.1} + \frac{1}{-0.2}\right) \text{ m}^{-1} = 5 \text{ D}$$

**12-14**　一人将眼紧靠在焦距为 15 cm 的放大镜上去观察邮票,看到邮票的像在 30 cm 远处,问邮票实际距放大镜多远?

**解**　依题意,$v = -30$ cm,$f = 15$ cm,由透镜成像公式有

$$\frac{1}{u} + \frac{1}{-30} = \frac{1}{15}$$

解得 $u = 10$ cm。即邮票实际距放大镜 10 cm 远。

**12-15**　显微镜目镜的焦距为 2.50 cm,物镜的焦距为 1.60 cm,物镜和目镜相距 22.1 cm,最后成像于无穷远处。问:（1）标本应放在物镜前什么地方;（2）物镜的线放大率是多少;（3）显微镜的总放大倍数是多少。

**解**　（1）依题意,标本最后经目镜成像于无穷远处,即标本经物镜成像于目镜的焦点处。则对物镜有 $v_1 = (22.1 - f_2) = (22.1 - 2.50)$ cm$= 19.60$ cm,由透镜成像公式有

$$\frac{1}{u_1} + \frac{1}{19.60} = \frac{1}{1.60}$$

解得 $u_1 = 1.74$ cm。

（2）物镜的线放大率为

$$\gamma = \frac{v_1}{u_1} = \frac{19.6}{1.74} = 11.3 \text{（倍）}$$

（3）显微镜的总放大倍数为

$$M = \gamma \cdot \frac{25}{f_2} = 11.3 \times \frac{25}{2.50} = 113 \text{（倍）}$$

# 第13章 波动光学

## 一、内 容 提 要

### 1. 光程

（1）定义：光波在介质中传播的几何路径 $r$ 与介质折射率 $n$ 的乘积 $nr$。

（2）位相差 $\Delta\varphi$ 与光程差 $\delta$：$\Delta\varphi=\dfrac{2\pi}{\lambda}\delta$（$\lambda$ 为光在真空中的波长）

### 2. 两相干光干涉极大与干涉极小的条件

$$\delta=\begin{cases}\pm k\lambda & \text{干涉极大（明纹）}\\[2mm] \pm(2k+1)\dfrac{\lambda}{2} & \text{干涉极小（暗纹）}\end{cases}\quad(k=0,1,2,\cdots)$$

### 3. 杨氏双缝干涉

（1）明、暗条纹的位置：

$$x=\begin{cases}\pm k\dfrac{D\lambda}{d} & \text{（明纹）}\\[2mm] \pm(2k+1)\dfrac{D\lambda}{2d} & \text{（暗纹）}\end{cases}\quad(k=0,1,2,\cdots)$$

（2）干涉条纹特点：明暗相间、等间距、直条纹。

菲涅耳双面镜、洛埃镜的干涉情形与杨氏干涉类似，但在洛埃镜中存在半波损失。

### 4. 薄膜等倾干涉

如图 13-1 所示，（$n_1<n_2<n_3$）

（1）明纹和暗纹条件：

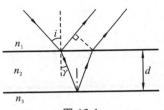

**图 13-1**

$$\delta = 2d \sqrt{n_2^2 - n_1^2 \cdot \sin^2 i}$$

$$= \begin{cases} k\lambda & (k=1,2,3,\cdots)（明纹）\\ (2k+1)\dfrac{\lambda}{2} & (k=0,1,2,\cdots)（暗纹）\end{cases}$$

（2）干涉条纹特点：一组明暗相间、内疏外密的同心圆环，级次从中心到边缘逐级减低。

### 5. 薄膜等厚干涉

薄膜厚度不均匀。当光线垂直入射时，明纹和暗纹条件为

$$\delta = 2nd + \dfrac{\lambda}{2} = \begin{cases} k\lambda & (k=1,2,3,\cdots) （明纹）\\ (2k+1)\dfrac{\lambda}{2} & (k=0,1,2,\cdots) （暗纹）\end{cases}$$

（1）劈尖干涉

相邻的明（暗）条纹间距

$$l = \frac{\lambda}{2n\sin\theta} \approx \frac{\lambda}{2n\theta}$$

条纹的特点：平行于棱边的直条纹。

（2）牛顿环

明、暗环的半径

$$r = \begin{cases} \sqrt{\dfrac{(2k-1)R\lambda}{2}} & (k=1,2,3,\cdots) （明环）\\ \sqrt{kR\lambda} & (k=0,1,2,\cdots) （暗环）\end{cases}$$

干涉环的特点：一组明暗相间、内疏外密的同心圆环，级次从中心到边缘逐级升高。

### 6. 迈克耳孙干涉仪

迈克耳孙干涉仪为等效的空气薄膜干涉。视场中可动镜平移距离 $\Delta d$ 与条纹移动数目 $N$ 的关系为

$$\Delta d = N\frac{\lambda}{2}$$

### 7. 单缝衍射

光强：$I_\theta = I_0 \left( \dfrac{\sin\alpha}{\alpha} \right)^2, \alpha = \dfrac{\pi a \sin\theta}{\lambda}$

明纹、暗纹条件：$a\sin\theta = \begin{cases} k\lambda & (k=\pm1,\pm2,\cdots) \quad \text{暗纹中心} \\ (2k+1)\dfrac{\lambda}{2} & (k=\pm1,\pm2,\cdots) \quad \text{明纹中心} \end{cases}$

中央零级明纹的角宽度：$\Delta\theta_0 = \dfrac{2\lambda}{a}$

其他明纹的角宽度：$\Delta\theta = \dfrac{\lambda}{a}$

### 8. 双缝衍射

光强：$I_\theta = I_0 \left( \dfrac{\sin\alpha}{\alpha} \right)^2 \cos^2\beta, \alpha = \dfrac{\pi a \sin\theta}{\lambda}, \beta = \dfrac{\pi d \sin\theta}{\lambda}$

干涉极大条件：$d\sin\theta = k\lambda \quad (k=0,\pm1,\pm2,\cdots)$

干涉极小条件：$d\sin\theta = (2k+1)\dfrac{\lambda}{2} \quad (k=0,\pm1,\pm2,\cdots)$

### 9. 光栅衍射

光强：$I_\theta = I_0 \left( \dfrac{\sin\alpha}{\alpha} \right)^2 \left( \dfrac{\sin(N\beta)}{\sin\beta} \right)^2, \alpha = \dfrac{\pi a \sin\theta}{\lambda}, \beta = \dfrac{\pi d \sin\theta}{\lambda}$

光栅方程：$d\sin\theta = k\lambda \quad (k=0,\pm1,\pm2,\cdots)$

缺级条件：$k = \dfrac{d}{a} k'$　（其中，$k, k'$ 均为整数）

主极大半角宽度：$\Delta\theta = \dfrac{\lambda}{Nd\cos\theta_k}$

光栅角色散：$D = \dfrac{\mathrm{d}\theta}{\mathrm{d}\lambda} = \dfrac{k}{d\cos\theta_k}$

光栅分辨本领：$R = \dfrac{\lambda}{\Delta\lambda} = kN$

### 10. 圆孔衍射和光学仪器的分辨本领

爱里斑半角宽度：$\theta_1 = 1.22\dfrac{\lambda}{D}$

分辨本领：$\dfrac{1}{\delta\varphi} = \dfrac{1}{1.22}\dfrac{D}{\lambda}$

**11. 布喇格公式**

$$2d\sin\theta = k\lambda \quad (k = 1, 2, \cdots)$$

**12. 马吕斯定律**

$$I = I_0 \cos^2\alpha$$

**13. 布儒斯特定律**

$\tan i_B = \dfrac{n_2}{n_1}$，且透射光和反射光的传播方向垂直。

**14. 双折射、波片**

$\dfrac{\lambda}{4}$ 波片：$\delta = (n_o - n_e)d = (2k+1)\dfrac{\lambda}{4} \quad (k = 0, \pm 1, \pm 2, \pm 3, \cdots)$

$\dfrac{\lambda}{2}$ 波片：$\delta = (n_o - n_e)d = (2k+1)\dfrac{\lambda}{2} \quad (k = 0, \pm 1, \pm 2, \pm 3, \cdots)$

# 二、重点难点

**1.** 正确写出相干光在叠加点的光程差或位相差。

**2.** 各种干涉图样中条纹的形状、位置、间距的确定。

**3.** 当干涉装置、光源的位置、光路中的介质等因素发生变化时，引起条纹动态变化的分析。

**4.** 单缝、双缝夫琅和费衍射明、暗条纹分布规律，条纹位置的计算，单缝衍射因子对双缝干涉因子的光强调制作用。

**5.** 光栅衍射的特性及光栅光谱的特点，光栅角色散、谱线宽度、波长分辨率，以及缺级级数的计算。

**6.** 马吕斯定律、偏振片的起偏与检偏、布儒斯特定律。

**7.** 双折射现象、波片及各种偏振光的获得与检验。

# 三、思考题及解答

**13-1** 为什么两个独立的同频率的普通光源发出的光波叠加时不能得到光的干涉图样？

**答** 要得到光的干涉图样,两列光波必须满足振动频率相同、振动方向一致、位相差恒定的条件。普通光源发出的光是由光源中各个分子或原子发出的波列组成的,而这些波列之间没有固定的位相联系。因此,来自两个独立的普通光源的光波,即使频率相同,振动方向相同,它们的位相差也不可能保持恒定,因而得不到干涉图样。

**13-2** 在如图所示杨氏双缝实验中,试描述在下列情况下干涉条纹如何变化:

(1) 当两缝的间距增大时;

(2) 当缝光源 $S$ 平行于双缝移动时;

(3) 当缝光源 $S$ 逐渐增宽时;

(4) 将缝 $S_2$ 稍稍加宽一些;

(5) 在缝 $S_2$ 后慢慢插入一块楔形玻璃片;

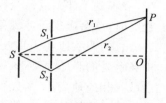

**思考题 13-2 图**

(6) 把整个双缝装置浸入水中;

(7) 把缝 $S_2$ 遮住,并在两缝垂直平分面上放一块平面镜。

**答** (1)根据杨氏双缝干涉明纹位置的表达式可知,此时条纹间距变小,条纹向中间收缩,两缝间距增大到一定程度,条纹过密而无法分辨。

(2) $S$ 移动会导致 $S_1$ 和 $S_2$ 产生位相差,使得条纹反向移动。

(3) 条纹位置不变,明纹亮度增加。

(4) 条纹的位置不变,明纹更亮,原暗纹处的光强不再为零,明纹和暗纹的反差减小,条纹不如原来清晰。

(5) 条纹间距不变,条纹向屏幕下方平移。若玻璃片厚度过大,使得光程差接近或超出光的相干长度,将造成干涉条纹模糊,甚至消失。

(6) 条纹间距变小,条纹向中间收缩。

(7) 此时装置变为洛埃镜,屏上同一点的光程差与原来的比

相差 $\lambda/2$,条纹间距不变,但屏上原来的明纹变成暗纹,原来的暗纹变成明纹。

**13-3**　为什么刚吹起的肥皂泡(很小时)看不到有什么彩色?当肥皂泡吹大到一定程度时,会看到有彩色,而且这些彩色随着肥皂泡的增大而改变。当肥皂泡大到将要破裂时,将呈现什么颜色?

**答**　在吹肥皂泡的过程中,肥皂膜的厚度逐渐减小。刚开始时膜的厚度较大,当这个厚度使得膜的两个面上的反射光的光程差大于光的相干长度时,两相应的波列不能重叠,因而无干涉发生,看不到干涉条纹。当膜的厚度随肥皂泡的增大而减小到一定程度时,就会出现干涉现象。因自然光中光的波长是连续分布的,各波长的明纹连在一起,这样就出现了彩色。在肥皂泡变大时,其上各点处的膜厚变小,该处的光程差变小,使得在该处出现的明纹的波长相应地变小,所以可以观察到颜色的变化;当膜厚使得光程差小于一个波长时,就观察不到干涉现象了。因为可见光中紫光的波长最短,故在肥皂泡大到将要破裂时将呈紫色。

**13-4**　如图(a)、(b)所示,用单色光垂直入射图(a)和图(b)两种实验装置,试定性地分别画出干涉暗条纹(形状、分布、疏密、条纹数)。

(1) 平板玻璃放在上表面为球面的平凹透镜上(见图(a));

(2) 上表面为平面、下表面为圆柱面的平凸透镜放在平板玻璃上(见图(b))。

**答**　两种装置均为空气薄膜的等厚干涉,对应膜厚 $d$,暗纹条件为

$$2d + \frac{\lambda}{2} = (2k+1)\frac{\lambda}{2}, \quad 即\ d = k\frac{\lambda}{2}, \quad k = 0,1,2,\cdots$$

因而暗纹的级次及其对应的厚度分别为

$$k = 0,\ d_0 = 0; k = 1,\ d_1 = \frac{\lambda}{2};$$

$$k = 2,\ d_2 = \lambda; k = 3,\ d_3 = \frac{3\lambda}{2};$$

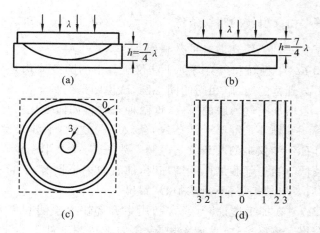

思考题 13-4 图

$$k = 4, \ d_4 = 2\lambda > h(\text{不出现})$$

因为两种装置膜的最大厚度均为 $h = \dfrac{7}{4}\lambda$,所以均能观察到 0, 1,2,3 共 4 级暗纹。又因为膜厚呈弧形非线性变化,故相邻条纹间距不相等,为内疏外密。

（1）等厚点轨迹为圆,故观察到 4 个暗环,边缘处为零级暗环,最靠近中心为第 3 级暗环。

（2）等厚点轨迹为平行于柱面透镜轴线的直线,故条纹为直条纹。中心即柱面透镜与平板玻璃交线处为零级暗纹,但在零级暗纹两侧对称分布有两条级次相同的暗纹,靠近边缘处为两条第 3 级暗纹,所以共观察到 7 条暗纹。

两种装置分别对应的暗纹如图（c）、（d）所示（图中数字表示级次）。

**13-5** 在军用飞机的表面覆盖一层塑料或橡胶等电介质,使入射的敌方雷达波反射极小,从而不被敌方雷达发现构成隐形飞机。试分析这层电介质的厚度大约应为多少,才可减弱反射波？

**答**　由反射波的暗纹条件 $2d + \dfrac{\lambda}{2} = (2k+1)\dfrac{\lambda}{2}$，知这层电介质的厚度 $d$ 约为雷达波长的数量级。

**13-6**　牛顿环和迈克耳孙干涉仪实验中的圆条纹均是从中心向外由疏到密的明、暗相间的同心圆，试说明这两种干涉条纹不同之处。若增加空气薄膜的厚度，这两种条纹将如何变化？

**答**　牛顿环是等厚干涉条纹，条纹半径越大，干涉级次越高。迈克耳孙干涉仪中的圆条纹是等倾干涉条纹，条纹半径越大，干涉级次越低。当空气膜的厚度增加时，前者向中心收缩，不断"陷入"中心；后者向外扩展，不断从中心"冒出"。

**13-7**　在加工透镜时，经常利用牛顿环快速检测其表面曲率是否合格。将标准件（玻璃验规）G 覆盖在待测工件 L 之上，如图所示。如果光圈（牛顿环的俗称）太多，工件不合格，需要进一步研磨，究竟磨边缘还是磨中央，有经验的工人师傅只要将验规轻轻下压，观察光圈的变化，就能判断。试问他是怎样判断的。

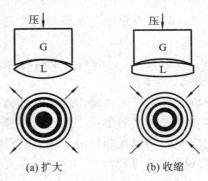

思考题 13-7 图

**答**　若工件 L 的中央与标准件 G 接触不紧密，则其中会存在空气膜，产生等厚干涉条纹。当透镜曲率半径过大时，L 与 G 的接触点在中心，即膜的厚度内小外大，向下轻压验规时，膜的厚度普遍减小，使等厚线外移，即条纹向外扩展，这表明需要磨中央。

这就是图(a)情形。当透镜曲率半径过小时,L 与 G 的接触点在边缘,向下轻压验规同样使膜的厚度普遍减小,但此时等厚线向中心靠拢,即条纹向中心收缩,表明需要磨边缘。这就是图(b)情形。

**13-8** X 射线衍射实验需要采用晶体的三维晶格点阵作为光栅,是否能用一般光栅来进行 X 射线衍射实验?

**答** 不能。根据多缝衍射极大条件(光栅公式):

$$d\sin\theta = k\lambda \quad (k = 0, \pm 1, \pm 2, \cdots)$$

因此,衍射角的数量级满足:$\sin\theta = \lambda/d$。

若考虑 X 射线波长为 0.1 nm 数量级,而机械刻痕获得的光栅其光栅常数为微米量级:1000 nm。因此,衍射角的数量级为 $\sin\theta = 1 \times 10^{-4}$,如此小的衍射角实际上无法观察。而采用原子点阵组成的三维晶格,由于固体晶格常数(原子之间的距离)大致为 0.1 nm 数量级,与 X 射线波长相当,衍射效应将非常明显,特别适合进行 X 射线衍射实验。

**13-9** 在日常生活中,我们经常发现只闻其声不见其人的现象,如何用波的衍射来解释这种现象?

**答** 根据单缝衍射中央亮斑的角宽度公式 $\Delta\theta_0 = \dfrac{2\lambda}{a}$ 来解释。

若用衍射中央亮斑的角宽度来衡量衍射效应的强弱,当缝或障碍物的尺寸与波长相当时,衍射效应比较明显;而缝或障碍物的尺寸比波长大很多时,衍射实际上很难观察到。

由于声波波长的数量级为 $10^2 \sim 10^{-3}$ m,我们实际生活中常见的物体的线度大约也是这一数量级,因此衍射效应较强。但是对于波长数量级为 $10^{-7}$ m 的可见光波,由于其远小于通常物体的线度,因此衍射现象非常微弱,其绕过障碍物的能力将很差。

**13-10** 用望远镜观察两颗相对于地面所张角非常小的双星,是否通过增大望远镜的放大倍数,总能将这两颗双星分辨开来?

**答** 两颗双星所发出的光波经望远镜后,由于圆孔衍射效应,将形成两个爱里斑。根据瑞利判据,最小分辨角就是爱里斑的半角宽度,它是由望远镜的第一物镜直径决定的。当两颗双星的张角小于爱里斑的半角宽度时,增大望远镜的成像放大率,不仅会增大两个爱里斑中心在像面上的距离,也同时增大了爱里斑本身的宽度,因此,不能通过增大望远镜的放大率来提高极限分辨率。

# 四、习题及解答

**13-1**    光源 $S$ 发出的 $\lambda = 600$ nm 的单色光,自空气射入折射率 $n = 1.23$ 的透明介质,再射入空气到 $C$ 点,如图所示。设介质层厚度为 1 cm,入射角为 30°,$SA = BC = 5.0$ cm,试求:(1) 此光在介质中的频率、速度和波长;(2) 光源 $S$ 到 $C$ 点的几何路程为多少? 光程为多少?

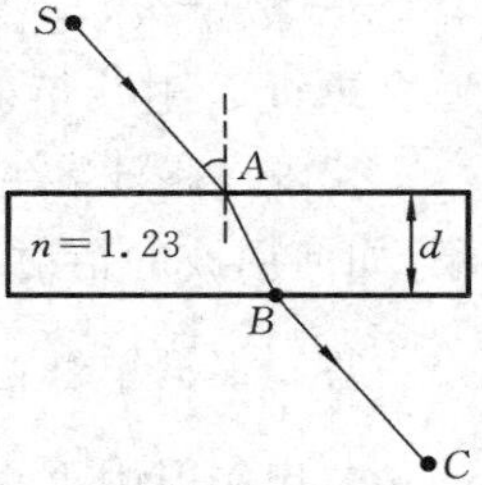

**解**    (1)光在介质中的频率 $\nu$、速度 $u$ 和波长 $\lambda$ 分别为

$$\nu = \frac{c}{\lambda} = \frac{3 \times 10^8}{600 \times 10^{-9}} \text{ Hz} = 5 \times 10^{14} \text{ Hz}$$

$$u = \frac{c}{n} = \frac{3 \times 10^8}{1.23} \text{ m/s} = 2.44 \times 10^8 \text{ m/s}$$

$$\lambda' = \frac{\lambda}{n} = \frac{600 \times 10^{-9}}{1.23} \text{ m} = 4.88 \times 10^{-7} \text{ m}$$

(2) 设入射角为 $i$,折射角为 $\gamma$,则有

$$AB = \frac{d}{\cos\gamma}$$

**习题 13-1 图**

由折射定律 $\sin i = n \sin \gamma$ 可得

$$AB = \frac{d}{\sqrt{1 - \sin^2 \gamma}} = \frac{nd}{\sqrt{n^2 - \sin^2 i}} = \frac{1.23 \times 10^{-2}}{\sqrt{1.23^2 - \sin^2 30°}} \text{ m}$$

$$= 1.09 \times 10^{-2} \text{ m}$$

则 $S$ 到 $C$ 点的几何路程为 $SC = SA + AB + BC = 11.09 \times 10^{-2}$ m

$S$ 到 $C$ 点的光程为 $L = SA + nAB + BC = 11.34 \times 10^{-2}$ m

**13-2** 两光源都以光强 $I$ 照射到某一表面上,此表面上并合光照射的强度可能是下列数值中的一个:

(1) $I$; (2) $\sqrt{2I}$; (3) $2I$; (4) $4I$; (5) $2\sqrt{2}I$。

产生上面光强的两光源情况如下时,你选择哪个结果:当两光源为独立的白炽光源;当两光源为两束平面平行相干光源。简明地阐述你的理由。

**解** 当两光源为独立的白炽光源时,选择(3)。因为此时这两光源发出的光波是完全不相干的,叠加光波的强度将简单相加。

当两光源为两束平面平行相干光源时,选择(4)。因为此时两光源发出的是相干光,相干叠加后合成光振动的振幅最大,可达单个的 2 倍,而光强与振幅的平方成正比,所以叠加光波强度的最大值为单光束强度的 4 倍。

**13-3** 两个同频率的电磁波叠加时,在什么情况下其合振动强度 $I$ 总是(即在任一位相关系下)等于原振动强度 $I_1$ 和 $I_2$ 之和?

**解** 设两同频率的电磁波引起相遇点光矢量的两个光振动分别为

$$\boldsymbol{E}_1 = \boldsymbol{E}_{10}\cos\omega t, \quad \boldsymbol{E}_2 = \boldsymbol{E}_{20}\cos(\omega t + \varphi)$$

则合成光矢量为

$$\boldsymbol{E} = \boldsymbol{E}_1 + \boldsymbol{E}_2 = \boldsymbol{E}_{10}\cos\omega t + \boldsymbol{E}_{20}\cos(\omega t + \varphi)$$

将上式平方并对时间取平均值,其结果与该处合成光振动的强度成正比。其平方为

$$\boldsymbol{E}^2 = \boldsymbol{E}_{10}^2\cos^2\omega t + \boldsymbol{E}_{20}^2\cos^2(\omega t + \varphi) + 2\boldsymbol{E}_{10}\cdot\boldsymbol{E}_{20}\cos\omega t\cdot\cos(\omega t + \varphi)$$

依题意,无论 $\varphi$ 为何值,第三项都为零,则只有 $\boldsymbol{E}_{10}\cdot\boldsymbol{E}_{20}=0$,即 $\boldsymbol{E}_{10}\perp\boldsymbol{E}_{20}$。所以,只有在两电磁波的振动方向相互垂直时,总有 $I_合=I_1+I_2$。

**13-4** 若双狭缝的距离为 0.30 mm,以单色平行光垂直照射狭缝时,在离双缝 1.20 m 远的屏幕上,第五级暗条纹处离中心极大的间隔为 11.39 mm。问所用的光波波长是多大?

**解** 已知 $d=0.30\text{ mm}, D=1.2\text{ m}, x=11.39\text{ mm}$。由双缝干涉暗纹公式 $x=\pm(2k+1)\dfrac{D\lambda}{2d}$,可得(取正号)

$$\lambda=\frac{2dx}{(2k+1)D}=\frac{2\times0.3\times10^{-3}\times11.39\times10^{-3}}{(2\times5+1)\times1.2}\text{ m}$$
$$=5.177\times10^{-7}\text{ m}=517.7\text{ nm}$$

**13-5** 缝间距 $d=1.00\text{ mm}$ 的杨氏实验装置中缝到屏幕间的距离 $D=10.00\text{ m}$。屏幕上条纹间隔为 $4.73\times10^{-3}\text{ m}$。问入射光的频率为多大?(实验是在水中进行的,$n_{水}=1.333$。)

**解** 由于实验在水中进行,则光程差为

$$\delta=n(r_2-r_1)\approx nd\sin\theta\approx nd\tan\theta=nd\,\frac{x}{D}$$

屏上明纹中心位置

$$\delta\approx nd\,\frac{x}{D}=\pm k\lambda\quad(k=0,1,2,\cdots)$$

于是条纹间距 $\qquad\Delta x=\dfrac{D}{nd}\lambda$

则入射光的频率为

$$\nu=\frac{c}{\lambda}=\frac{cD}{nd\Delta x}=\frac{3\times10^8\times10}{1.333\times1\times10^{-3}\times4.73\times10^{-3}}\text{ Hz}$$
$$=4.76\times10^{14}\text{ Hz}$$

**13-6** 在杨氏实验装置中,$S_1$、$S_2$ 两光源之一的前面放一长为 $2.50\text{ cm}$ 的玻璃容器。先是充满空气,后是排出空气,再充满试验气体,结果发现光屏幕上有 21 条亮纹通过屏上某点而移动了。入射光的波长 $\lambda=656.2816\text{ nm}$,空气的折射率 $n_a=1.000276$,求试验气体的折射率 $n_g$。

**解** 已知 $l=2.5\times10^{-2}\text{ m}$,容器中的气体由空气换为实验气体,使光程差的改变为 $\Delta\delta=l(n_g-n_a)$,而光程差每改变 $\lambda$,条纹将移动一级,则有 $l(n_g-n_a)=21\lambda$,所以

$$n_g=n_a+\frac{21\lambda}{l}=1.000276+\frac{21\times656.2816\times10^{-9}}{2.5\times10^{-2}}=1.000827$$

**13-7** 如图所示,钠光($\lambda = 589.0$ nm)照射在相距 $d = 2.0$ mm 的双缝上。图中的 $D$ 为 40 mm。如果 $D \gg d$ 这个假定不成立,那么第 10 条明条纹的位置之值将有多大的误差?

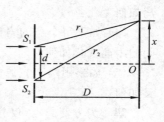

习题 13-7 图

**解** 若 $D \gg d$ 成立,则双缝干涉明纹公式 $x = k\dfrac{D\lambda}{d}$ 成立,由此可得第 10 条明条纹的位置

$$x_{10} = 10 \times \frac{40 \times 10^{-3} \times 589.0 \times 10^{-9}}{2 \times 10^{-3}} \text{ m}$$

$$= 1.178 \times 10^{-4} \text{ m}$$

若 $D \gg d$ 不成立,以上明纹公式不适用。由明纹条件 $\delta = r_2 - r_1 = k\lambda$,再利用几何关系 $r_2^2 = D^2 + \left(x + \dfrac{d}{2}\right)^2$,$r_1^2 = D^2 + \left(x - \dfrac{d}{2}\right)^2$,得

$$\sqrt{D^2 + \left(x + \frac{d}{2}\right)^2} - \sqrt{D^2 + \left(x - \frac{d}{2}\right)^2} = 10\lambda$$

代入题中数值,解得 $x = 1.141 \times 10^{-4}$ m

误差为

$$E_r = \frac{|x - x_{10}|}{x} = \frac{|1.414 \times 10^{-4} - 1.178 \times 10^{-4}|}{1.414 \times 10^{-4}} \approx 3\%$$

**13-8** 在如图所示的干涉实验中,点光源 $S$ 距离双缝屏为 $L$,缝间距为 $d$,缝屏到屏幕之间的距离为 $L'$。

(1) 如果光源 $S$ 向上移动(沿 $y$ 轴方向)距离 $l$,则干涉图样向何方移动?移动多少?

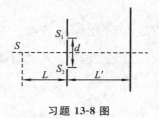

习题 13-8 图

(2) 如果光源 $S$ 逐渐变为较长波长的单色光,则干涉图样有何变化?

(3) 如果两狭缝间距为 $2d$,则干涉图样中相邻极大之间的距离如何变化?

(4) 如果每个缝的自身宽度加倍,则干涉图样中相邻极大之间的距离变化如何?

(5) 如果用两个光源的光分别通过各自的狭缝,则干涉图样又如何?

**解** 为方便起见,仅分析干涉明纹。

(1) 当光源 $S$ 在双缝的对称面上时,明纹条件为 $\delta \approx d\sin\theta = k\lambda$,条纹在屏上的位置为 $y = L'\tan\theta$。

当 $S$ 向 $y$ 轴正方向移动距离 $l$ 时,设光源对缝屏的入射角为 $i$,原来的同一 $k$ 级干涉明纹,现在的干涉角为 $\theta'$,条纹位置 $y' = y + \Delta y$,则有

$$\delta \approx d(\sin i + \sin\theta') = k\lambda$$

由于在杨氏双缝干涉实验中,$L$ 与 $L'$ 相对于 $l$、$y$ 及 $y'$ 要大得多,即 $\theta$、$i$、$\theta'$ 都很小,所以有

$$\sin\theta \approx \tan\theta = \frac{y}{L'}, \quad \sin i \approx \frac{l}{L}, \quad \sin\theta' \approx \tan\theta' = \frac{y'}{L'}$$

代入移动 $S$ 后的式子得

$$d\left(\frac{l}{L} + \frac{y'}{L'}\right) = k\lambda, \quad 即 \quad d\left(\frac{l}{L} + \frac{y + \Delta y}{L'}\right) = d\frac{y}{L'}$$

可得

$$\Delta y = -\frac{L'}{L}l$$

$\Delta y$ 为负增量,这表明干涉图样向 $y$ 轴负方向(即向下)移动距离 $\frac{L'}{L}l$。

(2) 因屏上相邻明纹间距为

$$\Delta y = (k+1)\frac{L'\lambda}{d} - k\frac{L'\lambda}{d} = \frac{L'\lambda}{d}$$

所以当波长 $\lambda$ 增加时,屏上干涉条纹间距变大,即条纹变疏。

(3) 当 $d$ 变成 $2d$ 后,条纹间距变为

$$\Delta y = \frac{L'\lambda}{2d}$$

可见条纹间距变为原来的一半,即条纹变密。

(4)每个缝的自身宽度虽加倍,但两缝中心间的距离 $d$ 不变,所以干涉图样中相邻极大之间的距离不变。

(5)由于两个独立的光源不是相干光源,当两个光源的光分别通过各自的狭缝而相遇时,光波的叠加为非相干叠加,因而不会产生干涉现象,也就没有干涉条纹。

**13-9** 在菲涅尔双镜(见图)中,两镜面夹角为 $\alpha$,试导出以入射光波长 $\lambda$、条纹间隔 $\Delta y$,以及 $R$ 与 $L$ 表示的 $\alpha$ 角的表示式。

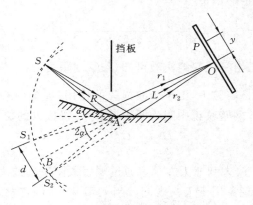

习题 13-9 图

**解** 菲涅尔双镜实验中,由光源 $S$ 发出的光波被两个平面镜分别反射而形成的相干光的干涉,等效于由 $S$ 对双镜分别所成两个相干的虚像光源 $S_1$ 和 $S_2$ 发出的光波的干涉。因此,菲涅尔双镜实验类似于杨氏双缝实验。由杨氏双缝实验可知,条纹间距为 $\Delta x = \dfrac{D\lambda}{d}$,在菲涅尔双镜中,相应有 $AB + L = D$,当 $d \ll D$ 时,有

$$AB \approx R, \quad d \approx R \cdot 2\alpha$$

所以
$$\Delta x = \frac{(R+L)\lambda}{2\alpha R}$$

**13-10** 洛埃镜装置中的等效缝间距 $d = 2.00 \text{ mm}$,缝屏与屏

幕间的距离 $D = 5.00$ m，入射光的频率为 $6.522 \times 10^{14}$ Hz。将装置放在空气中进行实验，试求第一级极大的位置。

**解**　解法一：洛埃镜实验类似于杨氏双缝实验。但由于半波损失的作用，明纹条件为

$$d\frac{x}{D} + \frac{\lambda}{2} = \pm k\lambda \quad (k = 0,1,2,\cdots)$$

即明纹位置　　　$x = \left(k - \frac{1}{2}\right)\frac{D\lambda}{d} = \left(k - \frac{1}{2}\right)\frac{Dc}{d\nu}$

则第一级极大的位置为

$$x_1 = \left(1 - \frac{1}{2}\right) \cdot \frac{5 \times 3 \times 10^8}{2 \times 10^{-3} \times 6.522 \times 10^{14}} \text{ m} = 5.75 \times 10^{-4} \text{ m}$$

解法二：由杨氏双缝实验可知，条纹间距为 $\Delta x = \frac{D\lambda}{d}$。

在洛埃镜实验中，由于半波损失的作用，屏幕中心 $x = 0$ 处为暗纹，而相邻两暗纹正中间为明纹，则第一级极大的位置为

$$x_1 = \frac{\Delta x}{2} = \frac{D\lambda}{2d} = \frac{Dc}{2d\nu} = 5.75 \times 10^{-4} \text{ m}$$

**13-11**　澳大利亚天文学家通过观察太阳发出的无线电波，第一次把干涉现象用于天文观测。当太阳升起时，它发射的无线电波一部分直接射向他们的天线，另一部分经海面反射到他们的天线。设无线电的频率为 $6.0 \times 10^7$ Hz，接收天线高出海面 25 m，求观察到相消干涉时太阳光线的掠射角 $\theta$ 的最小值。

**解**　此题类似于洛埃镜实验，注意反射光有半波损失。

如图所示，直射无线电波与经海面反射的无线电波传播到 $C$ 点相干叠加，波程差为

$$\delta = BC - AC + \frac{\lambda}{2}$$

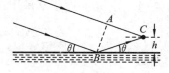

由图可知，$BC = \dfrac{h}{\sin\theta}$，$AC = BC\cos2\theta$，

则有

习题 13-11 图

$$\delta = \frac{h}{\sin\theta}(1 - \cos2\theta) + \frac{\lambda}{2} = 2h\sin\theta + \frac{\lambda}{2}$$

极小条件为 $\delta=(2k+1)\dfrac{\lambda}{2}$，最小掠射角 $\theta$ 应取 $k=1$，解得

$$\sin\theta = \frac{\lambda}{2h} = \frac{c}{2h\nu}$$

所以
$$\theta = \arcsin\left(\frac{3\times10^8}{2\times25\times6.0\times10^7}\right) = 5.7°$$

**13-12** 波长为 $\lambda=500.0$ nm 的光垂直地照射在厚度为 $1.608\times10^{-6}$ m 的薄膜上，薄膜的折射率为 $1.555$，置于空气中。(1) 求经薄膜反射后两相干光的位相差；(2) 若薄膜的折射率为 $1.455$，要求不产生反射光而全部透射，求薄膜的最小厚度。

**解** (1)当光垂直照射薄膜时，经薄膜上下表面反射而得的两相干光，几何路程差产生于薄膜中，由于薄膜置于空气中，上表面的反射光有半波损失，因此光程差为

$$\delta = 2nd + \frac{\lambda}{2}$$

位相差为

$$\Delta\varphi = \frac{2\pi}{\lambda}\delta = \left(\frac{4nd}{\lambda} + 1\right)\pi = \left(\frac{4\times1.555\times1.608\times10^{-6}}{500.0\times10^{-9}} + 1\right)\pi$$
$$= 21\pi$$

(2) 不产生反射光，即反射光干涉相消(增透膜)，则有

$$\delta = 2nd + \frac{\lambda}{2} = (2k+1)\frac{\lambda}{2}, \quad 即 \quad 2nd = k\lambda \quad (k=1,2,3,\cdots)$$

当 $k=1$ 时膜的厚度最小，其值为

$$d = \frac{\lambda}{2n} = \frac{500.0\times10^{-9}}{2\times1.455} \text{ m} = 1.718\times10^{-7} \text{ m}$$

**13-13** 折射率为 $1.25$ 的油滴落在折射率为 $1.57$ 的玻璃板上，化开成很薄的油膜。一个连续可调波长大小的单色光源垂直照射在油膜上，观察发现 $500$ nm 与 $700$ nm 的单色光在反射中消失，求油膜的厚度。

**解**　因为油膜上下表面的反射光都有半波损失,且光波垂直入射油膜,所以反射极小条件为

$$\delta = 2n_{油} d = (2k+1) \frac{\lambda}{2} \quad (k = 0,1,2,\cdots)$$

令 $\lambda_1 = 500$ nm,$\lambda_2 = 700$ nm,则有

$$2n_{油} d = k_1 \lambda_1 + \frac{\lambda_1}{2} \qquad ①$$

$$2n_{油} d = k_2 \lambda_2 + \frac{\lambda_2}{2} \qquad ②$$

由于 $\lambda_2 > \lambda_1$,故 $k_2 < k_1$。又由题知 $k_1$ 与 $k_2$ 为连续整数,即 $k_2 = k_1 - 1$,代入②式,并结合①式消去 $k_1$,解得油膜的厚度为

$$d = \frac{\lambda_1 \lambda_2}{2n_{油}(\lambda_2 - \lambda_1)} = \frac{500 \times 700}{2 \times 1.25 \times (700 - 500)} \text{nm} = 700 \text{ nm}$$

**13-14**　从与法线方向成 $30°$ 角的方向去观察一均匀油膜($n = 1.33$),看到油膜反射的是波长为 $500.0$ nm 的绿光。(1)问油膜的最薄厚度为多少?(2)在上述基本情况不变的条件下,仅改变观察方向,即由法线方向去观察,问反射光的颜色如何?

**解**　(1)当均匀油膜处在空气中时,根据等倾干涉反射极大公式

$$\delta = 2d \sqrt{n_2^2 - n_1^2 \cdot \sin^2 i} + \frac{\lambda}{2} = k\lambda$$

式中 $n_2 = 1.33$,$n_1 = 1.00$(空气),最薄时 $k = 1$,可得

$$d_{min} = \frac{\lambda}{4 \sqrt{n_2^2 - \sin^2 i}} = \frac{500.0 \times 10^{-9}}{4 \sqrt{1.33^2 - \sin^2 30°}} \text{nm}$$

$$= 1.014 \times 10^{-7} \text{ nm}$$

若油附在某 $n > n_2 = 1.33$ 的物质(比如玻璃)上,则反射极大满足

$$\delta = 2d \sqrt{n_2^2 - n_1^2 \cdot \sin^2 i} = k\lambda$$

代入数据可得此时 $d'_{min} = 2.029 \times 10^{-7}$ nm。

(2)当 $i = 0$ 时,对上述第一种情况,有 $2n_2 d = \left(k - \frac{1}{2}\right)\lambda$,可得

$$\lambda = 4n_2 d_{min} = 4 \times 1.33 \times 1.014 \times 10^{-7} \text{ m} = 5.396 \times 10^{-7} \text{ m}$$

$$= 539.6 \text{ nm}$$

为绿光。

对第二种情况,由 $2n_2d = k\lambda$ 可得

$$\lambda = 2n_2d'_{\min} = 539.6 \text{ nm}$$

为绿光。

**13-15** 在制作珠宝时,为了使人造水晶($n = 1.5$)具有强的反射本领,就在其表面上镀一层一氧化硅($n = 2.0$)。要使波长为 560 nm 的光强烈反射,镀层至少应多厚?

**解** 本题为增反膜问题,即使一氧化硅薄膜上下表面的反射光干涉加强。由于上表面的反射光有半波损失,而下表面的反射光没有半波损失,所以反射极大条件为

$$2nd + \frac{\lambda}{2} = k\lambda \quad (k = 1, 2, 3, \cdots)$$

当 $k = 1$ 时镀层最薄,可得

$$d_{\min} = \frac{\lambda}{4n} = \frac{560}{4 \times 2.0} \text{ nm} = 70 \text{ nm}$$

**13-16** 制造半导体元件时,常常要精确测定硅片上二氧化硅薄膜的厚度。这时可把二氧化硅薄膜的一部分腐蚀掉,使其形成劈尖(见图),利用等厚条纹测其厚度。已知 Si 的折射率为 3.42,$SiO_2$ 的

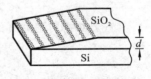

习题 13-16 图

折射率为 1.5,入射光波长为 589.3 nm,观察到 7 条暗纹。问 $SiO_2$ 薄膜的厚度 $d$ 是多少?

**解** 当光波垂直照射 $SiO_2$ 薄膜时,因厚度均匀部分各处的光强均相等,所以仅劈尖部分能产生干涉条纹,实验观察到的第 7 条暗纹对应劈尖的厚度即为 $SiO_2$ 薄膜的厚度。由于劈尖上下表面的反射光都有半波损失,所以暗纹条件为

$$2nd = (2k+1)\frac{\lambda}{2} \quad (k = 0, 1, 2, \cdots)$$

第 7 条暗纹对应的级次 $k = 6$,则 $SiO_2$ 薄膜的厚度为

$$d = \frac{(2k+1)\lambda}{4n} = \frac{(2\times 6+1)\times 589.3\times 10^{-9}}{4\times 1.5} \text{ m}$$

$$= 1.28\times 10^{-6} \text{ m} = 1.28 \ \mu\text{m}$$

**13-17** (1)两块平面玻璃,长 25.0 cm,一端用一厚为 0.250 mm 的垫片隔开,形成一楔形空气膜。用波长为 $\lambda = 694.3$ nm 的光垂直照射时,每厘米将能观察到多少条纹?(2)将装置放入折射率为 $n = 1.400$ 的乙醇中,会是多少条条纹?

**解** (1)已知 $L = 25.0$ cm,$d = 0.250$ mm,设劈尖角为 $\theta$,则有 $\sin\theta = \dfrac{d}{L}$。对空气劈尖,相邻条纹间距为

$$l = \frac{\lambda}{2\sin\theta} = \frac{L\lambda}{2d}$$

所以每厘米能观察到的条纹数为

$$N = \frac{1\times 10^{-2}}{l} = 10^{-2}\times \frac{2d}{L\lambda}$$

$$= 10^{-2}\times \frac{2\times 0.25\times 10^{-3}}{25\times 10^{-2}\times 694.3\times 10^{-9}} \text{条} = 29 \text{ 条}$$

(2)对折射率为 $n$ 的介质劈尖,条纹间距为

$$l' = \frac{\lambda}{2n\sin\theta} = \frac{l}{n}$$

所以当装置放入乙醇中时,每厘米能观察到的条纹数为

$$N' = \frac{1\times 10^{-2}}{l'} = nN = 40 \text{ 条}$$

**13-18** (1)以波长为 700.0 nm 的平行光投射到空气劈尖上,入射角 $i = 30°$,劈尖末端厚度为 0.005 cm,组成劈尖的玻璃的折射率 $n_1 = 1.50$,求劈表面的明条纹数目。(2)现在用一个与上面空气劈尖尺寸形状完全相同的玻璃劈尖($n_2 = 1.50$)取代之,问现在的明条纹数是多少?

**解** (1)空气劈尖的明纹条件为

$$\delta = 2d \sqrt{n_2^2 - n_1^2 \cdot \sin^2 i} + \frac{\lambda}{2} = k\lambda$$

式中 $n_2=1.00, n_1=1.50, i=30°, \lambda=700$ nm。则第 $k$ 级明纹对应的厚度为

$$d_k = \frac{2}{\sqrt{7}}\left(k-\frac{1}{2}\right)\lambda$$

相邻明纹的厚度差为 $\quad \Delta d = d_{k+1} - d_k = \frac{2}{\sqrt{7}}\lambda$

所以空气劈尖表面的明条纹数目为

$$N = \frac{h}{\Delta d} = \frac{\sqrt{7}h}{2\lambda} = \frac{\sqrt{7}\times 0.005\times 10^{-2}}{2\times 700\times 10^{-9}} \text{条} = 94 \text{条}$$

（2）玻璃劈尖的明纹条件为

$$\delta = 2d\sqrt{n_2^2 - n_1^2\cdot\sin^2 i} + \frac{\lambda}{2} = k\lambda$$

式中 $n_2=1.50, n_1=1.00, i=30°, \lambda=700$ nm。则有

$$d_k = \frac{1}{2\sqrt{2}}\left(k-\frac{1}{2}\right)\lambda, \Delta d = \frac{1}{2\sqrt{2}}\lambda$$

所以明条纹数目为

$$N = \frac{h}{\Delta d} = \frac{2\sqrt{2}h}{\lambda} = 202 \text{条}$$

**13-19** 在如图所示的装置中,平面圆形玻璃板是由两个半圆组成的(冕牌玻璃 $n=1.50$ 和火石玻璃 $n=1.75$),凸透镜是用冕牌玻璃制成,而透镜与玻璃之间的空

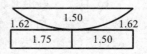

**习题 13-19 图**

间充满着二硫化碳($n=1.62$),如此产生的牛顿环图样如何? 简要说明理由。

**解** 由于在火石玻璃一侧(左侧),二硫化碳的上下表面的反射光都有半波损失,而在冕牌玻璃一侧(右侧)仅上表面有半波损失,所以在中心,左侧为亮斑,右侧为暗斑。由于两侧的等厚线处在同一圆周上,所以左侧明纹位置恰对应右侧暗纹位置,左侧暗纹位置恰对应右侧明纹位置,两侧明、暗条纹正好错位。

**13-20** 牛顿环装置中平凸透镜的曲率半径 $R=2.00$ m,垂直入射的光的波长 $\lambda=589.29$ nm,让折射率为 $n=1.461$ 的液体充满环形薄膜中。(1)求充以液体前后第 10 条暗环条纹半径之比;(2)求充液之后此暗环的半径(即第 10 条暗环的 $r_{10}$)。

**解** (1)当牛顿环中平凸透镜和平面玻璃间所夹薄膜介质的折射率为 $n$ 时,暗环条件为

$$\delta = 2nd + \frac{\lambda}{2} = (2k+1)\frac{\lambda}{2}, \quad 即 \quad 2nd = k\lambda \, (k=1,2,3,\cdots)$$

设暗环半径为 $r$,则由关系式 $r^2 \approx 2Rd$ 得第 $k$ 级暗环半径满足 $r_k = \sqrt{\dfrac{kR\lambda}{n}}$,所以

$$\frac{r_{k空气}}{r_{k液体}} = \sqrt{\frac{n_液}{n_气}} = \sqrt{n_液} = \sqrt{1.461} = 1.209$$

可见在充入液体的过程中,同一级牛顿环的半径减小,即条纹向中心收缩。

$$(2) \ r_{10} = \sqrt{\frac{10R\lambda}{n_液}} = \sqrt{\frac{10 \times 2.00 \times 589.29 \times 10^{-9}}{1.461}} \text{ m}$$
$$= 2.84 \times 10^{-3} \text{ m}$$

**13-21** 一束由波长分别为 650 nm 和 520 nm 的两单色光组成的光,垂直入射到牛顿环装置的透镜上,透镜的曲率半径 $R=8.5 \times 10^{-1}$ m。如果长波光的第 $k$ 条暗纹与短波光的第 $k+1$ 条暗纹重合,求这条暗纹的直径,以及此处的膜厚。

**解** 设 $\lambda_1=650$ nm,$\lambda_2=520$ nm,依题意得

$$\sqrt{kR\lambda_1} = \sqrt{(k+1)R\lambda_2}$$

因而 $kR\lambda_1 = (k+1)R\lambda_2$,即 $650k=520(k+1)$,解得 $k=4$。所以这条暗纹的直径为

$$D = 2r_4 = 2\sqrt{4 \times 8.5 \times 10^{-1} \times 650 \times 10^{-9}} \text{ m} = 2.98 \times 10^{-3} \text{ m}$$

又因为牛顿环暗纹的条件为

$$2d + \frac{\lambda}{2} = (2k+1)\frac{\lambda}{2}, \quad 即 \quad 2d = k\lambda \, (k=1,2,3,\cdots)$$

所以该暗纹处的膜厚为

$$d_4 = \frac{k\lambda_1}{2} = \frac{4 \times 650 \times 10^{-9}}{2} \text{ m} = 1.30 \times 10^{-6} \text{ m}$$

**13-22** (1) 在迈克耳孙干涉仪的一臂中，垂直于光束线插入一块厚度为 $L$、折射率为 $n$ 的透明薄片。如果取走薄片，为了能观察到与取走薄片前完全相同的条纹，试确定平面镜需要移动多少距离。(2) 现薄片的 $n = 1.434$，入射光 $\lambda = 589.1$ nm，观察到有 35 条条纹移过，求薄片的厚度。

**解** (1) 在一臂中插入薄片，使得这条光路产生光程差 $2(n-1)L$。该光程差由平面镜移动 $\Delta d$ 来补偿，所以有 $2\Delta d = 2(n-1)L$，即 $\Delta d = (n-1)L$。

(2) 因光程差每改变 $\lambda$，条纹将移动一级，则有 $2(n-1)L = 35\lambda$，所以

$$L = \frac{35\lambda}{2(n-1)} = \frac{35 \times 589.1 \times 10^{-9}}{2 \times (1.434-1)} \text{ m} = 2.38 \times 10^{-5} \text{ m}$$

**13-23** 用迈克耳孙干涉仪做干涉实验，设入射光的波长为 $\lambda$。在转动迈克耳孙干涉仪的反射镜 $M_2$ 的过程中，在总的干涉区域宽度 $L$ 内，观测到完整的干涉条纹数从 $N_1$ 开始逐渐减少，而后突变为同心圆环状的等倾干涉条纹。若继续转动 $M_2$，又会看到由疏变密的直线干涉条纹，直到在宽度 $L$ 内有 $N_2$ 条完整的干涉条纹为止。求在此过程中 $M_2$ 转过的角度 $\Delta\theta$。

**解** 迈克耳孙干涉仪的干涉原理为空气薄膜干涉。若薄膜两表面有小夹角，则产生空气劈尖的等厚直条纹，若两表面平行，则产生平膜的等倾圆环状条纹。转动 $M_2$ 即改变两表面的夹角，将观察到等厚条纹→等倾条纹→等厚条纹的变化过程。

由劈尖干涉条纹间距公式 $l\sin\theta = \dfrac{\lambda}{2}$ 可知，$\theta$ 变小则 $l$ 变大，即条纹数减小。设开始时夹角为 $\Delta\theta_1$，由题意知，$l = \dfrac{L}{N_1}$，则有

$$\sin\Delta\theta_1 \approx \Delta\theta_1 = \frac{\lambda}{2l} = \frac{N_1\lambda}{2L}$$

设继续转动 $M_2$ 使 $M_2$ 转过 $\Delta\theta_2$,同理可得

$$\Delta\theta_2 = \frac{N_2\lambda}{2L}$$

所以,整个过程中 $M_2$ 转过的角度为

$$\Delta\theta = \Delta\theta_1 + \Delta\theta_2 = \frac{(N_1 + N_2)\lambda}{2L}$$

**13-24** (1)在迈克耳孙干涉仪上可以看见 3 cm×3 cm 的亮区,它与 $M_1$、$M_2$ 两平面镜的面积相对应。用 600 nm 的光做光源时,此亮区出现 24 条平行条纹,求两镜面偏离垂直方向的角度。

(2)调节装置使偏离角消失,并使其显示出圆环状条纹。缓慢移动可动镜 $M_2$,使等效膜厚度 $d$ 减少,条纹向视场中心收缩。当 $\Delta d = 3.142 \times 10^{-4}$ m 时,$\Delta N = 850$,求此单色光的波长(这个单色光是另换的一个光源发出的)。

**解** (1)等效于空气劈尖的等厚干涉。因为条纹间距公式为 $l\sin\theta = \frac{\lambda}{2}$,而 $l = \frac{L}{N}$。又两镜面偏离垂直方向的角度等效于劈尖角 $\theta$,此角很小,所以

$$\theta \approx \sin\theta = \frac{\lambda}{2l} = \frac{N\lambda}{2L} = \frac{24 \times 600 \times 10^{-9}}{2 \times 3 \times 10^{-2}} \text{ rad}$$

$$= 2.40 \times 10^{-4} \text{ rad} = 0.0138°$$

(2)调节装置后出现圆环状条纹,此时等效于等厚度空气膜的等倾干涉。因为 $\Delta d = \Delta N \cdot \frac{\lambda}{2}$,所以此单色光的波长为

$$\lambda = \frac{2\Delta d}{\Delta N} = \frac{2 \times 3.142 \times 10^{-4}}{850} \text{ m} = 7.393 \times 10^{-7} \text{ m} = 739.3 \text{ nm}$$

**13-25** 某氦氖激光器所发出的红光波长为 $\lambda = 632.8$ nm,其谱线宽度为(以频率计)$\Delta\nu = 1.3 \times 10^9$ Hz。它的相干长度或波列长度是多少? 相干时间又是多少?

**解** 由 $\lambda = \dfrac{c}{\nu}$ 可得 $\Delta\lambda = -\dfrac{\lambda^2}{c}\Delta\nu$,因而相干长度为

$$L = \frac{\lambda^2}{\Delta\lambda} = -\frac{c}{\Delta\nu} = \frac{3\times10^8}{1.3\times10^9}\ \text{m} = 0.23\ \text{m}$$

相干时间为 $\qquad \tau = \dfrac{L}{c} = \dfrac{0.23}{3\times10^8}\ \text{s} = 7.7\times10^{-10}\ \text{s}$

**13-26** 用平均波长 $\bar{\lambda} = 643.847$ nm、波长宽度 $\Delta\lambda = 0.0013$ nm 的红光照射迈克耳孙干涉仪。初始光程差为 0,即 $d = 0$。然后移一面镜子,直到条纹消失。该镜子必须移动多少距离?它相当于多少个波长?

**解** 该红光的相干长度为

$$L = \frac{\lambda^2}{\Delta\lambda} = \frac{(643.847\times10^{-9})^2}{0.0013\times10^{-9}}\ \text{m} = 3.19\times10^{-1}\ \text{m}$$

当光程差 $\delta = 2d$ 超过相干长度 $L$ 时,条纹消失,所以

$$d \geqslant \frac{L}{2} = 1.59\times10^{-1}\ \text{m}$$

即镜子必须移动 $1.59\times10^{-1}$ m。

相当的波长数为 $\dfrac{d}{\lambda} = \dfrac{1.59\times10^{-1}}{6.4387\times10^{-9}} = 2.47\times10^5$(个)

**13-27** 平行光正入射后面置有会聚透镜的单缝,这是典型的单缝夫琅和费衍射。如果透镜与接收屏都不动,而将单缝向上或向下稍作移动,试问此时屏上的衍射条纹位置是否会发生变化?为什么?若只上下移动透镜,情况如何?

**解** 当将单缝向上或向下稍作移动时,屏上衍射条纹位置不变。因为在衍射暗纹公式 $a\sin\theta = k\lambda$ 中,$\theta$ 是入射透镜的衍射光与透镜主光轴的夹角。

只上下移动透镜,衍射条纹位置会随之上移或下移。因为主光轴对应水平位置处为零级衍射斑,其余条纹对称分布。

**13-28** 单缝衍射实验中,垂直入射的单色光波长为 $\lambda$,缝宽为 $10\lambda$,最多会观察到几级明条纹?如果缝宽为 $1\lambda$ 和 $100\lambda$ 呢?

**解**　单缝衍射暗纹公式为

$$a\sin\theta = \pm k\lambda \, (k = 1, 2, 3, \cdots)$$

当 $a = 10\lambda$、$1\lambda$、$100\lambda$ 时，只取一边计算，有

$$\sin\theta = \frac{k}{10}, k, \frac{k}{100}$$

因为 $|\sin\theta| \leqslant 1$，故最多分别观察到的明纹级数为 9 级、0 级、99 级。

**13-29**　在单缝衍射的屏幕上第一极小与第五极小之间的距离为 $3.50 \times 10^{-1}$ mm，狭缝到屏幕之间的距离为 40 cm，所用光的波长 $\lambda = 550$ nm。求缝宽 $a$。

**解**　设第一极小与第五极小在屏幕上到中央距离分别为 $y_1$、$y_5$。因为

$$\sin\theta_1 \approx \tan\theta_1 = \frac{y_1}{D}, \quad \sin\theta_5 \approx \tan\theta_5 = \frac{y_5}{D}$$

所以由单缝极小公式，有

$$a\sin\theta_5 - a\sin\theta_1 = 5\lambda - \lambda = 4\lambda, \quad 即 \quad a \cdot \frac{y_5 - y_1}{D} = 4\lambda$$

解得

$$a = \frac{4\lambda D}{y_5 - y_1} = \frac{4 \times 550 \times 10^{-9} \times 40 \times 10^{-2}}{3.50 \times 10^{-4}} \, \text{m} = 2.50 \, \text{mm}$$

**13-30**　波长分别为 $\lambda_1$ 与 $\lambda_2$ 的两束平面光波，通过单缝后形成衍射，$\lambda_1$ 的第一极小与 $\lambda_2$ 的第二极小重合。问：(1) $\lambda_1$ 与 $\lambda_2$ 之间关系如何？(2) 图样中还有其他极小重合吗？

**解**　(1) 根据单缝极小条件，有 $a\sin\theta_1 = \lambda_1$，$a\sin\theta_2 = 2\lambda_2$，因为 $\theta_1 = \theta_2$，所以 $\lambda_1 = 2\lambda_2$。

(2) 据 $a\sin\theta_1 = k_1\lambda_1$，$a\sin\theta_2 = k_2\lambda_2$ 可知，当有其他极小重合时，必定 $\theta_1 = \theta_2$，于是有 $k_1\lambda_1 = k_2\lambda_2$，而 $\lambda_1 = 2\lambda_2$，所以 $2k_1 = k_2$。即只要符合级数间的这个关系，相应级极小就会重合。

**13-31**　单缝缝宽 $a = 0.5$ mm，聚焦透镜的焦距 $f = 50.0$ cm，

入射光波长 $\lambda = 650.0$ nm。求第一级极小和第一级极大在屏幕上的位置(即距离中央的位置)。

**解** 对于极小,因为

$$a\sin\theta_k = \pm k\lambda \quad (k=1,2,\cdots)$$

当 $k=1$ 时,$\sin\theta_1 = \pm\dfrac{\lambda}{a} = \pm 0.0013$,而 $\theta_1$ 很小,所以

$$y_1 = f\theta_1 \approx f\sin\theta_1 = 50.0\times10^{-2}\times(\pm0.0013) \text{ m} = \pm0.65 \text{ mm}$$

由光强分布公式 $I = I_0\left(\dfrac{\sin\alpha}{\alpha}\right)^2$,取极值 $\dfrac{\mathrm{d}I}{\mathrm{d}\alpha}=0$,可得 $\alpha = \tan\alpha$(此时 $\alpha$ 值对应两边的极大),解得 $\alpha_1 = \pm1.4303\pi$。又由 $\alpha = \dfrac{\pi a\sin\theta}{\lambda}$,可得

$$\sin\theta_1' = \pm\frac{1.4303\lambda}{a} = \pm1.859\times10^{-3}$$

$$\theta_1' \approx \sin\theta_1' = \pm1.859\times10^{-3} \text{ rad}$$

所以第一级极大距离中央位置为

$$y_1' = f\theta_1' = \pm0.50\times1.859\times10^{-3} \text{ m} = \pm0.930 \text{ mm}$$

**13-32** 一束单色光自远处射来,垂直投射到宽度 $a = 6.00\times10^{-1}$ mm 的狭缝后,射在距缝 $D = 4.00\times10$ cm 的屏上。如距中央明纹中心距离为 $y = 1.40$ mm 处是明条纹,求:(1)入射光的波长;(2)$y = 1.40$ mm 处的条纹级数 $k$;(3)根据所求得的条纹级数 $k$,计算出此光波在狭缝处的波阵面可作半波波带的数目。

**解** 题中 $y = 1.40$ mm 处为明条纹,应用单缝明条纹公式

$$a\sin\theta = (2k+1)\frac{\lambda}{2}$$

因为 $D \gg a$,所以有 $\qquad \sin\theta \approx \tan\theta = \dfrac{y}{D}$

代入可得波长满足条件

$$a\cdot\frac{y}{D} = (2k+1)\frac{\lambda}{2}$$

由可见光范围 $\lambda = 400\times10^{-9} \sim 750\times10^{-9}$ m,可得 $k = 2.3\sim$

4.7。取整数 $k=3,4$。

$k=3$，波长 $\lambda_3=600\times10^{-9}$ m，红光，半波带数 $2k+1=7$ 条。

$k=4$，波长 $\lambda_4=467\times10^{-9}$ m，蓝光，半波带数 $2k+1=9$ 条。

**13-33**　抽丝机抽制细丝时可用激光监控其粗细。当激光束越过细丝时，所产生的衍射条纹和它通过遮光板上一条同样宽度的单缝所产生的衍射条纹一样。设所用 He-Ne 激光器所发激光波长为 632.8 nm，衍射图样投放在 2.65 m 远的屏上。如果细丝直径要求 1.37 mm，屏上两侧的两个第 10 级极小之间的距离应是多大？

**解**　由 $a\sin\theta_k=\pm k\lambda$ 和 $\sin\theta_k\approx\dfrac{x_k}{D}$ 可得 $x_k=\dfrac{D\lambda}{a}k$，所以

$$\Delta x=2x_{10}=2\times\frac{2.65\times632.8\times10^{-9}}{1.37\times10^{-3}}\times10\ \text{m}=2.45\times10^{-2}\ \text{m}$$

**13-34**　由杨氏双缝干涉可知，干涉图样中的各级明条纹，包括中央条纹在内，它们的光强都一样。为什么实际得到的干涉明条纹是中央的光强大，而两边光强依次减弱呢？

**解**　在实际中，双缝中的每一缝均有一定宽度，不可避免地存在单缝衍射效应，因而双缝干涉条纹要受其影响。

**13-35**　双缝衍射中，在入射光波长 $\lambda$ 不变的条件下，当缝宽 $a$ 变宽或缝间距 $d$ 变宽时，其条纹有何变化？

**解**　由单缝衍射公式可知，当缝宽 $a$ 增大时，衍射因子将向中心收缩，两边的条纹相比变暗。但此时若 $d$ 不变，则条纹间距不变。

当 $d$ 变宽时，由双缝干涉公式可知，相应级数条纹干涉角变小，所以条纹间距变窄并向中央靠拢，各级明暗略有不同变化。

**13-36**　入射光波长 $\lambda=550$ nm，投射到双缝上，缝间距 $d=0.15$ mm，缝宽 $a=0.30\times10^{-1}$ mm。问：(1) 在衍射中央极大包络线两侧第一极小之间有几条完整的条纹？(2) 中央包络线内一侧的第三条纹强度与中央条纹强度的比值是多大？

**解** （1）据缺级条件知，

$$\frac{\beta}{\alpha} = \frac{k}{k'} = \frac{d}{a} = \frac{0.15}{0.30 \times 10^{-1}} = 5$$

即衍射条纹中央包络线的两侧极小$(k'=1)$把干涉条纹第五级极大$(k=5)$调制得消失。因而完整条纹有

$$(2 \times 4 + 1) \, 条 = 9 \, 条$$

（2）因为中央一侧第三条干涉条纹对应于

$$\beta = k\pi = 3\pi, \quad \alpha = \frac{\beta}{5} = \frac{3\pi}{5}$$

所以
$$\frac{I}{I_m} = (\cos 3\pi)^2 \left[ \frac{\sin \frac{3}{5}\pi}{3\pi/5} \right]^2 = 0.25$$

**13-37** 欲使双缝夫琅和费图样中衍射包络线的中央极大恰好有 11 条干涉条纹，必须让缝间距 $d$ 与缝宽 $a$ 之间有什么关系？

**解** 要得到包络线中央极大内有 11 条干涉条纹，则需包络线的两侧极小落在 $k=6$ 的干涉条纹处，即 $k=6$ 缺级，所以应有

$$\frac{k}{k'} = \frac{d}{a} = 6$$

**13-38** 试证：双缝夫琅和费衍射图样中，中央包络线内的干涉条纹为 $\left( 2\dfrac{d}{a} - 1 \right)$ 条，式中，$d$ 是缝间距，$a$ 是缝宽。

**解** 因为 $\dfrac{d}{a} = \dfrac{\beta}{\alpha}$，所以 $\beta = \dfrac{d}{a}\alpha$。又单缝衍射中央明纹满足 $-\lambda \leqslant a\sin\theta \leqslant \lambda$，即 $-\pi \leqslant \alpha \leqslant \pi$，所以

$$\beta = -\left( \frac{d}{a} \right)\pi, \cdots, 0, \cdots, \left( \frac{d}{a} \right)\pi$$

也即出现 $2\left( \dfrac{d}{a} \right) + 1$ 个干涉极大。但因 $\beta = \pm\left( \dfrac{d}{a} \right)\pi$ 缺级，所以实际出现干涉极大条纹数为

$$\left[ 2\left( \frac{d}{a} \right) + 1 \right] - 2 = 2\left( \frac{d}{a} \right) - 1$$

**13-39**　一个光栅对于 680 nm 波长光的第一级主极大衍射角比对于 430 nm 波长光的第一级主极大衍射角大 20°，求它的光栅常数。

**解**　按光栅主极大公式有

$$d\sin\theta_1 = k_1\lambda_1 = \lambda_1, \quad d\sin(\theta_1 + 20°) = k_2\lambda_2 = \lambda_2$$

应用三角公式 $\sin(\alpha+\beta) = \sin\alpha\cos\beta + \cos\alpha\sin\beta$，有

$$\begin{aligned}
d\sin(\theta_1 + 20°) &= d\sin\theta_1\cos 20° + d\cos\theta_1\sin 20° \\
&= d\sin\theta_1\cos 20° + \sqrt{d^2 - (d\sin\theta_1)^2}\sin 20° \\
&= \lambda_1\cos 20° + \sqrt{d^2 - \lambda_1^2}\sin 20° = \lambda_2
\end{aligned}$$

解得

$$d^2 = \left(\frac{\lambda_2}{\sin 20°} - \frac{\lambda_1}{\tan 20°}\right)^2 + \lambda_1^2 = \left(\frac{680}{\sin 20°} - \frac{430}{\tan 20°}\right)^2 + (430)^2$$

$$= 806.7^2 + 430^2$$

所以　　　　　　　　　　　　$d = 914$ nm

**13-40**　从光源射出的光束垂直照射到衍射光栅上，若波长为 $\lambda_1 = 656.3$ nm 和 $\lambda_2 = 410.2$ nm 的两光线的最大值在 $\theta = 41°$ 处叠加，问衍射光栅常数为何值？

**解**　由光栅主极大公式有 $\sin\theta = \dfrac{k_1\lambda_1}{d} = \dfrac{k_2\lambda_2}{d}$

则　　　　　　　　　$\dfrac{k_2}{k_1} = \dfrac{\lambda_1}{\lambda_2} = \dfrac{656.3}{410.2} = 1.60$

因为 $k_1$ 与 $k_2$ 必须是整数，又取尽量小的级数，所以 $k_1 = 5, k_2 = 8$。

将 $k_1$、$\lambda_1$、$\theta$ 值代入 $d = \dfrac{k_1\lambda_1}{\sin\theta}$，得

$$d = \frac{k_1\lambda_1}{\sin\theta} = \frac{5 \times 656.3 \times 10^{-9}}{\sin 41°} \text{ m} = 5.00 \times 10^{-6} \text{ m}$$

**13-41**　有 6000 条刻线均匀分布在宽 2.00 cm 的范围内，若用 589.0 nm 波长的光入射这个光栅，问在哪些衍射角度方向出现主极大？

**解**　因为 $d = \dfrac{2.00 \times 10^{-2}}{6000}$ m,由主极大公式有

$$\sin\theta = k\,\frac{\lambda}{d} = k\,\frac{589.0 \times 10^{-9}}{2.00 \times 10^{-2}} \times 6000 = 0.1767k$$

而只有 $k \leqslant 5$ 时才能使 $\sin\theta < 1$。所以取 $k = 1,2,3,4,5$,可得

$$\theta = 10.2°,20.7°,32.0°,45.0°,62.1°$$

**13-42**　波长为 600 nm 的单色光垂直入射在一光栅上,第二级、第三级条纹分别出现在 $\sin\theta = 0.20$ 与 $\sin\theta = 0.30$ 处,第四级缺级。问:(1)光栅常数为多大?(2)狭缝宽度为多大?(3)按上述选定的 $a$、$d$ 值,在整个衍射范围内,实际呈现出的全部级数是多少?

**解**　(1)主极大公式为 $d\sin\theta = k\lambda$,据题意知,

$$k = 2,\quad \sin\theta = 0.20;\quad k = 3,\quad \sin\theta = 0.30$$

将 $k = 2, \sin\theta = 0.20$(或 $k = 3, \sin\theta = 0.30$)代入 $d\sin\theta = k\lambda$,可得

$$d = \frac{k\lambda}{\sin\theta} = \frac{2 \times 600 \times 10^{-9}}{0.20}\ \text{m} = 6.00 \times 10^{-6}\ \text{m}$$

(2)由缺级条件 $\dfrac{d}{a} = \dfrac{k}{k'}$,按题意知,$k' = 1, k = 4$,可得

$$a = d\,\frac{k'}{k} = 6.00 \times 10^{-6} \times \frac{1}{4}\ \text{m} = 1.50 \times 10^{-6}\ \text{m}$$

(3)因为 $d\sin\dfrac{\pi}{2} = k_{\max}\lambda$,所以

$$k < k_{\max} = \frac{d}{\lambda} = \frac{6.00 \times 10^{-6}}{600 \times 10^{-9}} = 10$$

出现的全部级数为 $0,\pm1,\pm2,\pm3,\pm5,\pm6,\pm7,\pm9$。其中第 10 级出现在无穷远处,第 4、8 级缺级。

**13-43**　波长为 600.0 nm 的单色光垂直照射在光栅常数 $d$ 为 900.0 nm 的光栅上。问:(1)衍射图样中主极大条纹数为多少?(2)若光栅上有 1000 条缝,这些主极大的角宽度为多大?

**解**　(1)由 $d\sin\theta = k\lambda$,得

$$\sin\theta = k\frac{\lambda}{d} = k\frac{600.0}{900.0} = \frac{2}{3}k$$

而 $\sin\theta \le 1$，所以　　　　　　　　$k = 0, \pm 1$

即只出现三条衍射条纹。

（2）中央主极大角宽度为

$$2 \cdot \Delta\theta_0 = 2 \cdot \frac{\lambda}{Nd} = 2 \times \frac{600.0}{1000 \times 900.0} \text{ rad} = 1.33 \times 10^{-3} \text{ rad}$$

一级主极大角宽度为

$$2 \cdot \Delta\theta_1 = 2 \cdot \frac{\lambda}{Nd\cos\theta_1} = \frac{1.33 \times 10^{-3}}{\sqrt{1 - \sin^2\theta_1}} = \frac{1.33 \times 10^{-3}}{\sqrt{1 - \left(\dfrac{2}{3}\right)^2}} \text{ rad}$$

$$= 1.78 \times 10^{-3} \text{ rad}$$

**13-44**　有一光栅，在 2.54 cm 的宽度上均匀分布 $10^4$ 条刻线。有束黄色钠光（由波长为 589.00 nm 与 589.59 nm 的光组成）垂直入射到光栅上。（1）求这束钠光中两光线第一级极大之间的角距离。（2）如果只是为了分辨第三级中钠双线问题，光栅应具有几条刻线？

**解**　（1）光栅色散公式为　　$D = \dfrac{\Delta\theta}{\Delta\lambda} = \dfrac{k}{d\cos\theta}$

由题意可知，$d = \dfrac{2.54 \times 10^{-2}}{10^4} \text{ m} = 2.54 \times 10^{-6} \text{ m}$

而第一级极大　　　　　　　$d\sin\theta_1 = k\lambda_1 = \lambda_1$

可得

$$\theta_1 = \arcsin\frac{\lambda_1}{d} = \arcsin\frac{589.0 \times 10^{-9}}{2.54 \times 10^{-6}} = 13°24'$$

所以两光线第一级极大之间的角距离为

$$\Delta\theta_1 = \frac{1 \times \Delta\lambda}{d\cos\theta_1} = \frac{1 \times 0.59 \times 10^{-9}}{2.54 \times 10^{-6} \times \cos 13°24'} \text{rad} = 0.014°$$

（2）由光栅分辨率公式　$R = \dfrac{\lambda}{\Delta\lambda} = Nk$

可知，$k = 3$ 时，　$N = \dfrac{\lambda}{3\Delta\lambda} = \dfrac{589.00}{3 \times 0.59}$ 条 = 333 条

**13-45** 钠黄光($\lambda = 589.3$ nm)垂直入射一衍射光栅,测得第二级谱线的偏角是 $10°11'$。如以另一波长的单色光垂直入射此光栅,它的第一级谱线的偏角是 $4°42'$,求此光的波长。

**解** 由光栅公式,据题意有 $d\sin 10°11' = 2\lambda$,$d\sin 4°42' = \lambda'$,解得

$$\lambda' = \frac{2\lambda}{\sin 10°11'}\sin 4°42' = 546.2 \text{ nm}$$

**13-46** 有一刻线区域总宽度为 $7.62$ cm、光栅常数 $d = 1.905 \times 10^{-6}$ m 的光栅。分别求出此光栅对于波长 $\lambda = 589.0$ nm 的光波的 $k = 1$、$2$、$3$ 三级的色散与分辨本领。

**解** 光栅色散的定义式为

$$D = \frac{\mathrm{d}\theta}{\mathrm{d}\lambda} = \frac{k}{d\cos\theta} = \frac{k}{d\sqrt{1 - \sin^2\theta}}$$

主极大公式为 $d\sin\theta = k\lambda$,代入上式可得

$$D = \frac{k}{d\sqrt{1 - \left(\frac{k\lambda}{d}\right)^2}} = \frac{1}{\sqrt{\left(\frac{d}{k}\right)^2 - \lambda^2}}$$

而分辨本领的定义式为 $R = kN$,其中

$$N = \frac{7.62 \times 10^{-2}}{1.905 \times 10^{-6}} = 40000$$

代入题中所给数值,可得

$k = 1$, $D = 5.52 \times 10^5$ rad/m, $R = 4.00 \times 10^4$

$k = 2$, $D = 1.34 \times 10^6$ rad/m, $R = 8.00 \times 10^4$

$k = 3$, $D = 4.21 \times 10^6$ rad/m, $R = 12.00 \times 10^4$

**13-47** 用晶格常数等于 $3.029 \times 10^{-10}$ m 的方解石来分析 X 射线的光谱,发现入射光与晶面的夹角 $\theta$ 为 $43°20'$ 和 $40°42'$ 时,各有一条主极大的谱线。求这两谱线的波长。

**解** 主极大即散射最强的条纹。由布喇格公式,取 $k = 1$,可得当 $\theta_1 = 43°20'$ 时,

$$\lambda_1 = 2d\sin\theta_1 = 4.147 \times 10^{-10} \text{ m}$$

当 $\theta_2 = 40°42'$ 时， $\lambda_2 = 2d\sin\theta_2 = 3.928 \times 10^{-10}$ m

**13-48** 在一块晶体表面投射单色的 X 射线，第一级的布喇格衍射角 $\theta = 3.4°$，问第二级反射出现在什么角度上？

**解** 因为 $2d\sin\theta = k\lambda$ $(k = 1, 2, 3, \cdots)$

据题意有 $2d\sin\theta_1 = \lambda$, $2d\sin\theta_2 = 2\lambda$

所以 $\sin\theta_2 = 2\sin\theta_1 = 2 \times \sin 3.4° = 0.1186, \theta_2 = 6.8°$

**13-49** 波长 $2.96 \times 10^{-1}$ nm 的 X 射线投射到一晶体上，观察到第一级反射极大偏离原射线方向 $31.7°$。试求相应于此反射极大的原子平面之间的距离。

**解** 布喇格公式为 $2d\sin\theta = k\lambda$

式中，$\theta$ 为掠射角。根据题意有 $\theta = \dfrac{31.7°}{2}, k = 1$，所以

$$d = \frac{\lambda}{2\sin\theta} = \frac{2.96 \times 10^{-1}}{2\sin\left(\dfrac{31.7°}{2}\right)} \text{ nm} = 5.42 \times 10^{-1} \text{ nm}$$

**13-50** 在地面上空 160 km 处绕地飞行的卫星，它对地面物体的分辨本领是 0.36 m。试问：如果只考虑衍射效应，该透镜的有效直径应为多大？设光波波长 $\lambda = 550$ nm。

**解** 最小分辨角为 $\delta\varphi = \theta_1 = 1.22\dfrac{\lambda}{D}$

题中给出 $\delta\varphi \times 160 \times 10^3 = 0.36$，所以

$$D = 1.22\frac{\lambda}{\delta\varphi} = 1.22 \times \frac{550 \times 10^{-9} \times 160 \times 10^3}{0.36} \text{ m} = 0.30 \text{ m}$$

**13-51** 波长 $\lambda$ 为 632.8 nm，直径为 2.00 mm 的激光光束从地球射向月球。月球到地面的距离为 $3.82 \times 10^5$ km。在不计大气影响的情况下，月球上的光斑有多大？若激光器的孔径由 2.00 mm 扩展到 1.00 m，此时月球上的光斑又为多大？

**解** 月球上的光斑为爱里斑，设其直径为 $d$，月球到地面的距离为 $L$，则有 $\dfrac{d/2}{L} = \theta_R = 1.22\dfrac{\lambda}{D}$，可得

$$d = 1.22 \frac{\lambda}{D} \times 2L = 1.22 \times \frac{632.8 \times 10^{-9}}{2.00 \times 10^{-3}} \times 2 \times 3.82 \times 10^{8} \text{ m}$$

$$= 2.95 \times 10^{5} \text{ m}$$

因为 $D$ 扩大为原来的 500 倍,所以光斑缩小为 $\frac{1}{500}$,即此时月球上的光斑直径为

$$2.95 \times 10^{5} \times \frac{1}{500} \text{ m} = 5.90 \times 10^{2} \text{ m}$$

**13-52** 经测定,通常情况下人眼的最小分辨角 $\theta_R$ 等于 $2.20 \times 10^{-4}$ rad。如果纱窗上两根细丝之间的距离为 $2.00$ mm,问能分辨得清的最远距离是多少?

**解** 设两细丝间距离为 $l = 2.00$ mm,人距纱窗的距离为 $L$,则由 $\theta_R = \frac{l}{L}$ 可得

$$L = \frac{l}{\theta_R} = \frac{2.00 \times 10^{-3}}{2.20 \times 10^{-4}} \text{ m} = 9.09 \text{ m}$$

**13-53** 用孔径为 $1.27$ m(直径)的望远镜,分辨双星的最小角距 $\theta$ 是多大? 假设有效波长为 540 nm。

**解** 由 $\theta_R = 1.22 \frac{\lambda}{D}$ 可得最小角距

$$\theta_{\min} = 1.22 \times \frac{540 \times 10^{-9}}{1.27} \text{ rad} = 5.20 \times 10^{-7} \text{ rad}$$

**13-54** 对角频率为 $\omega$,沿正 $z$ 轴方向传播,且振动面与 $Ozx$ 平面成 $30°$ 角的线偏振光,写出一个表示式。

**解** 设该波的标量振幅为 $E_0$,其中 $x$ 和 $y$ 分量分别为

$$E_{0x} = E_0 \cos 30° = 0.866E_0 , E_{0y} = E_0 \sin 30° = 0.500E_0$$

则　　$E(z,t) = (0.866E_0 \boldsymbol{i} + 0.500E_0 \boldsymbol{j}) \times \cos(kz - \omega t + \alpha)$

式中,常数 $\alpha$ 取决于初始条件。

**13-55** 用两个偏振片分别作为起偏振器和检偏振器,在它们的偏振化方向分别成 $\alpha_1 = 30°$ 和 $\alpha_2 = 45°$ 时,观测两束不同的入射自然光。设两透射光的强度相等,求两束自然光强度之比。

**解**　设两束自然光强度分别为 $I_{10}$、$I_{20}$，则透射光强度分别为

$$I_1 = \frac{1}{2}I_{10}\cos^2\alpha_1, \quad I_2 = \frac{1}{2}I_{20}\cos^2\alpha_2$$

由题知 $I_1 = I_2$，则可得

$$\frac{I_{10}}{I_{20}} = \frac{\cos^2\alpha_2}{\cos^2\alpha_1} = \frac{\cos^2 45°}{\cos^2 30°} = \frac{2}{3}$$

**13-56**　一束光是由线偏振光与自然光混合组成的，当它通过一理想偏振片时发现透射的光强随着偏振片偏振化方向的旋转而出现 5 倍的变化。求这光束中两光各占几分之几？

**解**　设光束中线偏振光强度为 $I_1$，自然光强度为 $I_2$，由题意有

$$I_1 + \frac{I_2}{2} = 5 \times \frac{I_2}{2}$$

解得 $I_1 = 2I_2$，即光束中线偏振光占 2/3，自然光占 1/3。

**13-57**　如果自然光的光强在通过 $P_1$ 与 $P_2$ 两偏振片后减少到原来的 $\frac{1}{4}$，则 $P_1$ 与 $P_2$ 的偏振化方向之间的夹角应该是多大？假定偏振片 $P_1$ 与 $P_2$ 都是理想的。

**解**　设自然光强度为 $I_0$，它通过 $P_1$ 后光强为 $I_1 = 0.5I_0$，通过 $P_2$ 后光强为

$$I_2 = I_1\cos^2\alpha = 0.5I_0\cos^2\alpha$$

据题意 $\frac{I_2}{I_0} = \frac{1}{4}$，所以得　$\cos^2\alpha = \frac{1}{2}$，　$\alpha = \pm 45°$

**13-58**　光强为 $I_0$ 的自然光投射到一组偏振片上，它们的偏振化方向的夹角是：$P_3$ 与 $P_2$ 为 30°，$P_2$ 与 $P_1$ 为 60°，则视场区的光强为多大？求 $P_2$ 拿掉后又是多大？

**解**　由马吕斯定律，有

$$I_3 = \left(\frac{1}{2}I_0\right)\cos^2 60° \cdot \cos^2 30° = \frac{I_0}{2}\left(\frac{1}{2}\right)^2\left(\frac{\sqrt{3}}{2}\right)^2 = \frac{3}{32}I_0$$

去掉 $P_2$ 后，有两种情况：
若 $\alpha = 60° + 30° = 90°$，则

$$I_3 = \frac{I_0}{2} \cos^2 90° = 0$$

若 $\alpha = 60° - 30° = 30°$，则

$$I_3 = \frac{I_0}{2} \cos^2 30° = \frac{3}{8} I_0$$

**13-59** 平行放置两偏振片，使它们的偏振化方向成 60°的夹角。(1) 如果两偏振片对光振动方向平行于其偏振化方向的光线均无吸收，自然光通过后，视场的光强与入射光强之比是多少？(2) 如果对上述能透过的光各吸收 10%，比值又是多少？(3) 今在 $P_1$ 与 $P_2$ 之间插入 $P_3$，且偏振化方向与前两者的偏振化方向均成 30°角，则比值变成多少？分别按无吸收与有吸收的情况再算一次。

**解** (1) 由马吕斯定律可得

$$I = \left(\frac{1}{2} I_0\right) \cos^2 60° = \frac{1}{8} I_0$$

(2) 据题意有

$$I = \left[\frac{1}{2} I_0 (1 - 10\%)\right] (1 - 10\%) \cos^2 60° = \frac{1}{10} I_0$$

(3) 无吸收时

$$I = \left[\left(\frac{1}{2} I_0\right) \cdot \cos^2 30°\right] \cos^2 30° = 0.28 I_0$$

有吸收时

$$I = \left[\frac{1}{2} I_0 (1 - 10\%)\right] [(1 - 10\%) \cos^2 30°]^2 = 0.21 I_0$$

**13-60** 在两个偏振化方向互为正交的偏振片之间有一个偏振片以角速度 $\omega$ 绕光传播方向旋转。证明：自然光通过这三块偏振片后在视场中的光强变化角频率为 $4\omega$，并有关系式 $I = \frac{I_0}{16}(1 - \cos 4\omega t)$。假设以上偏振片都是理想的。

**解** 设通过第一个偏振片后的光强为 $I_1$，旋转偏振片偏振化

方向与第一个偏振片偏振化方向夹角为 $\omega t$，则旋转偏振片偏振化

方向与第二个偏振片偏振化方向夹角为 $\frac{\pi}{2} - \omega t$，据马吕斯定律，有

$$I = I_1 \cos^2 \omega t \cos^2 \left( \frac{\pi}{2} - \omega t \right)$$

$$= I_1 \cos^2 \omega t \sin^2 \omega t = \frac{I_1}{4}(1 + \cos 2\omega t)(1 - \cos 2\omega t)$$

$$= \frac{I_1}{4}(1 - \cos^2 2\omega t) = \frac{I_1}{4}\left(1 - \frac{\cos 4\omega t + 1}{2}\right)$$

$$= \frac{I_1}{8}(1 - \cos 4\omega t)$$

又 $I_1 = \frac{I_0}{2}$，所以　　　　　　$I = \frac{I_0}{16}(1 - \cos 4\omega t)$

**13-61**　　如图所示，用点与短线箭头画在图中反射线与折射线上，以表明它们的偏振状态。图中的 $i_0$ 为起偏振角，$i \neq i_0$。

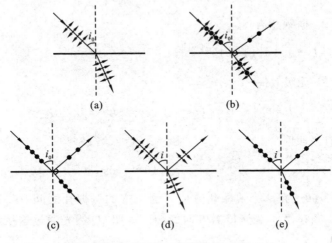

习题 **13-61** 图

**解**　　根据布儒斯特定律，当以布儒斯特角入射时，振动方向平行入射面的成分将全部透射，其光强反射率为零，即反射光中没有

平行入射面的振动成分,而垂直入射面的振动成分无论以何种入射角入射,均为一部分反射,另一部分折射。需注意入射光中没有的分量成分在反射光和折射光中也没有。因此,对于垂直入射面的振动成分,无论以何种角度入射,在反射、折射光中均出现;对于平行入射面的振动成分,以非布儒斯特角入射时,在反射、折射光中同样也出现;对于平行入射面的振动成分,以布儒斯特角入射时,只在折射光中出现。结果如图所示。

**13-62**　反射角为何值时,在水($n_水 = 1.33$)面上得到的反射光为线偏振光? 并求出此时的折射角。

**解**　入射角为布儒斯特角时,反射光为线偏振光,而反射角等于入射角,即等于 $i_B$,为

$$i_B = \arctan \frac{n_水}{n_空} = \arctan 1.33 = 53°4'$$

折射角为　　　　　　　　$\gamma = 90° - i_B = 36°56'$

**13-63**　一束光以 58° 角入射到一平面玻璃表面上时,反射光是完全偏振的,求:(1) 透射光束的折射角;(2) 玻璃的折射率。

**解**　(1) 折射角　$\gamma = 90° - i_B = 90° - 58° = 32°$

(2) 由布儒斯特定律　$\tan i_B = \frac{n_玻}{n_空}$

可得　　　　　　$n_玻 = n_空 \tan i_B = 1 \times \tan 58° = 1.60$

**13-64**　一块折射率为 1.517 的玻璃片,如图所示放在折射率为 1.333 的水中,并与水平面成 $\theta$ 夹角。要使在水平面与玻璃面上反射的都是完全偏振光,那么 $\theta$ 的值为多大?

**解**　由 $\tan i_{01} = \frac{n_水}{n_空} = 1.333$,可得

$i_{01} = \arctan 1.333 = 53.12°$

又由 $\tan i_{02} = \frac{n_玻}{n_水} = \frac{1.517}{1.333} = 1.138$,可得

$i_{02} = \arctan 1.138 = 48.7°$

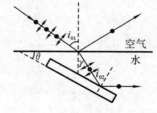

**习题 13-64 图**

根据布儒斯特定律可得　$i_{01}+\gamma=90°$

由几何关系知　$\theta+(90°+\gamma)+(90°-i_{02})=180°$

因此　　　　　　　$\theta=i_{01}+i_{02}-90°=11°46'$

**13-65**　晶体片的光轴平行于其表面,它对波长 525.0 nm 的光的折射率为 $n_o=2.356$ 与 $n_e=2.378$。如果这种波长的线偏振光透过晶体片合成为与偏振方向相同的线偏振光,问晶体片的最小厚度是多少?

　**解**　由于透射合成为线偏振光,则 o 光与 e 光的光程差最小为 $\lambda$,即有

$$(n_e-n_o)d=k\lambda=\lambda$$

所以　　　$d=\dfrac{\lambda}{n_e-n_o}=\dfrac{525.0\times10^{-9}}{2.378-2.356}\text{ m}=2.39\times10^{-5}\text{ m}$

**13-66**　一束很细的自然光以入射角 $i=45°$ 投射到方解石晶体上,晶体的光轴垂直纸面(如图所示,用点表示)。(1)当 $d=1.00$ cm 时,求两束光透射后在晶体表面的线距离 $l$。(2)这两束光线中,哪个是 o 光,哪个是 e 光? 将它们偏振的振动面用点与短线箭头标出。(方解石的折射率:$n_o=1.6534,n_e=1.4864$。)

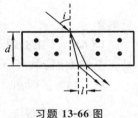

习题 13-66 图

　**解**　(1)设 o 光折射角为 $\gamma_o$,由折射定律 $n_空\sin i=n_o\sin\gamma_o$,可得

$$\sin\gamma_o=\frac{\sin i}{n_o},\quad \gamma_o=\arcsin\left(\frac{\sin 45°}{1.6534}\right)=25°14'$$

同理可得　　　　$\gamma_e=\arcsin\left(\frac{\sin 45°}{1.4864}\right)=28°24'$

所以　　　　$l=d(\tan\gamma_e-\tan\gamma_o)=6.95\times10^{-4}\text{ m}$

　(2)左边是 o 光,右边是 e 光。

　光线与光轴组成的平面为主平面,因此 o、e 两束光的主平面分别为穿过各自光线并垂直纸面的平面。由于 o 光振动方向垂直

于 o 光主平面,e 光振动方向平行于 e 光主平面,因此很容易得到
它们的各自振动方向。

**13-67** 晶体片的光轴与晶体表面平行,入射光线向晶体表面
垂直射入。问在以下各情况时透射光的各偏振状态如何?(1)入
射光是自然光;(2)入射光是线偏振光;(3)入射光是部分偏振
光;(4)入射光是椭圆偏振光;(5)入射光是振动面与光轴平行的
线偏振光。

**解** 根据惠更斯原理对双折射的解释可知,题中 o 光与 e 光
传播方向相同,传播速度不同。再由相位关系可判知:

(1)透射光为自然光。

(2)透射光一般为椭圆偏振光。

(3)透射光为部分偏振光。

(4)透射光一般为椭圆偏振光。

(5)透射光为线偏振光。

**13-68** 试用一块偏振片和一块 $\frac{\lambda}{4}$ 波片去鉴别自然光、部分偏
振光、线偏振光、圆偏振光与椭圆偏振光。

**解** 首先让光束分别通过偏振片,并旋转偏振片观察光强的
变化,出现消光(光强为零)现象的可判断为线偏振光;当旋转偏振
片光强不变时,则可判断为自然光或圆偏振光(称为第一组);当旋
转偏振片出现光强变化但不消光时,可判断为部分偏振光或椭圆
偏振光(称为第二组)。

然后让第一组依次通过 $\frac{\lambda}{4}$ 波片和偏振片,旋转偏振片出现消
光的,即入射偏振片的是线偏振光,则可判断为圆偏振光,否则为
自然光。因为圆偏振光通过 $\frac{\lambda}{4}$ 波片后变换为线偏振光,而自然光
通过 $\frac{\lambda}{4}$ 波片后偏振态不变。圆偏振光入射波片前其 o 光、e 光已

有 $\left(k+\dfrac{1}{2}\right)\pi$ 的位相差,再通过 $\dfrac{\lambda}{4}$ 波片后位相差又增加 $\dfrac{\pi}{2}$,则通过 $\dfrac{\lambda}{4}$ 波片后的位相差为 $k'\pi$,成为线偏振光。

最后让第二组同样依次通过 $\dfrac{\lambda}{4}$ 波片和偏振片,并且使波片的光轴方向沿光强极大或光强极小方向,旋转偏振片出现消光的,可判断为椭圆偏振光,否则为部分偏振光。因为当入射光为椭圆偏振光时,如果 $\dfrac{\lambda}{4}$ 波片光轴方向沿光强极大或光强极小方向,则此时的椭圆偏振光相对于光轴和垂直光轴方向为正椭圆,入射 $\dfrac{\lambda}{4}$ 波片前其 o 光、e 光的位相差同样为 $\left(k+\dfrac{1}{2}\right)\pi$,通过 $\dfrac{\lambda}{4}$ 波片后其位相差同样变为 $k'\pi$,即成为线偏振光。而部分偏振光通过 $\dfrac{\lambda}{4}$ 波片后偏振态不变。

**13-69**　如图所示,在两个偏振化方向互为正交的偏振片 $P_1$、$P_2$ 之间放进一块厚度 $d=1.713\times10^{-4}$ m 的晶片。此晶片的光轴平行于晶片表面,而且与 $P_1$、$P_2$ 的偏振化方向皆成 $45°$角。以 $\lambda=589.3$ nm 的自然光垂直入射到 $P_1$ 上,该晶片对此光的折射率 $n_o=1.658$、$n_e=1.486$。(1)说明 1、2、3 区域光的偏振态;(2)求 3 区域光强与入射光强 $I_0$ 之比;(3)若晶片 C 的光轴与晶片表面垂直,再次求 3 区域光强与入射光强 $I_0$ 之比。

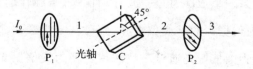

**习题 13-69 图**

**解**　(1)区域 1:自然光通过偏振片 $P_1$ 起偏,得线偏振光,其振

动面与 $P_1$ 的偏振化方向一致。

区域 2:晶片造成 o、e 光位相差

$$\Delta\varphi = \frac{2\pi}{\lambda}d(n_{\mathrm{o}} - n_{\mathrm{e}})$$

$$= \frac{2\pi}{589.3 \times 10^{-9}} \times 1.713 \times 10^{-4}(1.658 - 1.486)$$

$$= 100\pi$$

所以合成光还是线偏振光,且其振动面方向不变,与 $P_1$ 的偏振化方向相同。

区域 3:因 $P_1$ 的偏振化方向垂直于 $P_2$ 的偏振化方向,而区域 2 的线偏振光的振动方向与 $P_1$ 的偏振化方向一致,所以区域 3 无透射光。

(2) 由于区域 3 无光,所以 $\dfrac{I_3}{I_0} = 0$。

(3) 由于线偏振光沿晶片 C 光轴方向透过晶片,因此不发生双折射现象,o、e 两束光的折射率相同(均为 o 光的折射率),o、e 两束光不出现位相差,即在区域 2 仍然是偏振方向不变的线偏振光,同时此线偏振光与 $P_2$ 透振方向垂直,这样,无光透过 $P_2$,区域 3 光强仍为零,光强比值为零。

**13-70** 用一波长为 $\lambda$ 的单色光正交入射到用云母片做成的厚度为 $2.165 \times 10^{-5}$ m 的 $\dfrac{1}{4}$ 波片上,云母片对此光的两个折射率为 $n_1 = 1.6049$,$n_2 = 1.6117$,求此光波的波长。

**解** 光入射到云母片中分解成 o 光与 e 光,因为是 $\dfrac{\lambda}{4}$ 波长,因此,穿过云母片后两光的光程差为 $\dfrac{\lambda}{4}$。$\delta = d(n_2 - n_1) = \dfrac{\lambda}{4}$,即有

$$\lambda = 4d(n_2 - n_1) = 4 \times 2.165 \times 10^{-5}(1.6117 - 1.6049) \text{ m}$$

$$= 589.0 \times 10^{-9} \text{ m} = 589.0 \text{ nm}$$

**13-71** 如图(a)所示,一片偏振片和一片 $\dfrac{\lambda}{4}$ 波片粘合在一起,

并知道偏振片的偏振化方向与波片光轴方向成 $\frac{\pi}{4}$ 的夹角。此合成片上有一面称为 A 面,面对 A 面用相应的单色光入射,透过光由铝片反射回来,但看不到返回的光;如果将合成片翻过面来,即让 A 面对着铝片,就可看到返回的光。问 A 面是偏振片还是 $\frac{\lambda}{4}$ 波片?

**解**　以单色自然光入射,在两种情况下,其入射、返回偏振状态如图(b)所示,因此可知 A 面是偏振片。

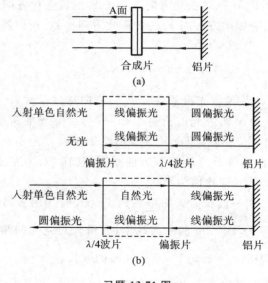

习题 13-71 图

**13-72**　在两个偏振化方向成 $30°$ 角的偏振片 $P_1$ 与 $P_2$ 之间放进一块 $\frac{\lambda}{4}$ 波片,其光轴与 $P_2$ 偏振化方向平行,如图所示。用光强为 $I_0$,相应波长为 $\lambda$ 的单色自然光垂直照射到 $P_1$ 上。(1)说明 1、2、3 区域光的偏振态;(2)求 3 区域的光强。

**解**　(1)区域 1:偏振片 $P_1$ 对自然光起偏,得到线偏振光,其振

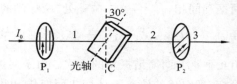

习题 13-72 图

动面与 $P_1$ 的偏振化方向一致。

区域 2：线偏振光的振动面与光轴夹角为 $\alpha = 30°$，且垂直光轴入射 $\frac{\lambda}{4}$ 波片。由于 $\alpha = 30°$，使得 o 光与 e 光振幅不等，而垂直入射 $\frac{\lambda}{4}$ 波片使得 o 光与 e 光透射后有恒定位相差 $\frac{\pi}{2}$，所以合成光是正椭圆偏振光。

区域 3：无论什么偏振态的光，$P_2$ 只允许与其偏振化方向平行的 $\boldsymbol{E}$ 矢量成分通过，所以区域 3 的光是与 $P_2$ 偏振化方向平行的线偏振光。

（2）假定波片无吸收，只有沿光轴（即 $P_2$ 透振方向）振动的成分通过，因此有

$$I_3 = \frac{I_0}{2}\cos^2 30° = \frac{3}{8}I_0$$

**13-73** 如图所示，在激光冷却技术中，用到一种"偏振梯度效应"。它是使强度和频率都相同、但偏振方向相互垂直的两束激光相向传播，从而在叠加区域能周期性地产生各种不同偏振态的光。设两束光分别沿 $+x$ 和 $-x$ 方向传播，光振动方向分别沿 $y$ 方向和 $z$ 方向。已知在 $x = 0$ 处的合成偏振态为线偏振态，光振动方向与 $y$ 轴成 $45°$。试说明沿 $+x$ 方向每经过 $\frac{\lambda}{8}$ 的距离处的偏振态。

**解** 设两束激光分别为

$$E_y = E_0\cos(\omega t - kx + \varphi_{10}), \quad E_z = E_0\cos(\omega t + kx + \varphi_{20})$$

由题意知，在 $x = 0$ 处，合成偏振态为线偏振态，光振动方向与 $y$

轴成 $45°$，则两振动同相，$\varphi_{10} = \varphi_{20}$。在 $x$ 处，两振动的位相差为

$$\Delta\varphi = \varphi_2 - \varphi_1 = 2kx + \varphi_{20} - \varphi_{10} = 2kx = 2 \times \frac{2\pi}{\lambda}x = \frac{4\pi}{\lambda}x$$

这是同频率相互垂直的两简谐振动的合成。由于两振动的位相差随 $x$ 的不同而变，即合成的轨迹随 $x$ 变化而变化，也即偏振态随 $x$ 变化而变化。当 $x = \frac{\lambda}{8}, \frac{2\lambda}{8}, \frac{3\lambda}{8}, \frac{4\lambda}{8}, \cdots$ 时，位相差为 $\Delta\varphi = \frac{\pi}{2}, \pi, \frac{3\pi}{2}, 2\pi, \cdots$，则对应有圆偏振、线偏振（与 $x=0$ 处振动方向不同）、圆偏振（与 $x = \frac{\lambda}{8}$ 处旋转方向相反）等。

**13-74** 在杨氏双缝干涉中，垂直入射的是平面单色自然光，在屏幕上得到干涉条纹。(1) 在双缝的后面贴放一偏振片，使双缝的光都通过它，此时有无干涉？若有的话，条纹有何变化？(2) 在其中一缝的偏振片后再贴放一片光轴与偏振片的偏振化方向成 $45°$ 的 $\frac{\lambda}{2}$ 波片，屏上的条纹又如何变化？

**解** 杨氏双缝干涉的光强分布公式为

$$I = 4I_0 \cos^2\left(\frac{\Delta\varphi}{2}\right)$$

(1) 加偏振片后，两缝通过的光振动方向一致，因此会产生干涉。但由于波长不变，缝间距不变，所以光强分布不变，即条纹位置不变。不过光强削弱了，因为通过偏振片后，各缝光强减半，即有

$$I = 4\left(\frac{I_0}{2}\right)\cos^2\left(\frac{\Delta\varphi}{2}\right)$$

(2) 由于加了 $\frac{\lambda}{2}$ 波片后使这束光的偏振方向转过了 $2\alpha = 2 \times 45° = 90°$，两束线偏振光的振动方向垂直，因此不可能产生干涉条纹。

# 第 14 章 早期量子论

## 一、内 容 提 要

### 1. 热辐射出射度

$$M_\lambda(T) = \frac{\mathrm{d}M(T)}{\mathrm{d}\lambda}, \quad M(T) = \int M_\lambda(T)\mathrm{d}\lambda$$

### 2. 黑体辐射实验定律

（1）斯特藩-玻尔兹曼定律：$M(T) = \sigma T^4$

式中，$\sigma$ 称斯特藩-玻尔兹曼常量，$\sigma = 5.670 \times 10^{-8}$ W·m$^{-2}$·K$^{-4}$。

（2）维恩位移定律：$T \cdot \lambda_m = b$

式中，$b$ 为维恩常量，$b = 2.898 \times 10^{-3}$ m·K。

### 3. 普朗克能量子假设

$$\varepsilon = h\nu, E = n\varepsilon \quad (n = 1, 2, \cdots)$$

式中，$h = 6.63 \times 10^{-34}$ J·s，称为普朗克常量。

### 4. 普朗克黑体辐射定律

$$M_\lambda(T) = \frac{2\pi h c}{\lambda^5} \frac{1}{\mathrm{e}^{\frac{hc}{kT\lambda}} - 1}$$

### 5. 爱因斯坦的光子方程

$$E = h\nu, \quad p = \frac{h}{\lambda}$$

### 6. 爱因斯坦光电方程

$$\frac{1}{2}mv_0^2 = h\nu - A$$

**7. 康普顿散射公式**

$$\Delta\lambda = \lambda - \lambda_0 = \frac{h}{m_0 c}(1 - \cos\varphi)$$

**8. 氢原子光谱的规律**

$$\tilde{\nu} = \frac{1}{\lambda} = R\left(\frac{1}{k^2} - \frac{1}{n^2}\right)$$

式中,$R = 1.0967758 \times 10^7$ m$^{-1}$,称为里德伯常量。

**9. 玻尔假设**

(1) 定态假设:原子系统中存在一系列分立能量 $E_1$,$E_2$,$E_3$,…的稳定状态,称为定态。处于定态的原子不辐射电磁波。

(2) 跃迁定则: $\qquad E_n - E_k = h\nu$

(3) 量子化条件 $\quad L = n \cdot \dfrac{h}{2\pi} \quad (n = 1, 2, \cdots)$

**10. 玻尔氢原子理论的结果**

(1) 量子化轨道半径:

$$r_n = \frac{\varepsilon_0 h^2}{\pi m e^2}n^2 = a_0 \cdot n^2 \quad (n = 1, 2, \cdots)$$

玻尔半径: $r_1 = \dfrac{\varepsilon_0 h^2}{\pi m e^2} = a_0 = 0.529 \times 10^{-10}$ m

(2) 量子化能级:

$$E_n = -\frac{me^4}{8\varepsilon_0^2 h^2} \cdot \frac{1}{n^2} \quad (n = 1, 2, \cdots)$$

基态能量: $\qquad E_1 = -\dfrac{me^4}{8\varepsilon_0^2 h^2} = -13.6$ eV

# 二、重点难点

**1.** 普朗克的能量子假设。

**2.** 爱因斯坦光电方程,爱因斯坦光子模型。

**3.** 康普顿散射公式。

**4.** 玻尔假设及玻尔理论对氢原子光谱的解释。

# 三、思考题及解答

**14-1**　任何物体都有热辐射现象,人们研究热辐射时,为什么强调一定要用黑体模型?

　　**答**　人们实验测量物体的热辐射时,总是受到物体表面反射电磁波的干扰,为了测量的准确,人们希望反射越少越好,最好是吸收系数等于 1,反射系数等于 0 的绝对黑体。但是理想黑体自然界并不存在,所以有人造空腔小孔的模型。

**14-2**　光的波动理论解释光电效应遇到了哪些困难?入射光频率低于红限频率时真的不能产生光电子吗?

　　**答**　光的波动理论解释光电效应时,主要有三个困难:(1)波动理论解释不了红限频率;(2)波动理论认为出射光电子的初动能由光强决定,但实验结果是光电子初动能由入射光频率决定;(3)波动理论认为能量积累需要时间,解释不了光电效应的瞬时性。当入射光的频率低于红限频率,电子如果同时吸收两个或多个光子能量时,似乎也能克服逸出功,有光电子出射,但是这种情况的概率太小,实验很难观测到。

**14-3**　光电效应和康普顿效应都是讲光子和电子的作用过程,它们有什么相同和不同?

　　**答**　光电效应和康普顿效应都涉及光子和电子的作用过程,但是它们有很大的不同。在光电效应中入射光为可见光或紫外线,其光子能量为 eV 量级,与原子中电子的束缚能相差不远,光子能量全部交给电子使之逸出,并且具有初动能,光电效应证实了此过程服从能量守恒定律;在康普顿效应中,入射光为 X 射线,光子能量为 $10^4$ 量级,远大于原子中电子的束缚能,外层电子可视为自由电子,作用过程可视为弹性碰撞,能量、动量均守恒,更有力地证实了光的粒子性。

**14-4** 玻尔理论的方法不能解释多电子原子的光谱,其局限性何在?

**答** 玻尔理论沿用了经典力学的"轨道"概念,这是玻尔理论的问题所在。按照现代量子理论,运动的微粒子具有波动性,我们不能测定粒子每一时刻的准确位置,因而不能用"轨道"概念来描述微粒子的运动。玻尔理论只是半量子半经典的过渡性理论。

# 四、习题及解答

**14-1** 设有一物体(可视作绝对黑体),其温度自 300 K 增加到 600 K,问其辐出度增加为原来的多少倍?

**解** 根据斯特藩-玻尔兹曼定律,黑体辐出度为
$$M(T) = \sigma T^4$$
故
$$\frac{M(T_2)}{M(T_1)} = \frac{\sigma T_2^4}{\sigma T_1^4} = \left(\frac{T_2}{T_1}\right)^4 = 2^4 = 16$$

**14-2** 从冶炼炉的小孔内发出热辐射,经测定,它相应于单色辐出度峰值的波长 $\lambda_m = 1.16 \times 10^{-4}$ cm,求炉内温度。

**解** 根据黑体辐射的维恩位移定律 $T \cdot \lambda_m = b$,其中 $b = 2.898 \times 10^{-3}$ m·K,为维恩常量。故
$$T = \frac{b}{\lambda_m} = \frac{2.898 \times 10^{-3}}{1.16 \times 10^{-6}} \text{ K} = 2.50 \times 10^3 \text{ K}$$

**14-3** 钾的光电效应红限波长是 $\lambda_0 = 6.2 \times 10^{-5}$ cm,求:(1)钾原子的逸出功;(2)在 $\lambda = 3.3 \times 10^{-5}$ cm 的紫外光照下,钾的遏止电压 $U_a$。

**解** (1)根据爱因斯坦光电方程 $\frac{1}{2}mv_0^2 = h\nu - A = 0$,有
$$A = h\nu_0 = \frac{hc}{\lambda_0} = \frac{6.63 \times 10^{-34} \times 3 \times 10^8}{6.2 \times 10^{-5} \times 10^{-2}} \text{ J}$$
$$= 3.2 \times 10^{-19} \text{ J} = 2 \text{ eV}$$

(2)根据遏制电压定义,由光电方程有

$$eU_a = \frac{1}{2}mv_0^2 = h\nu - A$$

即　　　　　　$$U_a = \frac{h\nu}{e} - \frac{A}{e} = \frac{hc}{e\lambda} - \frac{A}{e} = 1.77 \text{ V}$$

**14-4**　从铝中移出一个电子需要 4.2 eV 的能量,今有波长 200 nm 的光投射到铝表面上,问:(1) 由此发射出来的电子最大动能为多少?(2) 遏止电压 $U_a$ 为多少?(3) 铝的截止波长为多少?

**解**　(1)根据爱因斯坦光电方程,有

$$\frac{1}{2}mv_0^2 = h\nu - A = \frac{hc}{\lambda} - A$$

$$= \left( \frac{6.63 \times 10^{-34} \times 3 \times 10^8}{200 \times 10^{-9}} - 4.2 \times 1.6 \times 10^{-19} \right) \text{ J}$$

$$= 3.2 \times 10^{-19} \text{ J} = 2.0 \text{ V}$$

(2)根据遏制电压的定义,由光电方程有

$$eU_a = \frac{1}{2}mv_0^2 = h\nu - A = \frac{hc}{\lambda} - A$$

故　　　　　　$$U_a = \frac{2.0 \text{ eV}}{e} = 2.0 \text{ eV}$$

(3)铝的截止波长 $\lambda_0$ 为

$$\lambda_0 = \frac{c}{\nu_0} = \frac{hc}{A} = \frac{6.63 \times 10^{-34} \times 3 \times 10^8}{4.2 \times 1.6 \times 10^{-19}} \text{ m} = 296 \text{ nm}$$

**14-5**　(1)一米长被定义为 $^{86}$Kr 的橙色辐射波长的 1650763.73 倍。问这种辐射的光子所具有的能量是多少?(2)一个光子的能量等于一个电子的静止能量($m_0 c^2$),问该光子的频率、波长和动量是多少? 在电磁波谱中属于何种射线?

**解**　(1)$^{86}$Kr 的橙色波长为 $\lambda = \dfrac{1}{1650763.73}$ m $= 605$ nm,该波长光子的能量为

$$E = h\nu = \frac{hc}{\lambda} = \frac{6.63 \times 10^{-34} \times 3 \times 10^8}{605 \times 10^{-9}} \text{ J} = 3.28 \times 10^{-19} \text{ J}$$

(2)电子的静止能量 $E_0 = m_0 c^2 = 0.511$ MeV,若有光子的能

量等于 $E_0$ ,则其频率为

$$\nu = \frac{E_0}{h} = \frac{0.511 \times 10^6 \times 1.6 \times 10^{-19}}{6.63 \times 10^{-34}} \text{ Hz} = 1.24 \times 10^{20} \text{ Hz}$$

波长为       $\lambda = \frac{c}{\nu} = \frac{3 \times 10^8}{1.24 \times 10^{20}} \text{ m} = 0.0024 \text{ nm}$

动量为

$$p = \frac{E_0}{c} = \frac{0.511 \times 10^6 \times 1.6 \times 10^{-19}}{3 \times 10^8} \text{ kg} \cdot \text{m/s}$$

$$= 2.73 \times 10^{-22} \text{ kg} \cdot \text{m/s}$$

**14-6** 求:(1) 红色光($\lambda = 7.0 \times 10^{-5}$ cm);(2) X 射线($\lambda = 0.025$ nm);(3) γ 射线($\lambda = 1.24 \times 10^{-3}$ nm)的光子的能量、动量和质量。

**解** (1)红色光  $\lambda = 7 \times 10^{-5}$ cm $= 700$ nm

$$E = h\nu = \frac{hc}{\lambda} = \frac{6.63 \times 10^{-34} \times 3 \times 10^8}{700 \times 10^{-9}} \text{ J} = 2.84 \times 10^{-19} \text{ J}$$

$$p = \frac{E}{c} = \frac{2.8 \times 10^{-19}}{3 \times 10^8} \text{ kg} \cdot \text{m/s} = 9.47 \times 10^{-28} \text{ kg} \cdot \text{m/s}$$

$$m = \frac{E}{c^2} = 3.16 \times 10^{-36} \text{ kg}$$

(2)X 射线  $\lambda = 0.025$ nm

$$E = h\nu = \frac{hc}{\lambda} = 7.96 \times 10^{-15} \text{ J}$$

$$p = \frac{E}{c} = 2.65 \times 10^{-23} \text{ kg} \cdot \text{m/s}$$

$$m = \frac{E}{c^2} = 8.84 \times 10^{-32} \text{ kg}$$

(3)γ 射线  $\lambda = 1.24 \times 10^{-3}$ nm

$$E = h\nu = \frac{hc}{\lambda} = 1.6 \times 10^{-13} \text{ J}$$

$$p = \frac{E}{c} = 5.33 \times 10^{-22} \text{ kg} \cdot \text{m/s}$$

$$m = \frac{E}{c^2} = 1.78 \times 10^{-30} \text{ kg}$$

**14-7** 有一功率为 10 W 的单色光灯泡,每秒发射 $3.0 \times 10^{19}$ 个光子,试问发射光波的波长为多少?

**解** 该灯泡辐射的每个单色光子的能量为

$$E = \frac{P}{N} = \frac{10}{3.0 \times 10^{19}} \text{ J} = 3.33 \times 10^{-19} \text{ J}$$

单色光的波长为

$$\lambda = \frac{hc}{E} = 5.967 \times 10^{-7} \text{ m} = 596.7 \text{ nm}$$

**14-8** 如果入射光的波长从 400 nm 变到 300 nm,则从表面发射的光电子的遏止电压将变化多少?

**解** 根据遏制电压的定义和光电方程,有

$$eU_a = \frac{1}{2} m v_0^2 = h\nu - A, \quad \text{即} \quad U_a = \frac{hc}{e\lambda} - \frac{A}{e}$$

$$\Delta U_a = \frac{hc}{e} \cdot \frac{\lambda_1 - \lambda_2}{\lambda_1 \lambda_2} = 1.03 \text{ V}$$

**14-9** 波长 $\lambda = 0.0708$ nm 的 X 射线在石蜡上受到康普顿散射,求在 $\pi/2$ 和 $\pi$ 方向上散射的 X 射线波长各是多少?

**解** 根据康普顿散射公式 $\lambda = \lambda_0 + \frac{h}{m_0 c}(1 - \cos\varphi)$

式中,$\lambda_0 = 0.0708$ nm, $\lambda_c = \frac{h}{m_0 c} = 0.00243$ nm。

当 $\varphi = \frac{\pi}{2}$ 时, $\lambda = \lambda_0 = 0.0708$ nm

当 $\varphi = \pi$ 时, $\lambda = \lambda_0 + 2\lambda_c = 0.0756$ nm

**14-10** 已知 X 射线的能量为 0.60 MeV,在康普顿散射之后,波长变化了 20%,求反冲电子增加的能量。

**解** 由于碰撞过程中能量守恒,故电子增加的能量即等于 X 光子减少的能量

$$\Delta E = E - E' = \frac{hc}{\lambda} - \frac{hc}{\lambda'} = \frac{hc}{\lambda'} \cdot \frac{\Delta\lambda}{\lambda}$$

依题意,$\Delta\lambda/\lambda = 20\%$,即

$$E - E' = 0.2E', \quad E' = \frac{E}{1.2} = 0.5 \text{ MeV}$$

故　　　　　$\Delta E = E - E' = 0.1 \text{ MeV} = 1.6 \times 10^{-14} \text{ J}$

**14-11** 在康普顿散射中,入射光子的波长为 0.003 nm,反冲电子的速度为光速的 60%,求散射光子的波长及散射角。

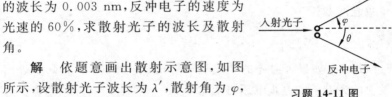

习题 14-11 图

**解** 依题意画出散射示意图,如图所示,设散射光子波长为 $\lambda'$,散射角为 $\varphi$,电子的散射角为 $\theta$,根据狭义相对论可得散射电子的动能和动量大小分别为

$$E_k = mc^2 - m_0 c^2 = (\gamma - 1)m_0 c^2 = 0.25\, m_0 c^2$$

$$p_e = mv = \gamma m_0 v = \frac{5}{4}m_0 \times 0.6c = \frac{3}{4}m_0 c$$

由光子和电子散射过程中能量守恒得

$$\frac{hc}{\lambda} - \frac{hc}{\lambda'} = E_k = \frac{1}{4}m_0 c^2$$

解得　　　　　$\lambda' = 4.34 \times 10^{-12} \text{ m} = 0.00434 \text{ nm}$

再由碰撞过程中动量守恒得

$$\frac{3}{4}m_0 c\sin\theta = \frac{h}{\lambda'}\sin\varphi$$

$$\frac{3}{4}m_0 c\cos\theta + \frac{h}{\lambda'}\cos\varphi = \frac{h}{\lambda}$$

联立两方程求解得　　　　　$\varphi = 62°18'$

**14-12** 在康普顿散射实验中,$\lambda_c = \dfrac{h}{m_0 c}$ 是电子的康普顿波长,在与入射方向成 120° 角的方向上散射光子与入射光子的波长差 $\Delta\lambda$ 是多少?

**解** 由康普顿散射公式有

$$\Delta\lambda = \lambda - \lambda_0 = \lambda_c(1 - \cos\varphi)$$

当 $\varphi = 120°$ 时， $\Delta\lambda = \lambda - \lambda_0 = 1.5\lambda_c$

**14-13** 试确定氢原子光谱中,位于可见光区(380~780 nm)的那些波长。

**解** 根据氢原子光谱的巴尔末公式 $\lambda = B\dfrac{n^2}{n^2-4}$ （$n=3$,4,5,6,…)可得:

当 $n=3$ 时, $\lambda_1 = 656.46$ nm

当 $n=4$ 时, $\lambda_2 = 486.24$ nm

当 $n=5$ 时, $\lambda_3 = 434.14$ nm

当 $n=6$ 时, $\lambda_4 = 410.27$ nm

当 $n=7$ 时, $\lambda_5 = 397.10$ nm

当 $n=8$ 时, $\lambda_6 = 389.00$ nm

当 $n=9$ 时, $\lambda_7 = 383.62$ nm

共有七条谱线位于可见光范围内。

**14-14** 试计算赖曼系的最短波长和最长波长(单位以 m 表示)。

**解** 根据氢原子赖曼系谱线公式 $\dfrac{1}{\lambda} = R\left(\dfrac{1}{1^2} - \dfrac{1}{n^2}\right)$ （$n=2$,3,4,…)可得:

当 $n=2$ 时, $\lambda_{\max} = 1.215 \times 10^{-7}$ m

当 $n=\infty$ 时, $\lambda_{\min} = 0.9117 \times 10^{-7}$ m

**14-15** 对处在第一激发态($n=2$)的氢原子,如果用可见光照射,能否使之电离?

**解** 根据玻尔氢原子能级公式 $E_n = \dfrac{E_1}{n^2}$,可知电离 $n=2$ 的第一激发态氢原子所需能量为

$$E = E_\infty - E_2 = 0 - \frac{E_1}{4} = \left[0 - \left(\frac{-13.6}{4}\right)\right] \text{eV} = 3.4 \text{ eV}$$

可见光光子能携带的最大能量为

$$E_{\max} = \frac{hc}{\lambda_{\min}} = 3.1 \text{ eV}$$

可见 $E_{\max} < E$，即可见光不能使第一激发态的氢原子电离。

**14-16**　用可见光照射能否使基态氢原子受到激发？如果改用加热的方式，需加热到多高温度才能使之激发？要使氢原子电离，至少需加热到多高温度？（提示：温度为 $T$ 时，原子的平均动能为 $E = 3kT/2$，并在碰撞中可交出动能的一半）

**解**　（1）氢原子从基态激发到 $n = 2$ 的第一激发态所需的激发能为

$$\Delta E = E_2 - E_1 = \frac{E_1}{4} - E_1 = -\frac{3}{4}E_1 = 10.2 \text{ eV}$$

而可见光光子的最大能量为　$E_{\max} = \frac{hc}{\lambda_{\min}} = 3.1 \text{ eV}$

因而，可见光不能使基态氢原子激发。

（2）依题意可知，氢原子热运动碰撞过程中交换的动能为

$$\Delta E = \frac{1}{2}E_{\mathrm{k}} = \frac{3}{4}kT \quad (k = 1.38 \times 10^{-23} \text{ J/K})$$

若要通过热碰撞激发基态氢原子，则

$$\Delta E = \frac{3}{4}kT \geqslant E_2 - E_1 = 10.2 \text{ eV}$$

解得　　　　　　　　$T_1 \geqslant 1.58 \times 10^5 \text{ K}$

同理，若要通过热碰撞使基态氢原子电离，则

$$\Delta E = \frac{3}{4}kT \geqslant |E_\infty - E_1| = 13.6 \text{ eV}$$

解得　　　　　　　　$T_2 \geqslant 2.10 \times 10^5 \text{ K}$

**14-17**　从 $\mathrm{He}^+$ 和 $\mathrm{Le}^{++}$ 中移去一个电子，求所需要的能量。

**解**　根据类氢原子能级公式

$$E_n = -\frac{mz^2e^4}{8\varepsilon_0^2 h^2} \cdot \frac{1}{n^2} = \frac{z^2 E_1}{n^2} \quad (n = 1, 2, \cdots)$$

可知，$\mathrm{He}^+$ 离子的能级分布为

$$E_n' = \frac{4E_1}{n^2} = \frac{-54.4}{n^2} \text{ eV}$$

所以，He$^+$ 的电离能为　　$-E_1'=54.4$ eV

同理，Li$^{++}$ 的电离能为　　$-E_1''=-9E_1=122.4$ eV

**14-18**　如果氢原子中电子从第 $n$ 轨道跃迁到第 $k=2$ 轨道，所发出光的波长为 $\lambda=487$ nm，试确定第 $n$ 轨道的半径。

**解**　先根据玻尔理论求出能级 $n$。

$$\frac{1}{\lambda}=\frac{E_n-E_k}{hc}=\frac{E_1}{hc}\left(\frac{1}{n^2}-\frac{1}{4}\right)$$

公式中代入 $\lambda=487$ nm，$E_1=-13.6$ eV，求得 $n=4$。再代入玻尔氢原子轨道半径公式，得

$$r_4=n^2 \cdot a_0=4^2\times0.53\times10^{-10}\text{ m}=8.48\times10^{-10}\text{ m}$$

**14-19**　按照玻尔理论求氢原子在第 $n$ 轨道上运动时的磁矩。证明电子在任何一轨道上运动时的磁矩与角动量之比为一常数。

**解**　根据玻尔理论，电子在圆周轨道上的绕行会构成圆形电流，轨道磁矩大小为

$$p_m=IS=e \cdot \frac{v_n}{2\pi r_n} \cdot \pi r_n^2=\frac{1}{2}ev_n r_n$$

代入玻尔理论的轨道半径公式和绕行速度公式，

$$v_n=\frac{e^2}{2\varepsilon_0 hn}, \quad r_n=\frac{\varepsilon_0 h^2}{\pi me^2} \cdot n^2$$

得

$$p_m=\frac{eh}{4\pi m} \cdot n$$

而电子绕核运动的轨道角动量为　　$L=mv_n r_n$

故有磁矩和角动量大小的比值为　　$\dfrac{p_m}{L}=\dfrac{e}{2m}$

**14-20**　氢原子被外来单色光激发后发出的光仅有三条谱线，问外来光的频率是多少？

**解**　依题意，被激发的原子只能发出三条谱线，说明基态氢原子被激发到 $n=3$ 的第二激发态上。外来激发光子的频率必须满足

$$h\nu=E_3-E_1$$

故

$$\nu=\frac{E_3-E_1}{h}=-\frac{8E_1}{9h}=2.925\times10^{15}\text{ Hz}$$

**14-21** 如果有一电子,远离质子时的速度为 $1.875 \times 10^6$ m/s,现被质子所捕获,放出一个光子而形成氢原子,如果在氢原子中电子处于第一玻尔轨道,求放出光子的频率。

**解** 以电子和质子所构成的系统在捕获过程中总能量守恒,由此可求得释放光子的频率为

$$h\nu = \frac{1}{2} m_e v^2 - E_1$$

代入 $h = 6.63 \times 10^{-34}$ J·s, $m_e = 9.11 \times 10^{-31}$ kg, $E_1 = -13.6 \times 1.6 \times 10^{-19}$ J,可得

$$\nu = 5.71 \times 10^{15} \text{ Hz}$$

**14-22** 具有能量 15 eV 的光子,为氢原子中处于第一玻尔轨道的电子所吸收而形成一个光电子,问此时光电子远离质子时的速度为多少?

**解** 基态氢原子的电离能为 $-E_1 = 13.6$ eV,电子吸收光子的能量电离后剩下的动能为

$$E_k = (15 - 13.6) \text{ eV} = 1.4 \text{ eV}$$

不考虑相对论效应,电子速度为

$$v = \sqrt{\frac{2E_k}{m}} = 7.01 \times 10^5 \text{ m/s}$$

**14-23** 氢介子原子是由一质子及一绕质子旋转,且带有与电子电量相等的介子组成,求介子处于第一轨道时与质子的距离。(介子的质量为电子质量的 210 倍。)

**解** 根据玻尔理论,类氢原子的轨道半径为

$$r_n = \frac{\varepsilon_0 h^2}{\pi m e^2} \cdot n^2 \quad (n = 1, 2, \cdots)$$

即

$$r'_n = \frac{m}{m'} \cdot r_n = \frac{r_n}{210}$$

故

$$r'_1 = \frac{r_1}{210} = 0.25 \times 10^{-12} \text{ m}$$

# 第 15 章　量子力学基础

## 一、内容提要

**1. 德布罗意物质波**

$$\lambda = \frac{h}{p}, \nu = \frac{E}{h}$$

**2. 自由粒子定态波函数**

$$\Psi(x,t) = \Psi_0 e^{-\frac{i}{\hbar}(Et-px)}$$

**3. 波函数的归一化条件**

$$\int |\psi|^2 dV = 1$$

**4. 波函数的概率解释**

$$|\Psi(x,t)|^2 = \frac{dN}{N dx}$$

表示粒子出现在 $x$ 点附近单位区间内的概率。

**5. 坐标和动量的不确定关系**

$$\Delta x \cdot \Delta p \geq \hbar$$

式中，$\Delta x$ 为粒子坐标的不确定范围，$\Delta p$ 为粒子动量的不确定范围。

**6. 定态薛定谔方程**

$$-\frac{\hbar^2}{2m}\frac{d^2\psi(x)}{dx^2} + V(x)\psi(x) = E\psi(x)$$

**7. 一维无限深势阱**

粒子波函数    $\psi_n = \sqrt{\dfrac{2}{a}} \sin \dfrac{n\pi}{a} x$    $(0 \leqslant x \leqslant a; n = 1, 2, \cdots)$

量子化能级    $E = \dfrac{n^2 \pi^2 \hbar^2}{2ma^2} = n^2 E_1$

**8. 一维线性谐振子的能量**

$$E = \left(n + \dfrac{1}{2}\right) h\nu \quad (n = 0, 1, 2, \cdots)$$

**9. 氢原子的四个量子数**

(1) 主量子数 $n$：给出能量。

$$E_n = -\dfrac{13.6}{n^2} \text{ eV} \quad (n = 1, 2, \cdots)$$

(2) 轨道角量子数 $l$：给出电子轨道角动量的大小。

$$L_l = \sqrt{l(l+1)}\, \hbar \quad (l = 0, 1, 2, \cdots, n-1)$$

(3) 轨道磁量子数 $m_l$：给出电子轨道角动量在外磁场方向上的投影。

$$L_{l,z} = m_l \hbar \quad (m_l = 0, \pm 1, \pm 2, \cdots, \pm l)$$

(4) 自旋磁量子数 $m_s$：给出电子自旋角动量在外磁场方向上的投影。

$$L_{s,z} = m_s \hbar, \quad m_s = \dfrac{1}{2}, -\dfrac{1}{2}$$

**10. 电子自旋**

自旋角动量大小 $L_s = \sqrt{s(s+1)}\hbar$, $s$ 为自旋量子数, $s = \dfrac{1}{2}$。

**11. 原子的壳层结构**

(1) 能量最小原理

(2) 泡利不相容原理

能级 $n$ 的量子态数    $\displaystyle\sum_{l=0}^{n-1} 2(2l+1) = 2n^2$

# 二、重点难点

**1.** 波函数的概率解释。

**2.** 坐标和动量的不确定关系。

**3.** 氢原子的四个量子数。

# 三、思考题及解答

**15-1**　一束单色光射在半反射分束器后,一半能流反射到光电池 1 上,另一半能流反射到光电池 2 上。令两光电池的遏止频率皆为 $\nu_0$,且 $\nu_0 < \nu$。现在设想我们利用这一装置做微弱光流实验,即光源如此之弱,同时只有一个光子到达光电池。试问:(1)达到每个光电池的光子的能量是 $h\nu$ 还是 $h\nu/2$? 频率是 $\nu$ 还是 $\nu/2$? (2)如果把图

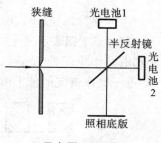

**思考题 15-1 图**

中的光电池换为反射镜,以组成一台迈克耳孙干涉仪,仍让光子一个一个地通过仪器,在照相底版上能否记录到干涉条纹?

**答**　(1) 到达两个光电池的光子能量都是 $h\nu$,而概率各为 $1/2$。

(2) 起初光子在照相底版上的落点似乎无规则,长时间积累形成干涉条纹。

**15-2**　如果普朗克常数 $h \to 0$,对波粒二象性会有什么影响?

**答**　如果 $h \to 0$,粒子的德布罗意波长 $\lambda = \dfrac{h}{p} \to 0$,则粒子不会显示波动性;光子的能量 $E = h\nu \to 0$,则光不会显示粒子性。所以,当 $h \to 0$ 时,光波就是光波,粒子只是粒子,都不再具有波粒二象性。

**15-3** 图中表示电子在场中运动的四种情况。(a)沿和电场方向相反的方向运动,(b)沿电场方向运动,(c)沿磁场方向运动,(d)沿垂直于磁场方向运动。在每一种情况中,电子的德布罗意波长是增大、减小还是不变?

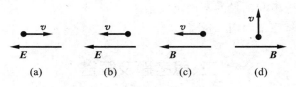

思考题 15-3 图

**答**　(a)减小;(b)增大;(c)不变;(d)不变

**15-4** 下图表示三个宽度为 $L,2L,3L$ 的无限深势阱:每个阱中都有一个电子处于 $n=10$ 的态。从大到小对三个阱排序,根据(1)电子概率密度的极大值的个数和(2)电子的能量。

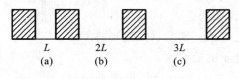

思考题 15-4 图

**答**　(1)全相同;(2)(a),(b),(c)

**15-5** 设质量为 $m$ 的粒子在下式给出的一维无限深势阱中运动:

$$U(x) = \infty \quad (x \leqslant 0, \quad x \geqslant a)$$
$$U(x) = 0 \qquad (0 < x < a)$$

试用德布罗意的驻波条件,求该粒子能量的可能取值。

**解**　利用德布罗意关系 $p = \dfrac{h}{\lambda}$,可得 $E = \dfrac{p^2}{2m} = \dfrac{h^2}{2m\lambda^2}$,再利用德布罗意的驻波条件 $a = n\dfrac{\lambda}{2}(n=1,2,\cdots)$,可得 $\lambda = \dfrac{2a}{n}$,由此立即得出,粒子能量的可能取值为

$$E = \frac{h^2}{2m\lambda^2} = \frac{h^2 n^2}{8ma^2} \quad (n = 1, 2, \cdots)$$

应该注意到,这里的粒子并非光子,不能用关系式

$$\lambda = \frac{c}{\nu} \quad \text{或} \quad E = h\nu = h\frac{c}{\lambda}$$

**15-6** 比较一下玻尔氢原子图像和由薛定谔方程的解得出的图像,有哪些相似之处?有哪些不同之处?

**答** 氢原子的基态能量 $E_1 = -\frac{me^4}{8\varepsilon_0^2 h^2} = -13.6$ eV,玻尔氢原子基态能量和量子力学的薛定谔方程得出的值是相同的。

玻尔理论指出电子绕核运动的轨道角动量是量子化的,其值为 $L = n\frac{h}{2\pi}$,基态角动量值为 $L = \frac{h}{2\pi}$,不为 0。而由薛定谔方程得到氢原子中电子的轨道角动量 $L = \sqrt{l(l+1)}\frac{h}{2\pi}$,$l = 0, 1, \cdots, n-1$,基态角动量值为 0,两者不相同。实验表明薛定谔方程的结果是正确的。

# 四、习题及解答

**15-1** (1)写出实物粒子德布罗意波长与粒子动能 $E_k$ 和静止质量 $m_0$ 的关系。(2)证明:当 $E_k \ll m_0 c^2$ 时,$\lambda = \frac{h}{\sqrt{2E_k m_0}}$;当 $E_k \gg m_0 c^2$ 时,$\lambda \approx \frac{hc}{E_k}$。(3)计算动能分别为 0.01 MeV 和 1 GeV 的电子的德布罗意波长(1 MeV $= 10^6$ eV,1 GeV $= 10^9$ eV)。

**解** (1)实物粒子的总能量 $E = E_k + m_0 c^2$,再由能量动量关系式 $E^2 = p^2 c^2 + m_0^2 c^4$,得到

$$p = \frac{\sqrt{E_k^2 + 2m_0 c^2 E_k}}{c}$$

德布罗意波长　　　　　$\lambda = \dfrac{h}{p} = \dfrac{hc}{\sqrt{E_k^2 + 2m_0 c^2 E_k}}$

（2）当 $E_k \ll m_0 c^2$ 时，

$$p = \frac{\sqrt{E_k^2 + 2m_0 c^2 E_k}}{c} \approx \sqrt{2m_0 E_k}, \lambda = \frac{h}{p} = \frac{h}{\sqrt{2m_0 E_k}}$$

当 $E_k \gg m_0 c^2$ 时，　　$p = \dfrac{\sqrt{E_k^2 + 2m_0 c^2 E_k}}{c} \approx \dfrac{E_k}{c}, \lambda = \dfrac{h}{p} = \dfrac{hc}{E_k}$

（3）电子的静止能量 $m_0 c^2 = 0.511$ MeV。

$E_k = 0.01$ MeV $\ll m_0 c^2$，$\lambda = \dfrac{h}{\sqrt{2m_0 E_k}} = 1.23 \times 10^{-11}$ m

$E_k = 1$ GeV $\gg m_0 c^2$，$\lambda = \dfrac{hc}{E_k} = 1.24 \times 10^{-15}$ m

**15-2**　求下列情况下中子的德布罗意波长。（1）被温度为 3 K 的液氮冷冻着的、动能等于 $\dfrac{3kT}{2}$ 的中子；（2）室温（取 $T = 300$ K）下的中子（称热中子。中子质量为 $m_n = 1.67 \times 10^{-27}$ kg）。

**解**　（1）冷冻中子的动量 $p = \sqrt{2mE_k} = \sqrt{3mkT}$，德布罗意波长

$$\lambda = \frac{h}{p} = \frac{h}{\sqrt{3mkT}} = 1.46 \text{ nm}$$

（2）$T = 300$ K 的热中子依然是低速运动，不考虑相对论效应，有

$$\lambda = \frac{h}{p} = \frac{h}{\sqrt{3mkT}} = 0.146 \text{ nm}$$

**15-3**　经 206 V 的加速电势差后，一个带有单位电荷的粒子，其德布罗意波长为 0.002 nm，求这个粒子的质量，并指出它是何种粒子。

**解**　依题意，加速粒子的动能 $E_k = eU$，而

$$\lambda = \frac{h}{p} = \frac{h}{\sqrt{2mE_k}} = \frac{h}{\sqrt{2meU}}$$

代入数据 $\lambda = 0.002$ nm，$h = 6.63 \times 10^{-34}$ J·s，$e = 1.6 \times 10^{-19}$

C,$U = 206$ V,得 $m = 1.67 \times 10^{-27}$ kg,是质子。

**15-4**　一束光的波长 $\lambda = 400$ nm,光子质量是多少？动量是多少？若一电子的德布罗意波长也是 400 nm,不考虑相对论效应,电子的速度是多少？

**解**　(1)
$$E = h\nu = \frac{hc}{\lambda} = mc^2$$

$$m = \frac{h}{\lambda c} = 5.53 \times 10^{-36} \text{ kg}$$

$$p = \frac{E}{c} = mc = 1.66 \times 10^{-27} \text{ kg} \cdot \text{m/s}$$

(2) 该电子的动量　$p = \dfrac{h}{\lambda} = 1.66 \times 10^{-27}$ kg · m/s

其速度大小为　$v = \dfrac{p}{m_e} = \dfrac{1.66 \times 10^{-27}}{9.11 \times 10^{-31}}$ m/s $= 1.82 \times 10^3$ m/s

**15-5**　在戴维逊-革末实验中,电子的能量至少应为 $\dfrac{h^2}{8m_e d^2}$。如果所用镍晶体的散射平面间距 $d = 0.091$ nm,则所用电子的最小能量是多少？

**解**　将常数 $h = 6.63 \times 10^{-34}$ J · s,$m_e = 9.11 \times 10^{-31}$ kg,$d = 0.091$ nm $= 0.91 \times 10^{-10}$ m 代入最小能量公式,得

$$E_{\min} = \frac{h^2}{8m_e d^2} = 72.9 \times 10^{-19} \text{ J} = 45.5 \text{ eV}$$

**15-6**　一个粒子沿 $x$ 方向运动,可以用下列波函数描述:

$$\psi(x) = \frac{C}{1 + \mathrm{i}x} \quad (\mathrm{i} = \sqrt{-1})$$

(1) 由归一化条件求出常数 $C$;(2) 求概率密度函数;(3) 粒子在什么地方出现的概率最大?

**解**　(1) 粒子波函数为

$$\psi(x) = \frac{C}{1 + \mathrm{i}x} = C\frac{1 - \mathrm{i}x}{1 + x^2}, \psi^*(x) = C\frac{1 + \mathrm{i}x}{1 + x^2}$$

根据归一化条件,有

$$\int_{-\infty}^{\infty} \psi(x) \cdot \psi^*(x) \mathrm{d}x = 1, \quad 即 \quad \int_{-\infty}^{\infty} \frac{C^2}{1+x^2} \mathrm{d}x = 1$$

得到
$$C = \frac{1}{\sqrt{\pi}}$$

（2）概率密度定义为

$$\rho(x) = \psi(x) \cdot \psi^*(x) = \frac{C^2}{1+x^2} = \frac{1}{\pi} \cdot \frac{1}{1+x^2}$$

（3）由（2）可知当 $x=0$ 时，$\rho(x)$ 有极大值，粒子出现在该点附近的概率最大，且为

$$\rho_{\max} = \frac{1}{\pi}$$

**15-7**　已知一维运动粒子的波函数为

$$\psi(x) = \begin{cases} A x \mathrm{e}^{-\lambda x} & (x \geqslant 0) \\ 0 & (x < 0) \end{cases}$$

式中 $\lambda > 0$。试求：（1）归一化常数 $A$ 和归一化波函数；（2）该粒子位置坐标的概率分布函数（即概率密度）；（3）在何处找到粒子的概率最大。（提示：$\int_0^{\infty} x^n \mathrm{e}^{-\alpha x} \mathrm{d}x = \dfrac{n!}{\alpha^{n+1}}$ 。）

**解**　（1）根据归一化条件有

$$\int_{-\infty}^{\infty} |\psi(x)|^2 \mathrm{d}x = \int_{-\infty}^{\infty} A^2 x^2 \mathrm{e}^{-2\lambda x} \mathrm{d}x = 1$$

由提示给出的积分公式得到

$$A^2 \cdot \frac{1}{4\lambda^3} = 1, A = 2\lambda^{3/2}$$

归一化波函数为

$$\psi(x) = \begin{cases} 2\lambda^{3/2} x \mathrm{e}^{-\lambda x}, & x \geqslant 0 \\ 0, & x < 0 \end{cases}$$

（2）概率分布函数为

$$\rho(x) = |\psi(x)|^2 = \begin{cases} 4\lambda^3 x^2 \mathrm{e}^{-2\lambda x}, & x \geqslant 0 \\ 0, & x < 0 \end{cases}$$

（3）概率最大位置满足 $\dfrac{\mathrm{d}\rho(x)}{\mathrm{d}x} = \dfrac{\mathrm{d}|\psi(x)|^2}{\mathrm{d}x} = 0$，即 $8\lambda^3 x e^{-2\lambda x}$ $(1-\lambda x)=0$，解得

$$x_1 = 0, \quad x_2 = \frac{1}{\lambda}, \quad x_3 = \infty$$

又 因 为 $\dfrac{\mathrm{d}^2|\psi(x)|^2}{\mathrm{d}x^2}\bigg|_{x_1=0} > 0$，$\dfrac{\mathrm{d}^2|\psi(x)|^2}{\mathrm{d}x^2}\bigg|_{x_3=\infty} > 0$，只有 $\dfrac{\mathrm{d}^2|\psi(x)|^2}{\mathrm{d}x^2}\bigg|_{x_2=\frac{1}{\lambda}} < 0$，所以粒子在 $x = \dfrac{1}{\lambda}$ 处取得极大值，即在 $x = \dfrac{1}{\lambda}$ 处发现粒子的概率最大。

**15-8** 根据描写自由粒子的波函数，求出粒子概率密度与空间坐标的关系，并讨论其意义。

**解** 自由粒子的波函数为

$$\psi(\boldsymbol{r},t) = A e^{\mathrm{i}(\boldsymbol{p}\cdot\boldsymbol{r}-Et/\hbar)}$$

其空间概率密度的分布为

$$\rho = \psi \cdot \psi^* = A^2 = 常数$$

这说明自由粒子出现在空间各点的概率是一样的。

**15-9** 铀核的线度为 $7.2 \times 10^{-15}$ m。根据不确定关系估算：（1）核中的 α 粒子（$m_\alpha = 6.7 \times 10^{-27}$ kg）的动量值和动能值各约是多少？（2）一个电子在核中动能的最小值约是多少 MeV（$m_e = 9.11 \times 10^{-31}$ kg）？

**解** 根据不确定关系进行估算。取铀核的线度为粒子位置的不确定值，即 $\Delta x = d = 7.2 \times 10^{-15}$ m，由不确定关系式 $\Delta p_x \Delta x \geqslant \dfrac{h}{4\pi}$，得 $\qquad p_{min} = \Delta p_{min} = \dfrac{h}{4\pi d} = 7.3 \times 10^{-21}$ kg·m/s

取粒子的动量 $p = 7.3 \times 10^{-21}$ kg·m/s。

（1）若核内有 α 粒子，$m_\alpha = 6.7 \times 10^{-27}$ kg，则

$$cp = 3 \times 10^8 \times 7.3 \times 10^{-21} \text{ J} = 2.19 \times 10^{-12} \text{ J}$$

$$m_\alpha c^2 = 6.7 \times 10^{-27} \times (3 \times 10^8)^2 \text{ J} = 6.03 \times 10^{-10} \text{ J}$$

由于 $cp$ 项比 $m_\alpha c^2$ 项小两个数量级，作为估算可以不考虑相

对论效应,故

$$E_k = \frac{p^2}{2m_\alpha} = 3.97 \times 10^{-15} \text{ J} = 2.5 \times 10^4 \text{ eV}$$

(2)若核内有电子,$m_e = 9.11 \times 10^{-31}$ kg,则

$$cp = 3 \times 10^8 \times 7.3 \times 10^{-21} \text{ J} = 2.19 \times 10^{-12} \text{ J}$$

$$m_e c^2 = 0.511 \times 10^6 \times 1.6 \times 10^{-19} \text{ J} = 8.2 \times 10^{-14} \text{ J}$$

由于 $cp$ 项比 $m_e c^2$ 项大两个数量级,必须考虑相对论效应。作为估算,取

$$E_k = pc = 7.3 \times 10^{-21} \times 3 \times 10^8 \text{ J}$$
$$= 21.9 \times 10^{-13} \text{ J} = 13.7 \text{ MeV}$$

**15-10**　氦氖激光器所发出的红光波长 $\lambda = 632.8$ nm,谱线宽度 $\Delta\lambda = 10^{-9}$ nm。试求该光子沿运动方向的位置不确定量(即波列长度)。

**解**　由德布罗意关系式 $p = \dfrac{h}{\lambda}$,有

$$\Delta p = \frac{h}{\lambda^2} \Delta\lambda$$

代入不确定关系式　　　　　$\Delta x \Delta p \geqslant \dfrac{h}{4\pi}$

得　　　　　　　　　　$\Delta x \geqslant \dfrac{h}{4\pi \Delta p} = \dfrac{\lambda^2}{4\pi \Delta\lambda}$

代入数值得　　　　　　　$\Delta x = 31.9$ km

**15-11**　在一维无限深势阱中的粒子,已知势阱宽度为 $a$,粒子质量为 $m$。试用不确定关系式估计其零点能量。(提示:利用 $\Delta p \Delta x \geqslant \dfrac{\hbar}{2}$。)

**解**　依据不确定关系式 $\Delta x \Delta p \geqslant \dfrac{\hbar}{2} = \dfrac{h}{4\pi}$,取 $\Delta x = a$,$\Delta p = p - 0 = p$,即

$$\Delta p = p \geqslant \frac{h}{4\pi a}$$

再将 $p = \sqrt{2mE_k}$ 代入上式得

$$E_k \geqslant \frac{h^2}{32\pi^2 ma^2}$$

**15-12** 利用不确定关系式估计氢原子基态的结合能和第一玻尔半径。（提示：写出总能量的正确表示式。然后利用不确定关系式 $\Delta p \Delta r \geqslant \dfrac{h}{2\pi}$ 分析使能量为最小的条件。）

**解** 依据玻尔理论，基态氢原子的能量应该是电子动能与原子系统势能之和，即

$$E = \frac{p^2}{2m} - \frac{e^2}{4\pi\varepsilon_0 r}$$

再由不确定关系式 $\qquad \Delta p \Delta r \geqslant \dfrac{h}{2\pi}$

取最小值 $\qquad \Delta p = p - 0 = p, \quad \Delta r = r - 0 = r$

得 $\qquad p = \dfrac{h}{2\pi r}$

代入能量表示式得 $\quad E = \dfrac{h^2}{8\pi^2 mr^2} - \dfrac{e^2}{4\pi\varepsilon_0 r} \qquad ①$

因为基态能量最低，故该能量表示式有极值的条件是

$$\frac{\mathrm{d}E}{\mathrm{d}r} = 0$$

求解得 $\qquad r = a_0 = \dfrac{\varepsilon_0 h^2}{\pi m e^2} \qquad ②$

再代入能量表示式（将②式代入①式）得

$$E_1 = -\frac{1}{8} \cdot \frac{me^4}{\varepsilon_0^2 h^2} = -13.6 \text{ eV}$$

结合能 $\qquad E' = -E_1 = 13.6 \text{ eV}$

**15-13** 试用不确定关系式估计在原子序数为 $Z$ 的轻元素中，电子最靠近核的总能量。（提示：利用 $\Delta p \Delta r \geqslant \dfrac{h}{2\pi}$。）

**解** 根据玻尔理论，类氢原子的总能量表示式为

$$E = \frac{p^2}{2m} - \frac{Ze^2}{4\pi\varepsilon_0 r}$$

式中,动量 $p$ 可由不确定关系式估算:

$$\Delta p \Delta r \geqslant \frac{h}{2\pi}$$

取最小值有

$$p = \frac{h}{2\pi r}$$

代入能量表示式,有

$$E = \frac{h^2}{8\pi^2 m r^2} - \frac{Ze^2}{4\pi\varepsilon_0 r} \qquad ①$$

该能量表示式有极值的条件是　　$\dfrac{\mathrm{d}E}{\mathrm{d}r} = 0$

解之得

$$r = \frac{\varepsilon_0 h^2}{\pi Z m e^2} \qquad ②$$

将②式代入①式得

$$E_{\min} = -\frac{Z^2 m e^4}{8\varepsilon_0^2 h^2}$$

**15-14**　一个质量为 $m$ 的粒子被限制在长度为 $L$ 的一维线段上,试根据物质波的解释,说明这个粒子的能量只能取分立值。

**解**　依题意,粒子被限制在一维线段上,意味着该线段上的物质波分布是驻波波形,应该满足

$$L = n \frac{\lambda}{2} \quad (n = 1, 2, \cdots) \qquad ①$$

式中,

$$\lambda = \frac{h}{p} = \frac{h}{\sqrt{2mE_k}} \qquad ②$$

将②式代入①式得　$E_k = \dfrac{n^2 h^2}{8mL^2} \quad (n = 1, 2, \cdots)$

可见限制在一维线段上的粒子的能量必须取分立值。

**15-15**　试证明如果确定一个运动粒子的位置时,其不确定量等于这个粒子的德布罗意波长,则同时确定其速度,其不确定量约等于它的速度。(运用 $\Delta x \Delta p = h$ 公式证明。)

**解**　根据不确定关系式,有 $\Delta x \Delta p = h$,若取 $\Delta x = \lambda$,则 $\Delta p =$

$\dfrac{h}{\lambda} = p$，即

$$m\Delta v = m v$$

所以　　　　　　　　　　　　$$\Delta v = v$$

**15-16**　在一维无限深势阱中运动的粒子，由于边界条件的限制，势阱宽度 $a$ 必须等于德布罗意半波长的整数倍。试利用这一条件导出能量公式 $E_n = \dfrac{h^2}{8ma^2}n^2$。

**解**　依题意有　$a = n\dfrac{\lambda}{2}$　$(n = 1, 2, \cdots)$

式中　　　　　　　$$\lambda = \dfrac{h}{p} = \dfrac{h}{\sqrt{2mE}}$$

即　　　　　　　　$$\dfrac{h}{\sqrt{2mE}} = \dfrac{2a}{n}$$

$$E_n = E = \dfrac{h^2}{8ma^2}n^2 \quad (n = 1, 2, \cdots)$$

**15-17**　一粒子在一维无限深势阱中运动而处于基态。从阱的一端到离此端 1/4 阱宽的距离内，它出现的概率有多大？

**解**　一维无限深势阱中运动粒子的基态波函数为

$$\psi(x) = \sqrt{\dfrac{2}{a}} \sin\left(\dfrac{\pi x}{a}\right)$$

式中，$a$ 为势阱的宽度。粒子出现在 $0 \sim \dfrac{a}{4}$ 范围内的概率为

$$P = \int_0^{a/4} |\psi(x)|^2 \mathrm{d}x = \int_0^{a/4} \dfrac{2}{a} \sin^2\left(\dfrac{\pi x}{a}\right) \mathrm{d}x = 0.091$$

**15-18**　宽度为 $a$ 的一维无限深势阱中，粒子所处的态函数为 $\psi = \sqrt{\dfrac{2}{a}} \sin\dfrac{2\pi x}{a} \cos\dfrac{4\pi x}{a}$。求该态中粒子的能量平均值。（提示：利用公式 $\sin\alpha\cos\beta = \dfrac{1}{2}[\sin(\alpha+\beta) + \sin(\alpha-\beta)]$ 将波函数展开为一维无限深势阱中粒子的定态波函数的线性组合。）

**解**　一维无限深势阱中粒子的定态波函数为

$$\psi_n = \sqrt{\frac{2}{a}}\sin\frac{n\pi x}{a}, \quad E_n = \frac{n^2\pi^2\hbar^2}{2ma^2}$$

$$\psi = \sqrt{\frac{2}{a}}\sin\frac{2\pi x}{a}\cos\frac{4\pi x}{a} = \frac{1}{2}\sqrt{\frac{2}{a}}\left[\sin\frac{6\pi x}{a} - \sin\frac{2\pi x}{a}\right]$$

$$= \frac{1}{2}(\psi_6 - \psi_2)$$

$$\overline{E} = \frac{\left(\frac{1}{2}\right)^2 E_6 + \left(-\frac{1}{2}\right)^2 E_2}{\left(\frac{1}{2}\right)^2 + \left(-\frac{1}{2}\right)^2} = \frac{1}{2}\frac{\pi^2\hbar^2}{2ma^2}(6^2 + 2^2) = \frac{10\pi^2\hbar^2}{ma^2}$$

**15-19**　假设谐振子处于归一化的叠加态

$$\psi(x) = \frac{1}{\sqrt{50}}\left[\phi_1(x)e^{-E_1 t/\hbar} + \sqrt{49}\phi_2(x)e^{-E_2 t/\hbar}\right]$$

试求此谐振子的能量平均值。

**解**　　$$\overline{E} = |c_1|^2 E_1 + |c_2|^2 E_2 = \frac{1}{50}E_1 + \frac{49}{50}E_2$$

$$= \frac{1}{50}\times\frac{3}{2}\hbar\omega + \frac{49}{50}\times\frac{5}{2}\hbar\omega = \frac{62}{25}\hbar\omega$$

**15-20**　氢原子的径向波函数 $R(r) = Ae^{-\frac{r}{a_0}}$，式中，$a_0$ 为玻尔半径，$A$ 为常数。求 $r$ 为何值时电子径向概率密度最大。

**解**　径向概率密度为

$$\rho(r) = |rR(r)|^2 = A^2 r^2 e^{-\frac{2r}{a_0}}$$

则径向概率密度最大的地方必须满足 $\dfrac{\mathrm{d}\rho}{\mathrm{d}r} = 0$，得到 $r = a_0$，即离开原子核距离为 $r = a_0$ 附近，电子出现的概率最大。

**15-21**　证明：氢原子 2p 和 3d 态径向概率密度的最大值分别位于距核 $4a_0$ 和 $9a_0$ 处（2p 和 3d 态的径向波函数请在教材中自己查找）。式中 $a_0$ 为玻尔半径。

**解**　（1）2p 能级电子径向概率密度为

$$\rho(r) = |rR_{2p}(r)|^2 = 常数\times r^4 e^{-\frac{r}{a_0}}$$

概率密度最大处必须满足 $\dfrac{\mathrm{d}\rho}{\mathrm{d}r}=0$,即

$$r^4 \mathrm{e}^{-\frac{r}{a_0}}\left(-\frac{1}{a_0}\right)+\mathrm{e}^{-\frac{r}{a_0}} \cdot 4r^3 = 0$$

得到 $$r = 4a_0$$

（2）同理可得 3d 态的最大概率密度出现在 $r=9a_0$ 处。

**15-22** 氢原子中的电子处于 $n=4,l=3$ 的状态。问:(1) 该电子角动量 $L$ 的值为多少?（2）这角动量 $L$ 在 $z$ 轴的分量有哪些可能的值?（3）角动量 $L$ 与 $z$ 轴的夹角的可能值为多少?

**解** （1）角动量 $L$ 的大小为

$$L=\sqrt{l(l+1)}\hbar=\sqrt{3(3+1)}\hbar=\sqrt{12}\hbar$$

（2）角动量 $L$ 在 $z$ 轴的分量

$$L_z=m_l \hbar=0,\pm\hbar,\pm 2\hbar,\pm 3\hbar$$

（3）角动量 $L$ 与 $z$ 轴的夹角满足 $\cos\theta=\dfrac{L_z}{L}=\dfrac{m_l}{\sqrt{l(l+1)}}$,当 $l=3$ 时有 $m_l=0,\pm 1,\pm 2,\pm 3$,则夹角 $\theta$ 的可能值为 $30°,55°,73°,90°,107°,125°,150°$。

**15-23** 下列表述中对泡利不相容原理描述正确的是[ ]。

（a）自旋为整数的粒子不能处于同一态。

（b）自旋为整数的粒子能处于同一态。

（c）自旋为半整数的粒子能处于同一态。

（d）自旋为半整数的粒子不能处于同一态。

**解** （d）正确。

**15-24** 写出硼(B,$Z=5$),氩(Ar,$Z=18$),铜(Cu,$Z=29$),溴(Br,$Z=35$)等原子在基态时的电子排布式。

**解** B:$1s^2 2s^2 2p^1$;

Ar:$1s^2 2s^2 2p^6 3s^2 3p^6$;

Cu:$1s^2 2s^2 2p^6 3s^2 3p^6 3d^{10} 4s^1$

Br:$1s^2 2s^2 2p^6 3s^2 3p^6 3d^{10} 4s^2 4p^5$

# 第16章 半导体与激光简介

## 一、内 容 提 要

### 1. 能带、导体和绝缘体

$N$ 个原子集聚成晶体时,孤立原子的每一能态都分裂成 $N$ 个能态,分裂的程度随原子间距的缩小而增大。在一定间距处同一能级分裂成的 $N$ 个能级的间距很小,这 $N$ 个能级就共同构成一能带。

晶体的最上面而且其中有电子存在的能带称价带,其上相邻的那个空着的能带称导带,能带间没有可能量子态的区域称禁带。

价带未填满的晶体为导体。价带为电子填满而且它和导带间的禁带宽度甚大的晶体为绝缘体。

### 2. 半导体

半导体在 0 K 时,价带为电子填满,导带空着,但价带和导带间的禁带宽度较小。在常温下有电子从价带跃入导带,可以导电。电导率随温度升高而明显增大。除电子导电外,半导体还同时有空穴导电。纯硅、纯锗电子和空穴数目相同,为本征半导体。

掺杂半导体:纯硅或纯锗(4 价)掺入 5 价原子成为 N 型半导体,其中电子是多子,空穴是少子。纯硅或纯锗掺入 3 价原子成为 P 型半导体,其中空穴是多数载流子,电子是少数载流子。

### 3. 激光

激光由原子的受激辐射产生,这需要在发光材料中造成粒子数分布处于反转状态。激光是完全相干的,光强与发光原子数的平方成正比,所以光强可以非常大。激光器两端反射镜之间的距离控制其间驻波的波长,因而激光有极高的单色性。激光器两端反射镜严格与管轴垂直,使得激光具有高度的方向性。

## 二、重点难点

1. 能带的概念,导体、半导体和绝缘体的能带结构的区别。
2. 氦-氖激光器的能级结构特征。
3. 输出激光的三个必要条件。

## 三、思考题及解答

**16-1**　为什么半导体的电导率会随温度升高而明显增大?

**答**　半导体的能级结构特征是禁带宽度比较窄,如果半导体材料的温度越高,电子热运动的动能越大,从满带跨入导带的载流子数目越多,因而半导体的导电性就会明显增强,故电导率增大。

**16-2**　什么是粒子数反转,为什么说这种状态是负热力学温度状态?

**答**　为了实现受激辐射的光放大,必须要具备的条件是能量较高的能级上的电子数多于能量较低的能级上的电子数,这种状态称为粒子数反转。这种反转状态在多能级的工作物质中是可以实现的。但是这种状态的粒子数分布不符合玻尔兹曼的能量分布规律,有人把这种特殊的分布状态称为负热力学温度状态。

## 四、习题及解答

**16-1**　什么叫固体能带?

**解**　孤立原子中的电子能级是分立的线状能级,但很多原子结合成固体系统时,原子中电子的能级要受到环境的影响而稍有变化。因而,多个原子中原本处于同一能级的电子在固体环境中彼此稍有不同,每一能级将分裂成相差很小的一组能级,称为固体能带。

**16-2** 在晶体中,原子的能级分裂成晶体能带的基本原因是什么?

**解** 形成固体能带的原因有很多,但主要的还是周围原子构成的环境影响。

**16-3** 什么叫满带(价带)、导带和禁带?

**解** 原子中的内层能级往往被电子填满,所分裂成的能带也被电子所占满,故称为满带。原子中外层能级往往未被电子填满,它所分裂成的能级亦未被填满,因而称为导带或价带。在半导体和绝缘体的导带底和满带顶之间有一个能量间隙,这个能量距离常称为禁带。

**16-4** 根据固体能带理论,试说明金属导体为什么具有良好的导电性能。

**解** 金属固体的能带结构特征是:没有禁带宽度,导带中总是有电子填充,使得电子作为金属导体的载流子参与导电。

**16-5** 试从绝缘体和半导体的能带结构,分析它们的导电性能的区别。

**解** 绝缘体和半导体的能带结构特征有显著的不同,绝缘体能带中禁带宽度较大,满带中电子跃入导带非常困难。而半导体的禁带宽度比较小,常温下热运动电子都能跨越禁带,从满带进入导带成为载流子,参与导电。

**16-6** 太阳能电池中,本征半导体锗的禁带宽度是 0.67 eV,求它们能吸收的辐射的最大波长。

**解** 依题意,能吸收的最大波长光子有最小的频率,即

$$\Delta E = h\nu = \frac{hc}{\lambda}$$

故　　　$\lambda_{max} = \frac{hc}{\Delta E} = \frac{6.63 \times 10^{-34} \times 3 \times 10^8}{0.67 \times 1.6 \times 10^{-19}}$ m

$$= 1.86 \times 10^{-6} \text{ m}$$

**16-7** 纯硅在"0 K"时能吸收的辐射的最大波长是 $1.09 \ \mu m$，求硅的禁带宽度。

**解** 依题意，纯硅吸收光子的能量恰好等于硅的禁带宽度

$$\Delta E = h\nu = \frac{hc}{\lambda}$$

故

$$\Delta E_{\min} = \frac{hc}{\lambda_{\max}} = \frac{6.63 \times 10^{-34} \times 3 \times 10^{8}}{1.09 \times 10^{-6}} \text{ J}$$

$$= 1.83 \times 10^{-19} \text{ J} = 1.14 \text{ eV}$$

**16-8** 在锗晶体中掺入适量的锑或铟，各形成什么类型的半导体？大致画出它的能带结构示意图。

**解** 锗是 4 价，锑或铟都是 3 价，故掺杂半导体为 N 型半导体。N 型半导体能级如图所示。

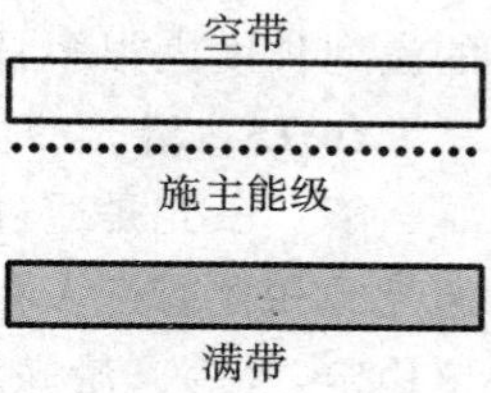

习题 16-8 图

**16-9** 原子的跃迁有哪几种方式？

**解** 原子的能级跃迁共有三种方式：自发辐射、受激辐射、受激吸收。

**16-10** 什么是粒子数反转？实现粒子数反转的必要条件是什么？

**解** 激光源的工作物质中处于高能级的粒子数目大于处于低能级的粒子数目，这一现象称为粒子数反转。实现粒子数反转是产生激光的必要条件。要实现粒子数反转的内部因素是具有亚稳态能级的激活物质，外部因素是激励能源的"泵浦"抽运过程。

**16-11** 二能级系统的激活介质能否实现粒子数反转？

**解** 二能级系统的激活介质不能实现粒子数反转。二能级系统要实现粒子数反转意味着激发态比基态还多，这是不可能的。

**16-12** 激光器的主要组成部分有哪些？光学谐振腔的作用是什么？

**解**　激光器的主要组成部分有激励能源、激活介质和光学谐振腔。其中光学谐振腔的作用是对光束的方向和频率进行选择,并通过光在腔内的振荡实现光放大。

**16-13**　产生稳定激光束的必要条件是什么?

**解**　必要条件有三:(1)能够实现粒子数反转的激活物质;(2)合适的激励能源;(3)光学谐振腔。

**16-14**　用激光光源作干涉仪实验与用普通光源相比,有何优点?

**解**　用作干涉仪实验的光源,激光波列的长度要比普通光源的波列长度大很多,因而相干图样的稳定性要好很多。

**16-15**　激光的优点有哪些? 激光的应用主要有哪些方面?

**解**　激光是通过人造激光器输出的受激辐射光束。激光与普通光源相比有许多特点,如单色性好,能量集中,相干性强,输出频率稳定,等等。激光技术已日益成为整个科学技术领域强有力的研究工具。

# 第17章 原子核物理简介

## 一、内 容 提 要

**1. 原子核的半径与密度**

$$R = R_0 A^{1/3}, \quad \rho = \frac{m}{4\pi R^3/3} = 2.29 \times 10^{17} \text{ kg/m}^3$$

**2. 原子核的电荷与质量**

$_Z^A X$，其中 $A$ 为原子核的质量数，$Z$ 为原子核的电荷数，X 代表元素。

原子质量单位：$1 \text{ u} = 1.660566 \times 10^{-27} \text{ kg}$

**3. 原子核的自旋与磁矩**

角动量　$p_J = \sqrt{J(J+1)} \, \hbar$

磁矩　$\mu_J = g_N \dfrac{e}{2m_p} P_J$

核磁子　$\mu_N = \dfrac{e\,\hbar}{2m_p}$

**4. 原子核的核力与结合能**

质量亏损　$\Delta m = [Zm_p + (A-Z)m_n] - m$

结合能　$\Delta E = \Delta mc^2$

**5. 原子核的结构与模型**

液滴模型很好地计算了结合能；壳层模型能说明核的能量和角动量的量子化，并且能说明幻数核平均结合能有极大值。

**6. 原子核衰变的规律**

放射性活度　$A=-\dfrac{\mathrm{d}N}{\mathrm{d}t}=\lambda N_0 \mathrm{e}^{-\lambda t}=A_0 \mathrm{e}^{-\lambda t}$

半衰期　　　　　　$\tau=\dfrac{\ln 2}{\lambda}=\dfrac{0.693}{\lambda}$

**7. 辐射剂量及其单位**

照射剂量 $E=\dfrac{\mathrm{d}Q}{\mathrm{d}m}$；单位：伦琴（R）；1 R$=2.58\times10^{-4}$ C/kg

吸收剂量 $D=\dfrac{\mathrm{d}E}{\mathrm{d}m}$；单位：戈瑞（Gy）；1 Gy$=1$ J/kg；

当量剂量 $H_{\mathrm{T}}=D_{\mathrm{T,R}}\times w_{\mathrm{R}}$；单位：西弗（Sv）

**8. 几个典型的核反应方程：**

$^4_2\mathrm{He}+^{14}_7\mathrm{N}\longrightarrow ^{17}_8\mathrm{O}+^1_1\mathrm{p}-1.19\mathrm{MeV}$　（卢瑟福第一次 α 粒子轰击氮核）

$^4_2\mathrm{He}+^9_4\mathrm{Be}\longrightarrow ^{12}_6\mathrm{C}+^1_0\mathrm{n}+5.7\mathrm{MeV}$　（查德威克发现中子的核反应）

$^1_1\mathrm{p}+^7_3\mathrm{Li}\longrightarrow (^8_4\mathrm{B})\longrightarrow 2^4\mathrm{He}+8.03\mathrm{MeV}$　（第一次用加速粒子引发的核反应）

$^{235}_{92}\mathrm{U}+^1_0\mathrm{n}\longrightarrow ^{144}_{56}\mathrm{Ba}+^{89}_{36}\mathrm{Kr}+2^1_0\mathrm{n}+200\mathrm{MeV}$　（一种可能的铀核裂变反应）

$^2_1\mathrm{H}+^3_1\mathrm{H}\longrightarrow ^4_2\mathrm{He}+^1_0\mathrm{n}+17.6\mathrm{MeV}$　（氢弹爆炸的热核反应）

$4^1_1\mathrm{H}\longrightarrow ^4_2\mathrm{He}+2^0_1\mathrm{e}+2\nu_e+2\gamma+24.67\mathrm{MeV}$　（太阳中进行的热核反应）

**9. 重核的裂变**

利用重核裂变时释放的原子核能，只是在 1938 年发现用中子轰击铀（$^{235}_{92}\mathrm{U}$）等几种重核时的分裂现象后，才成为可能。一个 $^{235}_{92}\mathrm{U}$ 核分裂时放出约 195 MeV 的能量，而且分裂时放出的再生中子又能够引起另外的 $^{235}_{92}\mathrm{U}$ 核的分裂。依次滚雪球似的扩大，可使反应继续进行下去，并不断释放出大量原子核能。这种反应称为链式反应。能够发生链式反应的最小体积，叫做临界体积。临界体积中所含铀($^{235}_{92}$U)的质量,称为临界质量。

**10. 轻核的聚变**

在高温下,使轻核聚合而放出大量原子核能的反应称为热核反应。虽然用人工产生、并控制这种过程比较困难,但同位素氘($^{2}_{1}$H)和氚($^{3}_{1}$H)聚合形成氦核($^{4}_{2}$He)是一个比较容易产生的热核反应。

$$^{2}_{1}\text{H} + ^{3}_{1}\text{H} \longrightarrow ^{4}_{2}\text{He} + ^{1}_{0}\text{n}$$

氢弹爆炸是一种不可控制的热核反应。在人工控制下进行的热核反应,叫做受控热核反应。

# 二、重点难点

**1.** 理解描述原子核性质的一些基本结论。

**2.** 掌握原子核衰变的规律,会应用衰变规律进行一些实用问题的计算。

**3.** 了解一些核辐射的危害和防护知识。

**4.** 了解几个基本的核反应方程,了解重核裂变与轻核聚变两种开发原子能的基本原理。

# 三、思考题及解答

**17-1** 利用入射粒子作为探针去研究原子核的结构时,随入射粒子的质量的增大,所需能量增大还是减小? 试估算以电子和中子为探针所需最小能量的数量级。

**答** 探针粒子的质量越大,所需的能量越小。根据原子核的线度和不确定关系可计算入射粒子的动量和能量的大小,电子所需能量的数量级为 $10^{11}$ eV,中子所需能量的数量级为 $10^{8}$ eV。

**17-2** 通常所说的核磁矩指的是什么? 核磁矩有正有负,意味着什么? 为什么氘核的磁矩不等于一个质子与一个中子磁矩之和?

**答** 通常所说的核磁矩是指构成原子核的所有核子的自旋磁

矩与轨道运动磁矩的矢量和;核磁矩有正有负是指核磁矩的矢量方向与外磁场方向的关系;氘核的磁矩并不等于质子与中子的磁矩之和,说明氘核内除了质子和中子的自旋运动之外,质子和中子还有轨道运动。

# 四、习题及解答

**17-1**　半衰期为 $30.2\ a$ 的 $1\ mg\ ^{137}Cs$ 的放射性活度是多少?每秒放出多少 β 射线和 γ 射线?

**解**　$^{137}Cs$ 的衰变过程为 $^{137}_{55}Cs \longrightarrow {}^{137}_{56}Ba + e^- + \tilde{\nu}_e$

$1\ mg\ ^{137}Cs$ 含有的铯原子个数

$$N_0 = \frac{m}{M} \cdot N_A = \frac{1 \times 10^{-3}}{137} \times 6.02 \times 10^{23} = 4.4 \times 10^{18}$$

$^{137}Cs$ 的衰变常数为　$\lambda = \dfrac{\ln 2}{\tau}$

放射性活度为

$$A_0 = \lambda \cdot N_0 = \frac{\ln 2}{\tau} \cdot N_0$$

$$= \frac{0.693}{30.2 \times 365 \times 24 \times 60 \times 60} \times 4.4 \times 10^{18}\ Bq$$

$$= 3.2 \times 10^9\ Bq = 86.4\ mCi$$

即该放射源每秒放出 $3.2 \times 10^9$ 个 β 射线和 γ 射线。

**17-2**　$1\ s$ 内测量到 $^{60}Co$ 放射源发出的 γ 射线是 3700 个,设测量效率为 $10\%$,求它的放射性活度。已知它的半衰期为 $5.27a$,求它的质量。

**解**　$^{60}Co$ 一次放射出两个 γ 光子,设放射源是纯净的新鲜活源,该放射源现时活度为

$$A_0 = \frac{3700}{2} \div 10\% = 18500\ (Bq) = 0.5\ (\mu Ci)$$

再根据 $^{60}Co$ 半衰期,可求出衰变常数

$$\lambda = \ln2/\tau$$

该放射源现有 $^{60}$Co 的数量

$$N_0 = A_0 \cdot \tau/\ln2$$

因而,该放射源的质量为

$$m = N_0 \cdot \frac{M_{\text{mol}}}{N_A}$$

$$= 1.85 \times 10^4 \times \frac{5.27 \times 3.156 \times 10^7}{0.693} \times \frac{60}{6.02 \times 10^{23}} \text{ g}$$

$$= 4.43 \times 10^{-10} \text{ g}$$

**17-3**　中午时试管中 $^{25}_{11}$Na 核($\beta$ 放射性,$\tau = 60$ s)是 10 $\mu$g,求试管内的钠原子数,到下午12:10还有多少?

**解**　中午 12:00 时 $^{25}_{11}$Na 的质量是 10 $\mu$g,对应的 $^{25}_{11}$Na 原子数目为

$$N_0 = \frac{m}{M} \cdot N_A = \frac{10 \times 10^{-6}}{25} \times 6.02 \times 10^{23} = 2.4 \times 10^{17}$$

根据衰变规律　　　　　　　$N = N_0 \cdot e^{-\lambda t}$

其中,衰变常数　　　　$\lambda = \frac{\ln2}{\tau} = \frac{0.693}{60} = 0.012$

故有　　$N = N_0 \cdot e^{-\lambda t} = N_0 \times e^{-\frac{\ln2}{60} \times 600} = 2.4 \times 10^{17} \times \left(\frac{1}{2}\right)^{10}$

$$= 2.34 \times 10^{14}$$

**17-4**　一个能量为 6 MeV 的 $\alpha$ 粒子和静止的金核($^{197}$Au)发生正碰,它能达到金核的最近距离是多少?　如果是氮核($^{14}$N)呢?都可以忽略靶核的反冲吗?　此 $\alpha$ 粒子可以到达氮核的核力范围之内吗?

**解**　以 $\alpha$ 粒子和被碰原子核为系统,在碰撞过程中系统的总能量(动能与电势能)守恒。对 $^{197}$Au 金核而言,系统能量守恒的方程为 $E_k = \frac{Ne^2}{4\pi\varepsilon_0 r}$,即

$$r = \frac{Ne^2}{4\pi\varepsilon_0 E_k} = \frac{79 \times 1.6^2 \times 10^{-38}}{4 \times 3.14 \times 8.85 \times 10^{-12} \times 6 \times 10^6 \times 1.6 \times 10^{-19}} \text{ m}$$

$= 1.90 \times 10^{-12}$ m

若被碰核换成氮核 $^{14}$N,则不能忽略靶核的反冲,当 α 粒子离靶核最近时,系统有共同的速度为 $v$,则由动量守恒可得

$$(M + m) \cdot v = \sqrt{2ME_k}$$

系统总能量守恒为

$$\frac{1}{2}(M + m) \cdot v^2 + \frac{Ne^2}{4\pi\varepsilon_0 r} = E_k$$

即

$$\frac{Ne^2}{4\pi\varepsilon_0 r} = \frac{m}{M + m}E_k$$

故 $r = \dfrac{Ne^2}{4\pi\varepsilon_0} \cdot \dfrac{M + m}{mE_k}$

$$= \frac{7 \times 1.6^2 \times 10^{-38}}{4 \times 3.14 \times 8.85 \times 10^{-12}} \cdot \frac{14 + 4}{4 \times 6 \times 10^6 \times 1.6 \times 10^{-19}} \text{ m}$$

$$= 7.56 \times 10^{-15} \text{ m}$$

该能量的 α 粒子能够到达氮核的核力范围之内。

**17-5** $^{16}$N、$^{16}$O 和 $^{16}$F 原子的质量分别是 16.006099 u、15.994915 u 和 16.011465 u,试计算这些原子的核结合能。

**解** $^{16}$N 的质量亏损为

$\Delta m = (7m_p + 9m_n) - m_N$

$= (7 \times 1.007276 + 9 \times 1.008665 - 16.006099)$ u

$= 0.122818$ u $= 0.2039 \times 10^{-27}$ kg

$^{16}$N 的核结合能为

$\Delta E = \Delta mc^2 = 1.836 \times 10^{-11}$ J $= 114.6$ MeV

$^{16}$O 的质量亏损为

$\Delta m = (8m_p + 8m_n) - m_O$

$= (8 \times 1.007276 + 8 \times 1.008665 - 15.994915)$ u

$= 0.1326$ u $= 0.2202 \times 10^{-27}$ kg

$^{16}$O 的核结合能为

$\Delta E = \Delta mc^2 = 1.982 \times 10^{-11}$ J $= 123.8$ MeV

$^{16}$F 的质量亏损为

$$\Delta m = (9m_p + 7m_n) - m_F$$
$$= (9 \times 1.007276 + 7 \times 1.008665 - 16.011465)\ \text{u}$$
$$= 0.1147\ \text{u} = 0.1905 \times 10^{-27}\ \text{kg}$$

$^{16}$F 的核结合能为

$$\Delta E = \Delta mc^2 = 1.714 \times 10^{-11}\ \text{J} = 107.0\ \text{MeV}$$

**17-6**　天然钾中放射性同位素 $^{40}$K 的丰度为 $1.2 \times 10^{-4}$，此种同位素的半衰期为 $1.3 \times 10^9$ a。钾是活细胞的必要成分，约占人体重量的 0.37%，求每个人体内这种放射性源的活度。

**解**　假设人体的质量为 70 kg，则人体中含有 $^{40}$K 的粒子数为

$$N = \frac{70 \times 0.37\%}{39 \times 10^{-3}} \times 6.02 \times 10^{23} \times 1.2 \times 10^{-4} = 4.80 \times 10^{20}$$

则人体内这种放射源的活度为

$$A = \lambda N = \frac{\ln 2}{\tau} \cdot N$$
$$= \frac{0.693}{1.3 \times 10^9 \times 365 \times 24 \times 60 \times 60} \times 4.8 \times 10^{20}\ \text{Bq}$$
$$= 8.1 \times 10^3\ \text{Bq}$$

**17-7**　计算 10 kg 铀矿（$U_3O_8$）中 $^{226}$Ra 和 $^{231}$Pa 的含量。已知天然铀中 $^{238}$U 的丰度为 99.27%，$^{235}$U 的丰度为 0.72%；$^{226}$Ra 的半衰期为 1600 a，$^{231}$Pa 的半衰期为 $3.27 \times 10^4$ a。

**解**　$^{238}$U 和 $^{235}$U 的衰变过程分别为

$$^{238}\text{U} \longrightarrow {}^{226}\text{Ra} + 3\alpha, \quad {}^{235}\text{U} \longrightarrow {}^{231}\text{Pa} + \alpha$$

因为　$\tau(^{238}\text{U}) = 4.46 \times 10^9\ \text{a} \gg \tau(^{226}\text{Ra}) = 1.6 \times 10^3\ \text{a}$
　　　$\tau(^{235}\text{U}) = 7.04 \times 10^8\ \text{a} \gg \tau(^{231}\text{Pa}) = 3.27 \times 10^4\ \text{a}$

故级联衰变的母核与子核数目之比呈稳定值，即

$$N(^{226}\text{Ra}) = \frac{\tau(^{226}\text{Ra})}{\tau(^{28}\text{U})}N(^{238}\text{U}), \quad N(^{231}\text{Pa}) = \frac{\tau(^{231}\text{Pa})}{\tau(^{235}\text{U})}N(^{235}\text{U})$$

因为 $N_i = \dfrac{m_i}{A_i}N_A$，故母核与子核的质量关系为

$$\frac{m(^{226}\text{Ra})}{226 \times 10^{-3}}N_A = \frac{1.6 \times 10^3}{4.46 \times 10^9} \times \frac{m(^{238}\text{U})}{238 \times 10^{-3}}N_A$$

即 $$m(^{226}\mathrm{Ra}) = \frac{1.6 \times 10^3}{4.46 \times 10^9} \times \frac{226}{238} m(^{231}\mathrm{U})$$

$$m(^{231}\mathrm{Pa}) = \frac{3.27 \times 10^4}{7.04 \times 10^8} \times \frac{231}{235} m(^{235}\mathrm{U})$$

已知 $m(\mathrm{U_3O_8}) = (3 \times 238 + 16 \times 8)$ u $= 842$ u,故

$$m(\mathrm{U}) = 10 \times \frac{714}{842} \text{ kg} = 8.48 \text{ kg}$$

$$m(^{226}\mathrm{Ra}) = \left( \frac{1.6 \times 10^3}{4.46 \times 10^9} \times \frac{226}{238} \times 8.48 \times 0.9927 \right) \text{ kg} = 2.87 \text{ mg}$$

$$m(^{231}\mathrm{Pa}) = \left( \frac{3.27 \times 10^4}{7.04 \times 10^8} \times \frac{231}{235} \times 8.48 \times 0.0072 \right) \text{ kg} = 2.79 \text{ mg}$$

**17-8** 一个病人服用 30 $\mu$Ci 的放射性碘$^{123}$I 后 24 h,测得其甲状腺部位的活度为 4 $\mu$Ci。已知$^{123}$I 的半衰期为 13.1 h。求在这 24 h 内多大比例的被服用的$^{123}$I 集聚在甲状腺部位了。(一般正常人此比例为 15%～40%。)

**解** 30 $\mu$Ci 的$^{131}$I 经过 24 h 后剩下的总活度为

$$A = A_0 \cdot \mathrm{e}^{-\lambda t} = A_0 \cdot \mathrm{e}^{-\frac{\ln 2}{\tau} t} = A_0 \cdot \left( \frac{1}{2} \right)^{t/\tau}$$

$$= 30 \times \left( \frac{1}{2} \right)^{24/13.1} \mu\mathrm{Ci} = 8.34 \ \mu\mathrm{Ci}$$

集中在甲状腺部位的$^{131}$I 的比例为 $\dfrac{4}{8.34} = 48\%$。

**17-9** 向一人静脉注射含有放射性$^{24}$Na 而活度为 300 kBq 的食盐水。10 h 后他的血液每立方厘米的活度是 30 Bq。求此人全身血液的总体积,已知$^{24}$Na 的半衰期为 14.97 h。

**解** 初始活度为 300 kBq 的$^{24}$Na 在经过 10 h 后,剩下的总活度为

$$A = A_0 \cdot \mathrm{e}^{-\lambda t} = A_0 \cdot \mathrm{e}^{-\frac{\ln 2}{\tau} t} = A_0 \cdot \left( \frac{1}{2} \right)^{t/\tau}$$

$$= 3 \times 10^5 \times \left( \frac{1}{2} \right)^{10/14.97} \text{ Bq} = 1.887 \times 10^5 \text{ Bq}$$

故该人体的血液总体积为

$$V = \frac{1.887 \times 10^5}{30} \text{ cm}^3 = 6.29 \times 10^3 \text{ cm}^3 = 6.29 \text{ L}$$

**17-10**　一年龄待测的古木片在纯氧环境中燃烧后收集了 0.3 mol 的 $CO_2$，该样品由于 $^{14}C$ 的衰变而产生的总活度测得为每分钟 9 次计数。试由此确定古木片的年龄。

**解**　地球大气中 $^{14}C$ 的恒定丰度为 $1.3 \times 10^{-10}$%，0.3 mol 新鲜碳中的 $^{14}C$ 核数为

$$N_0 = 0.3 \times 6.023 \times 10^{23} \times 1.3 \times 10^{-12} = 2.35 \times 10^{11}$$

这些古木片样品活着的时候，活度应为

$$A_0 = \lambda N_0 = \frac{(\ln 2) N_0}{\tau} = \frac{0.693 \times 2.35 \times 10^{11}}{5730 \times 3.156 \times 10^7} \text{ Bq} = 0.9 \text{ Bq}$$

由于 $A_t = 9/60$ Bq，根据 $A_t = A_0 e^{-0.639 t/\tau}$ 可得

$$t = \frac{\tau}{0.693} \ln \frac{A_0}{A_t} = \left( \frac{5730}{0.693} \ln 6 \right) \text{ a} = 1.5 \times 10^4 \text{ a}$$

**17-11**　一块岩石样品中含有 0.3 g 的 $^{238}U$ 和 0.12 g 的 $^{206}Pb$。假设这些铅全部来自 $^{238}U$ 的衰变，试求这块岩石的地质年龄。

**解**　依据 $N_t = N_0 e^{-\lambda t}$，我们必须先求出原始的 $N_0$，设有 $\Delta m(U)$ 衰变成 0.12 g 的 $^{206}Pb$，则

$$\frac{238}{206} = \frac{\Delta m(U)}{0.12}, \quad \Delta m(U) = \frac{238}{206} \times 0.12 \text{ g}$$

原始 $^{238}U$ 的质量为

$$m_0(U) = \left( \frac{238}{206} \times 0.12 + 0.3 \right) \text{ g} = 0.43864 \text{ g}$$

而

$$m_t(U) = 0.3 \text{ g}$$

由 $N_t = N_0 e^{-\lambda t}$ 可导出 $m_t = m_0 e^{-\lambda t}$，故

$$t = \frac{1}{\lambda} \ln \frac{m_0(U)}{m_t(U)} = \left( \frac{1}{0.693/(4.46 \times 10^9)} \ln \frac{0.4386}{0.3000} \right) \text{ a}$$

$$= 2.45 \times 10^9 \text{ a}$$

**17-12**　$^{226}_{88}Ra$ 放射的 $\alpha$ 粒子的动能为 4.7825 MeV，求子核的

反冲能量。此 $\alpha$ 衰变放出的总能量是多少？

**解**　$_{88}^{226}\mathrm{Ra}$ 的 $\alpha$ 衰变过程为　$_{88}^{226}\mathrm{Ra} \longrightarrow {}_{86}^{222}\mathrm{Rn} + {}_{2}^{4}\mathrm{He}$

此衰变过程满足动量守恒，即

$$m_{\mathrm{Rn}} \cdot v_1 + m_{\mathrm{He}} \cdot v_2 = 0$$

故反冲核的动能为

$$E_{\mathrm{Rn}} = \frac{1}{2} m_{\mathrm{Rn}} \cdot v_1^2 = \frac{(m_{\mathrm{Rn}} \cdot v_1)^2}{2 m_{\mathrm{Rn}}} = \frac{(m_{\mathrm{He}} \cdot v_2)^2}{2 m_{\mathrm{Rn}}}$$

$$= \frac{2 m_{\mathrm{He}} \cdot E_{\mathrm{He}}}{2 m_{\mathrm{Rn}}} = \frac{m_{\mathrm{He}}}{m_{\mathrm{Rn}}} \cdot E_{\mathrm{He}} = \frac{4}{226} \times 4.7825 \ \mathrm{MeV}$$

$$= 0.0846 \ \mathrm{MeV}$$

此 $\alpha$ 衰变放出的总能量为

$$E = E_{\mathrm{Rn}} + E_{\mathrm{He}} = (0.08464 + 4.7825) \ \mathrm{MeV} = 4.8671 \ \mathrm{MeV}$$

**17-13**　目前太阳内含有 $1.5 \times 10^{30}$ kg 的氢，而其辐射总功率为 $3.9 \times 10^{26}$ W，按此功率辐射下去，经多长时间太阳内的氢就会被烧光？

**解**　太阳中进行的热核反应（质子-质子链）的总效果是

$$4{}_{1}^{1}\mathrm{H} \longrightarrow {}_{2}^{4}\mathrm{He} + 2{}_{1}^{0}\mathrm{e} + 2\nu_e + 2\gamma + 24.67 \ \mathrm{MeV}$$

太阳燃烧能辐射的总能量是

$$W = \frac{1.5 \times 10^{30}}{10^{-3}} \times 6.02 \times 10^{23} \times \frac{24.67 \times 10^6}{4} \times 1.6 \times 10^{-19} \ \mathrm{J}$$

$$= 8.85 \times 10^{44} \ \mathrm{J}$$

按现在的功率辐射，太阳还能燃烧的时间是

$$t = \frac{W}{P} = \frac{8.85 \times 10^{44}}{3.9 \times 10^{26}} \ \mathrm{s} = 7.2 \times 10^{10} \ \mathrm{a}$$

# 历届大学物理课程考试试卷及解答

## 大学物理课程(一)考试试卷(1)

### 一、选择题

**1.** 一质点在力 $F = 5m(5-2t)$(SI)的作用下,从静止开始 $(t=0)$ 做直线运动,式中 $t$ 为时间,$m$ 为质点的质量,当 $t$ 为 5 s 时,质点的速率为 　　　　　[　　]

(A) 25 m/s  (B) $-50$ m/s  (C) 0  (D) 50 m/s

**2.** 一质点在二恒力的作用下,位移为 $\Delta r = 3i + 8j$(SI),在此过程中,动能增量为 24 J,已知其中一恒力 $F_1 = 12i - 3j$(SI),则另一恒力所做的功为 　　　　　[　　]

(A) 24 J  (B) 18 J  (C) 6 J  (D) 12 J

**3.** 一人站在旋转平台的中央,两臂平举,整个系统以 $2\pi$(rad/s) 的角速度旋转,转动惯量为 6 kg·m²,如果将双臂收回则系统的转动惯量变为 2 kg·m²,此时系统的转动动能与原来的转动动能之比 $E_k/E_{k0}$ 为 　　　　　[　　]

(A) 2  (B) $\sqrt{2}$  (C) 3  (D) $\sqrt{3}$

**4.** 远方的一颗星以 $0.8c$ 的速度远离我们运动,接受到它辐射出来的闪光按 5 昼夜的周期变化,则固定在此星上的参考系测得的闪光周期为几昼夜。 　　　　　[　　]

(A) 3  (B) 4  (C) 6.25  (D) 8.3

**5.** 电子的静止质量为 $m_0$,当电子以 $0.8c$ 的速度运动时,它的动量 $p$、动能 $E_k$ 和总能量 $E$ 分别是 　　　　　[　　]

(A) $p=4m_0c/3, E_k=2m_0c^2/3, E=5m_0c^2/3$

(B) $p=0.8m_0c, E_k=0.32m_0c^2, E=0.64m_0c^2$

(C) $p=4m_0c/3, E_k=8m_0c^2/18, E=5m_0c^2/3$

(D) $p=0.8m_0c, E_k=2m_0c^2/3, E=0.64m_0c^2$

**6.** 下列各表达式中哪一个表示理想气体分子的平动动能的总和？（式中 $m$ 为气体的质量，$M$ 为气体的摩尔质量，$N$ 为气体分子的总数目，$n$ 为气体分子数密度，$N_0$ 为阿伏伽德罗常数，$p$ 为气体的压强，$V$ 为气体的体积。）　　　　　[ 　 ]

(A) $\dfrac{3m}{2M}pV$　　(B) $\dfrac{3}{2}pV$　　(C) $\dfrac{3}{2}npV$　　(D) $\dfrac{3m}{2M}N_0pV$

**7.** 如试卷(1)-1 图所示的为某种气体的速率分布曲线，则 $\displaystyle\int_{v_1}^{v_2}f(v)\mathrm{d}v$ 表示速率介于 $v_1$ 到 $v_2$ 之间的　　　　[ 　 ]

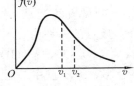

试卷(1)-1 图

(A) 分子数

(B) 分子的平均速率

(C) 分子数占总分子数的百分比

(D) 分子的方均根速率

**8.** 有人设计一台卡诺热机（可逆的），每循环一次可以从 400 K 的高温热源吸热 1800 J，向 300 K 的低温热源放热 800 J，同时对外做功 1000 J，这样的设计是　　　　　　　　[ 　 ]

(A) 可以的，符合热力学第一定律

(B) 可以的，符合热力学第二定律

(C) 不行的，卡诺循环所做的功不能大于向低温热源放出的热量

(D) 不行的，这个热机的效率超过理论值

**9.** 如试卷(1)-2 图所示，一半径为 $a$ 的"无限长"圆柱面上均匀带电，其电荷线密度为 $\lambda$，在它外面同轴地套一半径为 $b$ 的薄金属圆筒，圆筒原先不带电，但与地连接，设地的电势为零，则在内圆

柱面里面、距离轴线为 $r$ 的 $P$ 点的场强
大小和电势分别为　　　　　　　　[　　]

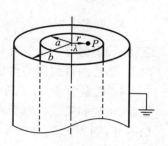

(A) $E=0$，$U=\dfrac{\lambda}{2\pi\varepsilon_0}\ln\dfrac{a}{r}$

(B) $E=0$，$U=\dfrac{\lambda}{2\pi\varepsilon_0}\ln\dfrac{b}{a}$

(C) $E=\dfrac{\lambda}{2\pi\varepsilon_0 r}$，$U=\dfrac{\lambda}{2\pi\varepsilon_0}\ln\dfrac{b}{r}$

(D) $E=\dfrac{\lambda}{2\pi\varepsilon_0 r}$，$U=\dfrac{\lambda}{2\pi\varepsilon_0}\ln\dfrac{b}{a}$

**试卷(1)-2 图**

**10.** 如试卷(1)-3 图所示，真空中有一点电荷 $q$，旁边有一半径为 $R$ 的球形带电导体，$q$ 距球心为 $d(d>R)$。球体表面附近有一点 $P$，$P$ 在 $q$ 与球心的连线上，$P$ 点附近导体表面的电荷面密度为 $\sigma$。以下关于 $P$ 点电场强度大小的答案中，正确的是　　　[　　]

(A) $\sigma/(2\varepsilon_0)+q/[4\pi\varepsilon_0(d-R)^2]$

(B) $\sigma/(2\varepsilon_0)-q/[4\pi\varepsilon_0(d-R)^2]$

(C) $\sigma/\varepsilon_0+q/[4\pi\varepsilon_0(d-R)^2]$

(D) $\sigma/\varepsilon_0$

(E) $\sigma/\varepsilon_0-q/[4\pi\varepsilon_0(d-R)^2]$

(F) 以上答案都不对

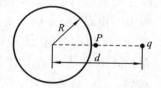

**试卷(1)-3 图**

## 二、填空题

**1.** 当一列火车以 $10\ \mathrm{m/s}$ 的速度向东行驶时，相对于地面竖直下落的雨滴在车窗上形成的雨滴偏离竖直方向 $30°$，则雨滴相对于地面的速率是_____ $\mathrm{m/s}$；相对于列车的速率是_____ $\mathrm{m/s}$。

**2.** 一特殊的弹簧，弹力 $F=-kx^3$，$k$ 为劲度系数，$x$ 为形变量。现将弹簧水平放置于光滑的水平面上，一端固定，另一端与质量为 $m$ 的滑块相连而处于自然状态，今沿弹簧长度方向给滑块一个冲量，使其获得一速度 $v$ 而压缩弹簧，则弹簧被压缩的最大长度为_____。

**3.** 观察者甲以 $\dfrac{4}{5}c$ 的速度（$c$ 为真空中光速）相对于观察者乙运动，若甲携带一长度为 $L$，质量为 $m$ 的棒，这根棒安放在运动方向上，则乙测得此棒的质量线密度为_____。

**4.** 质量为 2.5 g 的氢气和氦气的混合气体，盛于某密闭的气缸里（氢气和氦气均视为刚性分子的理想气体）。若保持气缸的体积不变，测得此混合气体的温度每升高 1 K 需要吸收的热量为 2.25R（$R$ 为摩尔气体常量）。由此可知，该混合气体中有氢气_____ g。

**5.** 若太阳表面温度为 5800 K，地球表面温度为 298 K，当太阳向地球表面传递 $4.60 \times 10^4$ J 热量时，系统的熵变为_____ J/K。

**6.** 如试卷(1)-4 图所示，$BCD$ 是以 $O$ 点为圆心，以 $R$ 为半径的半圆弧，在 $A$ 点有一电量为 $+q$ 的点电荷，$O$ 点有一电量为 $-q$ 的点电荷，线段 $\overline{BA}=R$，现将一单位正电荷从 $B$ 点沿半圆弧轨道 $BCD$ 移到 $D$ 点，则电场力所做的功为_____。

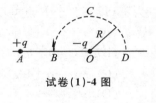

试卷(1)-4 图

**7.** 一电容量为 $C$ 的空气平行板电容器，接在电压为 $U$ 的电源上充电后随即断开，把两个极板间的距离增大至 $n$ 倍时外力所做的功为（忽略边缘效应）_____。

**8.** 真空中有两根长直导线通有电流 $I$，试卷(1)-5 图示有三种环路，在每种情况下，$\oint \boldsymbol{B} \cdot d\boldsymbol{l}$ 等于：

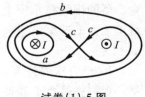

试卷(1)-5 图

_____（对于环路 $a$）；

_____（对于环路 $b$）；

_____（对于环路 $c$）。

**9.** 如试卷(1)-6 图所示，带电刚性细杆 $AB$，电荷线密度为 $\lambda$，

绕垂直于直线 $AB$ 的轴 $O$ 以 $\omega$ 角速度顺时针匀速转动（$O$ 点在细杆 $BA$ 延长线上），则产生的磁矩的大小为_____。

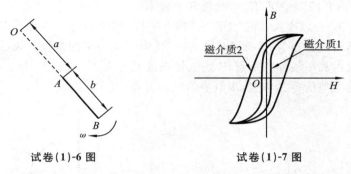

试卷(1)-6 图　　　　　　　　　试卷(1)-7 图

**10.** 如试卷(1)-7 图所示为两种不同铁磁质的磁滞回线，其中适合制造永久磁铁的是磁介质_____，适合制造变压器铁芯的是磁介质_____。

三、计算题

**1.** 有一质量为 $m_1$、长为 $l$ 的均匀细棒，静止平放在滑动摩擦系数为 $\mu$ 的水平桌面上，它可绕通过其端点 $O$ 且与桌面垂直的固定光滑轴转动。另一水平运动的质量为 $m_2$ 的小滑块，从侧面垂直于棒，与棒的另一端 $A$ 相碰撞，设碰撞时间极短，已知小滑块在碰撞前的速度为 $v_1$，碰撞后速度方向与 $v_1$ 相反为 $v_2$，如试卷(1)-8 图所示。求碰撞后从细棒开始转动到停止转动的过程所需的时间。（已知棒绕 $O$ 点的转动惯量 $J = m_1 l^2 / 3$。）

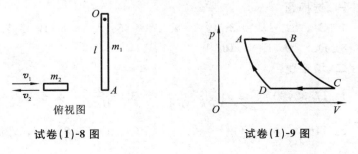

俯视图

试卷(1)-8 图　　　　　　　　　试卷(1)-9 图

**2.** 一定量的理想气体经历如试卷(1)-9图所示的循环过程，$A \to B$ 和 $C \to D$ 是等压过程，$B \to C$ 和 $D \to A$ 是绝热过程。已知 $T_C = 300\ \text{K}$，$T_B = 400\ \text{K}$，求此循环的效率。

**3.** 一厚度为 $b$ 的"无限大"带电平板(见试卷(1)-10图)，其电荷体密度分布为 $\rho = kx (0 \leqslant x \leqslant b)$，式中 $k$ 为一正的常数。求：(1) 平板内和平板外任一点 $P$ 处电场强度的分布 $E(x)$；(2) 令 $x = 0$ 处为电势的零参考点，求电势的空间分布 $U(x)$。

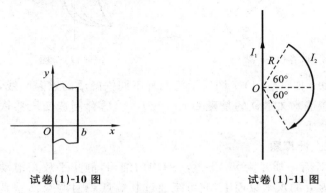

　　试卷(1)-10图　　　　　　　　　试卷(1)-11图

**4.** 在载电流为 $I_1$ 的长直导线旁边，放置一半径为 $R$ 的圆弧导线，它与直导线共面，圆心落在直导线上，载有电流 $I_2$（如试卷(1)-11图所示）。求圆弧导线所受的安培力的大小和方向。

## 大学物理课程（一）考试试卷（1）参考解答

**一、选择题**

**1.** C　　**2.** D　　**3.** C　　**4.** A　　**5.** A　　**6.** B　　**7.** C

**8.** D　　**9.** B　　**10.** D

**二、填空题**

**1.** 17.32，20　　**2.** $\left(\dfrac{2mv^2}{k}\right)^{1/4}$　　**3.** $\dfrac{25m}{9L}$　　**4.** 1.5

**5.** 146　　**6.** $\dfrac{q}{6\pi\varepsilon_0 R}$　　**7.** $\dfrac{1}{2}CU^2(n-1)$　　**8.** $\mu_0 I, 0, 2\mu_0 I$

**9.** $\dfrac{\lambda\omega}{6}\left[(a+b)^3-a^3\right]$　　**10.** 2,1

### 三、计算题

**1.** 对棒和滑块系统,在碰撞过程中,由于碰撞时间极短,所以棒所受的摩擦力矩≪滑块的冲力矩,故可认为合外力矩为零,因而系统的角动量守恒,即

$$m_2 v_1 l = -m_2 v_2 l + \frac{1}{3}m_1 l^2 \omega \qquad ①$$

碰后棒在转动过程中所受的摩擦力矩为

$$M_f = \int_0^l -\mu g \frac{m_1}{l}x \cdot \mathrm{d}x = -\frac{1}{2}\mu m_1 g l \qquad ②$$

由角动量定理有　　$\displaystyle\int_0^t M_f \mathrm{d}t = 0 - \frac{1}{3}m_1 l^2 \omega$ ③

由 ①、② 和 ③ 式解得　$t = 2m_2 \dfrac{v_1+v_2}{\mu m_1 g}$

**2.** $Q_{AB}=\nu C_p(T_B-T_A)$,$Q_{CD}=\nu C_p(T_D-T_C)$

$$\eta = 1 - \frac{|Q_{CD}|}{Q_{AB}} = 1 - \frac{T_C-T_D}{T_B-T_A} \qquad ①$$

对绝热过程 $BC$ 和 $DA$,运用泊松方程和理想气体状态方程,可得

$p_B^{\gamma-1}T_B^{-\gamma}=p_C^{\gamma-1}T_C^{-\gamma}$,$p_A^{\gamma-1}T_A^{-\gamma}=p_D^{\gamma-1}T_D^{-\gamma}$,其中 $p_B=p_A$,$p_C=p_D$

两式相比,得 $\dfrac{T_B}{T_A}=\dfrac{T_C}{T_D}$,则

$$\frac{T_D}{T_A}=\frac{T_C}{T_B}=\frac{3}{4}, \qquad \frac{T_C-T_D}{T_B-T_A}=\frac{3}{4} \qquad ②$$

将②式代入①式中,得 $\eta=25\%$。

**3.** (1) 如试卷(1)-12 图所示,以 $S_1$ 为侧面,$S_2$、$S_3$ 为两底面,作圆柱形高斯面,有 $S_2=S_3=S_4$,由

$$\oint \boldsymbol{E} \cdot \mathrm{d}\boldsymbol{S} = \frac{1}{\varepsilon_0}\sum q \qquad ①$$

有　　　　　$E_2 S_2 + E_3 S_3 = \dfrac{1}{\varepsilon_0}\displaystyle\int_0^b kx' S_2 \mathrm{d}x'$,

$$E_2 = E_3 = \frac{kb^2}{4\varepsilon_0}$$

把 $S_3$ 移到带电体内，为 $S_4$，再用①式，有

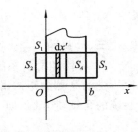

试卷(1)-12 图

$$E_2 S_2 + E_4 S_4 = \frac{1}{\varepsilon_0}\int_0^x kx' S_2 \mathrm{d}x',$$

$$E_4 = \frac{k(2x^2 - b^2)}{4\varepsilon_0}$$

$E(x)$ 的分布为(令向右为正)

$$\begin{cases} E = -\dfrac{kb^2}{4\varepsilon_0} & (x < 0) \\[2mm] E = \dfrac{k(2x^2 - b^2)}{4\varepsilon_0} & (0 < x < b) \\[2mm] E = \dfrac{kb^2}{4\varepsilon_0} & (x > b) \end{cases}$$

(2)电势分布

当 $x < 0$ 时，$U(x) = \int_x^0 -\dfrac{kb^2}{4\varepsilon_0}\mathrm{d}x = \dfrac{kb^2}{4\varepsilon_0}x$

当 $0 < x < b$ 时，$U(x) = \int_x^0 \dfrac{k(2x^2 - b^2)}{4\varepsilon_0}\mathrm{d}x = -\dfrac{kx^3}{6\varepsilon_0} + \dfrac{kb^2 x}{4\varepsilon_0}$

当 $x > b$ 时，$U(x) = \int_x^b \dfrac{kb^2}{4\varepsilon_0}\mathrm{d}x + \int_b^0 \dfrac{k(2x^2 - b^2)}{4\varepsilon_0}\mathrm{d}x$

$$= \dfrac{kb^2}{4\varepsilon_0}(b - x) + \dfrac{kb^3}{12\varepsilon_0}$$

$$= \dfrac{kb^3}{3\varepsilon_0} - \dfrac{kb^2}{4\varepsilon_0}x$$

**4.** 如试卷(1)-13 图所示。取一电流元 $I_2\mathrm{d}l$，该处 $B = \dfrac{\mu_0 I_1}{2\pi R\cos\theta}$

所受安培力为 $\mathrm{d}\boldsymbol{F} = I_2\mathrm{d}\boldsymbol{l} \times \boldsymbol{B}$，则

$$\mathrm{d}F = \dfrac{\mu_0 I_1 I_2}{2\pi R\cos\theta}R\mathrm{d}\theta$$

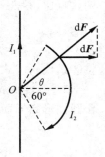

试卷(1)-13 图

由对称性可知,合力方向水平向右,则

$$dF_x = dF\cos\theta = \frac{\mu_0 I_1 I_2}{2\pi}d\theta$$

$$F_x = \int_{-\frac{\pi}{3}}^{\frac{\pi}{3}} \frac{\mu_0 I_1 I_2}{2\pi}d\theta = \frac{\mu_0 I_1 I_2}{3}$$

# 大学物理课程(一)考试试卷(2)

### 一、选择题

1. 若质点限于在平面上运动,指出符合下列哪个条件的为匀速率(曲线)运动。 [ 　 ]

(A) $\dfrac{d\boldsymbol{r}}{dt}=0, \dfrac{d\boldsymbol{r}}{dt}\neq\boldsymbol{0}$ 　　(B) $\dfrac{dv}{dt}=0, \dfrac{d\boldsymbol{v}}{dt}\neq\boldsymbol{0}$

(C) $\dfrac{d\boldsymbol{a}}{dt}=0, \dfrac{d\boldsymbol{a}}{dt}\neq\boldsymbol{0}$ 　　(D) $\dfrac{d\boldsymbol{a}}{dt}=\boldsymbol{0}$

2. 如试卷(2)-1 图所示,物体 $A$、$B$ 质量相同,$B$ 在光滑水平桌面上。滑轮与绳的质量以及空气阻力均不计,滑轮与其轴之间的摩擦也不计。系统无初速地释放,则物体 $A$、$B$ 的加速度 $a_1$、$a_2$ 分别为 [ 　 ]

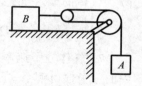

试卷(2)-1 图

(A) $a_1=\dfrac{3}{5}g, a_2=\dfrac{3}{10}g$ 　　(B) $a_1=\dfrac{4}{5}g, a_2=\dfrac{2}{5}g$

(C) $a_1=\dfrac{2}{5}g, a_2=\dfrac{4}{5}g$ 　　(D) $a_1=\dfrac{1}{5}g, a_2=\dfrac{2}{5}g$

3. 如试卷(2)-2 图所示,一静止的均匀细棒,长为 $L$、质量为 $M$,可绕通过棒的端点且垂直于棒长的光滑固定轴 $O$ 在水平面内转动。一质量为 $m$ 速率为 $v$ 的子弹在水平面内沿与棒垂直的方向射入棒的自由端,设击穿棒后子弹的速率减为 $\dfrac{1}{2}v$,则此时棒的角速度应为 [ 　 ]

试卷(2)-2 图

(A) $\dfrac{3mv}{2ML}$    (B) $\dfrac{mv}{ML}$    (C) $\dfrac{7mv}{4ML}$    (D) $\dfrac{5mv}{3ML}$

**4.** 关于狭义相对论,下列几种说法中错误的是下列哪种表述。                                                      [    ]

(A) 一切运动物体的速度都不能大于真空中的光速

(B) 在任何惯性系中,光在真空中沿任何方向的传播速率都相同

(C) 在真空中,光的速度与光源的运动状态无关

(D) 在真空中,光的速度与光的频率有关

**5.** 根据相对论力学,动能为 $\dfrac{1}{4}$ MeV 的电子,其运动速度约等于($c$ 表示真空中的光速,电子的静止能量 $m_0 c^2 = 0.5$ MeV)    [    ]

(A) $0.1c$    (B) $0.5c$    (C) $0.75c$    (D) $0.85c$

**6.** 下列哪个式子表示分子的平均总动能($m$ 为气体的质量,$M$ 为气体的摩尔质量,$i$ 为分子自由度)                                      [    ]

(A) $\dfrac{1}{2}kT$    (B) $\dfrac{i}{2}kT$    (C) $\dfrac{m}{M}\dfrac{3}{2}RT$    (D) $\dfrac{i}{2}RT$

**7.** 气体分子速率分布函数为 $f(v)$,分子速率在 $v_1 \rightarrow v_2$ 范围内的分子数由哪个式子表示?                                      [    ]

(A) $\displaystyle\int_{v_1}^{v_2} f(v)\mathrm{d}v$

(B) $\dfrac{\displaystyle\int_{v_1}^{v_2} v f(v)\mathrm{d}v}{\displaystyle\int_{v_1}^{v_2} f(v)\mathrm{d}v}$

(C) $\displaystyle\int_{v_1}^{v_2} N f(v)\mathrm{d}v$

(D) $f(v) = \dfrac{\mathrm{d}N}{N\mathrm{d}v}$

**8.** 如试卷(2)-3 图所示,$bca$ 为理想气体绝热过程,$b1a$ 和 $b2a$ 是任意过程,则上述两过程中气体做功与吸收热量的情况是                                      [    ]

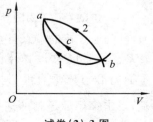

试卷(2)-3 图

(A) $b1a$ 过程放热,做负功;$b2a$ 过程放热,做负功

(B) $b1a$ 过程吸热,做负功;$b2a$ 过程放热,做负功

(C) $b1a$ 过程放热,做正功;$b2a$ 过程吸热,做负功

(D) $b1a$ 过程吸热,做正功;$b2a$ 过程吸热,做正功

**9.** 如试卷(2)-4 图所示,一个未带电的空腔导体球壳,内半径为 $R$。在腔内离球心的距离为 $d(d<R)$ 处,固定一电量为 $+q$ 的点电荷。用导线把球壳接地后,再把地线撤去。选无限远处为电势零点,则球心 $O$ 处的电势为　　〔　〕

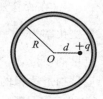

试卷(2)-4 图

(A) $\dfrac{q}{4\pi\varepsilon_0}\left(\dfrac{1}{d}-\dfrac{1}{R}\right)$　　　　(B) $\dfrac{q}{4\pi\varepsilon_0 d}$

(C) $-\dfrac{q}{4\pi\varepsilon_0 d}$　　　　(D) 0

**10.** 均匀磁场的磁感应强度 $\boldsymbol{B}$ 垂直于半径为 $r$ 的圆面。现以该圆周为边线,作一半球面 $S$,则通过 $S$ 面的磁通量的大小为多少?　　〔　〕

(A) $\pi r^2 B$　　　(B) 0　　　(C) $2\pi r^2 B$　　　(D) $4\pi r^2 B$

**二、填空题**

**1.** 一质点做斜抛运动,用 $t_1$ 代表落地时间,抛出点 $A$ 和落地点 $B$ 之间的距离为 $L$($A$、$B$ 两点在同一水平面上),经历的路程为 $s$,下面三个积分 $\displaystyle\int_0^{t_1} v_x \mathrm{d}t$,$\displaystyle\int_A^B |\mathrm{d}\boldsymbol{r}|$,$\displaystyle\int_0^{t_1} v_y \mathrm{d}t$ 的值分别为_____,

_____,_____。

**2.** 一质量为 $m$ 的物体受到力 $F=-ax^2(a>0)$ 的作用在 $x \geqslant 0$ 区域运动,则物体在任意 $x$ 点的势能函数为_____。

**3.** 如试卷(2)-5 图所示,一质量为 $m$、半径为 $R$ 的薄圆盘,可绕通过其直径的光滑固定轴 $AA'$ 转动(转动惯量为

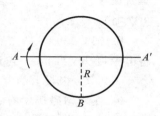

试卷(2)-5 图

$J=\dfrac{1}{4}mR^2$）。该圆盘从静止开始在恒力矩 $M$ 作用下转动，$t$ 秒后位于圆盘边缘上，与轴 $AA'$ 的垂直距离为 $R$ 的 $B$ 点的切向加速度 $a_t=$＿＿＿＿＿＿＿，法向加速度 $a_n=$＿＿＿＿＿＿＿。

**4.** 在无作用力的空间中，卫星扫过静止的行星碎片时它的质量变化率为 $\dfrac{\mathrm{d}M}{\mathrm{d}t}=kv$（碎片附着于卫星上）。这里 $M$ 是任意 $t$ 时刻卫星的质量，$v$ 是任意 $t$ 时刻卫星的速率，$k$ 是一个常数，它取决于卫星扫过体积的截面积。卫星的加速度为＿＿＿＿＿＿＿＿（以 $t$ 时刻的 $M$ 和 $v$ 表示）。

**5.** 长度为 $300\ \mathrm{m}$（火车上观察者测得）以 $0.6c$ 高速运行的列车沿平直轨道运动，车上观察者发现火车中间有一脉冲光源发出一脉冲光向车前后传播，车上观察者测量到车头和车尾接收到信号之间的时间间隔＿＿＿＿＿＿＿；地面观察者观测到结果为＿＿＿＿＿＿＿。

**6.** 一摩尔单原子分子理想气体从 $100\ \mathrm{K}$ 等容加热到 $200\ \mathrm{K}$ 的熵变为 $\Delta S=$＿＿＿＿＿＿＿。（$R=8.31\ \mathrm{J/mol \cdot K}$）

**7.** 喷墨打印机的偏转板及设置的坐标轴如试卷(2)-6 图所示，质量为 $m$ 且带有负电荷 $Q$ 的墨滴进入了两板间的区域。墨滴最初沿 $x$ 轴以速率 $v_x$ 运动，假设带电的偏转板之间为均匀电场，大小为 $E$，方向如图。墨滴在两板远端边缘的垂直偏移 $y=$＿＿＿＿＿＿＿（墨滴受到的引力可忽略）。

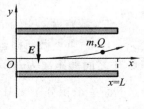

试卷(2)-6 图

**8.** 把 $C_1$ 和 $C_2$ 两个空气电容器并联起来接上电源充电，然后将电源断开，再把一电介质插入 $C_1$ 中，则 $C_1$ 极板上的电量＿＿＿＿＿＿＿，$C_2$ 极板上的电量＿＿＿＿＿＿＿。（填增大或减小）

**9.** 在均匀磁场中有一电子枪，它发射出速率分别为 $v$ 和 $2v$ 的两个电子。这两个电子的速度方向相同，且均与 $\boldsymbol{B}$ 垂直。试问

这两个电子各绕行一周所需的时间_____。（填相同、不相同或不变）

**10.** 如试卷(2)-7图所示,半圆形闭合线圈半径为$R$,载有电流$I$,放在均匀磁场$B$中,线圈平面与磁场方向平行,线圈受的力矩的大小为_____,力矩方向为从上往下看使线圈_____时针转动。线圈转到线圈平面与磁场垂直位置时力矩的功为_____。

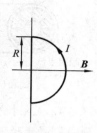

试卷(2)-7 图

### 三、计算题

**1.** 在一列加速行驶的火车上,装有一倾角为$30°$的斜面,并于斜面上放一物体,如试卷(2)-8图所示。已知物体与斜面之间的最大静摩擦系数为0.2,欲使此物体相对于斜面保持静止,则对火车的加速度应有怎样的限制(要求在火车参考系中进行讨论并取到小数点后两位数)?

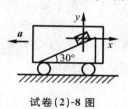

试卷(2)-8 图

**2.** 导体中自由电子的运动可看作类似气体分子运动。故常称导体中的电子为电子气。设导体中有$N$个自由电子,电子的最大速率为$v_F$。电子的速率出现在$v$—$v+dv$内的概率为

$$\frac{dN}{N} = \begin{cases} \dfrac{4\pi v^2}{N}A\,dv, & v_F > v > 0 \\ 0, & v > v_F \end{cases} \quad \text{其中 } A \text{ 为恒量}$$

(1)写出电子气中电子的速率分布函数$f(v)$;(2)求常数$A$;(3)求电子的平均速率$\overline{v}$及速率倒数的平均值$\left(\overline{\dfrac{1}{v}}\right)$。

**3.** 如试卷(2)-9图所示,一很长的同轴圆筒形电缆,内圆筒半径为$a$,外圆筒半径为$b$(设外圆筒厚度很薄),取长为$c$的一段,两圆筒之间充满介电系数为$\varepsilon$的电介质,其电导率为$\sigma$。求:(1)内外圆筒之间电压$V$;(2)此电缆的漏电电阻。(设全部的漏电电流为$I$。)

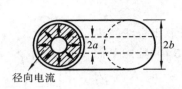 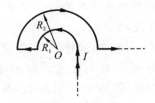

径向电流

**试卷(2)-9 图**　　　　**试卷(2)-10 图**

**4.** 无限长载流直导线弯成如试卷(2)-10 图形状,其中两段圆弧分别是半径为 $R_1$ 与 $R_2$ 的同心半圆弧。

(1) 求半圆弧中心 $O$ 点的磁感应强度 $\boldsymbol{B}$;

(2) 半径 $R_1$ 和 $R_2$ 满足什么样的关系时,$O$ 点的磁感应强度 $B$ 近似等于距 $O$ 点为 $R_1$ 的半无限长直导线单独存在时在 $O$ 点产生的磁感应强度。

# 大学物理课程(一)考试试卷(2)参考解答

## 一、选择题

**1.** B　　**2.** B　　**3.** A　　**4.** D　　**5.** C　　**6.** B　　**7.** C

**8.** B　　**9.** A　　**10.** A

## 二、填空题

**1.** $L,s,0$　　**2.** $\dfrac{ax^3}{3}$　　**3.** $4M/(mR),\dfrac{16M^2t^2}{m^2R^3}$　　**4.** $-\dfrac{kv^2}{M}$

**5.** $0,0.75\times10^{-6}$ s　　**6.** 8.64 J/K　　**7.** $\dfrac{QEL^2}{2mv_x^2}$

**8.** 增大,减少　　**9.** 相同　　**10.** $I\dfrac{\pi R^2}{2}B$,逆,$I\dfrac{\pi R^2}{2}B$

## 三、计算题

**1.** 如试卷(2)-11 图所示。当正要下滑时,物体受到的最大静摩擦力沿斜面向上,物体平衡条件为

$$\begin{cases} ma+\mu N\cos30°-N\sin30°=0 \\ \mu N\sin30°+N\cos30°-mg=0 \end{cases}$$

$$a = \frac{\sin 30° - \mu\cos 30°}{\cos 30° + \mu\sin 30°}g = \frac{0.5 - 0.2 \times 0.866}{0.866 + 0.2 \times 0.5} \times 9.8 \text{ m/s}^2$$

$$= 3.32 \text{ m/s}^2$$

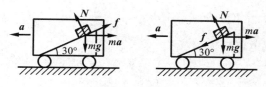

**试卷(2)-11 图**

当正要上滑时，物体受到的最大静摩擦力沿斜面向下，物体平衡条件为

$$\begin{cases} ma - \mu N\cos 30° - N\sin 30° = 0 \\ -\mu N\sin 30° + N\cos 30° - mg = 0 \end{cases}$$

$$a = \frac{\sin 30° + \mu\cos 30°}{\cos 30° - \mu\sin 30°}g = \frac{0.5 + 0.2 \times 0.866}{0.866 - 0.2 \times 0.5} \times 9.8 \text{ m/s}^2$$

$$= 7.76 \text{ m/s}^2$$

欲使此物体相对于斜面保持静止，则火车的加速度应限制在

$$3.32 \text{ m/s}^2 \leqslant a \leqslant 7.76 \text{ m/s}^2$$

**2.** (1)

$$f(v) = \frac{\mathrm{d}N}{N\mathrm{d}v} = \frac{\mathrm{d}N}{N} = \begin{cases} \dfrac{4\pi v^2}{N}A, & v_F > v > 0 \\ 0, & v > v_F \end{cases}$$

(2) 由归一化条件 $\int_0^\infty f(v)\mathrm{d}v = \int_0^{v_F} f(v)\mathrm{d}v = 1$，可得

$$\int_0^{v_F} \frac{4\pi A}{N}v^2\mathrm{d}v = \frac{4\pi A}{N}\frac{v_F^3}{3} = 1 \rightarrow A = \frac{3N}{4\pi v_F^3}$$

(3) $\bar{v} = \int_0^\infty vf(v)\mathrm{d}v = \int_0^{v_F} v\left(\frac{4\pi A}{N}v^2\right)\mathrm{d}v = \frac{\pi A v_F^4}{N} = \frac{3}{4}v_F$

$$\overline{\left(\frac{1}{v}\right)} = \int_0^{v_F} \frac{1}{v}f(v)\mathrm{d}v = \int_0^{v_F} \frac{1}{v}\left(\frac{4\pi A}{N}v^2\right)\mathrm{d}v = \frac{2\pi A}{N}v_F^2 = \frac{3}{2v_F}$$

**3.** 在离轴心为 $r$ 的圆柱面上，其电流密度为 $J = \dfrac{I}{2\pi rc}$，场强为

$$E = \frac{J}{\sigma} = \frac{I}{2\pi\sigma rc}$$

（1）内外圆筒之间电压为

$$V = \int_a^b \boldsymbol{E} \cdot \mathrm{d}\boldsymbol{r} = \int_a^b E \mathrm{d}r = \int_a^b \frac{I}{2\pi\sigma rc} \mathrm{d}r = \frac{I}{2\pi\sigma c} \ln\frac{b}{a}$$

（2）漏电电阻为

$$R = \frac{V}{I} = \frac{1}{2\pi\sigma c} \ln\frac{b}{a}$$

**4.**（1）$B_{\text{大弧}} = \dfrac{\mu_0 I}{4R_2}$，方向为垂直于纸面向里；

$B_{\text{小弧}} = \dfrac{\mu_0 I}{4R_1}$，方向为垂直于纸面向外；

$B_{\text{竖直段}} = \dfrac{\mu_0 I}{4\pi R_1}$，方向为垂直于纸面向外。

以垂直纸面向外为正，$B = \sum B_i = \dfrac{\mu_0 I}{4R_1} - \dfrac{\mu_0 I}{4R_2} + \dfrac{\mu_0 I}{4\pi R_1}$

$= \dfrac{\pi(R_2 - R_1) + R_2}{4\pi R_1 R_2} \mu_0 I$。

（2）当 $\pi(R_2 - R_1) \ll R_2$ 时，$B \approx \dfrac{\mu_0 I}{4\pi R_1}$。

# 大学物理课程(一)考试试卷(3)

## 一、选择题

**1.** 有一个课堂演示实验装置如试卷(3)-1 图所示，在水平桌面上放置一个三角形坡架，坡架左边低，右边高。将一个双锥形物体放在该坡架上，则　　　　　　　　　　　　　　　〔　　〕

（A）把双锥形物体放在坡架较高处，它会自动地滚向较低处

（B）把双锥形物体放在坡架较低处，它会自动地滚向较高处

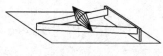

试卷(3)-1 图

（C）把双锥形物体放在坡架较低处，它会保持不动

（D）以上情况都不会发生

**2.** 质点沿半径 $R=1$ m 的圆周运动，某时刻角速度 $\omega=1$ rad/s，角加速度 $\beta=1$ rad/s$^2$，则质点速度和加速度的大小分别为　　[　]

（A）1 m/s，1 m/s$^2$　　　　　（B）1 m/s，2 m/s$^2$

（C）1 m/s，$\sqrt{2}$ m/s$^2$　　　　（D）2 m/s，$\sqrt{2}$ m/s$^2$

**3.** 关于狭义相对论，下列说法中错误的是　　[　]

（A）一切运动物体的速度都不能大于真空中的光速

（B）在任何惯性系中，光在真空中沿任何方向的传播速率都相同

（C）在真空中，光的速度与光源的运动状态无关

（D）在真空中，光的速度与光的频率有关

**4.** 一匀质矩形薄板，在它静止时测得其长为 $a$，宽为 $b$，质量为 $m_0$，由此可算出其质量面密度为 $m_0/(ab)$，假定该薄板沿长度方向以接近光速的速度 $v$ 做匀速直线运动，此时再测算该矩形薄板的质量面密度则为　　[　]

（A）$\dfrac{m_0\sqrt{1-(v/c)^2}}{ab}$　　　　（B）$\dfrac{m_0}{ab\sqrt{1-(v/c)^2}}$

（C）$\dfrac{m_0}{ab[1-(v/c)^2]}$　　　　（D）$\dfrac{m_0}{ab[1-(v/c)^2]^{3/2}}$

**5.** 根据相对论力学，一粒子的动能等于静止能量，其运动速度等于（$c$ 表示真空中光速）　　[　]

（A）$0.1c$　　（B）$0.5c$　　（C）$\dfrac{\sqrt{2}}{2}c$　　（D）$\dfrac{\sqrt{3}}{2}c$

**6.** 设无穷远处电势为零，则半径同为 $R$ 的均匀带电球体和均匀带电球面产生的电场的电势分布规律分别为（试卷（3）-2 图中的 $V_0$ 和 $b$ 皆为常量）　　[　]

（A）（1）和（2）　　　　（B）（3）和（1）

（C）（2）和（4）　　　　（D）（3）和（4）

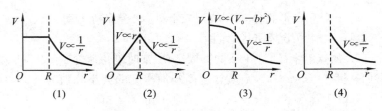

试卷(3)-2 图

**7.** 如试卷(3)-3 图所示，一导体球壳 $A$，同心地罩在一接地导体球 $B$ 上，今给 $A$ 球带负电 $-Q$，则 $B$ 球 　　　[ 　 ]

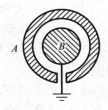

试卷(3)-3 图

（A）带正电

（B）带负电

（C）不带电

（D）上面带正电，下面带负电

**8.** 如试卷(3)-4 图所示，两个完全相同的电容器 $C_1$ 和 $C_2$，串联后与电源连接。现将一各向同性均匀电介质板插入 $C_1$ 中，则 　　　[ 　 ]

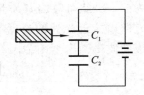

试卷(3)-4 图

（A）电容器组总电容减小

（B）$C_1$ 上的电量大于 $C_2$ 上的电量

（C）$C_1$ 上的电压高于 $C_2$ 上的电压

（D）电容器组贮存的总能量增大

**9.** 面积分别为 $S$ 和 $2S$ 的两圆线圈 1、2 如试卷(3)-5 图放置，通有相同的电流 $I$。线圈 1 的电流产生的通过线圈 2 的磁通量用 $\Phi_{12}$ 表示，线圈 2 的电流产生的通过线圈 1 的磁通量用 $\Phi_{21}$ 表示，则 $\Phi_{12}$ 和 $\Phi_{21}$ 的大小关系为 　　　[ 　 ]

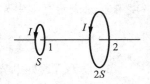

试卷(3)-5 图

（A）$\Phi_{21} = 2\Phi_{12}$ 　　　　　（B）$\Phi_{21} = \dfrac{1}{2}\Phi_{12}$

(C) $\Phi_{21} < \Phi_{12}$ (D) $\Phi_{21} = \Phi_{12}$

**10.** 一块铜板放在磁感应强度正在增大的磁场中,铜板中出现涡流(感应电流),则涡流将 [ ]

(A) 减缓铜板中磁场的增加

(B) 加速铜板中磁场的增加

(C) 对磁场不起作用

(D) 使铜板中磁场反向

## 二、填空题

**1.** 在水力采煤过程中,用高压水枪喷出的强力水柱冲击煤层。设水柱的直径 $D = 30$ mm,水流速度 $v = 56$ m/s,且垂直于煤层,冲击煤层后速度几乎变为 0。则煤层所受的平均冲力为 _____ N。

**2.** 我国于 1988 年 12 月发射的通信卫星在到达同步轨道之前,先要在一个大的椭圆形"转移轨道"上运行若干圈。此转移轨道的近地点高度为 206 km,远地点高度为 35836 km。卫星越过近地点时的速率为 10.2 km/s,则卫星越过远地点时的速率为 _____ km/s。(地球半径为 $R = 6378$ km。)

**3.** 力 $F = xi + 3y^2j$ (SI)作用于运动方程为 $x = 2t$ (SI)的做直线运动的物体上,则 0～1 s 内力 $F$ 做的功为 $A =$ _____ J。

**4.** 升降机以 $a = 2g$ 的加速度上升,机顶有一螺帽因松动而落下。设升降机高为 $h$,求螺帽下落到底板所需时间 $t =$ _____。

**5.** 在参考系 $S$ 中,一粒子以 $v = 0.6c$ 的速度沿直线运动($c$ 为真空中的光速),经历时间为 $\Delta t = 1.00$ s,则对应的原时为 _____ s。

**6.** 如试卷(3)-6 图所示,$BCD$ 是以 $O$ 点为圆心,以 $R$ 为半径的半圆弧。在 $A$ 点有一电量为 $+Q$ 的点电荷,$O$ 点有一电量为 $-Q$ 的点电荷,线段 $\overline{BA} = R$,现将一点电荷 $q$ 从 $B$ 点沿半圆弧轨道 $BCD$ 移到 $D$ 点,则电场力所做的功为 _____。

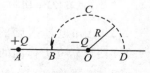

试卷(3)-6 图

**7.** 如试卷(3)-7 图所示,在真空中有一半径为 $a$ 的 3/4 圆弧形的导线,其中通以稳恒电流 $I$,导线置于均匀外磁场 $B$ 中,且 $B$ 与导线所在平面垂直,则该圆弧形载流导线所受的磁力大小为_____。

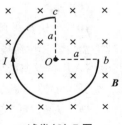

试卷(3)-7 图

**8.** 自感系数 $L=0.3$ H 的螺线管中通以 $I=8$ A 的电流,螺线管存储的磁场能量 $W_m$ 为_____ J。

**9.** 课堂演示实验巴克豪森效应是把磁畴的变化用声音演示出来,用铁磁材料和顺磁材料做此实验时,听到沙沙声的是_____材料,听不到沙沙声的是_____材料。

**10.** 加在平行板电容器极板上的电压变化率为 $1.0\times10^6$ V/s,在电容器内产生 $1.0$ A 的位移电流,则该电容器的电容量为_____ μF。

### 三、计算题

**1.** 如试卷(3)-8 图所示,一质量为 $m$,长度为 $l$ 的匀质细杆,可绕通过其一端且与杆垂直的水平轴 $O$ 转动,杆对水平轴 $O$ 的转动惯量 $J=\dfrac{1}{3}ml^2$,若将此杆在水平位置由静止释放,求当杆转到与铅直方向成 30°角时的角速度的大小。

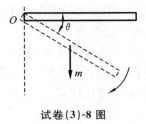

试卷(3)-8 图

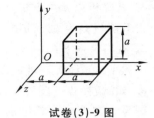

试卷(3)-9 图

**2.** 已知电场强度的分布为 $E=3x^2y\mathbf{i}+x^3\mathbf{j}+4\mathbf{k}$,求如试卷(3)-9 图所示立方体内的电量。(介电常数取 $\varepsilon_0$。)

**3.** 如试卷(3)-10 图所示,一根很长的导体圆管,内半径为 $a$,

外半径为 $b$,电流 $I$ 均匀地分布在导体的横截面上,且顺着长度方向流动,求 $r<a,a<r<b$ 及 $r>b$ 各区间的磁感应强度的大小($r$ 为场点到轴线的垂直距离)。

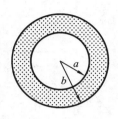

试卷(3)-10 图

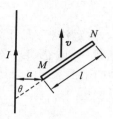

试卷(3)-11 图

**4.** 如试卷(3)-11 图所示,一段长度为 $l$ 的直导线 $MN$,放置在一竖直长导线旁,且与竖直长导线共面,$M$ 端与竖直长导线的距离为 $a$,$MN$ 与竖直长导线成 $\theta$ 夹角,竖直长导线中通有向上的电流 $I$,$MN$ 以平行于载流导线的速度 $v$ 向上运动。求 $MN$ 上的电动势的大小和方向。

# 大学物理课程(一)考试试卷(3)参考解答

## 一、选择题

**1.** B　　**2.** C　　**3.** D　　**4.** C　　**5.** D　　**6.** B　　**7.** A

**8.** D　　**9.** D　　**10.** A

## 二、填空题

**1.** $F=2216$ N　　**2.** $v_2=1.59$ km/s　　**3.** $A=2$ J

**4.** 取升降机为参考系,$t=\sqrt{\dfrac{2h}{3g}}$　　**5.** 0.8 s

**6.** $A=q_0(V_B-V_D)=\dfrac{Qq}{6\pi\varepsilon_0 R}$　　**7.** $\sqrt{2}aBI$　　**8.** 9.6 J

**9.** 铁磁,顺磁　　**10.** 1 $\mu$F

## 三、计算题

**1.** 由机械能守恒有

$$\frac{1}{2}J\omega^2 = mg \cdot \frac{l}{2}\sin\theta, \quad J = \frac{1}{3}ml^2, \quad \theta = 90° - 30° = 60°$$

得 $\quad \omega = \left(\frac{mgl\sin\theta}{J}\right)^{1/2} = \left[\frac{mgl\sin60°}{\frac{1}{3}ml^2}\right]^{1/2} = \left(\frac{3\sqrt{3}}{2} \cdot \frac{g}{l}\right)^{\frac{1}{2}}$

**2.** 解法一:先计算立方体表面上的电通量(见试卷(3)-12 图)。两个垂直于 $x$ 轴的平面上的电通量之和为

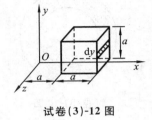

$$\Phi_1 = \int_0^a (E_x\big|_{x=2a} - E_x\big|_{x=a})a\,\mathrm{d}y$$

$$= \int_0^a 9a^3 y\,\mathrm{d}y = 4.5a^5$$

试卷(3)-12 图

两个垂直于 $y$ 轴的平面上的电通量之和为

$$\Phi_2 = \int (E_y\big|_{y=a} - E_y\big|_{y=0})\mathrm{d}S = 0$$

显然,两个垂直于 $z$ 轴的平面上的电通量之和为 $\Phi_3 = 0$。

由高斯定理 $\oint_S \boldsymbol{E} \cdot \mathrm{d}\boldsymbol{S} = \frac{1}{\varepsilon_0}\sum_S q$ 知立方体内的电量 $q = \frac{9\varepsilon_0 a^5}{2}$。

解法二:由高斯定理的微分形式 $\nabla \cdot \boldsymbol{E} = \frac{\rho}{\varepsilon_0}$ 可得电荷体密度为

$$\rho = \varepsilon_0\left(\frac{\partial E_x}{\partial x} + \frac{\partial E_y}{\partial y} + \frac{\partial E_z}{\partial z}\right) = 6\varepsilon_0 xy$$

则立方体内的电量为

$$q = \int \rho\,\mathrm{d}V = \frac{9\varepsilon_0 a^5}{2}$$

**3.** 取半径为 $r$ 的圆周,由安培环路定理,有

$$\oint \boldsymbol{B} \cdot \mathrm{d}\boldsymbol{l} = \mu_0 i, \quad 即 \quad B2\pi r = \mu_0 i$$

当 $r < a$ 时,$B = 0$;

当 $a < r < b$ 时,$B2\pi r = \dfrac{I(\pi r^2 - \pi a^2)}{\pi b^2 - \pi a^2}$,$B = \dfrac{\mu_0 I(r^2 - a^2)}{2\pi r(b^2 - a^2)}$

当 $r > b$ 时，$B = \dfrac{\mu_0 I}{2\pi r}$

**4.** 长直导线在周围空间产生的磁场的磁感应强度为

$$B = \frac{\mu_0 I}{2\pi r} = \frac{\mu_0 I}{2\pi(a + x\sin\theta)}$$

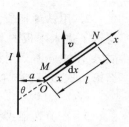

如试卷(3)-13 图所示。在 $MN$ 上取一微元 $\mathrm{d}x$，它离 $M$ 端的距离为 $x$，则该微元两端的电动势为

试卷(3)-13 图

$$\mathrm{d}\mathscr{E}_i = (v \times \boldsymbol{B}) \cdot \mathrm{d}x = v \cdot \frac{\mu_0 I \sin\theta}{2\pi(a + x\sin\theta)} \cdot \mathrm{d}x$$

$$= \frac{\mu_0 I v \sin\theta}{2\pi(a + x\sin\theta)}\mathrm{d}x$$

所以，

$$\mathscr{E}_i = \int_0^l \frac{\mu_0 I v \sin\theta}{2\pi(a + x\sin\theta)}\mathrm{d}x = \frac{\mu_0 I v}{2\pi}\ln\frac{a + l\sin\theta}{a} \quad (\text{方向 } N \to M)$$

# 大学物理课程(一)考试试卷(4)

## 一、选择题

**1.** 长为 $l$ 的轻绳，一端固定在光滑水平面上的 $O$ 点，另一端系一质量为 $m$ 的物体。开始时物体在 $A$ 点，绳子处于松弛状态，物体以速度 $v_0$ 垂直于 $OA$ 运动，$OA$ 长为 $h$。当绳子被拉直后物体做半径为 $l$ 的圆周运动，如试卷(4)-1 图所示。在绳子被拉直的过程中，物体的动量大小的增量和对 $O$ 点的角动量大小的增量分别为 　　　　　　〔　〕

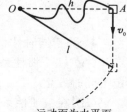

运动面为水平面

试卷(4)-1 图

(A) $mv_0\left(\dfrac{h}{l} - 1\right)$，$0$

(B) $0$，$0$

(C) $0$，$mv_0(l - h)$

(D) $mv_0\left(\dfrac{h}{l}-1\right)$，$mv_0(l-h)$

**2.** 用铁锤把质量很小的钉子敲入木板,设木板对钉子的阻力与钉子进入木板的深度成正比。在铁锤敲打第一次时,能把钉子敲入 $1.00$ cm,如果铁锤第二次敲打的速度与第一次完全相同,那么第二次敲打的深度为　　　　　　　　　　　　　　　　[　　]

(A) $0.50$ cm　　(B) $0.41$ cm　(C) $0.73$ cm　(D) $1.00$ cm

**3.** 在节速器课堂演示实验中,在试卷(4)-2 图(a)的状态下让两个摆锤绕固定光滑轴转动,然后向下推动连接在轴上的套环使得节速器处于试卷(4)-2 图(b)的状态。观察到的实验现象及其原因是　　　　　　　　　　　　　　　　　　　　[　　]

(A) 摆锤的转速加快,因为节速器对轴的角动量增大

(B) 摆锤的转速加快,因为节速器对轴的转动惯量减少

(C) 摆锤的转速减慢,因为节速器对轴的角动量减少

(D) 摆锤的转速减慢,因为节速器对轴的转动惯量增大

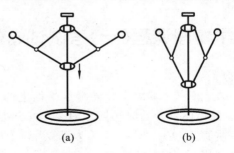

试卷(4)-2 图

**4.** 关于同时性,下列结论正确的是　　　　　　　　　　[　　]

(A) 在一惯性系中同时发生的两个事件,在另一惯性系中一定不同时发生

(B) 在一惯性系中不同地点同时发生的两个事件,在另一惯性系中一定同时发生

(C) 在一惯性系中同一地点同时发生的两个事件,在另一惯

性系中一定同时发生

(D) 在一惯性系中不同地点不同时发生的两个事件,在另一惯性系中一定不同时发生

**5.** $E_k$ 是粒子的动能,$p$ 是它的动量,则粒子的静能 $m_0 c^2$ 为

$$[\quad]$$

(A) $\dfrac{p^2 c^2 - E_k^2}{2 E_k}$ (B) $\dfrac{p^2 c^2 - E_k}{2 E_k}$ (C) $\dfrac{p^2 c^2 + E_k^2}{2 E_k}$ (D) $\dfrac{(pc - E_k)^2}{2 E_k}$

**6.** 如试卷(4)-3 图所示,一电量为 $-q$ 的点电荷位于圆心 $O$ 处,$A$、$B$、$C$、$D$ 为同一圆周上的四点,现将一试验电荷从 $A$ 点分别移动到 $B$、$C$、$D$ 各点,则 $[\quad]$

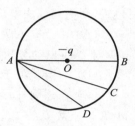

(A) 从 $A$ 到各点电场力做功相等

(B) 从 $A$ 到 $B$ 电场力做功最大

(C) 从 $A$ 到 $C$ 电场力做功最大

(D) 从 $A$ 到 $D$ 电场力做功最大

**试卷(4)-3 图**

**7.** 无限长载流空心圆柱导体的内外半径分别为 $a$、$b$,电流在导体横截面上均匀分布,则空间各处的 $\boldsymbol{B}$ 的大小与场点到圆柱中心轴线的距离 $r$ 的关系定性地如试卷(4)-4 图所示。正确的图是 $[\quad]$

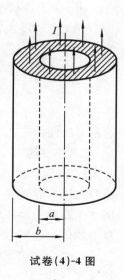

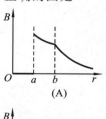

(A)

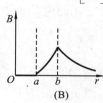

(B)

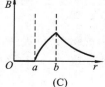

(C)

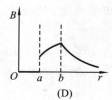

(D)

**试卷(4)-4 图**

**8.** 竖直放置金属铜管,当等质量的下列物体分别通过铜管下落时,通过铜管用时最长的是　　　　　　　　　　　　[　　]

(A) 铅球　　　(B) 钢球　　　(C) 磁铁　　　(D) 木块

**9.** 在圆柱形区域内,有垂直纸面向里的均匀磁场,且 $\dfrac{\mathrm{d}B}{\mathrm{d}t}$ 为正的恒量。现将 $aO$、$Ob$、$\overset{\frown}{ab}$、$ab$ 和 $cd$ 等 5 段导线置于试卷(4)-5 图示位置,则下列说法中正确的是　　[　　]

试卷(4)-5 图

(A) 由于 $a$、$b$ 两点电势确定,所以 $ab$ 和 $aOb$ 上感生电动势相同,即 $\mathscr{E}_{ab}=\mathscr{E}_{aOb}$

(B) $cd$ 导线处于 $B=0$ 的空间,故 $\mathscr{E}_{cd}=0$

(C) 在该圆柱形区域内,涡旋电场的大小 $E_i \propto r$,故 $\mathscr{E}_{\overset{\frown}{ab}}>\mathscr{E}_{ab}$,$\mathscr{E}_{ab}>\mathscr{E}_{aO}>0$

(D) $aO$、$Ob$ 均垂直于 $\boldsymbol{E}_i$,故 $\mathscr{E}_{aO}=\mathscr{E}_{Ob}=0$

**10.** 关于位移电流,下列说法中正确的是　　　　　[　　]

(A) 位移电流就是变化的电场,它在数值上等于场强对时间的变化率

(B) 位移电流只能在非导体中传播

(C) 位移电流是一种假说,实际并不存在

(D) 位移电流由变化的电场所产生,其大小仅取决于电位移通量对时间的变化率

**二、填空题**

**1.** 一列火车在雨中以 30 m/s 的速率向正南方向行驶,当时正刮北风。静止在车站上的服务员看到雨丝与竖直线成 30°角,但在车厢中的旅客却看到雨丝竖直向下打在玻璃窗上,则雨滴相对于地面的速率为_____。

**2.** 已知质点的运动方程为 $\boldsymbol{r}=R\cos kt^2\boldsymbol{i}+R\sin kt^2\boldsymbol{j}$,式中,$R$、$k$ 均为常量,则 $t$ 时刻质点的切向加速度的大小为_____,法向加速度的大小为_____。

**3.** 汉口有平缓的江滩,而一江之隔的武昌却是江岸陡峭。这是千万年以来江水在_____力的作用下不断冲刷_____的江岸所造成的。

**4.** 水从一截面为 $10~\text{cm}^2$ 的水平管 $A$,流入两根并联的水平支管 $B$ 和 $C$,它们的截面积分别为 $8~\text{cm}^2$ 和 $6~\text{cm}^2$。如果水在管 $A$ 中的流速为 $1.00~\text{m/s}$,在管 $C$ 中的流速为 $0.50~\text{m/s}$,则水在管 $B$ 中的流速为_____,$B$、$C$ 两管中的压强差为_____。

**5.** 在惯性系中,两个光子相向运动时,一个光子对另一个光子的相对运动速率为_____。

**6.** 观察者甲以 $\dfrac{4}{5}c$ 的速率相对于观察者乙运动,若甲携带一长度为 $l$、截面积为 $S$、质量为 $m$ 的棒,这根棒安放在运动方向上,则甲测得此棒的密度为_____;乙测得此棒的密度为_____。

**7.** 如试卷(4)-6 图所示,一半径为 $R$ 带有一极小的缺口的细圆环,缺口长度为 $d(d \ll R)$,环上均匀带电,电荷线密度为 $\lambda$,如图所示,则圆心 $O$ 处的电场强度大小为_____。

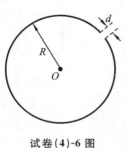

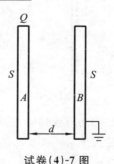

试卷(4)-6 图                    试卷(4)-7 图

**8.** 如试卷(4)-7 图所示,将一块原来不带电的金属板 $B$ 移近一块带有正电荷 $Q$ 的金属板 $A$,平行放置,设两板面积都是 $S$,板间距离为 $d$,忽略边缘效应。现将 $B$ 板接地,则两板间的电势差为_____。

**9.** 一空气平行板电容器充电后切断电源,电容器储能为 $W_0$,

若灌入相对介电常数为 $\varepsilon_r$ 的煤油,电容器储能变为 $W_0$ 的
_____倍。如果灌煤油时电容器一直与电源相连接,则电容器
储能将是 $W_0$ 的_____倍。

**10.** 一段直导线在垂直于均匀磁场的平面内运动。已知导线
绕其一端以角速度 $\omega$ 转动时的电动势与导线以垂直于导线方向
的速度 $v$ 做平动时的电动势大小相等,则导线的长度为_____。

### 三、计算题

**1.** 如试卷(4)-8 图所示,长为 $L$ 的均匀直杆其质量为 $3m$,上
端用光滑水平轴吊起而静止下垂。今有一质量为 $m$ 的子弹沿水
平方向射入杆的下端且留在杆内,并使杆摆动。若杆的最大摆角
为 $\theta = 60°$,试求:

(1) 子弹入射前的速率 $v$;

(2) 在最大摆角处,杆转动的角加速度。

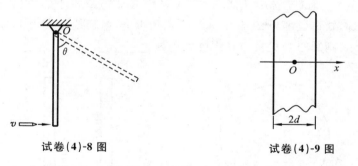

试卷(4)-8 图　　　　　　　　试卷(4)-9 图

**2.** 如试卷(4)-9 图所示,一厚度为 $2d$ 的无限大非导体平板,
其电荷密度 $\rho = k|x|$,$k$ 为正常数。求板内、外任意点的电场强
度。

**3.** 如试卷(4)-10 图所示,一轴线在 $z$ 轴,半径为 $R$ 的无限长
半圆柱面导体,在柱面上由下至上(沿 $z$ 轴)均匀地通有电流 $I$,在
$z$ 轴上另有一无限长载流直导线,直导线通有电流 $I$(沿 $z$ 轴)。求
单位长度直导线所受的力。

**4.** 一无限长直导线通有电流 $I = I_0 e^{-\lambda t}$($I_0$,$\lambda$ 为恒量),与一矩

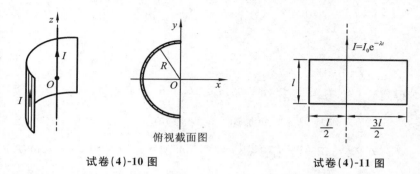

俯视截面图

试卷(4)-10 图

试卷(4)-11 图

形线框共面,并互相绝缘,线框的尺寸及位置如试卷(4)-11 图所示。试求:(1) 直导线与线框之间的互感系数;(2) 线框中的感应电动势。

# 大学物理课程(一)考试试卷(4)参考解答

## 一、选择题

**1.** A　　**2.** B　　**3.** B　　**4.** C　　**5.** A　　**6.** A　　**7.** C

**8.** C　　**9.** D　　**10.** D

## 二、填空题

**1.** $60$ m/s　　**2.** $2kR, 4k^2Rt^2$

**3.** 科里奥利力(科氏力),武昌(右边,南边)

**4.** $0.875$ m/s, $257.8$ Pa　　**5.** $c$(或 $3 \times 10^8$ m/s)

**6.** $\dfrac{m}{lS}, \dfrac{25}{9}\dfrac{m}{lS}$　　**7.** $\dfrac{d\lambda}{4\pi\varepsilon_0 R^2}$　　**8.** $\dfrac{Qd}{\varepsilon_0 S}$　　**9.** $\dfrac{1}{\varepsilon_r}, \varepsilon_r$　　**10.** $\dfrac{2v}{\omega}$

## 三、计算题

**1.** (1) 子弹打入前后角动量守恒,则

$$mvL = \frac{1}{3}(3m)L^2 \cdot \omega + mL^2 \cdot \omega = \left[\frac{1}{3}(3m)L^2 + mL^2\right] \cdot \omega$$

求得　　　　　　　　　　　　$v = 2L\omega$

成为整体后上摆,上摆前后机械能守恒,取均匀棒的下端为零势能点,则

$$\frac{1}{2}\left[\frac{1}{3}(3m)L^{2}\right]\omega^{2}+\frac{1}{2}\left[mL^{2}\right]\omega$$

$$=3mg\,\frac{L}{2}(1-\cos\theta)+mgL(1-\cos\theta)$$

得到 $\qquad \omega=\sqrt{\frac{5g}{2L}(1-\cos\theta)}=\frac{1}{2}\sqrt{\frac{5g}{L}},\qquad \theta=60°$

（2）求解均匀杆的角加速度有两种方法：

方法一：由 $M=J\beta$，其中 $M=(3m)g\cdot\dfrac{L}{2}\cdot\sin\theta+mgL\sin\theta$，

得

$$(3m)g\cdot\frac{L}{2}\cdot\sin\theta+mgL\sin\theta=\left(\frac{1}{3}(3m)L^{2}+mL^{2}\right)\beta$$

则 $\qquad\qquad\qquad \beta=\frac{5\sqrt{3}}{8L}g,\qquad \theta=60°$

方法二：利用第一问的结果求解角速度的微分，解出角加速度。

$$\beta=\frac{\mathrm{d}\omega}{\mathrm{d}t}=\omega\,\frac{\mathrm{d}\omega}{\mathrm{d}\theta}=\frac{5g}{4L}\sin\theta=\frac{5g}{4L}\,\frac{\sqrt{3}}{2}=\frac{5\sqrt{3}g}{8L}$$

**2.** 方法一：场强具有对平板中心平面的对称性，作轴与带电平板垂直，两底与平面等距，底面积为 $S$ 的圆柱面为高斯面，由高斯定理知：

对板内区间 $|x|<d$：

$$2E_{1}S=\frac{q_{\text{内}}}{\varepsilon_{0}}=2\int_{0}^{x}\frac{kx}{\varepsilon_{0}}S\mathrm{d}x=\frac{kS}{\varepsilon_{0}}x^{2}$$

$$\boldsymbol{E}_{2}=\begin{cases}\dfrac{kx^{2}}{2\varepsilon_{0}}\boldsymbol{i}, & 0\leqslant x\leqslant d\\[2mm] -\dfrac{kx^{2}}{2\varepsilon_{0}}\boldsymbol{i}, & -d\leqslant x\leqslant 0\end{cases}$$

对板外区间 $|x|>d$：

$$2E_{2}S=\frac{q_{\text{内}}}{\varepsilon_{0}}=2\int_{0}^{d}\frac{kx}{\varepsilon_{0}}S\mathrm{d}x=\frac{kS}{\varepsilon_{0}}d^{2}$$

$$E_2 = \begin{cases} \dfrac{kd^2}{2\varepsilon_0}\boldsymbol{i}, & x > d \\[3mm] -\dfrac{kd^2}{2\varepsilon_0}\boldsymbol{i}, & x < -d \end{cases}$$

方法二：$E = E_x, \dfrac{\partial E_x}{\partial x} = \dfrac{\rho}{\varepsilon_0}$

$$E_2 = \begin{cases} \dfrac{kx^2}{2\varepsilon_0}\boldsymbol{i}, & 0 \leqslant x \leqslant d \\[3mm] -\dfrac{kx^2}{2\varepsilon_0}\boldsymbol{i}, & -d \leqslant x \leqslant 0 \end{cases}$$

连续性

$$E_2 = \begin{cases} \dfrac{kd^2}{2\varepsilon_0}\boldsymbol{i}, & x > d \\[3mm] -\dfrac{kd^2}{2\varepsilon_0}\boldsymbol{i}, & x < -d \end{cases}$$

方法三：无限大平面叠加。电荷面密度 $\rho \mathrm{d}x = \sigma$

当 $|x| < d$ 时

$$E = -\int_{-d}^{0} \frac{kx}{2\varepsilon_0}\mathrm{d}x + \int_{0}^{x} \frac{kx}{2\varepsilon_0}\mathrm{d}x - \int_{x}^{d} \frac{kx}{2\varepsilon_0}\mathrm{d}x$$

当 $|x| > d$ 时　　　　$E = 2\int_{0}^{d} \frac{kx}{2\varepsilon_0}\mathrm{d}x$

$$E_2 = \begin{cases} \dfrac{kx^2}{2\varepsilon_0}\boldsymbol{i}, & 0 \leqslant x \leqslant d \\[3mm] -\dfrac{kx^2}{2\varepsilon_0}\boldsymbol{i}, & -d \leqslant x \leqslant 0 \end{cases}$$

$$E_2 = \begin{cases} \dfrac{kd^2}{2\varepsilon_0}\boldsymbol{i}, & x > d \\[3mm] -\dfrac{kd^2}{2\varepsilon_0}\boldsymbol{i}, & x < -d \end{cases}$$

**3.** 方法一：先计算长半圆柱面电流在轴线上的磁场。在截面图（见试卷(4)-12 图）半圆周上取线元 $\mathrm{d}l$，其所对应长直导线的电流为

$$dI = \frac{I}{\pi R} \times R d\theta = \frac{I}{\pi} d\theta$$

该电流在轴线产生磁场的大小为

$$dB = \frac{\mu_0 dI}{2\pi R} = \frac{\mu_0 I d\theta}{2\pi^2 R}$$

所以轴线上的磁场为

$$B = \int dB_y = \int_0^\pi \frac{\mu_0 I}{2\pi^2 R} \sin\theta d\theta = \frac{\mu_0 I}{\pi^2 R}$$

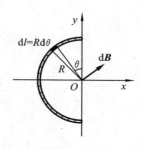

试卷(4)-12 图

轴上单位长度长直载流导线所受的力为

$$F = BI = \frac{\mu_0 I^2}{\pi^2 R} \quad (\text{力的方向沿} - x \text{ 轴方向})$$

方法二:计算两长直电流之间的力,再对力积分:

$$dI = \frac{I}{\pi R} \times R d\theta = \frac{I}{\pi} d\theta$$

两长直电流之间的力:

$$dF = \frac{\mu_0 I dI}{2\pi R} = \frac{\mu_0 I^2}{2\pi^2 R} d\theta$$

力投影积分:

$$F_x = \int \sin\theta dF = \int_0^\pi \frac{\mu_0 I^2}{2\pi^2 R} \sin\theta d\theta$$

$$= \frac{\mu_0 I^2}{\pi^2 R} \quad (\text{力的方向沿} - x \text{ 轴方向})$$

4.(1)建如试卷(4)-13 图所示坐标系,取顺时针为线框绕行正方向,直导线电流 $I$ 的磁场通过线框的磁通量为

$$\Phi = \int_0^{\frac{3}{2}l} \frac{\mu_0 I}{2\pi x} l dx - \int_0^{\frac{1}{2}l} \frac{\mu_0 I}{2\pi x} l dx$$

$$= \frac{\mu_0 I l}{2\pi} \ln 3$$

则直导线与线框之间的互感系数为

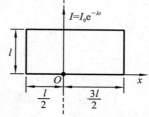

试卷(4)-13 图

$$M = \frac{\Phi}{I} = \frac{\mu_0 l}{2\pi}\ln 3$$

（2）线框中的互感电动势为

$$\mathscr{E} = -M\frac{\mathrm{d}I}{\mathrm{d}t} = \frac{\mu_0 I_0 \lambda \ln 3}{2\pi}\mathrm{e}^{-\lambda t}$$

方向：$\lambda > 0$，顺时针；$\lambda < 0$，逆时针。

# 大学物理课程(二)考试试卷(5)

## 一、选择题

**1.** 一简谐波沿 $x$ 轴负方向传播，圆频率为 $\omega$，波速为 $u$。设 $t = T/4$ 时刻的波形如试卷(5)-1 图所示，则该波的表达式为　　　〔　〕

（A）$y = A\cos\omega(t - x/u)$

（B）$y = A\cos\left[\omega(t - x/u) + \dfrac{\pi}{2}\right]$

（C）$y = A\cos[\omega(t + x/u)]$

（D）$y = A\cos[\omega(t + x/u) + \pi]$

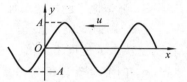

**试卷(5)-1 图**

**2.** 一质点做谐振动，其运动速度与时间的关系曲线如试卷(5)-2 图所示。若质点的振动规律用余弦函数描述，则其初相位为　　　〔　〕

（A）$\dfrac{\pi}{6}$　　　（B）$\dfrac{5\pi}{6}$

（C）$-\dfrac{5\pi}{6}$　　（D）$-\dfrac{\pi}{6}$

（E）$-\dfrac{2\pi}{3}$

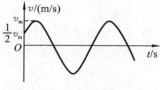

**试卷(5)-2 图**

**3.** 使一光强为 $I_0$ 的平面偏振光先后通过两个偏振片 $P_1$ 和 $P_2$，$P_1$ 和 $P_2$ 的偏振化方向与原入射光光矢量振动方向的夹角分别是 $\alpha$ 和 $90°$，则通过这两个偏振片后的光强 $I$ 是　　　〔　〕

（A）$\dfrac{1}{2}I_0\cos^2\alpha$　　（B）0　　　（C）$\dfrac{1}{4}I_0\sin^2(2\alpha)$

(D) $\dfrac{1}{4}I_0\sin^2\alpha$　　　(E) $I_0\cos^4\alpha$

**4.** 在如试卷(5)-3 图所示的
单缝夫琅和费衍射装置中,设中央
明纹的衍射角范围很小。若使单
缝宽度 $a$ 变为原来的 3/2,同时使
入射的单色光的波长 $\lambda$ 变为原来
的 3/4,则屏幕 C 上单缝衍射条纹
中央明纹的宽度 $\Delta x$ 将变为原来的

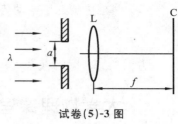

试卷(5)-3 图

[　　]

(A) 3/4 倍　　　　(B) 2/3 倍　　　　　(C) 9/8 倍
(D) 1/2 倍　　　　(E) 2 倍

**5.** 弹簧振子的振幅增加 1 倍,则该振动　　　　　[　　]

(A) 周期增加 1 倍　　　　(B) 总能量增加 2 倍
(C) 最大速度增 1 倍　　　(D)最大速度不变

**6.** 两个线圈 P 和 Q 并联地接到一电动势恒定的电源上,线
圈 P 的自感和电阻分别是线圈 Q 的两倍,线圈 P 和 Q 之间的互
感可忽略不计。当达到稳定状态后,线圈 P 的磁场能量与 Q 的磁
场能量的比值是　　　　　　　　　　　　　　　　　　　[　　]

(A) 4　　　(B) 2　　　(C) 1　　　(D) 1/2

**7.** N 型半导体中杂质原子所形成的局部能级(也称施主能
级),在能带结构中处于　　　　　　　　　　　　　　　[　　]

(A) 满带中　　　　　　　(B) 导带中
(C) 禁带中,但接近满带顶　　(D) 禁带中,但接近导带底

**8.** 关于不确定关系式 $\Delta x\cdot\Delta p_x\geqslant\hbar$,下列说法中正确的是 [　　]

(A) 粒子的坐标和动量都不能精确确定

(B) 由于微观粒子的波粒二象性,粒子的位置和动量不能同
时完全确定

(C) 由于量子力学还不完备,粒子的位置和动量不能同时完

全确定

（D）不确定关系是因为测量仪器的误差造成的

**9.** 在双缝衍射实验中,若保持双缝 $S_1$ 和 $S_2$ 的中心之间的距离 $d$ 不变,而把两条缝的宽度 $a$ 稍微加宽,下列叙述正确的是　　〔　〕

（A）单缝衍射的中央主极大变宽,其中所包含的干涉条纹数目可能变少

（B）单缝衍射的中央主极大变宽,其中所包含的干涉条纹数目可能变多

（C）单缝衍射的中央主极大变宽,其中所包含的干涉条纹数目可能不变

（D）单缝衍射的中央主极大变窄,其中所包含的干涉条纹数目可能变少

（E）单缝衍射的中央主极大变窄,其中所包含的干涉条纹数目可能变多

**10.** 检验滚珠大小的干涉装置如试卷(5)-4 图所示,S 为光源,L 为汇聚透镜,M 为半透半反镜,在平晶 $T_1$、$T_2$ 之间放置 A、B、C 三个滚珠,其中 A 为标准件,直径为 $d_0$,用波长为 $\lambda$ 的单色光垂直照射平晶,在 M 上方观察时观察到等厚条纹,如图所示,轻压 C 端,条纹间距变大,则 B 珠的直径 $d_1$、C 珠的直径 $d_2$ 与 $d_0$ 的关系分别为　　　　　　　　　　　　　　　　　　〔　〕

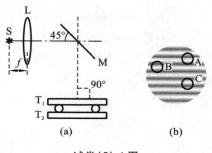

**试卷(5)-4 图**

(A) $d_1 = d_0 + \lambda, d_2 = d_0 + 3\lambda$

(B) $d_1 = d_0 - \lambda, d_2 = d_0 - 3\lambda$

(C) $d_1 = d_0 + \lambda/2, d_2 = d_0 + 3\lambda/2$

(D) $d_1 = d_0 - \lambda/2, d_2 = d_0 - 3\lambda/2$

**二、填空题**

**1.** 1921 年施特恩和盖拉赫在实验中发现：一束处于 $S$ 态的银原子射线在非均匀磁场中分裂为两束，对于这种分裂用电子轨道运动的角动量的空间取向量子化难以解释，只能用_____来解释。

**2.** 一平行板电容器与一电压为 $V$ 的电源相连，如试卷(5)-5 图所示。若将电容器的一极板以速率 $u$ 拉开，则当极板间的距离为 $x$ 时，电容器内的位移电流密度大小为_____，方向为_____。

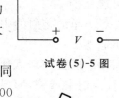

**试卷(5)-5 图**

**3.** 如试卷(5)-6 图所示，假设有两个同相的相干点光源 $S_1$ 和 $S_2$，发出波长为 $\lambda = 500$ nm 的光，$A$ 是它们连线的中垂线上的一点，若在 $S_1$ 与 $A$ 之间插入厚度为 $e$，折射率为 $n = 1.5$ 的薄玻璃片，$A$ 点恰为第四级明纹中心，则 $e = $_____ nm。

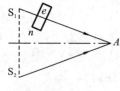

**试卷(5)-6 图**

**4.** 嫦娥 1 号卫星在距离月球表面 200 km 的绕月轨道上拍摄月球表面上的物体，设感光波长为 550 nm，若要求它能分辨相距为 0.1 m 的两点，问照相机镜头的直径必须大于_____ m。（结果保留三位有效数字）

**5.** 一质点沿 $x$ 轴做谐振动，振动方程为 $x = 4 \times 10^{-2} \cdot \cos\left(2\pi t - \dfrac{1}{6}\pi\right)$ (SI)。从 $t = 0$ 时刻起，到质点位置在 $x = -2$ cm 处，且向 $x$ 轴正方向运动的最短时间间隔为_____ s。

**6.** 两个同方向同频率的谐振动，$x_1 = 10\cos\left(5\pi t + \dfrac{\pi}{2}\right)(\text{cm})$ 和 $x_2 = 10\sqrt{2}\cos\left(5\pi t + \dfrac{3}{4}\pi\right)(\text{cm})$，则合振动的振幅为_____ cm。

**7.** 根据量子力学理论，氢原子中电子的轨道角动量为 $L = \sqrt{l(l+1)}\hbar$，当主量子数 $n = 3$ 时，电子轨道角动量的可能取值为_____。

**8.** 低速运动的质子和 α 粒子，若它们的德布罗意波长相同，则它们的动量之比 $p_p : p_\alpha = $ _____。

**9.** 法拉第电机的原理如试卷(5)-7 图所示，半径为 $R$ 的金属圆盘在均匀磁场中以角速度 $\omega$ 绕中心轴旋转，均匀磁场的方向平行于转轴。这时圆盘中心至边缘的感应电动势的大小为_____。

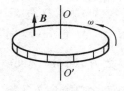

试卷(5)-7 图

**10.** X 射线射到晶体上，对于间距为 $d$ 的平行点阵平面，能产生衍射主极大的最大波长为_____。

### 三、计算题

**1.** 一束含有 $\lambda_1$ 和 $\lambda_2$ 的平行光垂直照射到一光栅上，$\lambda_1 = 560$ nm，测得 $\lambda_1$ 的第三级主极大和 $\lambda_2$ 的第四级主极大的衍射角均为 $30°$。求：(1)光栅常数 $d$；(2)波长 $\lambda_2$。

**2.** 如试卷(5)-8 图所示，一平面简谐波沿 $x$ 轴正方向传播，$BC$ 为波密媒质的反射面，波由 $P$ 点反射，$OP = 3\lambda/4$，$DP = \lambda/6$，在 $t = 0$ 时刻 $O$ 处质点的合振动是经过平衡位置向负方向

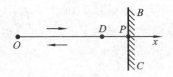

试卷(5)-8 图

运动。(设入射波、反射波的振幅均为 $A$，频率为 $\nu$)求：(1)入射波在 $O$ 处引起的振动表示式，(2)入射波与反射波在 $D$ 点因干涉而产生的合振动之表示式。

**3.** 一无限长圆柱,偏轴平行地挖出一小圆柱空间,两圆柱的轴线之间的距离为 $OO'=b$,如试卷(5)-9 图所示的为垂直于轴线的截面。在两圆柱面之间有图示方向的均匀磁场 **B**,且随时间线性增强:$B=kt$,在小圆柱空腔内放置一长为 $l$ 的导线棒 $MN$,它与轴线垂直且与 $OO'$ 连线的夹角为 60°。(1) 求小圆柱空腔中任一点 $P$ 的感应电场的大小和方向。(2) 求 $MN$ 中的感应电动势的大小。

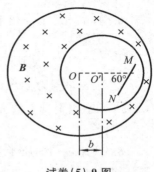

试卷(5)-9 图

**4.** 已知一粒子在宽度为 $a$ 的一维无限深势阱中运动,其波函数为 $\Psi(x)=A\sin\dfrac{4\pi}{a}x\,(0<x<a)$。求:(1) 归一化波函数;(2) 粒子在空间分布的概率密度;(3) 粒子出现的概率最大的各个位置。

### 四、简答题

**1.** 如试卷(5)-10 图所示,由平板玻璃和柱面平凹透镜组成的干涉装置,用波长为 $\lambda$ 的平行单色光垂直照射,观察空气薄膜上下表面反射光形成的等厚干涉条纹。试在装置图下方方框内画出相应的干涉条纹,表示出它们的形状,条数和疏密,只画暗条纹。

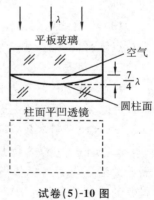

试卷(5)-10 图

## 大学物理课程(二)考试试卷(5)参考解答

### 一、选择题

**1.** D　　**2.** C　　**3.** C　　**4.** D　　**5.** C　　**6.** D　　**7.** D

**8.** B　　**9.** D　　**10.** C

## 二、填空题

**1.** 电子自旋的角动量的空间取向量子化

**2.** $-\dfrac{\varepsilon_0 Vu}{x^2}$，向左　　　**3.** 4000　　　**4.** 1.34　　　**5.** 3/4

**6.** $10\sqrt{5}$　　　**7.** $0,\sqrt{2}\hbar,\sqrt{6}\hbar$　　　**8.** $1:1$

**9.** $\dfrac{1}{2}\omega BR^2$　　　**10.** $2d$

## 三、计算题

**1.** (1) $d\sin\theta=k\lambda,d=k\lambda/\sin\theta=3.36\times10^{-6}$ m

(2) $k_1\lambda_1=k_2\lambda_2,\lambda_2=k_1\lambda_1/k_2=3\times560/4$ nm$=420$ nm

**2.** (1) 设入射波　$y_1=A\cos(2\pi\nu t-2\pi x/\lambda+\phi_1)$　　　①

反射波　　　　　　　$y_2=A\cos(2\pi\nu t+2\pi x/\lambda+\phi_2)$　　　②

由此知入射波、反射波在 $P$ 点引起的振动分别为

$$y_{1P}=A\cos[2\pi\nu t-(2\pi/\lambda)\cdot3\lambda/4+\phi_1]$$
$$y_{2P}=A\cos[2\pi\nu t+(2\pi/\lambda)\cdot3\lambda/4+\phi_2]$$

反射波在 $P$ 点有半波损失，故

$$2\pi\nu t+(2\pi/\lambda)\cdot3\lambda/4+\phi_2=2\pi\nu t-(2\pi/\lambda)\cdot3\lambda/4+\phi_1+\pi$$
$$\phi_2=\phi_1-2\pi$$

代入②式得反射波　$y_2=A\cos(2\pi\nu t+2\pi x/\lambda+\phi_1-2\pi)$　　　③

由①、③式得驻波　$y=y_1+y_2=2A\cos(2\pi x/\lambda)\cos(2\pi\nu t+\phi_1)$

所以原点处 $(x=0)$ 合振动方程为

$$y_0=2A\cos(2\pi\nu t+\phi_1)\cos(2\pi\cdot0/\lambda)$$
$$=2A\cos(2\pi\nu t+\phi_1)$$

$t=0$ 时原点处合振动的旋转矢量图如试

卷(5)-11 图，所以 $\phi_1=\phi=\pi/2$

**试卷(5)-11 图**

$$y_{10}=A\cos(2\pi\nu t+\pi/2)$$

(2) 驻波 $y=y_1+y_2=2A\cos(2\pi x/\lambda)\cos(2\pi\nu t+\pi/2)$　　　④

将 $D$ 点坐标代入④式得 $D$ 点合振动 $y_D=\sqrt{3}A\sin2\pi\nu t$

**3.**（1）用填补法,假设在未挖去空腔之前 $P$ 点的感应电场的大小为

$$E_1 = \frac{r_1}{2}\frac{dB}{dt} = \frac{r_1 k}{2},\text{且 } \boldsymbol{E}_1 \perp \boldsymbol{r}_1$$

挖去的空腔中,假定有一反向的磁场与原磁场抵消,它产生的感应电场的大小为

$$E_2 = \frac{r_2}{2}\frac{dB}{dt} = \frac{r_2 k}{2},\text{且 } \boldsymbol{E}_2 \perp \boldsymbol{r}_2$$

$\boldsymbol{E}_1$ 和 $\boldsymbol{E}_2$ 叠加为 $\boldsymbol{E}$,如试卷(5)-12
图所示,有 $\triangle OPO' \backsim \triangle PQR$,则有

$$\frac{E}{OO'} = \frac{PR}{OO'} = \frac{E_1}{r_1} = \frac{E_2}{r_2} = \frac{k}{2}$$

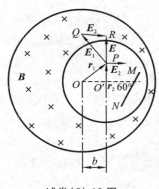

所以 $E = \dfrac{kb}{2}$,方向为垂直于 $OO'$ 连线向

上,为均匀电场。

（2）$\mathscr{E} = \displaystyle\int_N^M \boldsymbol{E} \cdot d\boldsymbol{l}$

$$= El\cos 30° = \frac{\sqrt{3}}{4}kbl$$

**试卷(5)-12 图**

或:连接 $OM$、$ON$,形成 $\triangle OMN$;

连接 $O'M$、$O'N$,形成 $\triangle O'MN$。

$MN$ 上的电动势为

$$\mathscr{E} = \frac{d\Phi_1}{dt} - \frac{d\Phi_2}{dt} = (S_{\triangle OMN} - S_{\triangle O'MN})\frac{dB}{dt} = \frac{\sqrt{3}}{4}kbl$$

**4.**（1）由波函数的归一化条件得

$$A\int_0^a \sin^2 \frac{4\pi}{a}x\,dx = \frac{a}{2}A^2 = 1,\text{因此 } A = \sqrt{\frac{2}{a}}$$

（2）空间分布的概率密度为

$$P = |\Psi|^2 = \frac{2}{a}\sin^2 \frac{4\pi x}{a}$$

（3）粒子出现概率最大的位置为

$$x = \frac{a}{8}, \frac{3a}{8}, \frac{5a}{8}, \frac{7a}{8}$$

**四、问答题**

**1.** 答案见试卷(5)-13 图。

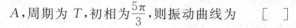

**试卷(5)-13 图**

# 大学物理课程(二)考试试卷(6)

**一、选择题**

**1.** 在一圆柱形空间里有磁感应强度为 **B** 的均匀磁场,一均质金属圆环处在此磁场中,它的轴线与圆柱轴线重合,一条导线沿直径 $ab$ 连接在圆环上,**B** 垂直于纸面并向外,如试卷(6)-1 图所示。当 B 减小时,导线中感应电流 I 的方向为〔　　〕

(A) 从 $a$ 到 $b$

(B) 从 $b$ 到 $a$

(C) 因 $I=0$,谈不上方向

(D) 因条件不够,不能确定 $I$ 的方向

**试卷(6)-1 图**

**2.** 用余弦函数描述一谐运动,已知振幅为 $A$,周期为 $T$,初相为 $\frac{5\pi}{3}$,则振动曲线为〔　　〕

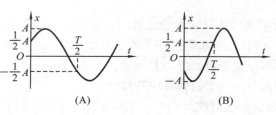

(A)　　　　　　　　　　(B)

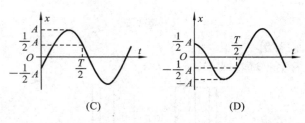

(C)　　　　　　　　　　　　(D)

**3.** 一平面简谐波沿 $x$ 轴负方向传播。已知 $x=b$ 处质点振动方程为 $y=A\cos(\omega t+\varphi_0)$，波速大小为 $u$，则波的表示式为　　[　　]

(A) $y=A\cos(\omega t+\dfrac{b+x}{u}+\varphi_0)$

(B) $y=A\cos\left[\omega\left(t-\dfrac{b+x}{u}\right)+\varphi_0\right]$

(C) $y=A\cos\left[\omega\left(t+\dfrac{x-b}{u}\right)+\varphi_0\right]$

(D) $y=A\cos\left[\omega\left(t+\dfrac{b-x}{u}\right)+\varphi_0\right]$

**4.** 试卷(6)-2 图中画出一平面简谐波在 $t=2$ s 时刻的波形图，则平衡位置在 $P$ 点的质点的振动方程是　　[　　]

(A) $y_P=0.01\cos\left[\pi(t-2)+\dfrac{1}{3}\pi\right]$

(B) $y_P=0.01\cos\left[2\pi(t-2)+\dfrac{1}{3}\pi\right]$

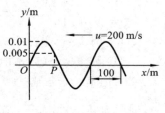

(C) $y_P=0.01\cos\left[\pi(t+2)+\dfrac{1}{3}\pi\right]$

(D) $y_P=0.01\cos\left[2\pi(t-2)-\dfrac{1}{3}\pi\right]$

试卷(6)-2 图

**5.** 用劈尖干涉法可检测工件表面缺陷，当波长为 $\lambda$ 的单色平行光垂直入射时，若观察到的干涉条纹如试卷(6)-3 图所示，每一条纹弯曲部分的顶点恰好与其左边条纹的直线部分的连线相切，则工件表面与条纹弯曲处对应的部分　　[　　]

(A) 凸起，且高度为 $\lambda/4$　　　(B) 凸起，且高度为 $\lambda/2$

　　(C)凹陷,且深度为$\lambda/2$　　(D)凹陷,且深度为$\lambda/4$

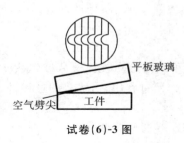

平板玻璃

空气劈尖　工件

试卷(6)-3 图

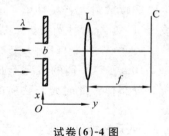

试卷(6)-4 图

**6.** 在如试卷(6)-4 图所示的单缝夫琅和费衍射装置中,设中央明纹的衍射角范围很小。若使单缝宽度 $b$ 变为原来的 $\dfrac{3}{2}$,同时使入射的单色光的波长 $\lambda$ 变为原来的3/4,则屏幕 C 上单缝衍射条纹中央明纹的宽度 $\Delta x$ 将变为原来的　　　　　[　]

　　(A)3/4 倍　　　　(B)2/3 倍　　　(C)9/8 倍

　　(D)1/2 倍　　　　(E)2 倍

**7.** 自然光以 $i_0 = 60°$ 的入射角照射到某两介质交界面时,反射光为完全线偏振光,则知折射光为　　　　　[　]

　　(A)部分偏振光且折射角是 30°

　　(B)部分偏振光且只是在该光由真空入射到折射率为$\sqrt{3}$的介质时,折射角是 30°

　　(C)部分偏振光,但须知两种介质的折射率才能确定折射角

　　(D)完全线偏振光且折射角是 30°

**8.** 如试卷(6)-5 图所示,一束动量为 $p$ 的电子,通过缝宽为 $b$ 的狭缝。在距离狭缝为 $R$ 处放置一荧光屏,屏上衍射图样中央极大的宽度 $d$ 等于　　　　　[　]

　　(A)$2b^2/R$　　　　(B)$2hb/p$

　　(C)$2hb/(Rp)$　　(D)$2Rh/(bp)$

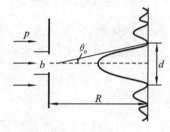

试卷(6)-5 图

**9.** 光子能量为 0.5 MeV 的 X 射线,入射到某种物质上而发生康普顿散射。若反冲电子的动能为 0.1 MeV,则散射光波长的改变量 $\Delta\lambda$ 与入射光波长 $\lambda_0$ 之比值为          [    ]

(A) 0.20    (B) 0.25    (C) 0.30    (D) 0.35

**10.** 在热平衡的情况下原子按能级的分布规律服从玻尔兹曼统计分布律。此时光与物质的相互作用过程中,占优势的过程是          [    ]

(A) 受激辐射跃迁          (B) 受激吸收跃迁
(C) 粒子数反转          (D) 自发辐射跃迁

## 二、填空题

**1.** 平行板电容器的电容 $C$ 为 $10.0\ \mu\text{F}$,两板上的电压变化率为 $\dfrac{\mathrm{d}V}{\mathrm{d}t}=2.50\times10^5\ \text{V/s}$,则该平行板电容器中的位移电流大小为

_____。

**2.** 有两个长度相同,匝数相同,截面积不同的长直螺线管,通以相同大小的电流,现在将小螺线管完全放入螺线管里(两者轴线重合),且使两者产生的磁场方向一致,则小螺线管内的磁能密度是原来的_____倍。

**3.** 两个同方向的谐振动,周期相同,振幅分别为 $A_1=0.05\ \text{m}$ 和 $A_2=0.07\ \text{m}$,它们合成为一个振幅为 $A=0.09\ \text{m}$ 的谐振动。则这两个分振动的相位差为_____rad。

**4.** 设入射波的表达式为 $y_1=A\cos2\pi\left(\nu t+\dfrac{x}{\lambda}\right)$。波在 $x=0$ 处发生反射,反射点为固定端,则形成的驻波表示式为_____。

**5.** 在真空中沿 $z$ 轴的正向传播的平面电磁波,$P$ 点处的电场强度为 $E_x=900\cos\left(2\pi\nu t+\dfrac{\pi}{3}\right)$(SI),则 $P$ 点的磁场强度为

_____。($\varepsilon_0=8.85\times10^{-12}\ \text{F/m}$,$\mu_0=4\pi\times10^{-7}\ \text{H/m}$)

**6.** 如试卷(6)-6 图所示,双缝干涉实验装置中两个缝用厚度均为 $e$,折射率分别为 $n_1$ 和 $n_2$ 的透明介质膜覆盖。波长为 $\lambda$ 的平

行单色光斜入射到双缝上,入射角为 $\theta$,双缝间距为 $d$,在屏幕中央 $O$ 处 $(\overline{S_1O}=\overline{S_2O})$,两束相干光的相位差 $\Delta\varphi=$ _____。

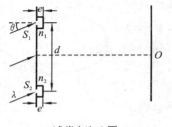

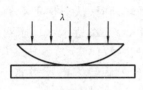

试卷(6)-6 图　　　　　　　　　　试卷(6)-7 图

7. 用波长为 $\lambda$ 的单色光垂直照射如试卷(6)-7 图所示的牛顿环装置,观察从空气膜上下表面反射的光形成的牛顿环。若使平凸透镜慢慢地垂直向上移动,从透镜顶点与平面玻璃接触到两者距离为 $d$ 的移动过程中,移过视场中某固定观察点的条纹数目等于_____。

8. 如试卷(6)-8 图所示,波长为 $\lambda$ =480 nm 的平行光垂直照射到宽度为 $b=0.4$ mm 的单缝上,单缝后透镜的焦距为 $f=60$ cm,当单缝两边缘点 $A$、$B$ 射向 $P$ 点的两条光线在 $P$ 点的相位差为 $\pi$ 时,$P$ 点离透镜焦点 $O$ 的距离等于_____。

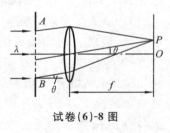

试卷(6)-8 图

9. 一束单色光垂直入射在光栅上,衍射光谱中共出现 5 条明纹。若已知此光栅缝宽度与不透明部分宽度相等,那么在中央明纹一侧的第二条明纹是第_____级谱线。

10. 在主量子数 $n=2$,自旋磁量子数 $m_s=\dfrac{1}{2}$ 的量子态中,能够填充的最大电子数是_____。

### 三、计算题

**1.** 一个在磁场中转动的导体圆盘,其半径为 $R$,它的轴线与磁感应强度为 $\boldsymbol{B}$ 的均匀外磁场平行。当它以匀角速度 $\omega$ 绕它的几何轴转动时(从上往下看做逆时针转动),如试卷(6)-9 图所示,(1)求盘边缘与盘中心的电势差 $U$;(2)边缘与中心哪处电势高?(3)如果旋转方向反过来,边缘与中心哪处电势高?

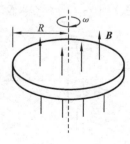

试卷(6)-9 图

**2.** 钠光是双波长 $\lambda_1 = 589.0$ nm,$\lambda_2 = 589.6$ nm 光线,钠光垂直射向光栅,该光栅总缝数 $N = 100$,光栅常数 $d = 3.5 \times 10^{-6}$ m,对于 $\lambda_1$ 光栅衍射第 5 级缺级。(1)求两光波第 3 级光栅衍射主极大光谱线的衍射角;(2)求两光波第 3 级光栅衍射主极大光谱线衍射角差值 $\delta\theta$;(3)求 $\lambda_1$ 第 3 级光栅衍射主极大半角宽度 $\Delta\theta$;(4)对 $\lambda_1$ 求屏上实际呈现的全部级数。

**3.** 如试卷(6)-10 图所示,$S_1$ 和 $S_2$ 为振动频率、振动方向均相同的两个点波源,振动方向垂直纸面,两者相距 $3\lambda/2$($\lambda$ 为波长)。已知 $S_1$ 的初位相为 $\pi/2$,分别求解下述两种情况下 $S_2$ 的初位相。(1)使射线 $S_2C$ 上各点由两列波引起的振动均干涉相消。(2)使 $S_1$ 和 $S_2$ 的连线的中垂线 $MN$ 上各点由两列波引起的振动均干涉相消。

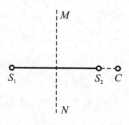

试卷(6)-10 图

**4.** 微观粒子在一维无限深势阱 $V(x) = \begin{cases} 0 & (0 \leqslant x \leqslant a) \\ \infty & (x > a, x < 0) \end{cases}$ 中运动,处在波函数 $\psi_3(x,t) = \left[ \sqrt{\dfrac{2}{a}} \sin\left(\dfrac{3\pi}{a}x\right) \right] e^{-iE_3 t}$ 描写的状态。(1)用定态薛定谔方程确定粒子在该状态下的能量。(2)处于这

个状态下,粒子在 $\frac{a}{3} \sim \frac{2a}{3}$ 范围内出现的概率。

$$\left[提示:\int \sin^2 x \mathrm{d}x = \frac{1}{2}x - (1/4)\sin 2x + C\right.$$

定态薛定谔方程为 $\left.\left[-\frac{\hbar^2}{2m}\frac{\mathrm{d}^2}{\mathrm{d}x^2} + V(r)\right]\Psi(r) = E\Psi(r)\right]$

# 大学物理课程(二)考试试卷(6)参考解答

## 一、选择题

**1.** C　　**2.** A　　**3.** C　　**4.** B　　**5.** C　　**6.** D　　**7.** A

**8.** D　　**9.** B　　**10.** B

## 二、填充题

**1.** 2.5　　**2.** 4　　**3.** 1.47

**4.** $y = 2A\cos\left(2\pi\frac{x}{\lambda} - \frac{1}{2}\pi\right)\cos\left(2\pi\nu t + \frac{1}{2}\pi\right)$

或 $y = 2A\cos\left(2\pi\frac{x}{\lambda} + \frac{1}{2}\pi\right)\cos\left(2\pi\nu t - \frac{1}{2}\pi\right)$

**5.** $H_y = +2.39\cos\left(2\pi\nu t + \frac{\pi}{3}\right)$

**6.** $2\pi\frac{d\sin\theta}{\lambda} + 2\pi\frac{e(n_1 - n_2)}{\lambda}$　　　**7.** $2d/\lambda$

**8.** $3.6 \times 10^{-4}$ m　　**9.** 3　　**10.** 4

## 三、计算题

**1.** 设盘心电势为 $U_0$,盘边电势为 $U_R$,则:

(1) $U_0 - U_R = \int_0^R \boldsymbol{E} \cdot \mathrm{d}\boldsymbol{l}$,　$\boldsymbol{E} = -\boldsymbol{E}_k = -(v \times \boldsymbol{B})$

$\quad U_0 - U_R = -\int_0^R (v \times \boldsymbol{B}) \cdot \mathrm{d}\boldsymbol{l} = -\int_0^R (\boldsymbol{\omega} \times \boldsymbol{r}) \times \boldsymbol{B} \cdot \mathrm{d}\boldsymbol{r}$

$$U_0 - U_R = -\frac{1}{2}\omega B R^2$$

(2) $U_0 - U_R = -\frac{1}{2}\omega B R^2 < 0, U_0 < U_R,$ 盘边电势高

（3）盘反转时,盘心电势高

**2.**（1）由光栅方程有

$$d\sin\theta = k\lambda$$

对于第 3 级光谱,$\lambda_1$ 衍射角为

$$\sin\theta_{\lambda_1} = \frac{k\lambda_1}{d} = \frac{3 \times 589.0 \times 10^{-9}}{3.5 \times 10^{-6}} = 0.5048, \quad \theta_{\lambda_1} = 30.322°$$

对于第 3 级光谱,$\lambda_2$ 衍射角为

$$\sin\theta_{\lambda_2} = \frac{k\lambda_2}{d} = \frac{3 \times 589.6 \times 10^{-9}}{3.5 \times 10^{-6}} = 0.5053, \quad \theta_{\lambda_2} = 30.356°$$

（2）两光波第 3 级主极大光谱线衍射角差值 $\delta\theta = \theta_{\lambda_2} - \theta_{\lambda_1} = 0.034°$。

（或者:由波长不同引起衍射角的变化 $d\cos\theta \cdot \delta\theta = k\delta\lambda$,得到

$$\delta\theta = \frac{k\delta\lambda}{d\cos\theta} = \frac{3 \times (0.6 \times 10^{-9})}{3.5 \times 10^{-6}\cos(30.322)} = 5.96 \times 10^{-4} \text{ rad} = 0.034°)$$

（3）$d\sin\theta = \left(k + \dfrac{m}{N}\right)\lambda, m = 1$

$$\sin\theta = \frac{\left(3 + \dfrac{1}{100}\right) \times 589.0 \times 10^{-9}}{3.5 \times 10^{-6}} = 0.5065, \quad \theta = 30.434°$$

第 3 级主极大的半角宽度:

$$\Delta\theta = \theta_{\lambda_1} - \theta = 30.434° - 30.322° = 0.112°$$

或　　　　　　$$\Delta\theta = \frac{\lambda}{d \cdot N\cos\theta} = 1.950 \text{ rad} = 0.112°$$

（4）令 $\theta = 90°$,则最高级数:

$$k_{max} < \frac{d}{\lambda} = \frac{3.5 \times 10^{-6}}{589.0 \times 10^{-9}} = 5.9, \quad k_{max} = 5$$

因第 5 级缺级,所以屏上出现的全部级数为 $k = 0, \pm 1, \pm 2, \pm 3,$ $\pm 4, 9$ 条明纹。

**3.**（1）设两列波在延长线上任一点引起的振动（见试卷(6)-11图(a)）分别为

$$y_{S_1} = A\cos(\omega t + \varphi_1), \quad y_{S_2} = A\cos(\omega t + \varphi_2)$$

由干涉相消的相位条件,有

$$\Delta\varphi = -\frac{2\pi}{\lambda}(r_2 - r_1) + (\varphi_2 - \varphi_1) = (2k+1)\pi,$$

$$k = 0, \pm 1, \pm 2, \pm 3, \cdots$$

由于 $r_2 - r_1 = l = \dfrac{3\lambda}{2}$，$\varphi_1 = \dfrac{\pi}{2}$，故

$$\varphi_2 = (2k+1)\pi + \frac{2\pi}{\lambda}(r_2 - r_1) + \varphi_1$$

$$= (2k+1)\pi + 3\pi + \frac{\pi}{2}$$

$$= 2k\pi + \frac{\pi}{2}, \quad k = 0, \pm 1, \pm 2, \pm 3, \cdots$$

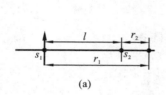
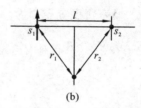

(a)　　　　　　　　　(b)

**试卷(6)-11 图**

(2) 设两列波在中垂线上任一点引起的振动(见试卷(6)-11 图(b))分别为

$$y_{S_1} = A\cos(\omega t + \varphi_1), \quad y_{S_2} = A\cos(\omega t + \varphi_2)$$

由干涉相消的相位条件,有

$$\Delta\varphi = -\frac{2\pi}{\lambda}(r_2 - r_1) + (\varphi_2 - \varphi_1) = (2k+1)\pi,$$

$$k = 0, \pm 1, \pm 2, \pm 3, \cdots$$

由于 $\varphi_1 = \dfrac{\pi}{2}$，$r_2 - r_1 = 0$，故

$$\varphi_2 = (2k+1)\pi + \varphi_1$$

$$= 2k\pi + \frac{3\pi}{2}, \quad k = 0, \pm 1, \pm 2, \pm 3, \cdots$$

**4.** （1）势阱内一维定态薛定谔方程为

$$-\frac{\hbar^2}{2m}\frac{\mathrm{d}}{\mathrm{d}x^2}\psi(x)=E\psi(x)$$

$$\psi_3(x,t)=\sqrt{\frac{2}{a}}\sin\left(\frac{3\pi}{a}x\right)\mathrm{e}^{-\mathrm{i}E_3 t}$$

将波函数带入方程中有

$$-\frac{\hbar^2}{2m}\frac{\mathrm{d}}{\mathrm{d}x^2}\psi_3(x)=E_3\psi_3(x)$$

得到

$$\frac{\hbar^2}{2m}\left(\frac{3\pi}{a}\right)^2\psi_3(x)=E_3\psi_3(x),\quad E_3=\frac{9\pi^2\hbar^2}{2ma^2}$$

（2）概率密度分布：$|\psi_3(x,t)|^2=\frac{2}{a}\sin^2\left(\frac{3\pi}{a}x\right)$

粒子在 $\frac{a}{3}\sim\frac{2a}{3}$ 范围内出现的概率：

$$P=\int_{a/3}^{2a/3}\frac{2}{a}\sin^2\left(\frac{3\pi}{a}x\right)\mathrm{d}x=\frac{1}{3}$$

# 大学物理课程（二）考试试卷（7）

**一、选择题**

**1.** 如试卷(7)-1 图所示，一质量为 $m$ 的滑块，与劲度系数为 $k$ 的轻弹簧连接，弹簧的另一端固定在墙上。滑块 $m$ 可在光滑的水平面上滑动，$O$ 点为系统平衡位置。现将滑块 $m$ 向左移动 $x_0$，由静止释放，并从释放时开始计时。取坐标如图所示，则其振动方程为　　　　　　　　　　　　　　　　　　　　〔　　〕

（A）$x=x_0\cos\left(\sqrt{\dfrac{k}{m}}t\right)$

（B）$x=x_0\cos\left(\sqrt{\dfrac{m}{k}}t+\pi\right)$

试卷(7)-1 图

(C) $x = x_0 \cos\left(\sqrt{\dfrac{k}{m}}\, t + \pi\right)$

(D) $x = x_0 \cos\left(\dfrac{k}{m}\, t + \pi\right)$

(E) $x = x_0 \cos\left(\dfrac{k}{m}\, t\right)$

**2.** 一质点在 $x$ 轴上做谐振动,振幅 $A = 4$ cm,周期 $T = 2$ s,其平衡位置取作坐标原点。若 $t = 0$ 时刻质点第一次通过 $x = -2$ cm 处,且向 $x$ 轴负方向运动,则质点第二次通过 $x = -2$ cm 处的时刻为                       〔   〕

(A) 1 s        (B) $\dfrac{2}{3}$ s        (C) $\dfrac{4}{3}$ s        (D) 2 s

**3.** 设在真空中沿 $x$ 轴正方向传播的平面电磁波,其电场强度只有 $z$ 分量,其表示式是 $E_z = E_0 \cos 2\pi(\nu t - x/\lambda)$,则磁场强度的表示式是                       〔   〕

(A) $H_y = \sqrt{\varepsilon_0/\mu_0}\, E_0 \cos 2\pi(\nu t - x/\lambda)$

(B) $H_z = \sqrt{\varepsilon_0/\mu_0}\, E_0 \cos 2\pi(\nu t - x/\lambda)$

(C) $H_y = -\sqrt{\varepsilon_0/\mu_0}\, E_0 \cos 2\pi(\nu t - x/\lambda)$

(D) $H_y = -\sqrt{\varepsilon_0/\mu_0}\, E_0 \cos 2\pi(\nu t + x/\lambda)$

**4.** 一简谐波沿 $x$ 轴负方向传播,圆频率为 $\omega$,波速为 $u$,设 $t = T/4$ 时刻的波形如试卷 (7)-2 图所示,则该波的表示式为                       〔   〕

(A) $y = A \cos\omega(t - x/u)$

(B) $y = A \cos\left[\omega(t - x/u) + \dfrac{\pi}{2}\right]$

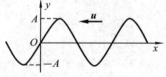

试卷 (7)-2 图

(C) $y = A \cos[\omega(t + x/u)]$

(D) $y = A \cos[\omega(t + x/u) + \pi]$

**5.** 用白光(波长为 $400 \sim 760$ nm)垂直照射间距为 $d = 0.25$ mm 的双缝,距缝 50 cm 处放屏幕,则观察到的第五级彩色条纹的

宽度是　　　　　　　　　　　　　　　　　　　　　　[　　]

(A) $7.2 \times 10^{-4}$ m　　　　　　(B) $3.6 \times 10^{-3}$ m

(C) $7.2 \times 10^{-3}$ m　　　　　　(D) $3.6 \times 10^{-2}$ m

**6.** 波长 $\lambda = 500$ nm 的单色光垂直照射到宽度 $a = 0.25$ mm 的单缝上,单缝后面放置一凸透镜,在凸透镜的焦平面上放置一屏幕,用以观测衍射条纹。今测得屏幕上中央条纹一侧第三个暗条纹和另一侧第三个暗条纹之间的距离为 $d = 12$ mm,则凸透镜的焦距为　　　　　　　　　　　　　　　　　　　　　　　　[　　]

(A) 2 m　　(B) 1 m　　(C) 0.5 m　　(D) 0.2 m

(E) 0.1 m

**7.** 康普顿散射的主要特征是　　　　　　　　　　　[　　]

(A) 散射光的波长与入射光的波长全然不同

(B) 散射光的波长有些与入射光的相同,但有些变短了,散射角越大,散射波长越短

(C) 散射光的波长有些与入射光的相同,但也有变长的,也有变短的

(D) 散射光的波长有些与入射光的相同,有些散射光的波长比入射光的波长长些,且散射角越大,散射光的波长变得越长

**8.** 一质量为 $1.25 \times 10^{-29}$ kg 的粒子以 100 eV 的动能运动,则与此相联系的物质波的波长大约是(普朗克常量 $h = 6.63 \times 10^{-34}$ J·s,电子电量 $e = 1.60 \times 10^{-19}$ C)　　　　[　　]

(A) $2.2 \times 10^{-21}$ m　　　　　(B) $3.3 \times 10^{-11}$ m

(C) $4.7 \times 10^{-11}$ m　　　　　(D) $1.2 \times 10^{-7}$ m

**9.** 如果电子被限制在边界 $x$ 与 $x + \Delta x$ 之间,$\Delta x$ 为 $0.5$ Å。则电子动量 $x$ 分量的不确定度的数量级约为(以 kg·m/s 为单位)　　　　　　　　　　　　　　　　　　　　　　　[　　]

(A) $10^{-14}$　　(B) $10^{-19}$　　(C) $10^{-24}$　　(D) $10^{-29}$

**10.** 如试卷(7)-3 图所示,被激发的氢原子跃迁到较低能态时,可能发射波长为 $\lambda_1, \lambda_2, \lambda_3$ 的辐射,则它们的关系为　　　[　　]

(A) $\lambda_1 = \lambda_2 + \lambda_3$

(B) $1/\lambda_3 = 1/\lambda_1 + 1/\lambda_2$

(C) $\lambda_2 = \lambda_1 + \lambda_3$

(D) $1/\lambda_3 = 1/(\lambda_1 + \lambda_2)$

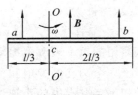

**试卷(7)-3 图**

**二、填空题**

**1.** 在如试卷(7)-4 图所示的电路中,$L$ 是中空的长直螺线管,$R$ 是一个灯泡。接通交流电源后,灯泡是亮的。若将铁棒插入螺线管中,电路中灯泡的亮度_____(变亮、变暗、不变)。

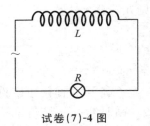

**试卷(7)-4 图**　　　　　　　　　　**试卷(7)-5 图**

**2.** 如试卷(7)-5 图所示,长为 $l$ 的导体棒 $ab$ 在均匀磁场 $\boldsymbol{B}$ 中绕通过 $c$ 点的轴 $OO'$ 以 $\omega$ 角速度转动(当导体棒运动到如图所示的位置时,$b$ 点的运动方向向里),$ac$ 长为 $l/3$,则 $ab$ 两端的电势差 $V_a - V_b = $ _____。

**3.** 由半径为 $R$、间距为 $d(d \ll R)$ 的两块圆盘构成的平板电容器内充满了相对介电常数为 $\varepsilon_r$ 的介质,电容器上加有交变电压 $V = V_0\cos\omega t$,则板间位移电流密度 $j_D(t) = $ _____,板间离中心轴线距离为 $r$ 处的磁感应强度 $B(r,t) = $ _____。

**4.** 用音叉演示拍现象,若两音叉的固有振动频率相差 3 Hz,实验中同时敲响两音叉后,我们应该可以听见在 1 s 时间内有_____次强音和_____次弱音。

**5.** 一简谐波沿 $x$ 轴正向传播,波长为 $\lambda$,$x_1$ 和 $x_2$ 两点处的振动曲线分别如试卷(7)-6 图(a)和(b)所示。已知 $x_2 > x_1$ 且 $x_2 -$

$x_1 < \lambda$，则 $x_2$ 与 $x_1$ 的距离为 _____。

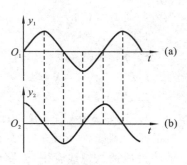

**6.** 用晶格常数为 3.20 Å 的晶体分析 X 光的光谱，当入射 X 光与晶面的夹角 $\theta$ 为 45°时，出现第一条主极大的谱线。则此谱线的波长为 _____ Å。（保留三位数字）

试卷(7)-6 图

**7.** 用波长为 $\lambda = 550$ nm 的单色平行光垂直入射在一块光栅上，其光栅常数 $d = 3$ μm，缝宽 $a = 1$ μm，则在屏幕上总共有 _____ 条谱线（主极大）。

**8.** 一个直径为 0.60 m 的膜片，以 25 kHz 的频率在一个供海底探测用的水下声源中振动。远离声源的地方，声音的强度分布相当于一个圆孔的夫琅和费衍射图样，这个圆孔的直径同该膜片直径相等。取水中的声速为 1450 m/s。则膜片的法线与第一极小的方向之间的夹角为 _____ rad。（保留两位数字）

**9.** 一束自然光从空气投射到玻璃表面上（空气折射率为 1），当折射角为 30°时，反射光是完全偏振光，则此玻璃板的折射率等于 _____。（保留四位数字）

**10.** 若在四价元素的本征半导体中掺入五价元素原子，则可构成 _____ 型半导体，参与导电的多数载流子是 _____。

**三、计算题**

**1.** 如试卷(7)-7 图所示，半径为 $r$ 的小导线环，置于半径为 $R$ 的大导线环中心，二者同轴共面，且 $r \ll R$，在小导线环中通有顺时针方向随时间均匀增大的电流 $i(t) = kt + i_0$，其中 $k$、$i_0$ 为正的常数，$t$ 为时间。试求大导线环中感应电动势的大小和方向。

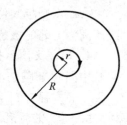

试卷(7)-7 图

**2.** 在弦线上有一简谐波，其表示式为

$$y_1 = 2.0 \times 10^{-2} \cos\left[100\pi\left(t + \frac{x}{20}\right) - \frac{4}{3}\pi\right] \quad (\text{SI})$$

为了在此弦线上形成驻波，并且在 $x=0$ 处为波腹，此弦线上还应有另一简谐波，求其表示式。

**3.** 试设计双层增透膜。如试卷(7)-8 图所示为玻璃上镀两层光学薄膜，第一层膜、第二层膜及玻璃的折射率分别为 $n_1$、$n_2$、$n_3$，且 $n_1 < n_2 > n_3$，今以真空中的波长为 $\lambda$ 的单色平行光垂直入射到增透膜上，把三束反射光（只考虑一次反射）$a$、$b$、$c$ 在空气中的振幅视为近似相等，欲使这三束反射光相干叠加后的总强度为零，求第一层膜和第二层膜的最小厚度 $t_1$ 和 $t_2$。（说明：为区别 $a$、$b$、$c$ 三束反射光，图中没有将它们画成重合。）

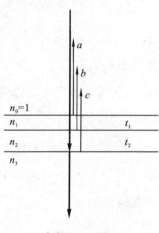

试卷(7)-8 图

**4.** 已知一维运动粒子的波函数为 $\psi(x) = \begin{cases} Axe^{-\lambda x} & (x \geqslant 0, \lambda > 0) \\ 0 & (x < 0) \end{cases}$

（1）将此波函数归一化；（2）求粒子运动的概率分布函数；（3）什么地方出现粒子的概率最大？

## 大学物理课程（二）考试试卷（7）参考解答

**一、选择题**

**1.** C　　**2.** B　　**3.** C　　**4.** D　　**5.** B　　**6.** B　　**7.** D

**8.** B　　**9.** C　　**10.** B

**二、填空题**

**1.** 变暗　　**2.** $-\dfrac{1}{6}\omega B l^2$

**3.** $-\dfrac{\varepsilon_r \varepsilon_0 V_0}{d}\omega\sin\omega t$，$-\dfrac{\varepsilon_r \varepsilon_0 \mu_0 V_0}{2d}\omega r\sin\omega t$　　**4.** 3,3

**5.** $3\lambda/4$　　**6.** 4.53　　**7.** 9　　**8.** 0.12

**9.** 1.732　　**10.** N,电子

### 三、计算题

**1.** 设大线圈中通以电流 $I$,小线圈中的磁通量为

$$\Phi = \frac{\mu_0 I}{2R} \cdot \pi r^2$$

则互感系数为　　　　$M = \frac{\Phi}{I} = \frac{\mu_0}{2R} \cdot \pi r^2$

所以,所求的感应电动势为

$$\mathscr{E} = -M\frac{\mathrm{d}i}{\mathrm{d}t} = -\frac{k\mu_0\pi r^2}{2R} \quad (\text{方向为逆时针方向})$$

**2.** 设另一行波方程为

$$y_2 = 2.0 \times 10^{-2}\cos\left[100\pi\left(t - \frac{x}{20}\right) + \varphi\right]$$

其驻波方程为

$$y = y_1 + y_2$$

$$= 4 \times 10^{-2}\cos\left[5\pi x - \frac{1}{2}\left(\frac{4}{3}\pi + \varphi\right)\right]\cos\left[100\pi t - \left(\frac{4}{3}\pi - \varphi\right)/2\right]$$

因为 $x=0$ 处为波腹,所以 $\left|\cos\left[\frac{1}{2}\left(\frac{4}{3}\pi + \varphi\right)\right]\right| = 1$,

$$\cos\left[\frac{1}{2}\left(\frac{4}{3}\pi + \varphi\right)\right] = \pm 1, \quad \varphi_1 = \frac{2}{3}\pi, \quad \varphi_2 = -\frac{4}{3}\pi$$

故　　　　$y_2 = 2.0 \times 10^{-2}\cos\left[100\pi\left(t - \frac{x}{20}\right) + \frac{2}{3}\pi\right]$

或　　　　$y_2 = 2.0 \times 10^{-2}\cos\left[100\pi\left(t - \frac{x}{20}\right) - \frac{4}{3}\pi\right]$

**3.** 方法一:如试卷(7)-9(a)图所示,让三束反射光的位相依次落后 $120°$,折算成光程差 $\lambda/3$,即

$$2n_1 t_1 = \frac{\lambda}{3}, \quad 2n_2 t_2 - \frac{\lambda}{2} = \frac{\lambda}{3}$$

则　　　　$t_1 = \frac{\lambda}{6n_1}, \quad t_2 = \frac{5\lambda}{12n_2}$

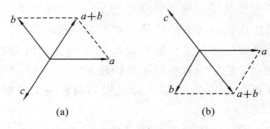

试卷(7)-9 图

方法二：如试卷(7)-9(b)图所示,让三束反射光的位相依次落后 $240°$,折算成光程差 $2\lambda/3$,即

$$2n_1 t_1 = \frac{2\lambda}{3} , 2n_2 t_2 + \frac{\lambda}{2} = \frac{2\lambda}{3}$$

则
$$t_1 = \frac{\lambda}{3n_1} , t_2 = \frac{\lambda}{12n_2}$$

**4.** (1)由 $\int_{-\infty}^{+\infty} |\psi(x)|^2 \mathrm{d}x = 1$ ,有

$$\int_0^\infty A^2 x^2 \mathrm{e}^{-2\lambda x} \mathrm{d}x = 1 , 则 A = 2\lambda^{3/2}$$

(2) 概率密度
$$P = |\psi|^2 = A^2 x^2 \mathrm{e}^{-2\lambda x} = 4\lambda^3 x^2 \mathrm{e}^{-2\lambda x}$$

(3) 由 $\frac{\mathrm{d}P}{\mathrm{d}t} = 0$ ,得 $\qquad x = \frac{1}{\lambda}$

# 大学物理课程(二)考试试卷(8)

## 一、选择题

**1.** 一理想气体的压强为 $p$,质量密度为 $\rho$,则其方均根速率为

[　　]

(A) $\sqrt{\dfrac{p}{3\rho}}$ 　　(B) $\sqrt{\dfrac{3p}{\rho}}$ 　　(C) $\sqrt{\dfrac{p}{2\rho}}$ 　　(D) $\sqrt{\dfrac{2p}{\rho}}$

**2.** 根据热力学第二定律,以下说法正确的是

[　　]

（A）不可能从单一热源吸热使之全部变为有用的功

（B）任何热机的效率都总是小于卡诺热机的效率

（C）有规则运动的能量能够变为无规则运动的能量，但无规则运动的能量不能变为有规则运动的能量

（D）在孤立系统内，一切实际过程都向着热力学概率增大的方向进行

**3.** 对如试卷(8)-1 图所示的平面简谐波 $t$ 时刻的波形曲线，下列各结论哪个是正确的？　　[　　]

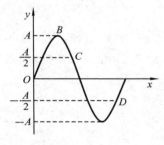

（A）$B$ 处质元的振动动能减小，则其弹性势能必增大

（B）$B$ 处质元回到平衡位置的过程中，它把自己的能量传给相邻的质元，其能量逐渐减小

（C）$C$ 处质元振动动能减小，则 $D$ 处质元振动动能一定增大

（D）$D$ 处质元 $t$ 时刻波的能量是 10 J，则此时刻该处质元振动动能一定是 5 J

试卷(8)-1 图

**4.** 如试卷(8)-2 图所示，两列波长为 $\lambda$ 的相干波在 $P$ 点相遇。波在 $S_1$ 点振动的初相是 $\varphi_1$，$S_1$ 到 $P$ 点的距离是 $r_1$；波在 $S_2$ 点振动的初相是 $\varphi_2$，$S_2$ 到 $P$ 点的距离是 $r_2$，以 $k$ 代表零或正、负整数，则 $P$ 点是干涉极大的条件为　　[　　]

（A）$r_2 - r_1 = k\lambda$

（B）$\varphi_2 - \varphi_1 = 2k\pi$

（C）$\varphi_2 - \varphi_1 + 2\pi \dfrac{(r_2 - r_1)}{\lambda} = 2k\pi$

（D）$\varphi_2 - \varphi_1 + 2\pi \dfrac{(r_1 - r_2)}{\lambda} = 2k\pi$

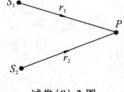

试卷(8)-2 图

**5.** 在电磁波的发射和接收课堂演示实验中，当实验仪器正常

工作时,对如试卷(8)-3 图(1)、(2)、(3)所示的三种操作方式,接在铜环中的小灯泡最亮的是　　　　　　　　　　　　[　　]

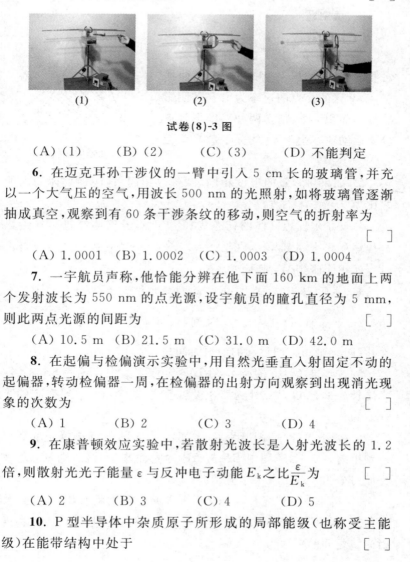

(1)　　　　　　　　(2)　　　　　　　　(3)

**试卷(8)-3 图**

(A)(1)　　　　(B)(2)　　　　(C)(3)　　　　(D)不能判定

6. 在迈克耳孙干涉仪的一臂中引入 5 cm 长的玻璃管,并充以一个大气压的空气,用波长 500 nm 的光照射,如将玻璃管逐渐抽成真空,观察到有 60 条干涉条纹的移动,则空气的折射率为　　　　　　　　　　　　　　　　　　　　　　　　　　[　　]

(A)1.0001　(B)1.0002　(C)1.0003　(D)1.0004

7. 一宇航员声称,他恰能分辨在他下面 160 km 的地面上两个发射波长为 550 nm 的点光源,设宇航员的瞳孔直径为 5 mm,则此两点光源的间距为　　　　　　　　　　　　　　　　[　　]

(A)10.5 m　(B)21.5 m　(C)31.0 m　(D)42.0 m

8. 在起偏与检偏演示实验中,用自然光垂直入射固定不动的起偏器,转动检偏器一周,在检偏器的出射方向观察到出现消光现象的次数为　　　　　　　　　　　　　　　　　　[　　]

(A)1　　　　(B)2　　　　(C)3　　　　(D)4

9. 在康普顿效应实验中,若散射光波长是入射光波长的 1.2 倍,则散射光光子能量 $\varepsilon$ 与反冲电子动能 $E_k$ 之比 $\dfrac{\varepsilon}{E_k}$ 为　　[　　]

(A)2　　　　(B)3　　　　(C)4　　　　(D)5

10. P 型半导体中杂质原子所形成的局部能级(也称受主能级)在能带结构中处于　　　　　　　　　　　　　　　　[　　]

(A) 满带中 　　　　　(B) 导带中
(C) 禁带中,但接近满带顶 (D) 禁带中,但接近导带底

**二、填空题**

**1.** 分子数为 $N$ 的理想气体,在温度 $T_1$ 和温度 $T_2$($T_2 \neq T_1$)时的速率分布曲线如试卷(8)-4 图所示,设两曲线在 $v > 0$ 区间交点的速率为 $v_0$。若阴影部分的面积为 $S$,则在两种温度下气体分子运动速率小于 $v_0$ 的分子数之差为 _____。

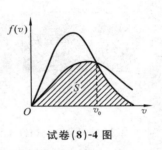

试卷(8)-4 图

**2.** 如果氢和氧的温度相同,摩尔数相同,这两种气体的内能之比为 _____。

**3.** $\nu$ 摩尔理想气体的初态为($V_1, T_1$),若气体经过可逆绝热过程体积膨胀到 $V_2$,其熵变 $\Delta S =$ _____;若气体经过绝热自由过程体积膨胀到 $V_2$,其熵变 $\Delta S =$ _____。

**4.** 一质点沿 $x$ 轴作谐振动,振动方程为 $x = 4 \times 10^{-2} \cdot \cos\left(2\pi t + \dfrac{\pi}{3}\right)$(SI)。从 $t = 0$ 时刻起,到质点位置在 $x = -2$ cm 处,且向 $x$ 轴正方向运动的最短时间为 _____。

**5.** 如试卷(8)-5 图所示,在双缝干涉实验中,$SS_1 = SS_2$,入射光波长为 $\lambda$,已知 $P$ 点处为第 3 级明条纹,则 $S_1$ 和 $S_2$ 到 $P$ 点的光程差为 _____。

**6.** 如试卷(8)-6 图所示,一束波长为 $\lambda$ 的平行单色光垂直入射到单缝 $AB$ 上,若图中 $BP$ 与 $AP$ 的光程差等于 $2\lambda$,则单缝处波阵面可分为 _____ 个半波带。

**7.** 当一束自然光在两种介质分界面处发生反射和折射时,若反射光为线偏振光,则折射光为 _____ 偏振光,且反射光线和折射光线之间的夹角为 _____。

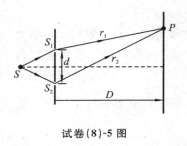

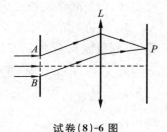

试卷(8)-5 图　　　　　　　　　试卷(8)-6 图

**8.** 已知光子的波长为 $\lambda$，则其动量的大小为_____。

**9.** 一波长为 $300$ nm 的光子，假定其波长的测量精确度为百万分之一，若用不确定关系 $\Delta x \cdot \Delta p_x \geqslant \dfrac{\hbar}{2}$ 估算，该光子的位置不确定量为_____。（普朗克常数 $h = 6.626 \times 10^{-34}$ J·s）

**10.** 当氢原子中电子处于 $n = 4, l = 3, m_l = 3$ 的状态时，该电子轨道角动量的大小为_____，角动量与 $z$ 的夹角为_____。

三、计算题

**1.** 一定量的刚性双原子分子理想气体经历如试卷(8)-7 图所示循环过程，已知 $V_b = 2V_a, V_c = 4V_a, T_a = 400$ K，求：(1) $c$ 态的温度；(2) 循环的效率。

**2.** 如试卷(8)-8 图所示，在 $x$ 轴的原点 $O$ 处有一振动方程为 $y = A\cos\omega t$ 的平面波波源，产生的波沿 $x$ 轴负方向传播。$MN$ 为波密介质反射面，距波源 $\dfrac{5}{4}\lambda$。求：(1) 在 $MN$-$yO$ 区间叠加波的

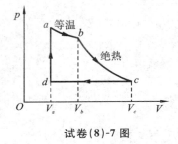

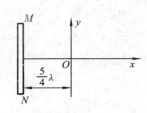

试卷(8)-7 图　　　　　　　　　试卷(8)-8 图

波函数;(2) 最靠近 $O$ 点因干涉而静止的点的位置。

**3.** 一束具有两种波长 $\lambda_1$ 和 $\lambda_2$ 的平行光垂直照射到一衍射光栅上,测得波长 $\lambda_1$ 的第三级主极大和 $\lambda_2$ 的第四级主极大衍射角均为30°。已知 $\lambda_1 = 560$ nm,试求:(1) 波长 $\lambda_2$;(2) 若光栅常数 $d$ 与缝宽 $a$ 的比值 $\dfrac{d}{a} = 5$,则对 $\lambda_2$ 的光,屏上可能看到的全部主极大的级次。

**4.** 已知粒子在一维无限深方势阱中运动,其波函数为

$$\psi(x) = A\sin\frac{2\pi x}{a}, \quad 0 \leqslant x \leqslant a$$

求:(1)归一化常数 $A$;(2) 在何处找到粒子的概率最大。

## 大学物理课程(二)考试试卷(8)参考解答

**一、选择题**

**1.** B　　**2.** D　　**3.** D　　**4.** D　　**5.** A　　**6.** C　　**7.** B

**8.** B　　**9.** D　　**10.** C

**二、填空题**

**1.** $(1-S)N$　　**2.** 1　　**3.** $0, \nu R\ln\dfrac{V_2}{V_1}$

**4.** $\dfrac{1}{2}$ s　　**5.** $3\lambda$(或$-3\lambda$)　　**6.** 4

**7.** 部分,$90°$　　**8.** $\dfrac{h}{\lambda}$　　**9.** 0.024 m

**10.** $\sqrt{12}\hbar$(或 $3.655 \times 10^{-34}$ kg·m²/s),$30°$

**三、计算题**

**1. 方法一:**根据 $T_b V_b^{\gamma-1} = T_c V_c^{\gamma-1}$ 得

$$T_c = T_b \left(\frac{V_b}{V_c}\right)^{\gamma-1} = 303$$

又　　　$Q_{da} = \nu C_{V,m}(T_a - T_d)$ 和 $Q_{ab} = \nu R T_a \ln\left(\dfrac{V_b}{V_a}\right)$

及 $$Q_{cd} = \nu C_{p,m}(T_c - T_d) = -\nu C_{p,m}(T_d - T_c)$$

得 $$T_d = T_c\left(\frac{V_d}{V_c}\right) = 75$$

效率 $$\eta = 1 - \left|\frac{Q_{放}}{Q_{吸}}\right| = \frac{A}{Q_{吸}} = \frac{|Q_{cd}|}{Q_{da} + Q_{ab}} = 26.8\%$$

方法二: $A = A_T + A_Q - |A_p|$

$$|A_p| = \frac{3}{2}\nu RT_a, \quad A_T = \nu RT_a\ln 2, \quad A_Q = \frac{5}{2}\nu RT_a$$

$$\eta = \frac{A}{Q_{吸}} = \frac{A_T + A_Q - |A_p|}{Q_{da} + Q_{ab}} = 26.8\%$$

**2.** (1) 由 $O$ 发出的沿 $x$ 轴负向传播的平面波波函数为

$$y_{负} = A\cos\left(\omega t + \frac{2\pi x}{\lambda}\right) \quad 或 \quad y_{负} = A\cos\omega\left(t + \frac{x}{u}\right)$$

$y_{负}$ 被波密介质反射面 $MN$ 产生的反射波波函数为

$$y_{反} = A\cos\left(\omega t - \frac{2\pi}{\lambda}\left(2 \times \frac{5}{4}\lambda + x\right) - \pi\right) = A\cos\left(\omega t - \frac{2\pi}{\lambda}x\right)$$

$MN$-$yO$ 区间叠加波:

$$y = y_{负} + y_{反} = A\cos\left(\omega t + \frac{2\pi x}{\lambda}\right) + A\cos\left(\omega t - \frac{2\pi x}{\lambda}\right)$$

$$= 2A\cos\frac{2\pi x}{\lambda} \cdot \cos\omega t$$

为驻波。

(2) 因干涉而静止的点对应驻波的波节,即

$$\left|\cos\frac{2\pi x}{\lambda}\right| = 0 \quad \left(-\frac{5}{4}\lambda \leqslant x \leqslant 0\right)$$

得 $x = -\dfrac{\lambda}{4}, -\dfrac{3\lambda}{4}, -\dfrac{5\lambda}{4}$,最靠近 $O$ 点的位置为 $x = -\dfrac{\lambda}{4}$。

波密介质反射点为波节,又相邻波节间距为 $\dfrac{\lambda}{2}$,则波节位置为

$$x = -\frac{\lambda}{4}, -\frac{3\lambda}{4}, -\frac{5\lambda}{4}$$

**3.** (1) 由光栅方程 $d\sin\theta=k\lambda$,有

$$d\sin 30° = 3\lambda_1, \quad d\sin 30° = 4\lambda_2$$

$$\lambda_2 = \frac{3}{4}\lambda_1 = \frac{3}{4} \times 560 \text{ nm} = 420 \text{ nm}$$

(2) $d=\dfrac{3\lambda_1}{\sin 30°}=\dfrac{3\times 560}{0.5}$ nm$=3360$ nm, $\quad |k_{max}|<\dfrac{d}{\lambda_2}=\dfrac{3360}{420}=8$

最高级次为 $\pm 7$ 级;又 $\dfrac{d}{a}=5$,即 $\pm 5$ 级缺级。故能看到的全部主极大的级次为:$0,\pm 1,\pm 2,\pm 3,\pm 4,\pm 6,\pm 7$。

**4.** (1) 由波函数的归一化条件 $\displaystyle\int_{-\infty}^{\infty} |\psi(x)|^2 \mathrm{d}x = 1$,有

$$\int_0^a A^2 \sin^2\left(\frac{2\pi x}{a}\right)\mathrm{d}x = 1, \quad 得 \quad A = \sqrt{\frac{2}{a}}$$

(2) 粒子的位置概率密度

$$P(x) = |\psi(x)|^2 = \frac{2}{a}\sin^2\frac{2\pi x}{a}$$

找到粒子概率最大的位置为

$$x = \frac{1}{4}a, \frac{3}{4}a$$

方法一:由 $\dfrac{\mathrm{d}P(x)}{\mathrm{d}x}=0$ 及 $\dfrac{\mathrm{d}^2 P(x)}{\mathrm{d}x^2}<0$ 得 $x=\dfrac{1}{4}a,\dfrac{3}{4}a$

方法二:由函数的极值,或由三角函数的值得。

由 $\sin\dfrac{2\pi x}{a}=\pm 1$ 得 $x=\dfrac{1}{4}a,\dfrac{3}{4}a$。

由 $\cos\dfrac{4\pi x}{a}=-1$ 得 $x=\dfrac{1}{4}a,\dfrac{3}{4}a$。

方法三:用驻波条件。阱壁为波节,$n=2$,共三个波节,两个波腹,波腹概率最大。

**图书在版编目(CIP)数据**

大学物理同步辅导/范淑华,朱佑新主编.—武汉:华中科技大学出版社,
2013.3(2023.2 重印)

ISBN 978-7-5609-8659-3

Ⅰ.①大… Ⅱ.①范… ②朱… Ⅲ.①物理学-高等学校-教学参考资料
Ⅳ.①O4

中国版本图书馆 CIP 数据核字(2013)第 011027 号

---

**大学物理同步辅导**　　　　　　　　　　　　范淑华　朱佑新　主编

策划编辑:周芬娜
责任编辑:周芬娜
封面设计:刘　卉
责任校对:张　琳
责任监印:周治超
出版发行:华中科技大学出版社(中国·武汉)　　　电话:(027)81321913
　　　　　武汉市东湖新技术开发区华工科技园　　　邮编:430223
录　　排:华中科技大学惠友文印中心
印　　刷:武汉科源印刷设计有限公司
开　　本:850mm×1168mm　1/32
印　　张:15.625
字　　数:445 千字
版　　次:2023 年 2 月第 1 版第 8 次印刷
定　　价:36.00 元

---